高等学校教材

园林花卉学

毛洪玉　主编

化学工业出版社
教材出版中心
·北京·

图书在版编目（CIP）数据

园林花卉学/毛洪玉主编 .—北京：化学工业出版社，2005.5（2020.5 重印）
高等学校教材
ISBN 978-7-5025-7041-5

Ⅰ.园… Ⅱ.毛… Ⅲ.花卉-观赏园艺 Ⅳ.S68

中国版本图书馆 CIP 数据核字（2005）第 046400 号

责任编辑：王文峡　　文字编辑：陈　曦　周　倜
责任校对：李　丽　宋　玮　　装帧设计：潘　峰

出版发行：化学工业出版社　教材出版中心（北京市东城区青年湖南街 13 号　邮政编码 100011）
印　　装：北京虎彩文化传播有限公司
787mm×1092mm　1/16　印张 18½　字数 446 千字　　2020 年 5 月北京第 1 版第 9 次印刷

购书咨询：010-64518888　　售后服务：010-64518899
网　　址：http://www.cip.com.cn
凡购买本书，如有缺损质量问题，本社销售中心负责调换。

定　　价：**49.00 元**

编 审 人 员

主　编　毛洪玉

副主编　祝朋芳

　　　　李智辉

编　者（按姓氏笔画排序）

王文元　牛剑锋　毛洪玉　付印东

伊宏峰　刘铁钢　李智辉　祝朋芳

统　稿　毛洪玉

审　稿　罗凤霞　周广柱

前　言

本书是按照全国高等农业院校教材指导委员会的有关要求，为高等学校园林专业编写的专业课教材。随着中国高等教育的改革，相关专业做了较大调整，原来中国高等农业院校开办较少的园林专业迅速发展，而原来相关的《花卉学》教材较侧重观赏园艺专业，并不适合园林专业选用。本教材针对园林专业特点及中国和国际花卉业的发展变化对其内容进行了调整。总学时为60～80学时。也可供观赏园艺相关课程教学参考使用。

全书共分13章，具体分工如下：第一章，毛洪玉、牛剑锋；第二章，毛洪玉、付印东；第三章，毛洪玉、王文元；第四章，毛洪玉、刘铁钢；第五章，李智辉；第六章，祝朋芳；第七章，祝朋芳；第八章，毛洪玉、伊宏峰；第九章，李智辉；第十章，毛洪玉；第十一章，毛洪玉；第十二章，毛洪玉；第十三章，毛洪玉。

全书由毛洪玉统稿，编写者大多是较年轻的教师，经验和知识的积累都还有限，因此本教材的缺点和不足在所难免。真诚欢迎广大师生在使用过程中及时提出宝贵的意见，以便我们在今后改进。

编　者

2005年3月

目录

第一章 绪 论

第一节 园林花卉的含义及其主要内容

一、园林花卉的含义

1. 花卉

“花卉”是由“花”和“卉”两个字构成，“花”是种子植物的有性生殖器官，引申为有观赏价值的植物；“卉”是草的总称。

“花卉”有广义、狭义两种意义，狭义的花卉是指草本观赏植物，包括露地草花和温室草花；广义的花卉是指有观赏价值的草本及木本植物，有观赏价值的包括花、果、茎、干、根、芽（蕨类叶未展开时呈芽状）等植物各部分器官的姿态或芳香，包括从低等到高等、从水生到陆生的草花、花木、草坪草、地被植物、藤本植物。

“园林花卉”是指适用于园林和环境绿化、美化的观赏植物，包括一些野生种和栽培种及品种。广义园林花卉（ornamental plants）又称园林植物，包括观花乔灌木、其他观赏乔灌木、观赏竹和观赏针叶树等木本植物及其他草本植物；狭义园林花卉（garden flowers 或 bedding plants）仅指草本花卉。园林花卉在园林和环境绿化美化中有重要作用。

2. 花卉学和花卉业

花卉学是研究花卉分类、花卉生长发育规律及其与外界环境条件的关系，以及探讨花卉繁殖、栽培、应用、贮藏保鲜等方面的理论和技术的一门学科。花卉学是一门综合性很强的科学，它的理论体系是建立在生物科学、环境科学和园林艺术等学科基础上的。要研究和掌握花卉学，同时也要研究植物学、植物分类学、植物生理生化学、遗传学、细胞学、植物病虫学、土壤学、肥料学、贮藏运销学、环境学、生态学、美学和园林规划设计学等。

花卉产业和花卉产业化含义不同，花卉产业是将花卉作为商品进行研究、开发、生产、贮运、营销以及售后服务等一系列的活动。花卉产业化是将花卉产业的生产结构逐步优化、经营管理逐步规范化并不断提高花卉产品科技含量的过程。花卉产业化的最终目标是提高花卉产品质量，提高社会效益和经济效益。

发展花卉产业，必须依靠科技进步，这是在整个世界花卉发展历史中得到反复证明的一条真理。事实上，世界各国花卉生产与贸易之间的竞争，主要是科学技术水平的较量。当前世界各国花卉生产力水平相差很大，据统计，1996 年荷兰花卉生产面积 8017hm^2，总产值为 35.9 亿美元，平均每公顷产值为 44.8 万美元；以色列花卉生产面积为 1950hm^2，总产值为 2.5 亿美元，平均每公顷产值为 12.8 万美元；哥伦比亚花卉生产面积 4757hm^2，总产值为 4.8 亿美元，平均每公顷产值为 10.1 万美元；而中国 1996 年花卉生产面积为 7.5 万公顷，总产值为 48 亿元，平均每公顷 6.4 万元（约合 0.8 万美元）。中国花卉单位面积产值仅为荷兰的1.7%、以色列的6.2%、哥伦比亚的7.9%，这是一组非常令人焦虑不安的数字。由此可见，今后中国花卉业发展的关键，已经不单单是生产面积的扩大，而主要是单位面积产值的提高，换句话说，是经济效益的提高，是花卉产品中科技含量的提高。

二、园林花卉学的内容

本门课程以广义的花卉为对象，研究花卉的形态（茎、叶、花、果实和种子）、品种（主要的种类）、生态习性（温度、光照、水分、土壤）、繁殖栽培方法（有性、无性繁殖方法）、花文化及园林应用，强调科学性和艺术性的结合。

第二节　花卉在园林中的作用

一、园林的概念

对于什么是园林，目前还没有统一的看法。《中国大百科全书》把园林定义为“在一定的地域，运用工程技术和艺术手段，通过改造地形（筑山、叠石、理水）、种植树木花卉、营造建筑、布置园路等途径，创建而成的美的自然环境和游憩环境”。目前普遍认为这是对传统园林的界定，今天人们生活中使用的“园林”一词，如城市园林、生态园林中“园林”的含义已远远超出了这个定义。随着时代的发展，园林的含义在不断地变化，已由传统造园提升到环境生态建设层次。

随着观念的转变，在传统园林中作为四大造园要素之一的园林植物，已成为今日园林的主要要素，重要原因是由于生态平衡遭到破坏，作为与人类生活环境关系最密切的植物群体，其在环境中的潜在生态效益受到相当的重视并需要被充分发挥出来。

园林植物包括园林树木（乔木及灌木）、园林花卉（草本），它们在园林中各有特色，可以单独成景，也可以作配景，作用各不相同，不可相互替代。从生态效益角度看，各类园林植物以适当的比例构建而成的人工群落最稳定，多样性最丰富，具有最大的生态效益。从园林美的要求出发，在具体环境中，各类植物比例可以不同，形成不同的植物群落外貌，从而创造丰富的植物景观。它们在园林中都具有各自不同的功能，从景观作用的角度概括地说，园林树木主要形成绿化的骨架，园林花卉以其丰富的色彩起美化装饰作用。

二、花卉在园林中的主要作用

园林花卉与园林树木在外部形态、生理解剖特点、生态习性、生物学特性上有很大区别，因此栽培管理条件、生态效果、景观特点、园林应用也不尽相同。园林花卉种类、品种繁多；突出特点在于色彩艳丽，丰富多彩；与木本植物相比，草本植物形体小，质感柔软、精细，一生中形体变化小，主要观赏价值在于观花或观叶；生命周期短，对环境因子比较敏感，要求栽培管理相对精细。园林花卉低矮、柔弱、美丽，是人居环境中不可缺少的植物，和人类更为亲近，其在园林中的主要作用如下。

① 园林花卉是人工植物群落的构成成分之一。与园林树木以一定比例配合，可形成生态效益好的人工植物群落，从而起保护和改善环境的作用。但在单独种植时，与同等种植面积的高大粗壮树木相比，改善调节生态环境的作用相对较弱。

② 具有精神、卫生防护的功能。与园林树木相同，可以散发芳香、释放挥发性杀菌物、滞尘、清新空气，能营建鸟语花香的美好环境。

③ 在美化环境中有重要作用。花卉是园林绿化、美化的重要材料。尤其是草本花卉，品种繁多、繁殖系数高、生长速度快、花色鲜艳、装饰效果好，所以在园林绿化中常用来布置花坛、花境、花台、花丛等，既创造了优美的环境，还为人们在劳动之余欣赏享受提供了条件，有助于消除疲劳、增进身心健康。

④ 可形成独特的园林景观。园林花卉美丽的色彩和细腻的质感，使其能形成细致景观，常用作前景或近景，形成美丽的色彩景观。低矮的园林花卉可以丰富树木的下层空间，出现在俯视视野中，又不紧贴地面，具有较高的亲人性。若能适时更换，其颜色和形体的不断变化可以活跃气氛，打破环境的庄严或沉闷感。

⑤ 园林应用方便。花卉个体小、生态习性差异大、受地域限制小，除露地栽培外，盆栽相对容易，便于在各种气候和环境中使用，尤其便于在不宜使用乔木、灌木的环境中应用；生命周期短，便于更换；花期控制相对容易，可根据需要调控开花时间，很快形成漂亮的植物景观；可临时设置，便于移动。

⑥ 应用方式灵活多变。有花坛、花境、花带、花群、花丛、种植钵等多种应用方式，形成的景观各不相同，可以展示丰富的园林植物景观。

⑦ 能丰富文化生活。随着国民经济的发展，人们的居住条件有了改善，对于花卉的需求日益迫切。花卉能给人以美的感受，现在人们已不满足于只在园林绿地中赏花娱乐，还要求用花卉进行室内美化，装饰生活环境，丰富日常生活。另外，会场布置、公共场所的装饰以及婚丧礼仪等均需大量用花。花卉还富有教育意义，奇花异卉变化万千，欣赏之余更有助于人们对大自然的了解和增长科学知识。

⑧ 提高经济收益。花卉栽培是一项重要的园艺生产，可以出口创汇。如漳州的水仙、兰州的百合、云南的山茶花等，历年均有出口。荷兰的郁金香、风信子，日本的百合、菊花、月季，新加坡的热带兰以及意大利的干花等已形成专业化生产，花卉生产在国民经济中占重要地位。很多花卉又是药用植物、香料植物或其他经济植物，如牡丹、芍药、鸡冠花、凤仙、百合等均为重要的中药材；晚香玉、玫瑰、小苍兰、茉莉、白兰花等都为重要的香料植物。

第三节　国内外花卉业发展概况

一、中国花卉业发展概况

1. 中国花卉栽培史

中国花卉栽培历史悠久。远在春秋时期，吴王夫差（公元前 495～公元前 476 年）在会稽建梧桐园，已有栽植观赏花木茶花与海棠的记载。至秦汉时期（公元前 221～公元 220 年），王室富贾营建宫苑，广集各地奇果佳树、名花异卉植于园内，如汉成帝在长安兴建上林苑，不仅栽培露地花卉，还建保温设施，种植各种热带、亚热带观赏植物，据《西京杂记》记载达 2000 余种。西晋嵇含（公元 304 年）著《南方草木状》，记载两广和越南栽培的园林植物（如茉莉、菖蒲、扶桑、刺桐、紫荆、睡莲等）80 种。东晋（公元 317～420 年）陶渊明诗集中有“九华菊”品种名，还有芍药开始栽培的记载。隋代（公元 581～618 年）花卉栽培渐盛。据宋代李格非《洛阳名园记》记载，当时归仁园中“北有牡丹芍药四株，中有竹百亩”。唐代（公元 618～907 年）王芳庆著《园林草木疏》，李德裕著《平泉山居草木记》等。宋代（公元 960～1279 年）花卉栽培有了长足的发展，有关花卉的著述盛极一时，有代表性的有陈景沂的《全芳备祖》，范成大的《桂海花木志》、《范村梅谱》、《范村菊谱》，欧阳修、周师厚的《洛阳牡丹记》，陆游的《天彭牡丹谱》，陈思的《海棠谱》，王观的《芍药谱》，刘蒙、史正志的《菊谱》，王贵学的《兰谱》，赵时庚的《金漳兰谱》等。明代（1368～1644 年）花卉栽培又有新的发展，专著有高濂的《兰谱》、周履靖的《菊谱》、陈继儒的《种菊法》、黄省曾的《艺菊》、薛凤翔的《牡丹八木》、曹璿辑的《琼花集》等，同时出版了一批综合性著作，如周文华的《汝南圃史》、王世懋的《学圃杂疏》、陈诗教的《灌园史》、王象晋的《二如亭群芳谱》等。清代（1616～1911 年）前期花卉园艺亦颇兴盛，有名的专著有杨钟宝的《缸荷谱》、赵学敏的《凤仙谱》、计楠的《牡丹谱》、陆廷灿的《艺菊志》、评花馆主的《月季花谱》、朱克柔的《第一香笔记》等，有关花卉的重要综合性文献有汪颢等的《佩文斋广群芳谱》、陈淏子的《花镜》、马大魁的《群芳列传》等。民国时期（1912～1949 年）花卉事业虽有发展，但仅限于少数城市，专业书刊出版亦少，主要有陈植的《观赏树木》，夏诒彬的《种兰花法》、《种蔷薇法》，章君瑜的《花卉园艺学》，童玉民的《花卉园艺学》，陈俊愉、汪菊渊等的《艺园概要》，黄岳渊、黄德邻的《花经》等。

2. 中国丰富的花卉资源及其对世界的贡献

中国是世界花卉种质资源宝库之一。已栽培的花卉植物，初步统计产于中国的有 113 科 523 属，达数千种之多，其中将近 100 个属半数以上的种均产于中国（见表 1-1）。

有些属中国所产种数虽不及半数或更少，但却具有很高的观赏价值，如乌头属（*Aconitum*）、侧金盏花属（*Adonis*）、七叶树属（*Aesculus*）、银莲花属（*Anemone*）、耧斗菜属（*Aquilegia*）、紫金牛属（*Ardisia*）、紫菀属（*Aster*）、秋海棠属（*Begonia*）、小檗属（*Berberia*）、醉鱼草属（*Buddleja*）、苏铁属（*Cycas*）、杓兰属（*Cypripedium*）、瑞香属（*Daphne*）、卫矛属（*Euonymus*）、龙胆属（*Gentiana*）、金丝桃属（*Hypericum*）、冬青属（*Ilex*）、凤仙花属（*Impatiens*）、百合属（*Lilium*）、忍冬属（*Lonicera*）、木兰属（*Magnolia*）、绣线梅属（*Neillia*）、芍药属（*Paeonia*）、独蒜兰属（*Pleione*）、万年青属（*Rohdea*）、蔷薇属（*Rosa*）、雀梅藤属（*Sageretia*）、景天属（*Sedum*）、野茉莉属（*Styrax*）、唐松草属（*Thalictrum*）、络石属（*Trachelospermum*）、万带兰属（*Vanda*）、堇菜属（*Viola*）等，这些属中都有一些种是常见栽培种或具观赏潜势尚待开发利用的。

中国原产的花卉为世界花卉事业做出了巨大的贡献。早在公元前 5 世纪，荷花经朝鲜传至日本。大量的花卉和其他园艺作物交流始于 16 世纪。自 19 世纪初开始有大批欧美植物学工作者来华搜集花卉资源。100 多年以来，仅英国爱丁堡皇家植物园栽培的中国原产植物就达 1500 种之多。威尔逊（E H Wilson）自 1899 年起先后 5 次来华，搜集栽培的和野生的花卉达 18 年之久，掠去乔灌木 1200 余种，还有许多种子和鳞茎。1929 年，他出版了在中国采集的纪事，书名为《中国，园林之母》（China，Mother of Gardens）。北美引种的中国乔木、灌木就达 1500 种以上，意大利引种的中国观赏植物约 1000 种，已栽培的植物中德国有 50%、荷兰有 40%来源于中国。

西方各国庭园中都引种和培育中国原产的花卉。如蔷薇属育成的许多品种中都含有月季花（*Rosa chinensis*）、香水月季（*R*×*odorata*）、玫瑰（*R. rugosa*）、木香花（*R. banksiae*）、

表 1-1　中国产花种数超过 50%的属

属　名	世界产种数	中国产种数	中国产种数占世界产种数的比例/%
翠菊属(*Callistephus*)	1	1	100
金粟兰属(*Chloranthus*)	15	15	100
铃兰属(*Convallaria*)	1	1	100
山麦冬属(*Liriope*)	6	6	100
独丽花属(*Moneses*)	1	1	100
紫苏属(*Perilla*)	1	1	100
桔梗属(*Platycodon*)	1	1	100
石莲属(*sinocrassula*)	9	9	100
款冬属(*Tussilago*)	1	1	100
沿阶草属(*Ophiopogon*)	35	33	94.0
鹿蹄草属(*Pyrola*)	25	23	92.0
粗筒苣苔属(*Briggsia*)	20	18	90.0
茶属(*Camellia*)	220	190	86.0
开口箭属(*Tupistra*)	14	12	85.2
狗哇花属(*Heteropappus*)	12	10	83.0
绿绒蒿属(*Meconopsis*)	45	37	82.0
沙参属(*Adenophora*)	50	40	80.0
结缕草属(*Zoysia*)	5	4	80.0
独花报春属(*Omphalogramma*)	13	10	77
杜鹃花属(*Rhododendron*)	800	600	75
吊石苣苔属(*Lysionotus*)	18	13	72
梅花草属(*Parnassia*)	50	36	72
蓝钟花属(*Cyananthus*)	30	21	70
菊属(*Dendranthema*)	50	35	70
含笑属(*Michelia*)	50	35	70
报春花属(*Primula*)	500	390	70
棕竹属(*Rhapis*)	10	7	70
獐牙菜属(*Swertia*)	100	70	70
白芨属(*Bletilla*)	6	4	66.6
大百合属(*Cardiocrinum*)	3	2	66.6
石蒜属(*Lycoris*)	6	4	66.6
马先蒿属(*Pedicularia*)	500	329	65.8
金腰属(*Chrysosplenium*)	61	40	65.5
紫堇属(*Corydalis*)	30	21	62.5
兰属(*Cymbidium*)	40	25	62.5
蜘蛛抱蛋属(*Aspidistra*)	13	8	61.5
瓦松属(*Orostachys*)	13	8	61.5
点地梅属(*Androsace*)	100	60	60
吊钟花属(*Enkianthus*)	10	6	60
黄精属(*Polygonatum*)	50	30	60
翠雀属(*Delphinium*)	190	111	58.4
绣线菊属(*Spiraea*)	105	60	57
荛花属(*Wikstroemia*)	70	40	57
香蒲属(*Typha*)	18	10	55.5
虾脊兰属(*Calanthe*)	120	65	54
射干属(*Belamcanda*)	2	1	50
八角金盘属(*Fatsia*)	2	1	50
十大功劳属(*Mahonia*)	100	50	50
莲属(*Nelumbo*)	2	1	50
吉祥草属(*Reineckea*)	2	1	50
虎耳草属(*Saxifraga*)	400	200	50

黄刺玫（*R. zanthina*）、峨眉蔷薇（*R. omeiensis*）的血统；茶花类如山茶花（*Camellia japonica*）变异性强，云南山茶（*C. reticulata*）花大色艳，两者进行杂交也培育了许多新品种。西方栽培的观赏树木，如银杏、水杉、珙桐、玉兰、泡桐以及松柏类，全部或大部分来自中国；花灌木类如六道木、醉鱼草、小檗、栒子、连翘、金缕梅、八仙花、猬实、山梅花、火棘、杜鹃花、绣线菊、紫丁香、锦带花等属，草本花卉如乌头、射干、菊花、萱草、百合、翠菊、飞燕草、石竹、龙胆、绿绒蒿、报春花、虎耳草属中都有一些种被世界各地引种或作为杂交育种的亲本。由于原产中国的花卉广泛栽培在欧美的园林中，"没有中国植物就不能称其为庭园"，因此中国被誉为"园林之母"、"花卉王国"等，确实是当之无愧的。可以这样认为，凡是进行植物引种的国家，几乎都栽有中国原产的花卉。

3. 中国花卉事业的现状与发展前景

（1）中国花卉事业的现状　中国花卉业起步于20世纪80年代初期，但在前5年，花卉没有形成一定的"商品"量，在种植业中所占的比重微乎其微。进入"七五"后，中国花卉业开始迅速恢复和发展，截至目前，大致可以划分为三个阶段。

① 恢复发展阶段（1986～1990）　据统计，1986年全国花卉生产面积接近2万公顷，产值7亿元左右。到1990年分别增长到3.3万公顷、11亿元。这5年内虽然花卉生产面积和产值有了一定的增长，但总的来说，生产基本以传统的栽培技术和栽培品种为主；市场刚刚唤起人们的消费意识，在大多数人眼里，鲜花还是高档的奢侈品；由于产品短缺，加上人为炒作，经销者时常可以获取暴利。比如，北方的君子兰，一株曾卖到几万甚至几十万，南方的茶梅，按叶片买，一片叶最高价达10元。产品短缺带来的丰厚利润，激发了一些地方发展花卉生产的积极性。江浙一带大力发展市场上紧俏的绿化苗木，盲目扩大龙柏、雪松的种植面积，结果造成了供大于求的现象，出现了自花卉业恢复以来最大的一次波折。1989年全国花卉生产面积已发展到4万公顷，1990年又下降到3.3万公顷，主要减少的是绿化苗木，当时流行一句话叫"龙柏烧狗肉"。"七五"期间，花卉出口种类很单一，范围也相当窄。1985年全国花卉出口额为600万美元，其中出口到香港就占了500万美元，而且主要是以年宵花金橘等盆栽类为主。

总地来说，"七五"期间，中国花卉业尚处于技术落后、品种陈旧、产品短缺、市场不稳的状况。主要原因是，从20世纪50年代末到70年代末的20多年中，受"左"的路线影响，花卉业一直遭受被"批判"的厄运，生产倒退、科研停滞、教学中断。到20世纪80年代中后期，花卉业虽然经过一段时间恢复发展，但由于时间短、基础太差，长期形成的生产、科研落后的状态还不能很快扭转。

② 快速发展阶段（1991～1995）　进入"八五"后，随着国民经济的发展，城市绿化、美化要求的提高，以及人民生活水平的改善，花卉需求量迅速增长，有力地推动了各方面发展花卉业的积极性。特别是1992年国务院召开发展"高产、优质、高效"农业经验交流会后，各地开始把发展花卉业作为调整农业结构、发展农村经济的重要途径之一，进一步加强领导、加大扶持力度，大大加快了花卉业的发展步伐。这个阶段，中国花卉业出现以下几个明显特点。

a. 生产快速发展　"八五"期间是花卉生产发展最快的5年。全国花卉生产面积从1990年的3.3万公顷，扩大到1995年的7.5万公顷，增长两倍多。全国出现了国营、集体、个体以及合资、独资企业一齐上的局面。广东、福建、浙江、江苏、上海、四川等传统产区，涌现出一大批专业村和专业户。从南到北靠花卉致富的农户不胜枚举。

b. 产品结构得到有效调整　在各类花卉产品中，发展最快的是鲜切花和观叶植物。1995 年全国鲜切花产量达到 7 亿支，比 1991 年的 2.2 亿支增长 3 倍多。广东、福建等地利用适宜的气候条件，大量引进观叶植物优新品种，发展成为全国观叶植物生产和供应中心。绿化植物也不再种类单一，出现乔木、花灌木、草坪草等齐发展的势头。商品盆景的生产和出口也有明显增加。由于各地注重调整产品结构，不仅丰富了市场供应，也使花卉产值成倍增长。据统计，1991 年全国花卉产值为 12 亿元，平均亩产值 2400 元，1995 年为 38 亿元，平均亩产值达到 3780 元，比 1991 年提高了 57%。

c. 产品短缺现象得到根本改善　生产快速发展，加上结构的有效调整，使花卉产品短缺现象有了明显好转。市场供应比较充足，品种也较过去齐全。

③ 巩固和提高阶段（1996 年至今）　各地总结快速发展阶段的经验、教训，肯定成功的做法，克服不足之处，对花卉业的特点、规律有了进一步认识。从近几年花卉生产、科研、流通等诸多方面的变化看，中国花卉业开始步入巩固和提高阶段。

a. 稳步发展生产，注重提高质量　据不完全统计，1998 年全国花卉生产面积为 9 万公顷，比 1995 年增加 2.5 万公顷。花卉生产开始放慢发展速度，各类花卉产品的质量有了明显提高。如月季、香石竹、菊花、百合、勿忘我、满天星等鲜切花，不仅品质比过去有了较大改善，而且基本做到以稳定的质量全年供应市场，这是中国鲜切花生产的一个较大突破。各类观叶植物也基本实现了规模化、批量化、规格化生产，以满足各地各消费层次的需要。

b. 盆花生产呈上升趋势　花卉生产恢复发展以来，鲜切花一直是热门产品，而用途广泛的盆花受到“冷落”。进入“九五”，花卉消费市场出现以下几个变化：城市绿化、美化提出新要求，提倡植树、栽花、种草三结合；大中城市政治、经济、文化等大型活动增多，如庆典、花展等；花卉的集团性消费下降，居民消费渐增。消费市场的变化，带动了盆花的生产。据统计，1995 年全国盆花产量为 2.4 亿盆，1996 年为 5 亿多盆，1998 年上升到 11 亿多盆。3 年时间，盆花产量翻了两番多。为适应市场需要，一些大的花卉公司在生产结构上进行了大幅度调整。深圳先科四季青鲜花公司，10 多年来一直以生产经营鲜切花为主，近一两年迅速扩大了盆花的生产，1998 年盆花产量为 70 万盆，1999 年计划生产 300 万盆。向来以生产盆栽杜鹃为主的江苏省宜兴华盛花卉有限公司近几年也加快发展速度，1999 年产量达到 130 万盆，比上年增加近一倍。不少公司调整生产结构之后，都取得了较好的经济效益。

c. 大流通逐步形成　近几年，中国花卉流通环节的设施建设有了明显改善。据统计，全国大小花卉批发市场已有 700 多个。一些花卉重点产销区，如北京、上海、广州、顺德、成都、沈阳等城市，都建起了大型花卉批发市场。昆明斗南花卉批发市场的扩建工程正在启动，总投资在千万元以上。这些批发市场的建设，在花卉南北大流通上起到一定的枢纽作用。随着交通运输条件的改善，以及包装、保鲜技术的应用，花卉交易基本不受地域限制，全国花卉大市场、大流通正在逐步形成。

随着花卉消费的普及，花店也大量增多。据不完全统计，1990 年全国花店为 1100 多家，1995 年增加到 6600 多家，1998 年达到 1.6 万家，大大方便了经营者和消费者。

中国花卉业经历上述 3 个发展阶段，取得了令人瞩目的成就，花卉生产初具规模。截至 1998 年，生产规模在 50 亩（1 亩 $=666.67m^2$）以上的企业，全国有 3700 多家，从业人员 120 多万人。花卉科研取得一定成果，目前，全国已有 200 多家科研单位设立花卉科研机构，有100多个教学单位开设了花卉园林专业。近20年来，发表省部级花卉科研成果的单位有40多家，取得成果600多项。花卉消费呈逐年上升趋势，特别是鲜切花，十几年前还被视为奢侈品，现在已进入寻常百姓家，开始用于婚丧嫁娶、喜庆节日、探亲访友等各种场合。

总之，经过20多年的努力，花卉业确实取得了长足进步，为现代花卉业的形成和发展奠定了较好的基础。

（2）中国花卉事业展望　花卉事业已逐渐成为世界新兴产业之一，如将中国丰富的资源转化为商品，就会变成一笔巨大的财富，无疑这一光荣而艰巨的使命将落在花卉科技工作者身上。

近来中国各地在花卉种质资源考察中发现和搜集到一批观赏价值高的植物，其中有的可以直接引种，有的需经驯化，有的可作为培育新品种的亲本。这一基础性调查研究工作已引起有关人士的关注，势必将为花卉事业的发展作出新的贡献。

科学技术就是生产力已逐渐为人们所认识，国家设立了全国性花卉研究机构，各省市也多设有相应的机构。为了提高花卉产品的质量，增加新的品种，应采用新技术、新设备、新手段，如多倍体单倍体育种、一代杂种的利用、辐射育种、组织培养等。对花卉种和品种的选择，从重视花色、花型、株型等转向适应生产性、交流运输性、抗病性等方面。

花卉生产还应扬长避短，并实行区域化、专业化、工厂化、现代化，有计划有步骤地发挥优势、形成特色、建立基地、形成产业，为花卉进入千家万户和国际市场创造条件。除大力发展名花外，对切花和室内植物应给予特殊重视，对适于中国栽培的外国花卉也应积极引种，使其为我所用。

建立生产基地和流通联合体。花卉种类繁多，要求的生育条件各异，因此选择适宜地区建立某种花卉的生产基地是发展花卉生产的重要措施，易收到事半功倍之效。建立经营种子、育苗设施、容器、机具、花肥、花药以及保鲜、包装、贮藏、运输等一套业务的机构，使各个环节相互协调配合，对促进花卉业的发展将会产生积极的影响。

科学技术转变为生产力的一个中心环节就是科技的推广普及工作。商品化生产既要一定的数量，更要保持整齐一致的高质量，若没有现代科技的运用和现代化设备的武装，很难完成这一任务。因此还应普遍提高种植者、经营者以及爱好者的水平，利用各种宣传工具（如电台、电视台和报刊）宣传普及花卉栽培管理和经营的基本知识和操作方法，以适应花卉商品化生产的要求，同时建立情报咨询服务机构，掌握国际国内花卉生产和市场的信息和活动，大力发展适销对路的切花、盆花、种苗、种球、盆景和干花生产，并通报气象变化情况、病虫害发生发展的规律及防治方法、种子种苗的流通和农药化肥的供销情况，为花卉生产提供服务。近些年来，花卉贸易在全国的体系已逐步健全，电子商务已在花卉销售中发挥作用。

总之，随着国民经济的繁荣，中国花卉事业只要紧紧抓住天时地利的有利条件和机遇，采取切实可行的措施，就一定会得到飞跃发展。

二、国外花卉业发展概况

第二次世界大战结束后，花卉业在全球范围内快速地繁荣起来，已成为当今世界最具活力、久盛不衰的产业之一。花卉产品逐渐成为国际贸易的大宗商品，世界各国的花卉消费量迅速持续地增长。随着品种的改进，包装、保鲜技术的应用和交通运输条件的改善，花卉市场日趋国际化。据联合国贸易组织统计，在花卉产品的国际贸易中，发达国家占绝对优势，约占出口总销售额的80%，而发展中国家仅占20%，如鲜切花，荷兰占世界出口销售总额的59%，哥伦比亚占10%，意大利占6%，西班牙占2%，肯尼亚占1%；盆花出口，荷兰占48%，丹麦占16%，法国占15%，比利时占10%，意大利占4%。世界进口花卉最多的国家顺序是德国、美国和日本等。当前世界花卉现代化商品生产主要有三大部分，鲜切花（60%）、盆花（30%）和观叶植物（10%），现在世界花卉的生产正以每年递增7%的速度发展着。

花卉业迅速发展有以下原因。第一，需要量大、经济效益高。以美国为例，年收入金额每亩小麦86美元，棉花300美元，而杜鹃花达14000美元；意大利年收入金额，每公顷水果500万～600万里拉，蔬菜700万～800万里拉，而切花为5000万～6000万里拉。第二，花卉生产促进了花卉的销售，带动了花肥、花药、栽花机具以及花卉包装贮运业的发展。第三，促进了食品、香料、药材产业的发展。如丁香、桂花、茉莉、玫瑰、香水月季等常用以提取有名的天然香精，红花、兰花、米兰、玫瑰可作为食品香料，芍药、牡丹、菊花、红花都是著名的中药材。第四，举办各种花卉博览会或是花卉节，可以花为媒，吸引游人，推动旅游业的发展。

现在世界花卉生产形势很好，其主要特点如下。

① 世界花卉生产持续地迅速增长　世界风云变幻，经济危机、局部战争、自然灾害等都未能遏制世界花卉生产销售的持续增长，世界花卉总产值1977年不到70亿美元，1982年达94.7亿美元，5年间增加了35%，相当于年均增长7%。到1991年花卉总销售额达1000亿美元，9年猛增10.6倍，年增长达118%。到20世纪末，世界花卉销售总额达到2000亿美元。

② 花卉生产布局发生了全球性的调整和变化　随着花卉需要量的增加，世界花卉栽培面积也在不断扩大。如荷兰花卉种植面积1989年达166.58km^2。为了降低生产成本，适地适花生产基地正向世界各处转移形成几个大的全球性花卉生产和销售中心，如南美洲的厄瓜多尔、哥伦比亚成为主要生产国，产品主要供应美国、加拿大等几个消费国；非洲的津巴布韦、肯尼亚成为花卉出口中心，产品主要供给欧洲。产生这一变化的主要原因是这些南美洲和非洲国家具有气候优势和廉价劳动力，其花卉生产成本低，在国际花卉市场上有较强的竞争能力。如肯尼亚、赞比亚、津巴布韦等国冬季生产的月季切花，已在荷兰的花卉拍卖市场上占有相当的比例，非常引人注目。

③ 世界花卉消费增长迅速　当前世界有三大花卉消费市场。其一是以美国为首的北美洲花卉消费市场，美国有70%的花卉要从国外进口；其二是以德国、法国为主的欧洲消费市场，德国60%、法国近20%的花卉靠进口；其三是以日本、中国为主的亚洲消费市场，今后世界最大的潜在花卉消费市场在亚洲。各国花卉的人均消费量不断增加，如1980年美国人均消费花卉11～13美元，到1987年增至33美元；1980年意大利人均消费花卉3万里拉，到1987年增至10万里拉。7年间两国人均消费额各增加3倍左右。1990年，法国人均消费花卉89美元，丹麦是101美元，瑞士达118美元。1990年中国人均消费花卉仅为人民币1元，到1994年为3元多。随着中国进入小康社会，花卉消费必然迅速增长，成为世界花卉消费大国，以人均消费花卉人民币10元计，全国即达120亿元，相当于十几亿美元，所以亚洲市场潜在容量很大。

④ 鲜切花生产快速增长，前景看好　鲜切花销售额已经占世界花卉销售总额的60%左右，是花卉生产中的主力军，1993年世界切花出口总额已达114亿支左右。主要切花花卉有月季（*Rosa*×*hybrida*）、菊花（*Dendranthema*×*grandiflorum*）、香石竹、唐菖蒲（*Gladiolus hybidus*）、小苍兰（*Freesia refracta*）、非洲菊（*Gerbera jamesonii*）、百合（*Lilium* sp.）、大花惠兰（*Cymbidium*×*hybidum*）、郁金香（*Tulipa gesneriana*）等。现在荷兰年人均消费鲜切花150支、法国80支、英国50支、美国30支，而中国年人均切花消费仅为0.6支，各国仍有消费迅速增长的势头。如美国，据专家分析：1980年人均消费月季切花2.1支，全国为5亿支；1993年人均消费4.2支，全国10亿支，增长了1倍；预计2010年，人均消费将达8支，全国20亿支，较1980年翻两番。预计今后几年鲜切花的消费量将增加1倍以上。

⑤ 观叶植物和野生花卉的引种发展迅速　随着城镇高层住宅的修建，室内装饰水平的提高，室内观叶植物普遍受到人们的喜爱。这类植物属喜阴或耐荫的种类，常见栽培的有豆瓣绿、酢浆草、秋海棠、花叶芋、龟背竹、花烛、姬凤梨、绿萝、鸭跖草、文竹、吊兰、朱蕉、玉簪、肖竹芋、竹芋等。为了丰富花卉的种类，通过种质资源的调查，将获得的观赏价值高的花卉直接引种栽培或用作育种亲本，是一种培育新品种的既快又好的方法。

⑥ 世界花卉生产向着生产专业化、管理现代化、产品系列化、供应周年化方向发展　随着各国花卉消费和欣赏水平的不断提高，花卉逐渐深入人们的生活，它已成为不可缺少的生活内容。随着花卉流通体系的日益完善，促使花卉生产者不断提高产品的质量，不断更新和丰富花卉的种类和品种，努力提高经营管理的现代化水平，加强流通体系和运输系统建设，逐步做到花卉的四季均衡供应。

思考题

1. 什么是花卉？什么是园林花卉？
2. 花卉在园林中的主要作用有哪些？
3. 当前中国花卉业发展面临哪些机遇和挑战？
4. 简述当前世界主要花卉生产国花卉生产的特点。

第二章 园林花卉分类

花卉是最多样化的一类植物，主要表现在以下几方面。其一，种类多样。从苔藓、蕨类植物到种子植物都有涉及，种和品种繁多。其二，栽培目的、方式多样。有观赏栽培、标本栽培、生产栽培；有无土栽培、水培、切花栽培、盆花栽培等。其三，观赏特性、应用方式多样。人们在生产、栽培、应用中为了方便，就需要对花卉进行分类。依据不同的原则对花卉进行分类，就产生了各种分类方案或系统。

最常用的花卉分类方案如下：以进化途径和亲缘关系为依据的植物分类系统（hierarchy），即自然科属分类；依花卉的生活周期和形态特征分类；按花卉原产地气候分类。第一种分类方法在植物学中有详细介绍，本章重点介绍后两种分类方案和其他一些实用分类。

第一节 按花卉原产地气候型分类

据不完全统计，全球植物大约有35万～40万种，其中1/6具有观赏价值。大自然给予人类充足的花卉资源，对美的追求刺激着人们不断创造新的品种。世界上花卉资源十分丰富，包括野生资源和栽培品种资源。

大自然中花卉资源极其丰富，它们分布在世界各地，但并不是均匀分布的，对于野生花卉，气候、土壤等自然环境决定了它们的分布。花卉的生态习性与原产地有密切关系，如果花卉原产地气候相同，则它们的生活习性也大抵相似，可以采用相似的栽培方法。现在所栽培的花卉都是由世界各地的野生花卉经人工引种或培育而成的，因此，了解花卉原产地很重要，对栽培、引种都有很大帮助。人工栽培中还可以采用设施栽培，创造类似于原产地的条件，使花卉可以不受地域和季节的限制而广泛栽培。

值得注意的是，花卉的原产地并不一定是该种的最适宜分布区。如果它是原产地的优势种，原产地才可能是适宜分布区。此外，花卉还表现出一定的适应性，许多花卉在原产地以外也可以旺盛生长，但种间适应性差异很大。比如欧洲气候型与中国气候型有很大差异，原产于欧洲及北美洲和叙利亚的黄鸢尾（*Iris psedocorus*）在中国华东及华北地区也旺盛生长，可以露地过冬。马蹄莲（*Zanthedeschia aethiopica*）原产于南非，世界各地引种后出现夏季休眠、冬季休眠和不休眠的不同生态类型，但都实现了成功栽培。

根据Miller和日本塚本的分类，全球分为七个气候区，每个气候区所属地区内，由于特有的气候条件，形成了野生花卉的自然分布中心。花卉依原产地气候型可进行如下分类。

一、地中海气候型花卉

气候特点：秋季至春末降雨较多，夏季干旱，冬季温暖，最低气温6～7℃，夏季20～25℃。

地理范围：地中海沿岸、南非好望角附近、大洋洲南部、南美洲智利中部、北美洲西南部（加利福尼亚）。

管理要求：因夏季气候干燥，多年生花卉常成球根形态，夏季许多种类休眠，要注意控水；冬季应注意防寒，并供给适当水分。一二年生花卉的耐寒性差。

原产的重要花卉如下。

地中海地区原产：高山石竹（*Dianthus alpinus*）、紫罗兰（*Matthiola incana*）、金鱼草（*Antirrhinum majus*）、紫毛蕊花（*Verbascum phoeniceum*）、紫盆花（*Scabiosa atropurpurea*）、风铃草（*Campanula medium*）、金盏菊（*Calendula officinalis*）、紫花鼠尾草（*Salvia horminum*）、瓜叶菊（*Senecio cruentus*）、法国白头翁（*Anemone coronaria*）、风信子（*Hyacinthus orientalis*）、克氏郁金香（*Tulipa clusiana*）、番黄花（*Corcus maesiacus*）、仙客来（*Cyclamen persicum*）、花毛茛（*Ranunculus asiaticus*）、西班牙鸢尾（*Iris xiphium*）、葡萄风信子（*Muscari botryoides*）、地中海蓝钟花（*Scilla peruviana*）。

大洋洲西南部原产：麦秆菊（*Helichrysum bracteatum*）。

智利中部原产：蒲包花（*Calceolaria crenatiflora*）、蛾蝶花（*Schizanthus pinnatus*）。

北美洲西南部原产：花菱草（*Eschscholtzia californica*）、蓝花鼠尾草（*Salvia farinacea*）。

南非原产：天竺葵（*Pelargonium hortorum*）、君子兰（*Clivia miniata*）、鹤望兰（*Strelitzia reginae*）、小苍兰（*Freesia refracta*）、网球花（*Haemanthus multiflorus*）。

二、欧洲气候型花卉（大陆西岸气候型花卉）

气候特点：冬夏温差较小，冬天不太冷，夏季15～17℃；降水量偏低，四季都有雨。

地理范围：欧洲大部分地区，北美洲西海岸中部，南美洲西南角，新西兰南部。

该区是一些一二年生花卉和部分宿根花卉的分布中心。这个地区原产的花卉不多，原产于该区的花卉最忌夏季高温多湿，故在中国东南沿海各地栽培有困难，而适宜在华北和东北地区栽培。

原产的重要花卉有：高飞燕草（*Delphinium elatum*）、丝石竹（*Gypsophila paniculata*）、高山勿忘草（*Myosotis alpestris*）、羽衣甘蓝（*Brassica oleracea var. acephala*）、毛地黄（*Digitalis purpurea*）；铃兰（*Convallaria majalia*）、宿根亚麻（*Linum perenne*）、耧斗菜（*Aquilegia vulgaris*）、三色堇（*Viola tricolor*）、雏菊（*Bellis perennis*）；喇叭水仙（*Narcissus pseudo-narcissus*）。

三、大陆东岸气候型花卉

气候特点：冬夏温差较大，四季分明，夏季降水量较大。

地理范围：中国大部分省份，还有日本、北美洲东部、巴西南部、大洋洲东部、非洲东南角附近。

因冬季气温高低不同又可分为温暖型和冷凉型。

1. 温暖型（低纬度地区）

包括中国长江以南（华东、华中、华南）、日本西南部、北美洲东南部、巴西南部、南非东南部、大洋洲东部。同一气候区内，气候也有一些差异。该区是喜欢温暖的球根花卉和不耐寒的宿根花卉的分布中心。原产的重要花卉如下。

中国原产：中国石竹（*Dianthus chinensis*）、凤仙（*Impartiens balsamina*）、报春（*Primula malacoides*）、石蒜（*Lycoris radiata*）、中国水仙（*Narccissus tazetta var. chinensis*）、百合类（*Lilium regale*、*L. henryi*、*L. tigrinum*、*L. brownii*）。

北美洲东部原产：福禄考（*Phlox drummondii*）、天人菊（*Gaillardia aristata*）、堆心菊（*Helenium autumnale*）、捕蝇草（*Dionacea muscipula*）。

巴西南部原产：美女樱（*Verbena hybrida*）、撞羽朝颜（*Petunia violacea*）、半支莲（*Portulaca grandiflora*）。

非洲东南部原产：非洲菊（*Gerbera jamesonii*）、松叶菊（*Lampranthus tenuifolius*）。

日本西南部原产：百合类（*Lilium longiflorum*、*L. japonicum*、*L. speciosum*）。

非洲南部原产：绯红唐菖蒲（*Gladiolus cardialis*）、马蹄莲（*Zantedeschia aethiopica*）。

2. 冷凉型（高纬度地区）

包括中国北部、日本东北部、北美洲东部，是耐寒宿根花卉分布中心。该区原产的重要花卉如下。

中国原产：翠菊（*Callistephus chinensis*）、荷包牡丹（*Dicentra spectabilis*）、芍药（*Paeonia lactiflora*）、菊花（*Dendranthema* × *grandiflorum*）、大瓣铁线莲（*Clematis macropetala*）。

北美洲东北部原产：丛生福禄考（*Phlox subulata*）、美洲矢车菊（*Centaurea americana*）、向日葵（*Helianthus annuus*）、荷兰菊（*Aster novi-belgii*）、美国紫菀（*Aster novae-angliae*）、随意草（*Physostegia virginiana*）、红花钓钟柳（*Penstemon barbatus*）、金光菊（*Rudbeckia laciniata*）。

日本东北部原产：花菖蒲（*Iris ensata*）、燕子花（*Iris laevigata*）。

四、墨西哥气候型花卉（热带高原气候型花卉）

气候特点：温差小，周年气温 14～17℃。降雨量因地区不同而异，有周年雨量充沛的，也有降雨集中在夏季的。

地理范围：墨西哥高原、南美洲安第斯山脉、非洲中部高山地区、中国西南部山岳地带（昆明）。

该区是一些春植球根花卉的分布中心。原产于该区的花卉一般喜欢夏季冷凉、冬季温暖的气候，在中国东南沿海各地栽培较困难，夏季在西北地区生长较好。原产的重要花卉如下。

墨西哥高原原产：藿香蓟（*Ageratum conyzoides*）、百日草（*Zinnia elegans*）、万寿菊（*Tagetes erecta*）、波斯菊（*Cosmos bipinnatus*）、大丽花（*Dahlia pinnata*）、晚香玉（*Polianthes tuberosa*）。

中国原产：藏报春（*Primula sinensis*）。

五、热带气候型花卉

气候特点：周年高温，月平均温差较小，离赤道渐远，温差加大；雨量大，有旱季和雨季之分，也有全年雨水充沛区。

地理范围：中美洲、南美洲热带（新热带）区和亚洲、非洲、大洋洲三洲热带（旧热带）区两个区。

该区是不耐寒一年生花卉及观赏花木的分布中心，对花卉园艺贡献很大。该区原产的花卉一般不休眠，对持续一段时期的缺水很敏感。原产的木本花卉和宿根花卉在温带均需要用温室栽培，一年生草花可以在露地无霜期栽培。原产的重要花卉如下。

亚洲、非洲、大洋洲三洲热带原产：鸡冠花（*Celosia cristata*）、彩叶草（*Coleus blumei*）、虎尾兰（*Sansevieria trifasciata*）、蟆叶秋海棠（*Begonia rex*）、非洲紫罗兰（*Santpaulia ionantha*）、鹿角蕨（*Platycerium bifurcatum*）、猪笼草（*Nepenthes hybrida*）、三色万代兰（*Vanda tricolor*）。

中美洲、南美洲热带原产：长春花（*Catharanthus roseus*）、大花牵牛（*Pharbitis nil*）、火鹤花（*Anthurium schetzerianum*）、卵叶豆瓣绿（*Peperomia obtusifolia*）、竹芋（*Maranta arundinacea*）、四季秋海棠（*Begonia semperflorens*）、狭叶水塔花（*Billbergia nutans*）、琴叶喜林芋（*Philodendron panduraeforme*）、卡特兰属（*Cattleya*）、白拉索兰属（*Brassavola*）、蕾利亚兰属（*Laelia*）、蝴蝶文心兰（*Oncidium papilio*）、美人蕉（*Canna indica*）、朱顶红（*Hippeastrum vittatum*）、大岩桐（*Sinningia speciosa*）。

六、寒带气候型花卉

气候特点：冬季漫长而寒冷，夏季凉爽而短暂，植物生长季只有2～3个月，年降雨量很少，但在生长季有足够的湿度。

地理范围：阿拉斯加、西伯利亚、斯堪的纳维亚等寒带地区。

该区主要有各地自生的高山植物。原产的重要花卉：绿绒蒿属（*Meconopsis*）；龙胆属许多种，如柳叶龙胆（*Gentiana asclepiadea*）、天山龙胆（*Gentiana tianshanica*）；雪莲（*Saussurea involucrata*）；细叶百合（*Lilium tenuifolium*）。

七、沙漠气候型花卉

气候特点：周年降雨少，气候干旱，多为不毛之地；夏季白天长、风大，植物常呈垫状。

地理范围：撒哈拉沙漠的东南部、阿拉伯半岛、伊朗、黑海东北部、非洲、大洋洲中部的维多利亚大沙漠、马达加斯加岛、北美洲、南美洲、墨西哥西北部、秘鲁与阿根廷部分地区、中国海南岛西南部。

该区是仙人掌和多浆植物的分布中心。仙人掌类植物主要分布在墨西哥东部及南美洲东海岸。多浆植物主要分布在南非。

该区原产的重要花卉：芦荟（*Aloe arborescens*）、伽蓝菜（*Kalanchea laciniata*）、点纹十二卷（*Haworthia margaritifera*）、仙人掌（*Opontia dillenii*）、龙舌兰（*Agave americana*）、霸王鞭（*Euphorbia neriifolia*）、光棍树（*Euphorbia teirucalli*）。

第二节　按花卉生态习性及生活型分类

一、露地花卉

露地花卉指在当地自然条件下基本完成整个生长过程的花卉。为了提前开花，可以加一些保护措施，但依花卉习性可以在露地生长的花卉仍划分为露地花卉。

1. 露地一年生花卉

在一个生长季内完成生活史的花卉，一般在春季播种，夏秋季开花结实，然后枯死，故又称为春播花卉。这类花卉喜温暖、怕冷凉，如凤仙花、鸡冠花、半支莲等。

2. 露地二年生花卉

在两个生长季内完成生活史的花卉，当年只生长营养器官，越年后开花、结实、死亡。二年生花卉一般在秋季播种，次年春夏开花，故又称为秋播花卉。这类花卉喜冷凉、怕酷热，如紫罗兰、羽衣甘蓝等。

露地多年生花卉中有一些种类异地栽培后，花期与当地气候不适宜并可用种子繁殖的可作为一二年生栽培，还有一些种类只在一二年栽培时开花观赏价值高，如果继续栽培则退化，所以也作为一二年生栽培，如三色堇（多年生）常作二年生栽培。

3. 露地多年生花卉

凡经一次播种后能多年生长的落叶草本植物，即冬季地上部分枯死（有些地区环境条件适宜，仍继续生长不枯死），根系在土壤中宿存，来年春暖后又重新萌发生长的花卉。根据其地下器官（根、地下茎）是否变态可分为两类。

(1) 宿根花卉　地下部分的形态正常，不发生变态，如萱草、芍药、玉簪等。

(2) 球根花卉　地下部分具有膨大的变态茎或根，呈球形或块状。依据地下部分形态特征可分为五类，鳞茎（百合、郁金香）、球茎（唐菖蒲）、块茎（仙客来）、根茎（美人蕉）、块根（大丽花）。

4. 水生花卉

在水中或沼泽地里生长的花卉，如睡莲、荷花等。水生植物指在水中生长的植物。

5. 岩生花卉

严格地讲是高山植物中具有观赏价值且抗性极强的花卉，但在实际园林应用中可把露地花卉中的一些耐旱性强的植物作为岩生花卉。

二、温室花卉

原产于热带、亚热带及南方温暖地区的花卉。在北方寒冷地区栽培必须在温室内培养或冬季需要在温室内保护越冬。

1. 温室一二年生花卉

这种花卉是指在一个生长季或两个生长季内完成生活史的温室花卉，即从播种到萌芽、生长、开花、结实以至枯死，在一个或两个生长季内完成。温室一年生花卉春天播种，秋天开花，然后死亡；温室二年生花卉秋天播种，秋冬生长，春天开花，结实后枯死。常见的有香豌豆（*Lathyrus odoratus*）、蛾蝶花（*Schizanthus pinnatus*）等。另有一类多年生花卉，在温带地区栽培时，因不耐夏天的炎热、畏惧严冬的寒冷或因多年生习性不强，生长1～2年后，生长势下降，观赏品质降低，只能作为温室一二年生花卉栽培，如瓜叶菊（*Sensecio*×*hybrida*）、报春花（*Primula malacoides*）、蒲包花（*Calceolaria herbeohybrida*）、彩叶草（*Coleus*×*hybridus*）等。

2. 温室多年生花卉

这种花卉个体寿命超过两年，能多次正常萌芽生长、开花结实；但不耐栽培地冬季的严寒。根据地下部分的形态变化可分为以下两类。

(1) 温室宿根花卉　地下部分形态正常，不发生变态。此类花卉数量较多，常见的有大花君子兰（*Clivia minitata*）、非洲菊、龟背竹、鹤望兰（*Strelitzia reginae*）等。

（2）温室球根花卉　地下部分变态肥大。主要有仙客来（*Cyclamen persicum*）、球根秋海棠（*Begonia tuberhybrida*）、小苍兰、朱顶红（*Hippeastrum vittatum*）等。

3. 温室木本花卉

茎为木质的温室花卉。常见的有梅花、一品红（*Euphorbia pulcherrima*）、山茶花、印度橡皮树（*Ficus elastica*）等。

4. 温室水生花卉

在水中或沼泽地生长的温室花卉，如王莲（*Victoria amazonica*）等。

三、温室花卉中的一些专类花卉

1. 仙人掌类及多浆植物

茎叶具有发达的贮水组织、植株呈肥厚多汁状态的温室植物。其形态奇特、种类繁多，常见的有昙花（*Epiphyllum oxypetalum*）、令箭荷花（*Nopalxochia ackermannii*）、蟹爪兰和燕子掌（*Crassula argentea*）等。

2. 兰科（Orchidaceae）花卉

兰科花卉种类很多，约2万种以上。依生态习性不同分为以下两类。

（1）地生兰类　植株生长在土壤中，中国兰花即属此类。以其优雅的香气和飘逸的叶态而深受中国和东方各国人民的喜爱，主要有春兰（*Cymbidium goeringii*）、蕙兰（*C. faberi*）、建兰（*C. ensifolium*）和墨兰（*C. sinense*）等。

（2）附生兰类　附生在其他物体上，多分布于热带，故又名热带兰花。以花色、花型的美丽而著称，西方人多喜爱栽培这类兰花，故有洋兰之别称。常见的有石斛（*Dendrobium nobile*）、杂种卡特兰（*Cattleya*×*hybida*）、蝴蝶兰（*Phalaenopsis amabilis*）和带叶兜兰（*Paphiopedium hirsutissinum*）等。

另有腐生兰类，罕见栽培。

3. 温室蕨类（*Pteridophyta*）植物

此类植物是较为原始的植物类群，常生长在潮湿荫蔽而腐殖质丰富的地方，适宜生长的土壤多为酸性。约有8000多种，常见的有铁线蕨（*Adiantum raddianum*）、蜈蚣草（*Nephrolepis cordifolia*）、鹿角蕨（*Platycerium bifurcatum*）和鸟巢蕨（*Asplenium nidus*）等。

4. 凤梨科（Bromeliaceae）植物

此类植物叶丛生莲座状，基部常有各色的条斑；花的苞片鲜艳而美丽。主产于美洲的热带和亚热带，约有1500种，常见观赏应用的有水塔花（*Billbergia pyramidalis*）、光萼荷（*Aechmea fasciata*）、羞凤梨（*Aregelia spectabilis*）和果子蔓（*Guzmania lingulata*）等。

5. 棕榈科（Palmae）植物

此类植物多为乔木，少数为灌木或藤木。叶大、互生，富有南国风情。约有2600多种，性喜温暖湿润，要求土壤肥沃深厚，多分布于热带和亚热带地区。常见观赏的有棕榈、棕竹、袖珍椰子（*Chamaedorea elegans*）和散尾葵（*Chrysalidocarpus lutescens*）等。

6. 食虫植物

此类植物具有特殊的营养器官，除正常叶外，还有呈筒状的叶或叶上有腺毛，能分泌消化液将小动物消化吸收。这类植物为数不多，有猪笼草（*Nepenthes mirabilis*）和瓶子草（*Sarracenia purpurea*）等。

第三节　园林花卉的其他实用分类

在园林景观设计中，花卉的生态习性及美学特征决定了它们的应用方式，也影响着花卉分类。园林花卉可以依生境、科属、观赏特性分类：把相同习性或对某一生态因子要求一致的花卉归为一类；或把同一科属的多种花卉归为一类；或把观赏特性相同的花卉归为一类。这些分类方法不系统，但方便收集、栽培和应用。常见的分类和类别如下。

1. 依栽培生境划分

(1) 水生花卉（water plant，aquatic plant，hydrophyte）　园林水生花卉是指生长于水体中、沼泽地上、湿地上的花卉，可用于室内和室外园林绿化美化，如荷花、千屈菜等。

(2) 岩生花卉（rock plant）　外形低矮，常呈垫状；生长缓慢；耐旱耐贫瘠，抗性强，适于岩石园栽种的花卉，如岩生庭荠、匐生福禄考等。

(3) 温室花卉（greenhouse plant）　需要在温室中栽培并提供保护方能完成生长发育过程的花卉，一般多指原产于热带、亚热带及南方温暖地区的花卉。在北方寒冷地区栽培必须在温室内栽培或冬季需要在温室中保护越冬。包括草本花卉，也包括观赏价值很高的一些木本植物。北京地区的温室花卉有瓜叶菊、君子兰等。

(4) 露地花卉（outdoor flower）　指在当地自然条件下不加保护设施能完成全部生长发育过程的花卉。实际栽培中有些露地花卉冬季也需要简单的保护，如使用阳畦或覆盖物等。

2. 依植物科属或类群划分

(1) 观赏蕨类（fern）　指蕨类植物（羊齿植物）中具有较高观赏价值的一类。主要欣赏其独特的株形、叶形和绿色叶子，如波士顿蕨、鸟巢蕨。

(2) 兰科花卉（orchid）　指兰科观赏价值高的各种花卉，依生态不同有地生兰、附生兰之分，如春兰、蝴蝶兰。

(3) 凤梨科花卉　指凤梨科观赏价值高的各种花卉，如铁兰、水塔花。

(4) 棕榈科植物（palm plant）　指棕榈科观赏价值高的各种植物，如散尾葵、蒲葵、椰子。

3. 依观赏特性划分

(1) 食虫植物（insectivorous plant；carnivorous plant）　指外形独特、具有捕获昆虫能力的植物，如猪笼草、瓶子草。

(2) 仙人掌和多浆类植物（cacti and succulent）　指茎叶具有发达的贮水组织，呈肥厚多汁状的植物，包括仙人掌科、番杏科、景天科、大戟科、萝藦科、菊科、龙舌兰等植物。

(3) 观叶植物（foliage plant）　指以茎、叶为主要观赏部位的植物，它们大多耐荫，适用于室内绿化，是室内花卉的重要组成部分，如喜林芋、常春藤、龟背竹、竹芋。

4. 依用途划分

(1) 室内花卉（houseplant，indoor plant）　指比较耐荫而适宜在室内长期摆放和观赏的花卉，如非洲紫罗兰、椒草、金鱼草、哑蕉。

(2) 盆花花卉（potted plant） 是花卉生产中的一类产品，指主要观赏盛花时的景观、株丛圆整、开花繁茂、整齐一致的花卉，如杜鹃、菊花、一品红。

(3) 切花花卉（cut flower） 用来进行切花生产的花卉，如月季、菊花、香石竹。

(4) 花坛花卉（bedding plant） 狭义是指用于花坛的花卉，广义是指用于室外园林美化的草花。

(5) 地被花卉（ground-cover plant） 低矮、抗性强、用于覆盖地面的花卉，如百里香、二月兰、白三叶。

(6) 药用花卉（herb） 具有药用功能的花卉，如芍药、乌头。

(7) 食用花卉（edible plant） 可以食用的花卉，如兰州百合、黄花菜。

思考题

1. 花卉实用分类与植物的自然科属分类本质上有何不同？

2. 试述露地花卉、温室花卉、一年生花卉、二年生花卉、宿根花卉、球根花卉的含义并举例说明。

3. 花卉依原产地气候型是如何分类的？各气候区的特点如何？列举出3～5种著名花卉。

4. 花卉依生态习性及生活型是如何分类的？列举出3～5种著名花卉。

5. 请说出10类不同的园林花卉。

第三章 园林花卉的生长发育与环境

园林中良好花卉景观的形成取决于几个因素：其一，是有大量的可供栽培者和设计者选用的优良花卉种类和品种，即有较高观赏特性和较强抗性的花卉；其二，是针对具体环境选择适宜的花卉种类并成功地栽培；其三，是科学合理、新颖美观的花卉设计形式。

园林中花卉应用的主要目的是营造花卉形成的各种景观，而美丽景观的形成首先要求有健康生长的花卉，只有健康生长的花卉才能充分表达其种或品种的生物学特性和观赏特性。园林中保证花卉健康生长有两个重要的方面：一是选择适宜栽种的花卉种类或品种；二是给予良好的栽培和管理。这两方面都要求充分了解花卉的生长发育过程和环境对其的影响。栽培的本质就是在掌握花卉生长发育对环境要求的基础上，提供条件，满足花卉生长要求。而要成功地应用花卉也必须了解花卉的生物学特性和生态习性。

为什么一些花卉在某地生长良好，但栽种到其他地区就生长不良？为什么凤仙花在夏天开花，而雏菊在春天开花？为什么鸡冠花开花后就死亡而芍药花可以每年开放？为什么香雪球株高只有 10cm 左右就开花，而蜀葵要高达 60～200cm 才开花？这些问题可以归结为一个，就是这些过程是由什么来决定的。目前已经清楚，这是一系列基因在时空顺序上的表达调控和环境变化信息调控的共同结果。也就是说，是遗传基因和花卉的生态环境共同决定了植物的生长发育过程。

不同种或品种的花卉生物学特性和生态习性不同，如株高、株形、花色、花期等都有各自的特点，存在天然的差别，因此园林中才有千姿百态的花卉。由于生态习性上的差异，不同种或不同品种的花卉在整个生长发育过程中对环境要求不同，即使是同一种或同一品种的花卉，在其不同的生长发育阶段对环境的要求也不相同。同一种花卉栽种在不同的环境中，生长发育过程可能不同。对生态环境要求严格的花卉，在不同环境中，其生物学特性的表达差异会较大，如花期、株高等明显不同，严重时生长不良或不能开花甚至死亡；而适应性较强的花卉，生长发育过程受环境影响较小，在多种生态环境中都能够正常生长，当然也有可能在花期、株高等方面表现不一样。因此，在实践中会发现，一些花卉较容易栽培而另外一些花卉相对较难栽培。

遗传基因和环境因子是如何调控花卉生长发育过程的，目前仍有许多问题并不完全清楚，有待于进一步探索，但是有很多问题已经研究清楚了。只有掌握了各种园林花卉的生物学特性和生态习性，了解环境是如何影响它们的生长发育过程，并通过调节环境或是满足花卉所需环境来控制其生长发育过程，才能正确使用园林花卉，发挥它们在园林中的作用。

第一节 花卉生长发育的特性

生长是植物体积的增大与重量的增加，发育则是植物器官和机能的形成与完善，表现为有顺序的质变过程。不同的植物种类具有不同的生长发育特性，完成生长发育过程所要求的环境条件也各有不同，只有充分了解每种植物的生长发育特点及所需要的环境条件，才能采取适当的栽培手段与技术管理措施，达到预期的生产与应用目的。如花卉栽培中经常应用遮光处理达到短日照效果，对种子与种球进行低温处理以打破休眠等，这些都是在充分了解和掌握了具体花卉的生长发育规律的基础上摸索总结出来的。这些技术的应用，不仅缩短了生产周期、降低了成本，也提高了花卉的观赏价值和经济价值。

一、花卉的生长发育过程

由于花卉种类繁多，由种子到种子的生长发育过程所经过的时间有长有短，据此可将其分为一年生、二年生及多年生。其中，大多数花卉采用种子繁殖，但也有相当一部分采用无性繁殖或两者兼而有之。

1. 不同种类花卉的生长发育

（1）一年生花卉　多为春播秋花花卉，在播种的当年开花结实、采收种子，然后植株完成生命周期而枯死。这些种类的花卉在幼苗成长不久后就进行花芽分化，直到秋季才开花结实，多为短日性。如一串红、百日草、鸡冠花、凤仙花、千日红、半支莲、波斯菊、万寿菊等。

（2）二年生花卉　多为秋播春花花卉，在播种的当年进行营养生长，经过一个冬季，到第二年才开花结实。植株完成生命周期也不超过一年，但跨越一个年度，多为长日性。如三色堇、金盏菊、石竹、紫罗兰、瓜叶菊、桂竹香、虞美人等。

（3）球根花卉　分春植球根和秋植球根两大类。春植秋花类的类似于一年生花卉，多为短日性，如唐菖蒲、大丽花、美人蕉等。秋植春花类的类似于二年生花卉，多为长日性，如郁金香、水仙、风信子、小苍兰、葡萄风信子、银莲花、绵枣儿、雪钟花等。

（4）宿根花卉　分地上部分枯死以地下部分越冬和地上部分常绿两大类，均不需每年繁殖。第一类通常耐寒性较强，春夏生长，冬季休眠，如芍药、菊花等。第二类通常耐寒性较弱，无明显的休眠期，如君子兰、非洲菊、花烛、万年青、麦冬、鹤望兰等。

（5）其他花卉　上述四大类花卉的生长发育过程较为明显，还有一些花卉的生长发育过程与它们有较大的差异。如木本花卉的生长发育与分布有极大的关系，可为常绿的，可为落叶的，或感温，或感光，种类较多，生长发育过程也较复杂，如牡丹、腊梅、桃花、海棠等。多浆类花卉的生长发育也有自身特点，大多喜强光，不耐寒，夏季生长，冬季休眠，如仙人掌、景天、燕子海棠、芦荟等。

应该说明，一年生与二年生之间、二年生与多年生之间有时并不是截然分开的。如金盏菊、雏菊、瓜叶菊，如在秋季播种，当年形成幼苗，越冬以后，到第二年的春天抽葶开花，表现典型的二年生花卉特点。但这些花卉在春季播种，则当年也可以抽葶开花。

2. 花卉个体生长发育过程

从个体发育而言，由种子发芽到重新获得种子，可以分为种子时期、营养生长时期和生殖生长时期三个大的生长时期，每个时期又可分为几个生长期，每一时期各有其特点。

（1）种子时期

① 胚胎发育期　从卵细胞受精开始，到种子成熟为止。受精以后，胚珠发育成种子。这个时期，种子的新陈代谢作用与母体在同一个体中进行，由胚珠发育成种子，有显著的营养物质的合成和积累过程。这个过程也受当时环境的影响，应使母本植株有良好的营养条件及光合条件，以保证种子的健壮发育。

② 种子休眠期　种子成熟以后，大多数都有不同程度的休眠（营养繁殖器官如块茎、块根等也有休眠期）。有的花卉种子休眠期较长，有的较短甚至没有。休眠状态的种子代谢水平低，如保存在冷凉而干燥的环境中，可以降低其代谢水平，保持更长的种子寿命。

③ 发芽期　经过一段时间的休眠以后，遇到适宜的环境（温度、氧气及水分等）即能吸水发芽。发芽时呼吸作用旺盛、生长迅速，所需能量来自种子本身的贮藏物质。所以种子的大小及贮藏物质的性质与数量，对发芽的快慢及幼苗的生长影响很大。栽培上要选择发芽能力强而饱满的种子，保证最合适的发芽条件。

（2）营养生长时期

① 幼苗期　种子发芽以后就进入幼苗期，即营养生长的初期。幼苗生出的根吸收土壤中的水分及矿质营养，生出叶子后开始进行光合作用。子叶出土的花卉，子叶对幼苗生长的作用很大。幼苗期植株生长迅速、代谢旺盛，光合作用所产生的营养物质除呼吸消耗外，全部供给新生的根、茎、叶生长的需要。

花卉幼苗生长的好坏，对以后的生长及发育有很大的影响。幼苗的生长量虽然不大，但生长速度很快，对土壤水分及养分吸收的绝对量虽然不多，但要求严格。此外，幼苗对环境的抗性也弱。

② 营养生长旺盛期　幼苗期以后，一年生花卉有一个营养生长的旺盛时期，枝叶及根系生长旺盛，为以后开花结实打下营养基础。二年生花卉也有一个营养生长的旺盛时期，短暂休眠后，第二年春季又开始旺盛生长，并为以后开花结实打下营养基础。这个时期结束后，转入养分积累期。营养生长的速度减慢，同化作用大于异化作用。

③ 营养休眠期　二年生花卉及多年生花卉在贮藏器官（也是产品器官）形成后有一个休眠期，有的是自发的（或称真正的）休眠，但大多数是被动的（或称强制的）休眠，一旦遇到适宜的温度、光照及水分条件，即可发芽或开花。它们的休眠性质与种子的休眠不同。一年生花卉没有营养器官的休眠期，有些多年生花卉，如麦冬、万年青也没有这一时期。

（3）生殖生长时期

① 花芽分化期　花芽分化是植物由营养生长过渡到生殖生长的形态标志。二年生花卉通过一定的发育阶段以后，在生长点进行花芽分化，然后现蕾、开花。在栽培时，要提供满足花芽分化的环境，使花芽及时发育。

② 开花期　从现蕾开花到授粉、受精，是生殖生长的一个重要时期。这一时期花卉对外界环境的抗性较弱，对温度、光照及水分的反应敏感。温度过高或过低、光照不足或过于干燥等，都会妨碍授粉及受精，引起落蕾、落花。

③ 结果期　观果类花卉的结果期是观赏价值最高的时期。果实的膨大生长是依靠光合作用产生的养分从叶中不断地运转到果实中去。木本花卉结果期间一边开花结实，一边仍继续进行营养生长，而一二年生花卉的营养生长时期和生殖生长时期的区别比较明显。

上面所述的是花卉的一般生长发育过程，并不是每一种花卉都经历所有的时期。营养繁殖的多年生观叶花卉在栽培过程中不经过种子时期，也不必注意到花芽分化问题及开花结果问题。当然，有些无性繁殖的种类也会开花甚至产生种子，但与有性繁殖的种类有很大的不同。

二、花芽分化

花芽分化和发育在植物一生中是关键性的阶段，花芽的多少和质量不但直接影响观赏效果，而且也影响到花卉事业的种子生产。因此，了解和掌握各种花卉的花芽分化时期和规律，确保花芽分化的顺利进行，对花卉栽培和生产具有重要意义。当前不少国家在花卉生产上广泛采用遮光生产、电照生产、移地栽培等技术措施，对菊花、一品红、兰花等进行花期控制，进行周年生产，达到周年供应的目的，这是正确掌握每种花卉花芽分化规律、采用合理栽培技术的结果。

1. 花芽分化的理论

近年来，随着花卉生产事业的迅速发展，大大促进了植物开花生理学科的研究和发展，不少中外学者多方面探讨花芽分化的机理并发表了不少有关的学说，如碳氮比（C/N）学说、成花素学说等。

（1）碳氮比学说　这种学说认为花芽分化的物质基础是植物体内糖类的积累，并以C/N值来表示。这种学说认为植物体内含氮化合物与同化糖类含量的比例，是决定花芽分化的关键，当糖类含量比较多，而含氮化合物少时，可以促进花芽分化。在同化养分不足的情况下，也就是营养物质供应不足时，花芽分化将不能进行，即使有分化其数目也少。一些花序花数较多的种类，特别是一些无限花序的花卉，在开花过程中，通常基部的花先开，花型也最大，越向上部，花型越小，至最上部，花均发育不全，花芽停止分化。这说明同化养分的多少决定花芽分化与否和开花的数目，同化养分的多少，也决定花的大小。

（2）成花素学说　这种学说认为花芽分化是由于成花素的作用，认为花芽的分化是以花原基的形成为基础的，而花原基的发生则是由于植物体内各种激素趋于平衡所致。形成花原基以后的生长发育速度也主要受营养水平和激素所制约。综合有关的研究和报道，目前都广泛认为花原基的发生与植物体内的激素有重要的关系。花芽分化是在内外条件综合作用下发生的，而物质基础是首要因素，激素和一定的外界环境因子则是重要条件。

2. 花芽分化的阶段

当植物进行一段时间的营养生长并通过春化阶段和光照阶段后，即进入生殖阶段，营养生长逐渐减缓或停止，花芽开始分化，芽内生长是向花芽形成方向进行，直至雌蕊、雄蕊完全形成。整个过程可分为生理分化期、形态分化期和性细胞形成期，三者顺序不可改变、缺一不可。生理分化期是在芽的生长点内发生的生理变化，通常肉眼无法观察；形态分化期进行着各个花器的发育过程，从生长点突起肥大的花芽分化初期，至萼片形成期、花瓣形成期、雄蕊形成期和雌蕊形成期，有些花木类其性细胞形成是在第二年春季发芽以后、开花之前才完成，如樱花、八仙花等。

3. 花芽分化的类型

根据花芽开始分化的时间及完成分化全过程所需时间的长短不同，可分为以下几个类型。

（1）夏秋分化类型　花芽分化一年一次，于6～9月高温季节进行，至秋末花器主要部分的分化已完成，第二年早春或春天开花，但其性细胞的形成必须经过低温，包括许多木本花卉，如牡丹、丁香、梅花、榆叶梅等。球根花卉也在夏季较高温度下进行花芽分化，而秋植球根花卉在进入夏季后，地上部分全部枯死，进入休眠状态停止生长，花芽分化却在夏季休眠期间进行，此时温度不宜过高，超过20℃则花芽分化受阻，通常最适温度为17～18℃，但也视种类不同而异。春植球根花卉则在夏季生长期进行花芽分化。

（2）冬春分化类型　原产于温暖地区的某些木本花卉及一些园林树种多属此类型。如柑橘类从12月到次年3月完成分化，分化时间短并连续进行。一些二年生花卉和春季开花的宿根花卉仅在春季温度较低时期进行花芽分化。

（3）当年一次分化的开花类型　一些当年夏秋开花的种类，在当年枝的新梢上或花茎顶端形成花芽，如紫薇、木槿、木芙蓉等以及夏秋开花的宿根花卉，如萱草、菊花、芙蓉葵等。

（4）多次分化类型　一年中多次发枝，每次枝顶均能形成花芽并开花。如茉莉、月季、倒挂金钟、香石竹等四季开花的花木及宿根花卉，在一年中都可持续分化花芽，当主茎生长达一定高度时，顶端营养生长停止，花芽逐渐形成，养分即集中于顶花芽。在顶花芽形成过程中，其他花芽又继续在基部生出的侧枝上形成，如此在四季中可以开花不绝。这些花卉通常在花芽分化和开花过程中，其营养生长仍继续进行。一年生花卉的花芽分化时期较长，只要营养生长达到一定程度，即可分化花芽而开花，而且在整个夏秋季节气温较高时期持续形成花蕾并开花。开花的早晚依播种出苗期和以后的生长速度而定。

（5）不定期分化类型　这种类型每年只分化一次花芽，但无一定时期，只要达到一定的叶面积就能开花，主要视植物体自身养分的积累程度而定，如凤梨科和芭蕉科的某些种类。

4. 不同器官的相互作用与花芽分化

（1）枝叶生长与花芽分化　良好的营养生长是花芽分化的物质基础，有一定的茎（枝）量才能有一定的花芽量。但是营养生长太旺，特别是花芽分化前营养生长不能停缓下来时，不利于花芽分化。许多花卉“疯长”的结果总是花少、花小，就是营养生长太旺影响了花芽分化。

（2）开花结果与花芽分化　大量开花结果影响植株同时分化花芽。其原因一是营养的竞争，二是幼果的种子产生大量抑制花芽分化的激素（如赤霉素），如月季花圃及时摘去月季果是促进成花的有效措施。

5. 花芽分化的环境因素

花芽分化的决定性因素是植物遗传基因，但环境因素可以刺激内因的变化，启动有利于成花的物质代谢。影响花芽分化的环境因素主要是光照、温度和水分。

（1）光照　光周期现象是指光照周期长短对植物生长发育的影响。各种植物成花对日照长短要求不一，根据这种特性把植物分成长日照植物、短日照植物、日中性植物。从光强度上看，强光较利于花芽分化，所以太密植或树冠太密集时不利于成花。从光质上看，紫外光可促进花芽分化。

（2）温度　各种花卉花芽分化的最适温度不同，但总地来说，花芽分化的最适温度比枝叶生长的最适温度高，这时枝叶停长或缓长，开始进行花芽分化。许多越冬性花卉和多年生木本花卉，冬季低温是必需的，这种需要低温才能完成花芽分化和开花的现象，称春化作用。根据春化的低温要求，把植物分成三类：冬性植物、春性植物和半冬性植物。

（3）水分　一般而言，土壤水分状况较好，则植物营养生长较旺盛，不利于花芽分化；而土壤较干旱，营养生长停止或较缓慢时，利于花芽分化。花卉生产中的“蹲苗”，即是利用适当的土壤干旱促进成花。

6. 控制花芽分化的农业措施

根据以上叙述，控制（包括促进与抑制两方面）花芽分化的技术措施主要有以下两方面。

（1）促进花芽分化　减少氮肥施用量；减少土壤供水；将生长着的枝梢摘心以及扭梢、弯枝、拉枝、环剥、环割、倒贴皮、绞缢等；喷施或土施抑制生长、促进花芽分化的生长调节剂；疏除过量的果实；修剪时多轻剪、长留缓放。

（2）抑制花芽分化　实行促进营养生长的措施（多施氮肥、多灌水）；喷施促进生长的生长调节剂，如赤霉素；多留果；修剪时适当重剪、多短截。

第二节　环境对花卉生长发育的影响

花卉的生长发育是遗传基因和外界环境条件综合作用的结果。对于确定的花卉种类，外界环境条件是影响生长发育的主要因子，影响着基因表达。因此，地球上野生花卉分布是不均匀的。地球上有不同的自然环境，也就有各种不同的生态条件，并生长着与之相适应的各种不同生态要求的花卉。

每种花卉都有各自的生态要求，但很多花卉具有相同的或相近的生态习性，因此人类是有可能掌握的。观赏栽培的关键就是掌握园林花卉的生态习性并满足它们的要求，以达到应用的目的。但同时也要看到遗传因子也会受外界环境的影响而发生变化，但由于遗传的稳定性，变异过程的发生率很低且过程漫长。花卉对环境也有一定的适应性。

环境因子广义地讲包括花卉生长所处环境中的所有要素，它们并不都对花卉产生作用，其中对花卉生存、生长发育产生作用的环境因子称为生态因子。严格讲是环境因子中的生态因子和花卉的遗传因子决定着花卉的生长发育过程。

生态因子包括气候因子（温度、光照、水分、空气）、土壤因子（土壤温度、土壤结构、土壤质地、土壤理化特性、土壤水分等）、地形因子、生物因子（相关的动物、昆虫、微生物、植物之间的相生相克）、人为因子（栽培、引种、育种）等。

一、温度

温度与植物的生长发育关系十分密切，花卉的一切生长发育过程都受到温度的显著影响。因此，地球上不同的温度带（热带、温带、寒带）有不同的植被类型，也分布着不同的花卉。它们的耐寒性和耐热性有明显的差异，温度对花卉自然分布的影响是这些差异形成的主要原因。它们应用于园林后，表现出对温度的要求不同，也就在一定程度上决定了人们对它们的栽培和应用方式。如果不采用人为保护，就必须依据当地气候环境，选择适宜的花卉种类，才能成功应用。

1. 不同种类花卉对温度的要求

由于原产地不同，花卉对温度的要求有很大差异。一般来说，原产于热带地区的花卉对温度三基点要求较高，如仙人掌类在15～18℃才开始生长，并可以忍耐50～60℃的高温；而原产于寒带的花卉对温度三基点要求较低，如雪莲在4℃时开始生长，能忍耐－30～－20℃的低温；原产于温带地区的花卉对温度三基点的要求介于上述两者之间。此外，同一种花卉由于所处的发育阶段不同，对温度的要求也不一样，如水仙花芽分化的最适温度为13～14℃，而花芽伸长的最适温度仅为9℃左右。温度同时直接影响花卉一系列的生理过程，特别是花器官的形成更要求一定的温度。牡丹、杜鹃甚至在花芽形成之后，还必须经过一定低温（2～3℃），才能在适温（15～20℃）下开放。在花卉栽培过程中，应尽可能给予它们与原产地近似的生态条件。

温度调节应经常考虑三种情况：一是极端（最高、最低）温度值及其持续的时间；二是昼夜温差的变化幅度；三是冬夏温差变化的情况。这些都是促进或限制花卉生长发育和生存的条件。

根据不同花卉对温度的要求，一般可将其分为以下三种类型。

（1）耐寒性花卉　包括原产于寒带或温带地区的露地二年生草本花卉、部分宿根及球根花卉等。这类花卉耐寒性强，一般能耐0℃以上的低温，其中一部分能忍受－10～－5℃的低温，在中国华北和东北南部地区可露地安全越冬，如玉簪、萱草、蜀葵、玫瑰、丁香、迎春、紫藤、海棠、榆叶梅、金银花等。此外，大花三色堇、二月兰、金盏菊、雏菊、紫罗兰、桂竹香等在长江流域一带露地栽培时可保持绿色越冬并继续生长，有的还可继续开花，其开花适温为5～15℃。

（2）半耐寒性花卉　半耐寒性花卉原产于温带较暖和的地区。这类花卉耐寒力介于耐寒性与不耐寒性花卉之间，通常要求冬季温度在0℃以上，在中国长江流域能够露地安全越冬，在“三北”地区（东北、西北、华北）稍加保护也可露地越冬，如金鱼草、金盏菊、牡丹、芍药、石竹、翠菊、郁金香、月季、梅花、棕榈、夹竹桃、桂花、广玉兰等。

（3）不耐寒性花卉　不耐寒性花卉原产于热带及亚热带地区，包括露地一年生草本花卉和温室花卉。这类花卉喜高温环境，耐热，忌寒冷，要求温度不低于8～10℃，一般不得低于5℃。在华南和西南南部可露地越冬，在其他地区均需在温室内越冬，故有时也称温室花卉，如一串红、鸡冠花、百日草、文竹、扶桑、变叶木、仙人掌类及其他多浆植物等。这类花卉在生长期间要求高温，不能忍受0℃以下的低温，其中一部分种类甚至不能忍受5℃左右的温度，在这样的温度下则停止生长甚至死亡。秋海棠类、彩叶草、吊兰、大岩桐、茉莉等要在10～15℃的条件下才能正常越冬，而王莲在25℃以上才能越冬。

此外，热带高原原产的花卉要求冬暖夏凉的气候，如百日草、大丽花、唐菖蒲、波斯菊、仙客来、倒挂金钟等。

花卉的耐寒能力与耐热能力是息息相关的。一般来说，耐寒能力与耐热能力是成反比关系的，即耐寒能力强的花卉一般都不耐热。就种类而言，水生花卉的耐热能力最强，其次是一年生草本花卉以及仙人掌类植物，再次是扶桑、夹竹桃、紫薇、橡皮树、苏铁等木本花卉。而牡丹、芍药、菊花、石榴、大丽花等耐热性较差，却相当耐寒。耐热能力最差的是秋植球根花卉，此外是仙客来、秋海棠、倒挂金钟等，这类耐热性差的花卉的栽培养护关键环节是降温越夏，同时还要注意通风。但也有一些花卉既不耐寒又不耐热，如君子兰、仙客来、倒挂金钟等。

2. 不同生育时期对温度的要求

园林花卉的任何生长发育过程都要求在一定温度下进行。温度影响一二年生花卉的种子萌发；影响多年生花卉的休眠与芽萌动；影响花卉的营养生长；影响花卉开花、结实。不同的园林花卉、同种园林花卉的不同生长发育阶段，对温度的要求都可能不同。如一年生花卉整个生长发育过程都需要较高的温度，而二年生花卉整个生长发育过程都需要较低的温度。一二年生花卉种子萌发温度高于幼苗生长和开花温度。园林花卉生长发育所需要的温度条件与其原产地及品种特性有关。

花卉在不同的生长发育阶段对温度的要求也有所变化。一般而言，一年生花卉种子萌发可在较高温度（尤其是土壤温度）下进行。一般喜温花卉的种子，发芽温度在25～30℃为宜；而耐寒花卉的种子，发芽可以在10～15℃或更低时就开始。幼苗期要求温度较低，幼苗渐渐长大又要求温度逐渐升高，这样有利于进行同化作用和积累营养。至开花结实阶段，多数花卉不再要求高温条件，相对低温有利于生殖生长。一般规律是：播种期（即种子萌发期）要求温度高；幼苗生长期要求温度较低；旺盛生长期需要较高的温度，否则容易徒长，使营养物质积累不够，影响开花结实；开花结实期要求相对较低的温度，有利于延长花期和籽实的成熟。

二年生草本花卉幼苗期大多要求经过一个低温阶段（1～5℃），以利于发生春化作用，否则不能进行花芽分化。进入旺盛生长期则要求较高的温度环境。播种期要求较低的温度（相对于一年生花卉而言），一般为16～20℃。幼苗生长期需要有一个更低的低温阶段（相对于播种期而言），以促进春化作用完成，这一时期的温度越低（但不能超过能忍耐的极限低温），通过春化阶段所需的时间越短。旺盛生长期要求较高的温度，开花结实期同样需要相对较低的温度，以延长观赏时间，并保证籽实充实饱满。因此，每种花卉的不同生长发育时期对温度的要求（或者说对温度的适应）有很大的区别，认识这些区别是栽培中的一个重要问题。

研究温度对花卉生长发育的影响时，还要注意土温、气温和花卉体温之间的关系。土温与气温相比是比较稳定的，距离土壤表面越深，温度变化越小，所以花卉根的温度变化也较小，根的温度与土壤温度之间差异不大。地上部分的温度则由于气温的变化而变化很大，当阳光直射叶面时，其温度可以比周围的气温高出2～10℃，这是阳光引起花卉叶片灼伤的原因。此外，温室结构不合理，会造成一定程度的聚光而灼伤植物，宜采取遮阳措施。到了夜间，叶子表面的温度可以比气温低些。

植物的根一般比较不耐寒，但越冬的多年生花卉往往地上部已受冻害，而根部还可以正常存活。这是由于土壤温度比气温变化小，冬季的土壤温度比气温高。春暖后，土温稍微升高，根的生理机能即开始恢复。

3. 高温及低温的障碍

自然界中温度是变化的。非周期性变化，如寒害、霜冻、极度高温等对花卉生长发育常常是不利的。周期性变化是有规律的，如温带的季节变温、昼夜变温（温周期）等，对花卉的营养生长有影响。地球表面的任何一处温度除了与其所在的纬度有关外，还与海拔高度、季节、日照长短、微气候因子（方向、坡度、植被、土壤吸热能力）有关。在栽培园林花卉时，对这些特点要有充分的认识。

花卉的生长发育并不总是处于最适宜的温度条件下，因为自然气候的变化是不以人们的意志为转移的。温度过高或过低都会造成生产上的损失。在温度过低的环境下，花卉生理活性停止甚至死亡，低温受冻的原因主要是植物组织内的细胞间隙结冰，细胞内含物、原生质失去水分，导致原生质的理化性质发生改变。花卉的种类不同，细胞液的浓度也不同，甚至同种花卉在不同的生长季节及栽培条件下，细胞液的浓度也不同，因而它们的抗寒性（耐寒性）也不同。细胞液的浓度高，则其冰点低，较能耐寒，利用温床、温室、风障、阳畦及塑料薄膜覆盖等，都能提高栽培温度，防止冻害。另外，增强植物本身的抗寒能力也是一个重要的方面。

高温障碍是由强烈的阳光与急剧的蒸腾作用相结合引起的。当气温升高到生长的最适温度以上时，花卉生长速度开始下降。高温直接导致茎叶死亡的情况是少见的，但由高温引起植物体失水，而导致原生质脱水和原生质中蛋白质凝固的情况则是较常见的。高温障碍可使部分花卉产生落花落果、生长瘦弱等现象，某些温带原产的花卉，在亚热带地区由于不适应酷热，导致叶片灼伤、枯黄，影响生长。

中国农民根据积累了多年的生产经验，发明了许多抗寒、抗热的方法。如在东北南部，将花卉的根茎部分埋到封冻了的土中，可以忍耐－20～－10℃的低温；长江流域的温床育苗、华北的风障阳畦都是一种防冻的措施；南方搭篷遮阳、广东水坑栽培等也可以起到抵御夏季高温的作用。

4. 温周期的作用

花卉所处的环境中温度总是变化着的，温度有两个周期性的变化，即季节的变化和昼夜的变化。在一天中是白天温度较高，晚上温度较低，尤其在大陆性气候地区（如西北各地及新疆、内蒙古等），昼夜温差更大。植物的生活也适应了这种昼热夜凉的环境。白天有阳光，光合作用旺盛，夜间无光合作用，但仍然有呼吸作用，夜间温度较低，可以减少呼吸作用对能量的消耗。因而周期性的温度变化对植物的生长与发育是有利的，许多花卉都要求有这样的变温环境，才能正常生长。如热带花卉的昼夜温差应在 3～6℃，温带花卉在 5～7℃，而沙漠植物，如仙人掌则要求相差 10℃以上。这种现象称为温周期。

昼夜温差也有一定的范围，如果日温高而夜温过低，花卉也生长不好。不同花卉的昼夜最适温度是不同的。有许多要求低温通过春化阶段的植物，仅仅有夜间低温也可达到与昼夜连续低温相同的效果。在自然界中，温周期的变化与光周期的变化是密切相关的。植物昼夜间有对光照变化的反应，也有相应的对温度变化的反应，从开花的生理意义上讲，高温相当于光照的作用，而低温相当于黑暗的作用。

5. 温度影响花卉发育过程（花芽分化及发育、花芽伸长、开花、结实、果实成熟）

(1) 花芽分化　花的发生和花芽分化都需要一定的温度，不同原产地的花卉或不同特性的品种要求的温度不同。

① 高温下进行　一年生花卉、宿根花卉中夏秋开花的种类以及球根花卉的大部分种类，在较高的温度下进行花芽分化。春植球根花卉在夏季生长期进行花芽分化；而秋植球根花卉在夏季休眠期进行花芽分化。还有一些花卉，如中华紫菀、金光菊在高温诱导下成花。

② 低温下进行　有些花卉在低温条件下进行花芽分化，如金盏菊、雏菊、石斛属、小苍兰、卡特兰属花卉。原产于温带中北部各地的高山花卉，需要在 20℃以下的凉爽条件下进行花芽分化。

③ 春化作用　二年生花卉、宿根花卉中早春开花的种类，需要通过一段时间的低温才能成花。这种低温对植物成花的促进作用称为春化作用。典型的二年生花卉花芽分化需要经过春化作用，要在一定发育阶段感受 10℃的低温数天后才能成花，如果没有低温条件或低温时间不够则不能开花。如紫罗兰，一般品种是在叶子 8～10 枚时，保持 20d 左右的 10℃下低温才能通过春化阶段。

(2) 花芽伸长　大多数花卉花的发生、花芽分化和花芽伸长最适温度差别不是很大，但是秋植球根类花芽分化最适温度与花芽伸长最适温度常常不一致。如郁金香花芽分化适温为 20℃，花芽伸长适温为 9℃；风信子花芽分化适温为 25～26℃，花芽伸长适温为 13℃。

（3）花色及花期　温度对花色的影响，有些花卉表现明显，有些不明显。一般花青素系统的色素受温度影响变化较大。如大丽花在温暖地区栽培，即使夏季开花，花色也暗淡，到秋季气温降低后花色才艳丽。再如寒冷地区栽培的翠菊、菊花等花卉，色彩一般比温暖地区栽培的色彩艳丽。一般情况下，较低的温度有利于已盛开的花卉延长花期。

6. 温度的调节

温度测定可以使用各种温度计。为了满足园林花卉对温度的要求，尽量使花卉处于最适温度下以利于生长发育，必要时可以调节环境温度。温度调节措施包括防寒、保温、加温、降温。这些措施在花圃育苗时，依靠保护地设施很容易实现。在园林应用中，利用地面覆盖物、落叶等可以起到防寒的作用，但有些措施操作起来不太方便，主要是应该根据花卉应用地区的温度变化特点，选用适宜的花卉。如一年生花卉不耐寒，整个生长发育过程要在无霜期内进行，其种子萌发到开花结实各个时期所要求的温度一般和自然界从春季到秋季的气温变化相吻合，只要根据各地的无霜期选择适宜的播种时间就可以使用。喜欢冷凉的虞美人，在华北一般早春播或秋播，在夏季到来时结束生命；在西北地区则可以春播，利用其夏季凉爽的气候改变观赏时间。此外，要善于利用具体应用地点的小气候、小环境的局部温度差异，创造花卉适宜的生长环境。

二、光照

光是植物的生命之源，没有光照，植物就不能进行光合作用，其生长发育也就没有物质来源和物质保障。一般而言，光照充足，光合作用旺盛，形成的碳水化合物多，花卉体内干物质积累就多，花卉生长和发育就健壮。而且，C/N 高有利于花芽分化和开花，因此大多数花卉只有在光照充足的条件下才能花繁叶茂。光照不仅为光合作用提供能量，还作为一种外部信号调节植物生长发育。在植物生活史的每个阶段，如种子萌发、幼苗生长、开花诱导及器官衰老等，光通过对基因表达的调控，调节植物的生长发育。一般说来，光照对花卉的影响主要表现在光照强度、光照长度和光质三个方面。

1. 光照强度对花卉的影响

自然界中的光照强度是变化的。它依地理位置（纬度、海拔）、地势高低、坡向、雨量和云量、时间的变化而不同。一般变化规律是随纬度增加而减弱；随海拔升高而增强；一年中夏季最强，冬季最弱；一天中中午最强，早晚最弱。

植物生长发育都需要一定的光照强度，但不同种花卉、同种花卉的不同生长发育阶段对光的需求量不同。不同种类的花卉对光照强度的要求是不同的，主要与它们的原产地光照条件相关。一般原产于热带和亚热带的花卉因当地阴雨天气较多，空气透明度较低，往往要求较低的光照强度，将它们引种到北方地区栽培时通常需要进行遮阳处理。而原产于高海拔地带的花卉则要求较强的光照条件，而且对光照中的紫外光要求较高。根据花卉对光照强度的要求不同，可以分为以下三种类型。

（1）阳性花卉　阳性花卉喜强光，不耐蔽荫，具有较高的光补偿点，在阳光充足的条件下才能正常生长发育，发挥其最大观赏价值。如果光照不足，则枝条纤细、节间伸长、枝叶徒长、叶片黄瘦，花小而不艳、香味不浓甚至开花不良或不能开花。阳性花卉包括大部分观花花卉、观果花卉和少数观叶花卉，如一串红、茉莉、扶桑、石榴、柑橘、月季、梅花、菊花、玉兰、棕榈、苏铁、橡皮树、银杏、紫薇等。

（2）阴性花卉　阴性花卉多原产于热带雨林或高山阴坡及林下，具有较强的耐荫能力和较低的光补偿点，在适度蔽荫的条件下生长良好，如果强光直射，则会使叶片焦黄枯萎，长时间如此会造成死亡。阴性花卉主要是一些观叶花卉和少数观花花卉，如蕨类、兰科、苦苣苔科、姜科、秋海棠科、天南星科花卉以及文竹、玉簪、八仙花、大岩桐、紫金牛、肺心草等。其中一些花卉可以较长时间地在室内陈设，所以又称为室内观赏植物。

(3) 中性花卉　中性花卉对光照强度的要求介于上述两者之间，它们既不很耐荫又怕夏季强光直射，如萱草、耧斗菜、桔梗、白芨、杜鹃、山茶、白兰花、栀子、倒挂金钟等。

一般植物的最适需光量大约为全日照的50%～70%，多数在50%以下会生长不良。当日照不足时，植株徒长、节间延长、花色不正、花香不足、花期延迟，而且易感染病虫害。有些花卉对光照的要求因季节变化而不同，如仙客来、大岩桐、君子兰、天竺葵、倒挂金钟等夏季需适当遮阳，但在冬季又要求阳光充足。

此外，同一种花卉在其生长发育的不同阶段对光照的要求也不一样。一般幼苗繁殖期需光量低一些，有些甚至在播种期需要遮光才能发芽；幼苗生长期至旺盛生长期则需光量逐渐增加；生殖生长期则因长日照、短日照等习性不同而不一样。各类喜光花卉在开花期若适当减弱光照，不仅可以延长花期，而且能保持花色艳丽，而各类绿色花卉，如绿月季、绿牡丹、绿菊花、绿荷花等在花期适当遮阳则花色纯正、不易褪色。花卉与光照强度的关系不是固定不变的。随着年龄和环境条件的改变会相应地发生变化，有时甚至变化较大。

光照强度对花色也有影响。紫红色花是由于花青素的存在而形成的，花青素必须在强光下才能产生，而在散光下不易形成，如春季芍药的紫红色嫩芽以及秋季红叶均为花青素的颜色。

光照强度影响花卉的营养生长和形态建成。花卉在暗处生长，幼苗形态不正常，表现出黄化现象：茎叶淡黄，缺乏叶绿素，柔软，节间长，含水量高，茎尖弯曲，叶片小而不开展。只要每天得到4～10min的弱光照射即可使此现象消失，这种由低能量光所调节的植物生长发育过程叫光形态建成（photomorphogenesis）。光在其中是起信号作用，与其在光合作用中的角色有本质的区别。光受体接受信号后发生变化，进而影响生理过程，实现信号传导。花卉在不适宜个体生长发育所需要的光照条件下，生长发育不正常。光线过弱，不能满足其光合作用的需要，营养器官发育不良，植株瘦弱、徒长、易感病虫害且开花不良，严重时不能转向生殖生长；光线过强，生长发育受抑制，产生灼伤，严重时造成死亡。光照强度对花卉营养生长的影响主要通过影响光合作用和蒸腾作用等生理过程实现。

光照强度影响花卉的花蕾开放。光照强度对花卉花蕾开放的影响因种而异。一般花卉都在光照下开放，但光线不一定是阳光，一般在150～300W的电灯光下也能正常开花。有些花要在强光下开放，如半支莲、郁金香、酢浆草；有些花傍晚开放，如月见草、紫茉莉、晚香玉；有的花清晨开放，如亚麻、牵牛。

2. 光照长度对花卉的影响

光照长度是指一天中日出到日落的时数。自然界中光照长度随纬度和季节而变化，是重要的气候特征。在低纬度的热带地区，光照长度周年近12h；在两极地区，有极昼和极夜现象，夏至时，北极圈内光照长度为24h。因此分布于不同气候带的花卉，对光照长度的要求不同。有些花卉的某些生长发育过程要求光照长度短于12h的短日照条件，而有些花卉的某些生长发育过程要求光照长度长于12h的长日照条件。光照长度影响一些花卉的休眠、球根形成、节间生长、叶片发育、成花、花青素形成等过程。

除遗传特性与花卉开花的多少、花朵的大小等有关外，光照时间的长短对花卉花芽分化和开花也具有显著的影响。一般在同一植株上，充分接受光照的枝条花芽多，受光不足的枝条花芽较少。根据花卉对光照时间的要求不同，通常将花卉分为以下三类。

(1) 长日照花卉　长日照花卉要求每天的光照时间必须长于一定的时间（一般在12h以上）才能正常形成花芽和开花，如果在发育期不能提供这一条件，就不会开花或延迟开花，如令箭荷花、唐菖蒲、风铃草类、天竺葵、大岩桐、黑蔓藤等。日照时间越长，这类花卉生长发育越快，营养积累越充足，花芽多而充实，因此花多色艳，籽实饱满；否则植株细弱，花小色淡，结实率低。唐菖蒲是典型的长日照植物，为了周年供应唐菖蒲切花，冬季在温室中栽培时，除需要高温外，还要用电灯来延长光照时间。通常春末和夏季为自然花期的花卉是长日照植物。

(2) 短日照花卉　短日照花卉要求每天的光照时间必须短于一定的时间（一般在12h以内）才有利于花芽的形成和开花。这类花卉在长日照条件下花芽难以形成或分化不足，不能正常开花或开花少，一品红和菊花是典型的短日照植物，它们在夏季长日照的环境下只进行营养生长而不开花，入秋以后，日照时间减少到10～11h才开始进行花芽分化。多数在秋季、冬季开花的花卉属于短日照植物。

(3) 日中性花卉　日中性花卉对光照时间长短不敏感，只要温度适合，一年四季都能开花，如月季、扶桑、天竺葵、美人蕉、香石竹、矮牵牛、百日草等。

光照长度影响一些花卉的营养繁殖。在长日照条件下，落地生根属植物叶缘上易产生小植株，虎耳草叶腋易抽生出匍匐茎；而一些球根花卉（如菊芋、大丽花、球根秋海棠）的块根、块茎易在短日照条件下形成。

光照长度影响花卉的冬季休眠。温带多年生花卉的冬季休眠受日照长度的影响，一般短日照促进休眠，长日照促进营养生长。

3. 光质对花卉的影响

光质又称光的组成，是指具有不同波长的太阳光的组成。太阳光的波长范围在150～4000nm之间，其中波长为380～770nm之间的光（即可见光）是太阳辐射光谱中具有生理活性的波段，称为光合有效辐射，占太阳总辐射的52%；不可见光中紫外线占5%，红外线占43%。不同波长的光对植物生长发育的作用不尽相同。植物同化作用吸收最多的是红光，其次为黄光，蓝紫光的同化效率仅为红光的14%。红光不仅有利于植物碳水化合物的合成，还能加速长日照植物的发育；短波的蓝紫光则能加速短日照植物的发育，并能促进蛋白质和有机酸的合成。一般认为短波光可以促进植物的分蘖，抑制植物伸长，促进多发侧枝和芽的分化；长波光可以促进种子萌发和植物的伸长生长；极短波光则促进花青素和其他色素的形成，高山地区及赤道附近极短波光较强，因此花色鲜艳。

4. 光的调节

光照强度使用照度计测量，以lx（勒克斯）为单位。现在为了适于光合作用的研究，采用光合量子通量密度，单位为μmol/(m^2·s)［微摩尔/(米^2·秒)］。

园林花卉育苗时，温室内的光照强度调节可以使用遮阳网和电灯补光，目前作为补光的光源有白炽灯（incandescent lamp）、荧光灯（fluorescent lamp）、高压水银荧光灯（high pressure mercury lamp）、高压钠灯（high pressure sodium lamp）等。光照长短的调节可以通过使用黑布或黑塑料布遮光减少日照时间，或用电灯延长日照时间。光质可通过选用不同的温室覆盖物来调节。室外光线调节比较困难，主要通过选择具体位置的光照条件来满足不同花卉的需要。室内植物应用也主要通过选择不同的光照条件位置、结合灯光照明等进行调节。

三、水分

水是植物体的重要组成部分和光合作用的重要原料之一，无论是植物根系从土壤中吸收和运输养分，还是植物体内进行一系列生理生化反应都离不开水，水分的多少直接影响着植物的生存、分布、生长和发育。如果水分供应不足，种子不能萌发、插条不能生根、嫁接处不能愈合，生理代谢如光合作用、呼吸作用、蒸腾作用也不能正常进行，更不能开花结果，严重缺水时还会造成植株凋萎，甚至枯死。反之，如果水分过多，又会造成植株徒长、烂根、抑制花芽分化、刺激花蕾脱落，不仅会降低观赏价值，严重时还会造成死亡。环境中影响花卉生长发育的水分主要是空气湿度和土壤水分，花卉必须有适当的空气湿度和土壤水分才能正常地生长和发育。

1. 花卉对水分的需求

由于花卉种类不同，需水量有极大差别，这同原产地的雨量及其分布状况有关。为了适应环境的水分条件，植物体在形态和生理机能上形成了各自的特点。根据花卉对水分的要求不同，一般分为五种类型。

(1) 旱生花卉　旱生花卉多原产于热带干旱地区、沙漠地区或雨季与旱季有明显区分的地带。这类植物根系较发达，肉质植物体能贮存大量水分，细胞液的渗透压高，叶硬质刺状、膜鞘状或完全退化，能忍受长期干旱的环境而正常生长发育。常见栽培的有仙人掌类、仙人球类、生石花、大芦荟、日中花、泥鳅掌、青锁龙、龙舌兰等。在栽培管理中，应掌握宁干勿湿的浇水原则，防止水分过多造成烂根、烂茎而死亡。

(2) 半旱生花卉　半旱生花卉叶片多呈革质、蜡质、针状、片状或具有大量茸毛，如山茶、杜鹃、白兰、天门冬、梅花、腊梅以及常绿针叶植物等，这类花卉的浇水原则是干透浇透。

(3) 中生花卉　绝大多数花卉属于这种类型，不能忍受过干和过湿的条件，但是由于种类众多，因而对干与湿的耐受程度具有很大差异。耐旱力极强的种类具有旱生植物性状的倾向，耐湿力极强的种类则具有湿生植物性状的倾向。中生花卉的特征是根系及输导组织均较发达，叶片表皮有一层角质层，叶片的栅栏组织和海绵组织均较整齐，细胞液渗透压为 $(5.07\sim25.33)\times10^5$ Pa，叶片内没有完整而发达的通气组织。常见的花卉其中不怕积水的有大花美人蕉、栀子、凌霄、南天竹、棕榈等，怕积水的有月季、虞美人、桃花、辛夷、金丝桃、西番莲、大丽花等。给这类花卉浇水要掌握间干间湿的原则，即保持60%左右的土壤含水量。

(4) 湿生花卉　湿生花卉多原产于热带雨林中或山涧溪旁，喜生于空气湿度较大的环境中，若在干燥或中生的环境下常死亡或生长不良。湿生花卉由于环境中水分充足，所以在形态和机能上就没有防止蒸腾和扩大吸水的构造，其细胞液的渗透压也不高，一般为 $(8.11\sim12.16)\times10^5$ Pa。其中喜阴的有海芋、华凤仙、翠云草、合果芋、龟背竹等，喜光的有水仙、燕子花、马蹄莲、花菖蒲等。在养护中应掌握宁湿勿干的浇水原则。

(5) 水生花卉　生长在水中的花卉叫水生花卉。水生植物根或茎一般都具有较发达的通气组织，在水面以上的叶片大，在水中的叶片小，常呈带状或丝状，叶片薄，表皮不发达，根系不发达。它们适宜在水中生长，如荷花、睡莲、王莲等。

2. 水量对花卉生长发育的影响

（1）空气湿度对花卉生长发育的影响　花卉可以通过气孔或气生根直接吸收空气中的水分，这对于原产于热带和亚热带雨林的花卉，尤其是一些附生花卉极为重要；对大多数花卉而言，空气中的水分含量主要影响花卉的蒸腾作用，进而影响花卉对土壤中水分的吸收，从而影响植株的含水量。

空气中的水分含量用空气湿度表示，日常生活中用空气相对湿度表示。花卉的不同生长发育阶段对空气湿度的要求不同。一般来说，在营养生长阶段对湿度要求大，开花期要求低，结实和种子发育期要求更低。不同花卉对空气湿度的要求不同。原产于干旱地区、沙漠地区的仙人掌类花卉要求空气湿度小，而原产于热带雨林的观叶植物要求空气湿度大。湿生植物、附生植物、某些蕨类、苔藓植物、苦苣苔科花卉、凤梨科花卉、食虫植物及附生兰类在原生境中附生于树的枝干上或生长于岩壁上、石缝中，能吸收湿润的云雾中的水分，对空气湿度要求大，这些花卉向温带及山下低海拔地区引种时，其成活的主导因子就是要保持一定的空气湿度，否则极易死亡。一般花卉要求65%～70%的空气相对湿度。空气湿度过大对花卉生长发育有不良影响，往往使枝叶徒长，植株柔弱，降低对病虫害的抵抗力，会造成落花落果；还会妨碍花药开放，影响传粉和结实。空气湿度过小，花卉易感染红蜘蛛等病虫害；还会影响花色，使花色变浓。

（2）土壤水分对花卉的影响　用于园林中的园林花卉，主要栽植在土壤中。土壤水分是大多数花卉所需水分的主要来源，也是影响花卉根际环境的重要因子，它不仅本身提供植物需要的水分，还影响土壤空气含量和土壤微生物活动，从而影响根系的发育、分布和代谢，如根对水分和养分的吸收、根呼吸等。健康茁壮的根系和正常的根系生理代谢是花卉地上部分生长发育的保证。

① 对花卉生长的影响　花卉在整个生长发育过程中都需要一定的土壤水分，只是在不同生长发育阶段对土壤含水量要求不同。同种花卉在不同的生育阶段对水分的需求各不相同。种子萌芽期需要较多的水分，以便浸透种皮，有利于胚根的抽出，并供给种胚必要的水分。种子萌发后，在幼苗期因根系浅而瘦弱，根系吸水力弱，保持土壤湿润状态即可，不能太湿或有积水，需水量相对于萌芽期要少，但应充足。因此，花卉育苗多在花圃中进行，然后移栽到园林中应用的场所，以给花卉提供良好的生长发育环境。旺盛生长期需要充足的水分供应，以保证旺盛的生理代谢活动顺利进行。生殖生长期（即营养生长后期至开花期）需水较少，空气湿度也不能太高，否则会影响花芽分化、开花数量及质量。

不同的花卉对水分要求不同，园林花卉的耐旱性不同。这与花卉的原产地、生活型及形态有关。一般而言，宿根花卉较一二年生花卉耐旱，球根花卉又次之。球根花卉地下器官膨大，是旱生结构，但这些花卉的原产地有明确的雨旱季之分，在其旺盛生长的季节，雨水很充沛，因此大多不耐旱。

② 对花卉发育的影响　土壤水分含量影响花芽分化。花卉花芽分化要求一定的水分供给，在此前提下，控制水分供给可以控制一些花卉的营养生长，促进花芽分化，球根花卉尤其明显。一般情况下，球根含水量少，花芽分化较早。如风信子、水仙、百合等用30～35℃的高温处理种球使其脱水可以使花芽提早分化并促进花芽的伸长。因此，同一种

球根花卉，生长在沙地上时，由于其球根含水量低，花芽分化早，开花就早。采用同样的水分管理，种植采收早而含水量低，开花就早；栽植在较湿润的土壤中或采收晚，则开花较晚。此外，在栽培中常用“扣水”的方法来促进花芽分化，控制花期。

③ 影响花卉的花色　花卉的花色主要由花瓣表皮及近表皮细胞中所含有的色素呈现。已发现的各类色素，除了不溶于水的类胡萝卜素以质体的形式存在于细胞质中以外，其他色素如类黄酮、花青素、甜菜红系色素都溶解在细胞的细胞液中。因此，花卉的花色与水分含量关系密切。花卉在适当的细胞水分含量下才能呈现出各品种应有的色彩。一般缺水时花色变浓，而水分充足时花色正常。由于花瓣的构造和生理条件也参与决定花卉的颜色，水分对色素浓度的直接影响是有限的，更多情况是间接的综合影响，因此大多数花卉的花色对土壤中水分的变化并不十分敏感。

3. 水质对花卉生长发育的影响

浇灌花卉用水的含盐量和酸碱度对花卉生长发育有影响。水中含有各种溶解性盐，主要阳离子有 Ca^{2+}、Mg^{2+}、Na^{+}、K^{+}，阴离子有 CO_3^{2-}、HCO_3^{-}、Cl^{-}、SO_4^{2-}、NO_3^{-}等，水中可溶性总盐度和主要成分决定了水质。长期使用高盐度水浇花，会造成一些盐离子在土壤中积累，影响土壤酸碱度，进而影响土壤养分的有效性。水中可溶性盐含量用电导率表示，计量单位为毫西每厘米（mS/cm），浇花用水电导率小于 1.0mS/cm 为好。水的酸碱度用 pH 值表示，大多数花卉使用 pH 值为 6.0～7.0 的水浇灌为好。

4. 水分的调节

花卉对水分的需求量主要与其原产地水分条件、花卉的形态结构及其生长发育时期等有关。首先，原产于热带的花卉需水量大，而原产于干旱地区的花卉较原产于湿润地区的气孔少，贮水能力较强，需水量相对较少。另外，叶片大、叶质柔软或薄而光滑的花卉需水量大，叶片细小、叶质硬、具蜡质或密被茸毛的则需水量少，这也是针叶植物较阔叶植物耐旱的原因。

花卉对水分的消耗取决于其生长状况。休眠期的鳞茎和块茎不仅不需要水，有水反而会引起腐烂。如朱顶红种植后只要保持土壤湿润，便会终止休眠，生出根来；一旦抽出花茎，蒸腾量增加，就需少量灌水；当叶子大量发育后，就需充足供水。又如四季秋海棠重剪之后失去很多叶片，减少了蒸腾面积，就应控制灌水，以防因土壤积水引起烂根。因此，应经常注意保持根系与叶幕的平衡，并通过灌水加以调节。

多肉植物在冬季休眠期温度在 10℃以下时可以不灌水，其他半肉质植物如天竺葵等也可忍受上述处理方法。

根自土壤中吸收水分受土温的影响，不同植物间也有差别。原产于热带的花卉在10～15℃间才能吸水，原产于寒带的藓类甚至在 0℃以下还能吸水，多数室内花卉在 5～10℃之间可吸水。土温越低植物吸水越困难，根不能吸水也就越容易引起积水。

四、空气

空气对观赏植物的影响是多方面的。如氧气是植物进行呼吸作用必不可少的，如果氧气缺乏，植物根系的正常呼吸作用就会受到抑制，不能萌发新根，严重时厌气性有害细菌就会大量滋生，引起根系腐烂，造成全株死亡。

1. 空气的成分与花卉的生长发育

（1）二氧化碳（CO_2）　CO_2 是绿色植物进行光合作用合成有机物质的原料之一。它在空气中的含量虽然仅有0.03%，并且还因时间地点不同而发生变化，但却是十分重要的。绿色植物在光合作用的过程中消耗CO_2释放O_2，与此相应的呼吸作用则是吸收O_2释放CO_2，这两个过程无论在一年之内或是一天之中总是在相互消长、不断变化。通常白天植物光合作用过程中吸收CO_2的速度总是超过呼吸作用释放CO_2的速度，因此为了提高光合效率，在温室条件下常采取措施提高空气中CO_2的浓度。一定范围内（不超过0.3%）增施CO_2，可以促进光合作用的强度。这在菊花、香石竹（*Dianthus caryophyllus*）以及月季花的栽培中均已获得优异的效果，大大提高了产品的数量和质量。

空气中CO_2的含量虽然还是比较稳定的，但过高的CO_2含量也会对花卉造成危害，遇到这种情况可以通过松土防止产生危害。

（2）氧气（O_2） 植物进行呼吸作用时，吸收O_2、释放CO_2，产生能量作为生命活动的动力。所以O_2在花卉的生命活动中起着极为重要的作用，有氧呼吸大大提高了新陈代谢的效率。动植物的呼吸、物质的氧化必然会消耗大量的O_2，地球上大致能保持O_2与CO_2的平衡，就是靠绿色植物来调节的。在花卉栽培中常因灌水太多或土壤板结，造成土壤中缺氧，引起根部危害。此外，在种子萌发过程中必须有足够的O_2，否则会因酒精发酵毒害种子使其丧失发芽力。

（3）氮气（N_2） 虽说空气中含有78%以上的氮气，但它不能直接为多数植物所利用，只有借豆科植物以及某些非豆科植物根际的固氮根瘤菌才能将其固定成氨或铵盐。土壤中的氨或铵盐经硝化细菌的作用转变为亚硝酸盐或硝酸盐，才能被植物吸收，进而合成蛋白质、构成植物体。

2. 空气污染对花卉的影响

空气中除去正常成分外，常因人为的原因增加一些有毒有害的气体而污染大气。这些气体主要有以下几种。

（1）氟化氢（HF） 可通过叶的气孔或表皮吸收进入细胞内，经一系列反应转化成有机氟化物影响酶的合成，导致叶组织发生水渍斑，然后变枯呈棕色。氟化物对植物的危害首先表现在叶尖和叶缘，呈环带状，然后逐渐向内发展，严重时引起全叶枯黄脱落。对氟特别敏感的花卉有唐菖蒲、郁金香、玉簪、杜鹃、梅花（*Prunus mume*）等；而含硅、钙的植物仅见局部危害，很少转移；抗性中等的有桂花、水仙、杂种香水月季（*Hybrid Tea Rose*）、天竺葵、山茶花、醉蝶花等；抗性强的有金银花（*Lonicera japonica*）、紫茉莉、玫瑰（*Rosa rugosa*）、洋丁香（*Syringa vulgaris*）、广玉兰（*Magnolia grandiflora*）、丝兰（*Yucca filamentosa*）等。

（2）二氧化硫（SO_2） 通过气孔进入叶片，被叶肉吸收变为亚硫酸根离子，使植物受到损害（如气孔机能失调、叶肉组织细胞失水变形、细胞质壁分离等），植物的新陈代谢受到干扰、光合作用受到抑制、氨基酸总量减少。对SO_2敏感的花卉有矮牵牛、波斯菊、百日草、蛇目菊、玫瑰、石竹（*Dianthus chinensis*）、唐菖蒲、天竺葵、月季等；抗性中等的有紫茉莉、万寿菊（*Tagetes erecta*）、蜀葵、鸢尾、四季秋海棠；抗性强的有美人蕉（*Canna generalis*）。

（3）氯气（Cl_2） 杀伤力比SO_2大，能很快破坏叶绿素，使叶片褪色、漂白、脱落。初期伤斑主要分布在叶脉间，呈不规则点状或块状，与SO_2危害症状不同之处为受害组织与健康组织之间没有明显界限。对氯气敏感的花卉有珠兰（*Chloranthus spicatus*）、茉莉；抗性中等的有米兰（*Aglaia odorata*）、醉蝶花、夜来香（*Telosma cordata*）；抗性强的有杜鹃花、一串红、唐菖蒲、丝兰、桂花、白兰花（*Michelia alba*）。

（4）臭氧（O_3） 危害植物栅栏组织的细胞壁和表皮细胞，使叶片表面形成红棕色或白色斑点，最终导致花卉的枯死。

五、土壤

1. 花卉对土壤的要求

质地不同的土壤，肥力差异也大，因此对其管理利用和改良各具特点。沙土类粒间孔隙大、通透性好，但蓄水保水能力差，保蓄养分能力低，土温变幅大。根据这些特点应种植耐旱的种和品种，及时多次少量灌水施肥，多施未腐熟或半腐熟的有机肥以改良土壤。黏质土类含矿质营养丰富，保水保肥能力强，有机质分解缓慢，有利于腐殖质积累且肥效持久，但土壤胀缩性强，干时坚硬，通透性差，早春土温上升缓慢，土温变幅小。场圃遇到这类土壤应适时耕作，种植多年生深根性花卉或混掺沙土以改良土壤。壤土类所含砂粒与黏粒比例适当，通透性和耕作性良好，蓄水保肥能力强，是多种花卉栽培生产的理想土壤。

上述各类土壤肥力特点是指在单一质地下的情况。实际上土壤质地往往不是单一的，因此其肥力特点也是多种多样的。

花卉在土壤中生长究竟靠的是什么力量呢？土壤科学工作者提出了土壤肥力的概念，认为在植物生活期间，土壤具有供应和调节植物的生长所需要的水分、养分、空气、热量和其他生活条件的能力，也就是土壤理化特性和生物学特性对植物的综合效应；并且土壤水分、养分、空气、热量等肥力因素是相互联系而又相互制约的，并且是不能相互代替的。

土壤肥力的高低，除受自然因素影响外，还取决于人对土壤的管理，通过合理耕作和施肥培肥措施改良土壤，土壤肥力还会提高。通常人们以有机质含量的多少来判断土壤肥力。土壤有机质的作用是多方面的。一是提供花卉生长所需要的养分。土壤有机质所含的营养元素不仅丰富而且全面，既有碳、氮、硫、磷、钾、钙、镁、铁、硅，还有微量元素硼、铜、锌、钼、钴、锰等。随着土壤有机质的矿化（分解成简单的无机盐类），这些元素可被花卉吸收利用。二是土壤有机质矿化过程中能产生多种有机酸，又有助于矿物岩石的风化，有利于某些营养物质的释放与有效化。此外，丰富的土壤有机质加强了土壤微生物的活性，促进了土壤养分的转化。因此有机质含量高的土壤肥力平稳持久，保肥性能强，蓄水通气性也强。

提高和维持土壤有机质含量的措施：一是增施有机肥，如粪肥、厩肥、堆肥、饼肥等；二是调节土壤有机质的转化条件，如土壤有机体的C/N、土壤水热条件和土壤pH值等。

2. 土壤耕作与花卉生长发育的关系

生产花卉的土壤是经过人类生产活动和改造的农业土壤，是花卉生产最基本的生产资料。在合理利用和改良的条件下，土壤的肥力可得到不断提高。

土壤的肥沃主要表现在能充分供应和协调土壤中的水分、养料、空气和热能以支持花卉的生长和发育。土壤中含有花卉所需要的有效肥力和潜在肥力，采用适宜的耕作措施，如精耕细作、冬耕晒垡、排涝疏干、合理施肥，能使土壤达到熟化的要求，并使潜在肥力转化为有效肥力，把用土、养土、保土和改土密切结合起来。

通过耕作措施使土层疏松深厚、有机质含量高、土壤结构和通透性能良好、蓄保水分养分能力和吸收能力高、微生物活动旺盛等，都是促进花卉生长发育的有效措施。

为了改造土壤耕作层的构造、提高土壤肥力，还应与灌溉施肥制度相配合，并且根据当地的小气候、地势坡向、土壤轮作、生产技术条件以及机械化等综合因素加以考虑。总之，要采取适宜的耕作措施，为花卉的生长发育创造良好的土壤环境。

3. 花卉的其他栽培基质

(1) 蛭石（vermiculite） 由黑云母和金云母风化而成的次生产物。其化学成分主要为水化的硅酸铝镁铁，在约1000℃高温炉中加热后，片状物变为疏松的多孔体，因此变得很轻，容重为0.096～0.16g/cm^3。蛭石能吸收大量的水，保水、持肥、吸热、保温的能力也很强。园艺上常用的为颗粒大小在0.2～0.3cm范围内的2号蛭石。经长期栽培植物后会使蜂房状结构被破坏，因此常与珍珠岩或泥炭混合使用。

(2) 珍珠岩（perlite） 由一种含铝硅酸盐火山石经粉碎加热至1100℃下膨胀而形成。通气性能良好，易消毒和贮藏，但有效含水量和吸收能力差。珍珠岩容重为0.128g/cm^3，常和蛭石或泥炭混合使用。

(3) 泥炭（peat） 又称草炭，是古代湖沼植物埋藏于地下，在缺氧条件下分解不完全而形成的有机物，干后呈褐色。泥炭呈酸性，对水及氨的吸附能力极强。依形成的条件不同，泥炭有低位、高位和中位之分。低位泥炭多产生于地势低洼地带，营养丰富、含氮和灰分量高，中国产泥炭多属此种。泥炭容重为0.2～0.3g/cm^3，是用作配制栽培基质的理想材料，园艺上应用甚广。

(4) 锯末木屑与稻壳 这些都是质地较轻、容易获取、价格便宜的副产品，混合使用效果尤佳。若以木屑混合25%（体积分数）的稻壳，既有较好的持水性，又具优良的通气性。虽然它们含碳量高，但含氮不足，实际用作栽培基质时应添加含氮化合物（如豆饼、鸡粪或氮肥），加水堆积3～4个月备用。上海、武汉各地常用砻糠灰（燃烧过的稻壳）作栽培基质，效果亦好。

此外用作栽培基质的还有木炭、椰子壳、砖块等。

上述这些基质很少单独应用，常将几种基质按一定比例配合用于花卉栽培。

4. 土壤微生物与花卉

土壤中含有大量微生物，当栽培的花卉进入这个环境后，微生物的状况会发生剧烈的变化，特别是在根际会聚集大量微生物。有的微生物区系能产生生长调节物质，这类物质在低浓度时刺激花卉的生长，而在高浓度时则抑制花卉的生长。

土壤微生物对花卉的生长具有一系列重要作用。如促进氮素的循环，促进有机物质和矿物质分解成为花卉可利用的营养物质，固氮微生物可增加土壤中的氮素含量，菌根真菌则可有效地增加根的吸收面积。

根瘤菌能自由生存在土壤中，但没有固定大气中氮的能力，必须与豆科植物共生才有固氮的功能。香豌豆（*Lathyrus odoratus*）、羽扇豆（*Lupinus polyphllus*）等即使生长在土壤中氮素不够丰富的条件下，也能生长良好，这是由于它们能借助根瘤菌获得较多的氮。

外生菌根真菌可与多种树根共栖，由于真菌的侵染使根的形态发生了变化，从而使其接触更多的土壤，因此增加了对磷酸盐的吸收。

菌根是真菌和高等植物根系结合而形成的，在高等植物的许多属中都有发现。特别是真菌与兰科、杜鹃花科植物形成的菌根相互依存现象尤为明显，兰科植物的种子在没有菌根真菌共存时就不能发芽；杜鹃花科植物的种苗在没有菌根真菌存在的条件下也不能成活。

对于菌根真菌和花卉的生物活动虽然还不十分了解，但许多事实证明其对花卉是有益的。

思考题

1. 了解花卉生长发育过程及影响其发育过程的环境因子与园林花卉的应用关系。
2. 简述花卉生长发育的规律性及相关性。
3. 简述不同花卉生长发育的过程。
4. 简述花卉花芽分化的理论、阶段及类型。
5. 影响花卉生长发育的主要生态因子有哪些？这些因子之间的关系是怎样的？
6. 温度是怎样影响花卉生长发育的？
7. 光照是怎样影响花卉生长发育的？
8. 根据花卉对光照强度的要求不同，可将花卉分为哪几种类型？举例说明。
9. 什么是长日照花卉、短日照花卉、日中性花卉？举例说明。
10. 水分是怎样影响花卉生长发育的？
11. 根据花卉对水分的要求不同，可将花卉分为哪几种类型？举例说明。
12. 土壤的哪些性质影响花卉生长发育？
13. 大气成分是怎样影响花卉生长发育的？
14. 大气中影响花卉生长发育的有害气体主要有哪些？

第四章 园林花卉的繁殖

园林花卉繁殖是繁衍花卉后代、保存种质资源的手段，只有将种质资源保存下来并繁殖一定的数量，才能为园林应用及花卉选种、育种提供条件。不同种或不同品种的花卉，各有其不同的适宜繁殖方法和时期。根据不同花卉选择正确的繁殖方法，不仅可以提高繁殖系数，而且可以使幼苗生长健壮。花卉繁殖的方法较多，可分为如下几类。

1. 有性繁殖（sexual propagation）

有性繁殖也称种子繁殖（seed propagation），是经过减数分裂形成的雌配子、雄配子结合后，产生的合子发育成的胚再生长发育成新个体的过程。近年来也有将种子中的胚取出，进行培养以形成新植株的方法，称为“胚培养”方法。大部分一二年生草花和部分多年生草花常采用种子繁殖，这些种子大部分为 F_1 代种子，具有优良的性状，但需要每年制种。如翠菊、鸡冠花、一串红、金鱼草、金盏菊、百日草、三色堇、矮牵牛等。

2. 无性繁殖（asexual propagation）

无性繁殖也称营养繁殖（vegetative propagation），是用花卉营养体的一部分（根、茎、叶、芽）为材料，利用植物细胞的全能性而获得新植株的繁殖方法。通常包括分生、扦插、嫁接、压条等方法。温室木本花卉、多年生花卉、多年生作一二年生栽培的花卉常用分生、扦插的方法繁殖。如一品红、变叶木、金盏菊、矮牵牛、瓜叶菊等，仙人掌等多浆植物也常采用扦插、嫁接等繁殖方法。

3. 孢子繁殖（spore propagation）

孢子是由蕨类植物孢子体直接产生的，它不经过两性结合，因此与种子的形成有本质的不同。蕨类植物中有不少种类为重要的观叶植物，除采用分株繁殖法外，也可采用孢子繁殖法。如肾蕨属、铁线蕨属、蝙蝠蕨属等植物都可采用孢子繁殖。

4. 组织培养（tissue culture）

将植物体的细胞、组织或器官的一部分，在无菌的条件下接种到一定培养基上，在培养容器内进行培养，从而得到新植株的繁殖方法称为组织培养，又称为微体繁殖（micro-propagation）。

第一节 有性繁殖

种子繁殖的特点：种子细小质轻，采收、贮存、运输、播种均较简便；繁殖系数高，短时间内可以产生大量幼苗；实生幼苗生长势旺盛，寿命长，但对母株的性状不能全部遗传，易丧失优良种性，F_1 代植株种子必然发生分离。

一、花卉种子的寿命及贮藏

1. 花卉种子的寿命

种子和一切生命一样，有一定的生命期限，即寿命。种子寿命的终结以发芽力的丧失为标志。生产上种子发芽率降低到原发芽率的50%时的时间段即规定为种子的寿命。观赏栽培和育种中，有时只要可以得到种苗，即使发芽率很低也可以使用。

了解花卉种子的寿命，不论在花卉栽培以及种子贮藏、采收、交换和种质资源保存上都有重要意义。在自然条件下，根据园林花卉种子的寿命可将种子分为以下几种。

短命种子（1年左右）：有些观赏植物的种子如果不在特殊条件下保存，则保持生活力的时间不超过1年，如报春类、秋海棠类种子的发芽力只能保持数个月，非洲菊更短。许多水生植物，如茭白、慈姑、灯心草等的种子都属于这一类。

中命种子（2～3年）：多数花卉的种子属于此类。

长命种子（4～5年以上）：这类种子中豆科植物最多，莲、美人蕉属及锦葵科某些种子寿命也很长，如荷花种子在中国东北泥炭土中埋藏了约有1000年时间，当完整的种皮破开后仍能正常发芽。这类种子一般都有不透水的硬种皮，甚至在温度较高情况下也能保持其生活力。

2. 影响种子寿命的因素

种子寿命的缩短是种子自身衰败（deterioration）所引起的，衰败（或称为老化）是生物存在的规律，是不可逆转的。

种子寿命的长短除受遗传因素影响外，也受种子的成熟度、成熟期的矿质营养、机械损伤与冻害、贮存期的含水量以及外界的温度、霉菌的影响，其中以种子的含水量及贮藏温度为主要的影响因素。大多数种子含水量在5%～6%时寿命最长；含水量低于5%，细胞膜的结构破坏，加速种子的衰败；含水量达8%～9%则虫害出现；含水量达12%～14%则真菌繁衍为害；含水量达18%～20%时易发热而败坏；达到40%～60%种子会发芽。种子贮藏的安全含水量，含油脂高的一般不超过9%，含淀粉种子不超过13%。

种子均具有吸湿特性，在任何相对湿度的环境中，都要与环境的水分含量保持平衡。种子的含水量平衡（moisture equilibrium）首先取决于种子的含水量及环境相对湿度间的差异。空气相对湿度为70%时，一般种子含水量平衡在14%左右，是一般种子安全贮藏含水量的上限。在相对湿度为20%～25%时，一般种子贮藏寿命最长。

空气的相对湿度又与温度密切相关，随温度的上升而加大。一般种子在低相对湿度及低温下寿命较长。多数种子在相对湿度80%及25～30℃下，很快丧失发芽力；在相对湿度低于50%、温度低于5℃时，生活力保持较久。种子贮藏在27℃下，相对湿度不能超过40%；在21℃下，相对湿度不能超过60%；在4～10℃下，不能超过70%为宜。

3. 花卉种子的贮藏方法

一般花卉种子可以保存2～3年或更长时间，但随着种子贮存时间的延长，不仅发芽率降低，而且萌发后植株的生活力也降低，衰退程度与保存方法密切相关。因此要尽量使用新种子进行繁殖。不同的贮藏方法对花卉种子寿命影响不同。日常生产和栽培中主要贮藏方法有以下几种。

(1) 干燥贮藏法　耐干燥的一二年生草花种子在充分干燥后，放进纸袋或纸箱中保存。适宜次年就播种的短期保存。

(2) 干燥密闭法　把充分干燥的种子装入罐或瓶之类容器中，密封起来放在冷凉处保存。可保存稍长一段时间，种子质量仍然较好。

(3) 干燥低温密闭法　把充分干燥的种子放在干燥器中，置于1～5℃（不高于5℃）

的冰箱中贮藏。可以较长时间保存种子。

(4) 贮藏法　某些花卉的种子，若长期置于干燥条件下容易丧失生活力，可采用层积法，即把种子与湿沙（也可混入一些水苔）交互地作层状堆积。休眠的种子用这种方法处理，可以促进发芽。牡丹、芍药的种子采收后可以进行沙藏层积保存。

(5) 水藏法　某些水生花卉的种子，如睡莲、王莲等的种子必须贮藏于水中才能保持其发芽力。

二、花卉种子萌发条件及播种前的种子处理

一般花卉的健康种子在适宜的水分、温度和氧气的条件下都能顺利萌发，仅有部分花卉的种子要求光照感应或者打破休眠才能萌发。

1. 种子萌发所需要的条件

(1) 基质　基质将直接改变影响种子发芽的水、热、气、肥、病、虫等条件，一般要求细而均匀，不带石块、植物残体及杂物，通气排水性好，保湿性能好，肥力低且不带病虫。

(2) 水分　种子萌发需要吸收充足的水分。种子吸水膨胀后，种皮破裂，呼吸强度增大，各种酶的活性也随之增强，蛋白质及淀粉等贮藏物发生分解、转化，被分解的营养物质输送到胚，使胚开始生长。种子的吸水能力因种子的构造不同而差异较大。如文殊兰的种子，胚乳本身含有较多的水分，播种时吸水量就少；有一些花卉种子较干燥，吸水量就大。播种前的种子处理很多情况下就是为了促进吸水，以利于萌发。

(3) 温度　花卉种子萌发的适宜温度，依种类及原产地的不同而有差异。通常原产于热带的花卉所需温度较高，而原产于亚热带及温带者次之，原产于温带北部的花卉则需要一定的低温才易萌发。如原产于美洲热带地区的王莲（*Victoria amazonica*）在30～35℃水池中，经10～21d才萌发。而原产于南欧的大花葱是一种低温发芽型的球根花卉，在2～7℃条件下较长时间才能萌发，高于10℃则几乎不能萌发。

一般来说，花卉种子的萌发适温比其生育适温高3～5℃。原产于温带的一二年生花卉萌芽适温为20～25℃，萌芽适温较高的可达25～30℃，如鸡冠花、半支莲等，适于春播；也有一些种类萌芽适温为15～20℃，如金鱼草、三色堇等，适于秋播。

(4) 氧气　氧气是花卉种子萌发的条件之一，供氧不足会妨碍种子萌发。但对于水生花卉来说，只需少量氧气就可满足种子萌发需要。

(5) 光照　大多数花卉的种子，只要有足够的水分、适宜的温度和一定的氧气，都可以发芽。但有些花卉种子萌发受光照影响。种子发芽对光的依赖性不同。

需光性种子：这类种子常常是小粒的，发芽靠近土壤表面，在那里幼苗能很快出土并开始进行光合作用。这类种子没有从深层土中伸出的能力，所以在播种时覆土要薄。如报春花（*Primula malacoides*）、毛地黄（*Digitalis purpurea*）、瓶子草（*Sarraeenia*）等。

嫌光性种子：这种类型的种子在光照下不能萌发或萌发受到光的抑制，如黑种草（*Nigella damascena*）、雁来红（*Amaranthus gangeticus*）等。

大多数花卉种子萌发对光不敏感。

2. 花卉播种前的种子处理

不同花卉种子发芽期不同，发芽期长的种子给土地利用和管理都带来问题；有些种子在某些地区无法获得萌发需要的气候条件，不能萌发。播种前对种子进行处理可以解决上

述问题，目的是打破种子休眠、促进种子萌发或使种子发芽迅速整齐。

（1）影响种子发芽的休眠因素

① 硬种皮　包括种皮的不透水性和机械阻力，如豆科、锦葵科、牻牛儿苗科、旋花科和茄科的一些花卉，如大花牵牛、羽叶茑萝、美人蕉、香豌豆。

② 化学抑制物质　这些抑制物质分别存在于果实、种皮和胚中。如ABA（脱落酸）就是常见的一种抑制激素，使种子不会过早地在植株上萌发。拟南芥的突变体由于缺乏ABA而在母株上就开始萌发。采取层积、水浸泡、GA（赤霉素）处理等可以消除其抑制作用。

③ 胚发育不完全或缺乏胚乳　一些观赏植物的种子成熟时，胚还没有完成形态发育，需要在脱离母株后在种子内再继续发育。如兰科植物的种子没有胚乳，常规条件下不能萌发，商业生产中，靠无菌培养提供营养繁殖体。

④ 存在需要冷冻的休眠胚　园艺上所采取的层积处理方法就是针对这类种子，种子需要在湿润而且低温条件（0～4℃）下贮藏一段时间，以打破种胚的休眠。很多研究发现层积处理是通过抑制休眠的物质（如GA）和保持休眠的物质（如ABA）等含量的消长而实现的。所以用GA浸泡种子可以代替层积处理。如大花牵牛（*Pharbitis nil*）、广叶山黧豆（*Lathyrus latifolium*）。

（2）播种前种子处理方法

① 浸种　发芽缓慢的种子可使用此方法。用温水浸种较冷水好，时间也短。如用冷水浸种，以不超过一昼夜为好。月光花、牵牛花、香豌豆等用30℃温水浸种一夜即可。时间过长，种子易腐烂。

② 刻伤种皮　用于种皮厚硬的种子。如荷花、美人蕉，可锉去部分种皮，以利其吸水。

③ 去除影响种子吸水的附属物　如去除绵毛等。

④ 药物处理种子　可产生以下作用。

a. 打破上胚轴休眠：如牡丹的种子具有上胚轴休眠的特性，秋播当年只生出幼根，必须经过冬季低温阶段，上胚轴才能在春季伸出土面。若用50℃温水浸种24h，埋于湿沙中，在20℃条件下，约30d生根。把生根的种子用50～100μL/L赤霉素涂抹胚轴，或用溶液浸泡24h，约10～15d就可长出茎来。有上胚轴休眠现象的花卉种子还有芍药及天香百合（*Lilium auratum*）、加拿大百合（*L. canadense*）、日本百合（*L. japonicum*）等。

b. 完成生理后熟要求低温的种子：用赤霉素处理，有代替低温的作用。如大花牵牛（*Pharbitis nil*）及广叶山黧豆（*Lathyrus latifolium*）的种子，播种前用10～25μL/L赤霉素溶液浸种，可以促使其发芽。

c. 改善种皮透性，促其发芽：如林生山黧豆（*Lathyrus sylvestris*）种子，用浓硫酸处理1min，用清水洗净播种，发芽率达100%，对照者发芽率只有76%。种皮坚硬的芍药、美人蕉可以用2%～3%的盐酸或浓盐酸浸种至种皮柔软，用清水洗净后播种。结缕草（*Zoysia japonica*）种子用0.5%氢氧化钠溶液处理，其发芽率显著高于对照。

d. 打破种子二重休眠性：如铃兰（*Convallaria majalis*）、黄精（*Polygonatum mutatum*）等，这些种子由于具有胚根和上胚轴二重休眠特性，首先在低温湿润条件下完成胚根后熟作用，继而在较高温度下促使幼根生出，然后再在二次低温下，使上胚轴完成后熟，促使幼苗生出。

三、播种期与播种方法

1. 播种期

播种期应根据各种花卉的生长发育特性、计划供花时间以及环境条件与控制程度而定。保护地栽培情况下，可按需要时期播种；露地自然条件下播种，则依种子发芽所需温度及自身适应环境的能力而定。适时播种能节约管理费用、出苗整齐，且能保证苗木质量。

（1）一年生花卉　原则上应在春季气温开始回升、平均气温已稳定在花卉种子发芽的最低温度以上时播种，若延迟到气温已接近发芽最适温度时播种则发芽较快而出苗整齐。在生长期短的北方或需提早供花时，可在温室、温床或大棚内提前播种。

（2）二年生花卉　原则上秋播，一般在气温降至30℃以下时争取早播。在冬季寒冷地区，二年生花卉常需防寒越冬或作一年生栽培。

（3）多年生草本花卉和木本花卉　多年生花卉也常用播种繁殖。原产于温带的落叶木本花卉，如牡丹属、苹果属、杏属、蔷薇属等种子有休眠特性，一些地区可以在秋末露地播种，冬季低温、湿润条件可起到层积效果，使休眠被打破，次年春季即可发芽。也可人工破除休眠后春季播种。原产于热带或亚热带的许多花卉，在种子成熟时及以后的高温高湿条件均适于种子发芽与幼苗生长，故种子多无休眠期，经干燥或贮藏会使发芽力丧失，这类种子采后应立即播种。朱顶红（*Hippeastrum vittatum*）、马蹄莲、君子兰（*Clivia* spp.）、山茶花等的种子也宜即采即播，但在适当条件下也可贮藏一定时期。宿根草本和水生花卉按一年生花卉对待。

2. 播种方法

（1）露地苗床播种　经分苗培养后再定植，此法便于幼苗期间的养护管理。

（2）露地直播　对于某些不宜移植的直根性种类，应直接播种到应用地。如需要提早育苗时，可先播种于小花盆中，成苗后带土球定植于露地，也可用营养钵或纸盆育苗。如虞美人、花菱草、香豌豆、羽扇豆、扫帚草、牵牛及茑萝等。一般露地苗床播种方法如下。

① 场地选择　播种床应选富含腐殖质、疏松而肥沃的砂质壤土，在日光充足、空气流通、排水良好的地方为宜。

② 整地及施肥　播种床的土壤应翻耕30cm深，打碎土块、清除杂物后，上层覆盖约12cm厚的土壤，最好用1.5cm孔径的土筛筛过，同时施以腐熟而细碎的堆肥或厩肥作基肥（基肥的施肥期最迟在播种前一周），再将床面耙平耙细。播种时最好施些过磷酸钙，以使根系强大、幼苗健壮。其他种类的磷肥效果不如过磷酸钙。生命周期短的花卉施过磷酸钙效果更好。此外，还可施以氮肥或细碎的粪干，但应于播种前一个月施入床内。播种床整平后应进行镇压，然后整平床面。

③ 覆土深度　覆土深度取决于种子的大小。通常大粒种子覆土深度为种子厚度的3倍；小粒种子以不见种子为度。覆盖种子用土最好用0.3cm孔径的筛子筛过。

花卉种子按粒径大小（以长轴为准）分为以下几种。

大粒种子：粒径5.0mm以上，如牵牛、牡丹、紫茉莉、金盏菊等的种子。

中粒种子：粒径2.0～5.0mm，如紫罗兰、矢车菊、凤仙花、一串红等的种子。

小粒种子：粒径1.0～2.0mm，如三色堇、鸡冠花、半支莲、报春花等的种子。

微粒种子：粒径 0.9mm 以下，如四季秋海棠、金鱼草、矮牵牛、兰科花卉等的种子。

④ 播后管理　覆土完毕后，在床面均匀地覆盖一层稻草，然后用细孔喷壶充分喷水。干旱季节可在播种前充分灌水，待水分渗入土中再播种覆土，这样可以较长时间保持湿润状态。雨季应有防雨设施。种子发芽出土时，应撤去覆盖物，以防幼苗徒长。

(3) 温室内盆播

温室内盆播通常在温室中进行，受季节性和气候条件影响较小，播种期没有严格的季节性限制，常随所需花期而定。

① 播种用盆及用土　常用深10cm 的浅盆，以富含腐殖质的砂质土壤为宜。一般配比（总份数为 10）如下：细小种子，腐叶土 5、河沙 3、园土 2；中粒种子，腐叶土 4、河沙 2、园土 4；大粒种子，腐叶土 5、河沙 1、园土 4。

② 具体操作方法　用碎盆片把盆底排水孔盖上，填入碎盆片或粗砂砾至盆深的 1/3；其上填入筛出的粗粒培养土，厚约盆深的 1/3；最上层为播种用土，厚约盆深的 1/3。盆土填入后，用木条将土面压实刮干，使土面距盆沿约 1cm。用“浸盆法”将浅盆下部浸入较大的水盆或水池中，使土面位于盆外水面以上，待土壤浸湿后，将盆提出，待过多的水分渗出后即可播种。

③ 播种方式　细小种子宜采用撒播，播种不可过密，可掺入细沙与种子一起播入，用细筛筛过的土覆盖，厚度约为种子大小的 2～3 倍。秋海棠、大岩桐等细小种子覆土极薄，以不见种子为度。大粒种子常用点播或条播。覆土后在盆面上覆盖玻璃、报纸等，以减少水分的蒸发。多数种子宜在暗处发芽，像报春花等好光性种子，可用玻璃盖在盆面上。

④ 播种后管理　应注意维持盆土的湿润，干燥时仍然用浸盆法给水。幼苗出土后逐渐移到日光照射充足之处。

(4) 穴盘播种　穴盘播种是穴盘育苗的第一步。以穴盘为容器，选用泥炭土配蛭石作为培养土，采用机械或人工播种，一穴一种，种子发芽率要求 98%以上。花卉生产中大量播种时，常配有专门的发芽室，可以精确地控制温度、湿度和光照，为种子萌发创造最佳条件。播种后将穴盘移入发芽室，待出苗后移回温室，长到一定大小时移栽到大一号的穴盘中，直至出售或应用。这种方式育成的种苗，称为穴盘苗。

穴盘育苗技术（plug technology）是与花卉温室化、工厂化育苗相配套的现代栽培技术之一，广泛应用于花卉、蔬菜、苗木的育苗，目前已成为发达国家的常用栽培技术。该技术的突出优点是在移苗过程中对种苗根系伤害很小，缩短了缓苗的时间；种苗生长健壮，整齐一致；操作简单，节省劳力。该技术一般在温室内进行，需要高质量的花卉种子、生产穴盘苗的专业技术以及穴盘生产的特殊设备，如穴盘填充机、播种机、覆盖机、水槽（供水设施）等。此外，对环境、水分、肥料需要精确管理，例如对水质、肥料成分配比精度要求较高。

第二节　分生繁殖

分生繁殖是多年生花卉的主要繁殖方法，其特点是简便、容易成活、成苗较快且新植株能保持母株的遗传性状，但是繁殖系数低于播种繁殖。分生繁殖有以下几类。

一、分株

分株是将母株掘起分成数丛（每丛都带有根、茎、叶、芽）另行栽植，培育成独立生活的新株的方法。宿根花卉通常都用此法繁殖。一般早春开花的种类在秋季生长停止后进行分株；夏秋开花的种类在早春萌动前进行分株。分株繁殖依萌发枝的来源不同可分为以下几类。

1. 分根蘖（crown division）

将根际或地下茎发生的萌蘖切下栽植，使其形成独立的植株，如春兰、萱草、玉簪、一枝黄花等。此外，蜀葵、宿根福禄考可自根上产生“根蘖”。园艺上还有砍伤根部促其分生根蘖以增加繁殖系数的方法（图 4-1）。

2. 分吸芽（offset）

吸芽为一些植物根际或近地面叶腋自然产生的短缩、肥厚呈莲座状的短枝，其上有芽。吸芽的下部可自然生根，故可自母株分离而另行栽植。如多浆植物中的芦荟、景天、石莲花等在根际处常着生吸芽；凤梨的地上茎叶腋间也生吸芽，均可用此法繁殖。园艺上常用伤害植株根部的方法，刺激其产生吸芽（图 4-2）。

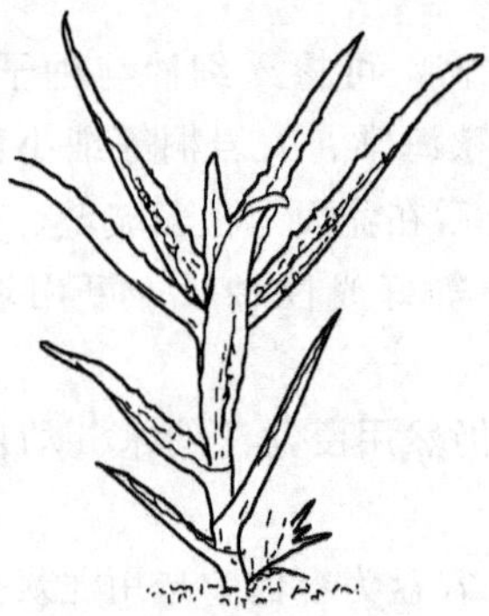

图 4-1　根蘖（芦荟）
（引自《园林花卉学》，刘燕主编）

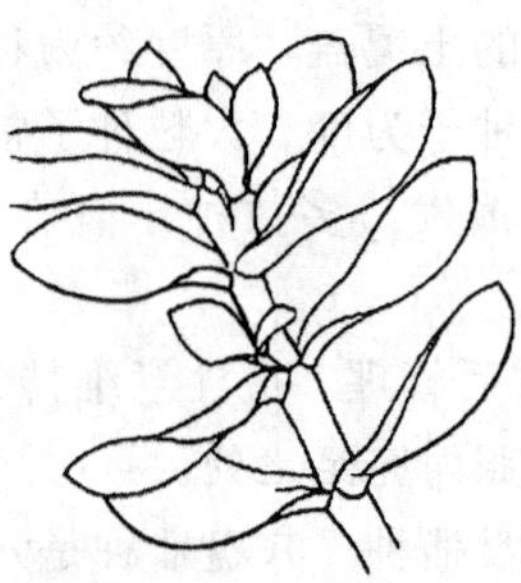

图 4-2　吸芽（玉树）
（引自《园林花卉学》，刘燕主编）

3. 分珠芽及零余子

一些植物具有特殊形式的芽，如卷丹（*Lilium lancilolium*）的珠芽生于叶腋间，观赏葱类（*Alliuim*）的珠芽生于花序中；薯蓣类（*Dioscorea*）的特殊芽呈鳞茎状或块茎状，称零余子。珠芽及零余子脱离母株后自然落地即可生根，园艺上常利用这一习性进行繁殖（图 4-3）。

4. 分走茎（runner）

叶丛抽生出来的节间较长的茎，节上着生叶、花和不定根，也能产生幼小植株，分离小植株另行栽植即可形成新株，如虎耳草、吊兰等。匍匐茎（stolon）与走茎相似，但节间稍短，横走地面并在节处产生不定根及芽，多见于禾本科的草坪植物如狗牙根、野牛草等，也可用于繁殖新株（图 4-4）。

上述繁殖方法多在生长季采用。

二、分球

分球繁殖是指用利用具有贮藏作用的地下变态器官（或特化器官）进行繁殖的一种方

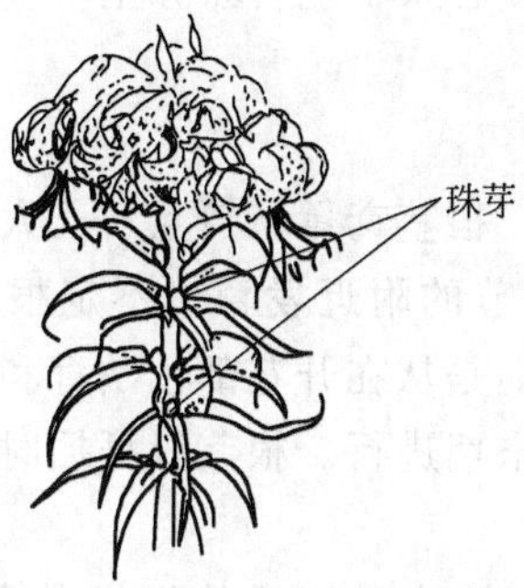

图 4-3　卷丹的珠芽

（引自《园林花卉学》，刘燕主编）

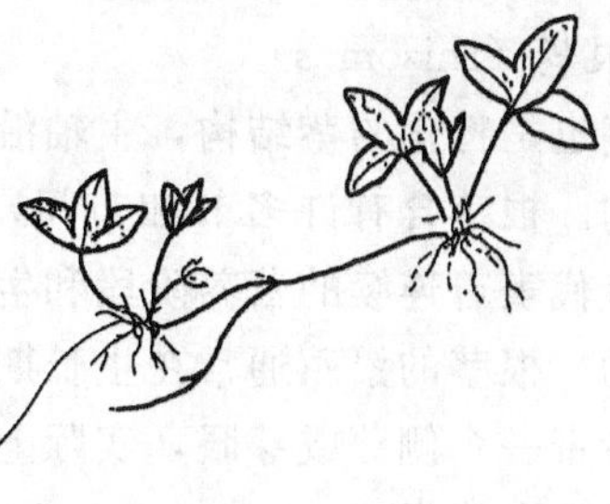

图 4-4　草莓的匍匐茎

（引自《园林花卉学》，刘燕主编）

法。地下变态器官种类很多，依变异来源和形状不同，分为鳞茎（bulbs）、球茎（corms）、块茎（tubers）、块根（tuberous roots）和根茎（rhizomes）等。

1. 鳞茎（bulbs）

鳞茎由一个短的肉质的直立茎轴（鳞茎盘）组成，茎轴顶端为生长点或花原基，四周被厚的肉质鳞片所包裹。鳞茎常见于单子叶植物，通常植物发生结构变态后成为贮藏器官。鳞茎由小鳞片组成，鳞茎中心的营养分生组织在鳞片腋部发育，产生小鳞茎。鳞茎、小鳞茎、鳞片都可作为繁殖材料。郁金香、水仙和球根鸢尾常用长大的小鳞茎繁殖。

郁金香为秋季种植的鳞茎植物，分露地成行种植（英国、美国等国家和地区）和苗床繁殖（荷兰）两种。种植株行距、深度和时间依种株大小或质量、机械操作或人工播种方式以及所需花期等而定。当夏秋叶子变黄、鳞茎外皮变深褐色时，把鳞茎挖出来。将鳞茎上的松土抖掉后，放于浅盘内，于通风良好的贮藏室内风干、清选、分类和分级。通常贮藏温度 18～20℃，根据花期要求调整贮藏温度和时间。

水仙的鳞茎每年在其中心产生一个分生组织生长点。小鳞茎长大后从母鳞茎上分离开来繁殖。一年内可发育成含单花芽的球状鳞茎或单肩鳞茎，再生长一年则可见新的小鳞茎，出现两个花芽（双肩鳞茎）。商品球大多是球状鳞茎或双肩鳞茎。

百合常用小鳞茎和珠芽繁殖。把百合母鳞茎上的鳞片一片片分开，放在适宜的生长条件下，鳞片基部长出小鳞茎，每个鳞片可发育出 3～5 个小鳞茎。在仲夏开花后不久某些种能在茎上形成小鳞茎（即珠芽），则用珠芽繁殖。

2. 球茎（corms）

球茎为茎轴基部膨大的地下变态茎，短缩肥厚呈球形，为植物的贮藏营养器官。球茎上有节、退化叶片和侧芽。老球茎萌发后在基部形成新球，新球旁再形成子球。新球、子球和老球都可作为繁殖体另行种植，也可带芽切割繁殖。唐菖蒲球茎用此法繁殖。秋季叶片枯黄时将球茎挖出，在空气流通、温度 32～35℃、相对湿度 80%～85%的条件下自然晾干，依球茎大小分级后，贮藏在 5℃、相对湿度 70%～80%的条件下。春季栽种前，用适当的杀菌剂、热水等处理球茎。

3. 块茎（tubers）

块茎是匍匐茎的次顶端部位膨大形成的变态地下茎。块茎含有节，有一个或多个小芽，由叶痕包裹。块茎为贮藏与繁殖器官，冬季休眠，第二年春季形成新茎而开始一个新的周期。主茎基部形成不定根，侧芽横向生长为匍匐茎。块茎的繁殖可用整个块茎进行，也可带芽切割。花叶芋、菊芋、仙客来用此法繁殖，但仙客来不能自然分生块茎，常用种子繁殖。

4. 根茎（rhizomes）

根茎也是特化的茎结构，主轴沿地表水平方向生长。根茎鸢尾、铃兰、美人蕉等都有根茎结构。根茎含有许多节和节间，每节上有叶状鞘，节的附近发育出不定根和侧生长点。根茎代表着连续的营养阶段和生殖阶段，其生长周期是从在开花部位孕育和生长出侧枝开始的。根茎的繁殖通常在生长期开始的早期或生长末期进行。根茎段扦插时，要保证每段至少带一个侧芽或芽眼，实际上相当于茎插繁殖。

其他还有块根（tuberous roots）繁殖，如大丽花。其地下变粗的组织是真正的根，没有节与节间，芽仅存在于根茎或茎端，繁殖时要带根茎部分繁殖。

第三节 扦插繁殖

扦插繁殖是利用植物营养器官（茎、叶、根）的再生能力或分生机能，将其从母体上切取下来，在适宜条件下促使其发生不定芽和不定根而成为新植株的繁殖方法。用这种方法培养的植株比播种苗生长快、开花时间早，短时间内可育成多数较大幼苗，且能保持原有品种的特性。扦插苗无主根，根系较播种苗弱，常为浅根。对不易产生种子的花卉多采用这种繁殖方法，也是多年生花卉的主要繁殖方法之一。

一、扦插的种类及方法

园林花卉依扦插材料、插穗成熟度将扦插分为如下种类：叶插（全叶插和片叶插）、茎插（硬枝扦插、半硬枝扦插、软枝扦插、单芽插）、根插。

1. 叶插（leaf cutting）

用于能自叶上发生不定芽及不定根的种类。凡能进行叶插的花卉，大都具有粗壮的叶柄、叶脉或肥厚的叶片。叶插需选取发育充实的叶片，在设备良好的繁殖床内进行，以维持适宜的温度及湿度，获得良好的效果。

(1) 全叶插　以完整叶片为插穗。分为以下两种方法。

平置法：切去叶柄，将叶片平铺于沙面上，以铁针或竹针固定于沙面上，下面与沙面紧贴，大叶落地生根从叶缘处产生幼小植株；蟆叶秋海棠和彩纹秋海棠自叶片基部或叶脉处产生植株；蟆叶秋海棠叶片较大，可在各粗壮叶脉上用小刀切断，在切断处产生幼小植株（图 4-5）。

(a) 刻伤叶脉　(b) 生出新株

图 4-5　全叶插（平置法）

（引自《花卉园艺》，章守玉主编）

直插法：也称叶柄插法，将叶柄插入沙中，叶片立于面上，叶柄基部就产生不定芽。大岩桐进行叶插时，首先在叶柄基部产生小块茎，之后产生根与芽。用此法繁殖的花卉还有非洲紫罗兰、豆瓣绿、球兰、虎尾兰等。百合的鳞片也可以扦插。

（2）片叶插　将一个叶片分切为数块，分别进行扦插，使每块叶片上形成不定芽。用此法进行繁殖的有蟆叶秋海棠、大岩桐、豆瓣绿、虎尾兰、八仙花等。

将蟆叶秋海棠叶柄叶片基部剪去，按主脉分布情况分切为数块，使每块上都有一条主脉，再剪去叶缘较薄的部分以减少蒸发，然后将其下端插入沙中，不久就从叶脉基部发生幼小植株。大岩桐也可采用片叶插，即在各对侧脉下方自主脉处切开，再切去叶脉下方较薄部分，分别把每块叶片下端插入沙中，在主脉下端就可生出幼小植株。椒草叶厚而小，沿中脉分切左右两块，下端插入沙中，可自主脉处生出幼株。虎尾兰的叶片较长，可横切成5cm左右的小段，将其下端插入沙中，自下端可生出幼株。虎尾兰分割后应注意不可使其上下颠倒，否则影响成活。

2. 茎插（stem cutting）

茎插可以在露地进行，也可在室内进行。露地扦插可以利用露地床插进行大量繁殖，依季节及种类的不同，可以覆盖塑料棚保温或荫棚遮光或进行喷雾，以利于成活。少量繁殖时或寒冷季节也可以在室内进行扣瓶扦插、大盆密插及暗瓶水插等（图4-6）。应依花卉种类、繁殖数量以及季节的不同采用不同的扦插方法。

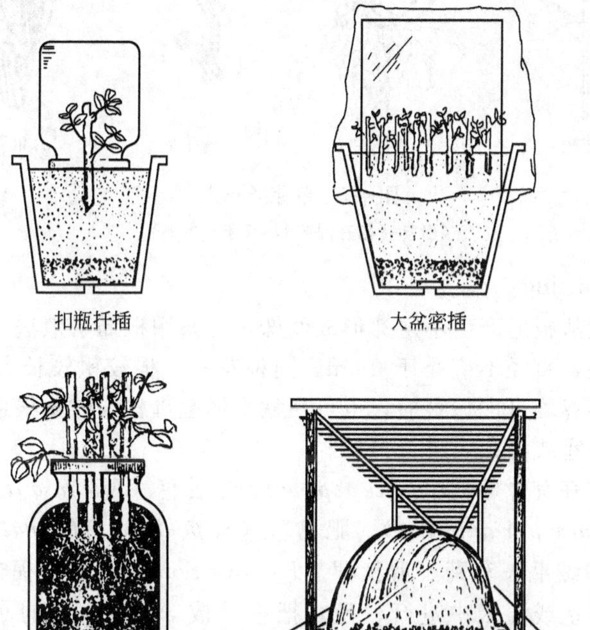

图4-6　室内茎插和露地床插

（引自《花卉学》，北京林业大学园林系花卉教研组）

（1）硬枝扦插（hardwood cutting）　以生长成熟的休眠枝作插条的繁殖方法，常用于木本花卉的扦插，许多落叶木本花卉，如芙蓉、紫薇、木槿、石榴、紫藤（*Wisteria sinensis*）、银芽柳（*Salix leucopithecia*）等均常用此法。插条一般在秋冬休眠期获取。

（2）半硬枝扦插（semihardwood cutting）　以生长季发育充实的带叶枝梢作为插条的

扦插方法，常用于常绿或半常绿木本花卉，如米兰、栀子、杜鹃、月季、海桐、黄杨、茉莉、山茶和桂花等的繁殖。

（3）软枝扦插（softwood cutting） 在生长期用幼嫩的枝梢作为插穗的扦插方法，适用于某些常绿及落叶木本花卉和部分草本花卉。木本花卉如木兰属、蔷薇属、绣线菊属、火棘属（*Pyracantha*）、连翘属（*Forsythia*）和夹竹桃等，草本花卉如菊花、天竺葵属、大丽菊、丝石竹、矮牵牛、香石竹和秋海棠等用此法繁殖。

（4）单芽插 这种方法主要是温室花木类使用。插穗仅有一芽附一片叶，芽下部带有盾形茎部一片或一小段茎，将其插入沙床中，仅露芽尖即可。插后最好盖一玻璃罩，防止水分过量蒸发。叶插不易产生不定芽的种类，宜采用此法，如橡皮树、山茶花、桂花、天竺葵、八仙花、宿根福禄考、彩叶草、菊花等（图 4-7）。茎插成活的关键是根系的发生。

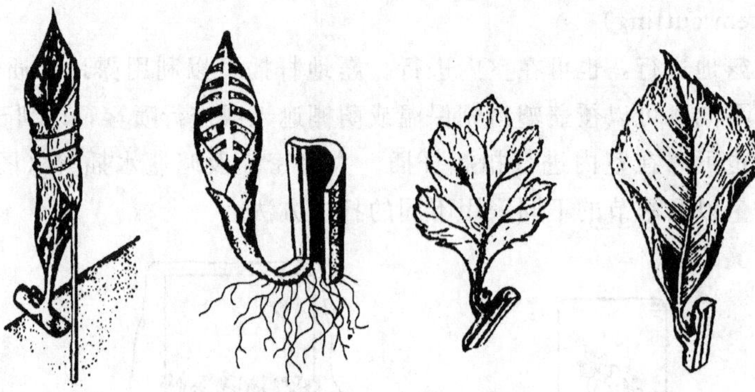

图 4-7 单芽插花卉

（引自《花卉园艺》，章守玉主编）

3. 根插（root cutting）

有些宿根花卉能从根上产生不定芽形成幼株，可采用根插繁殖法。可用根插繁殖的花卉大多具有粗壮的根，直径不应小于 2mm。同种花卉，根较粗较长者含营养物质多，也较易成活。晚秋或早春均可进行根插，也可在秋季掘起母株，贮藏根系过冬，至来年春季扦插。冬季也可在温室或温床内进行扦插。

可进行根插的花卉有蓍草（*Achille alpina*）、牛舌草（*Anchusa italica*）、秋牡丹、灯罩风铃草（*Campanula pyramidalis*）、肥皂草（*Saponaria officinalis*）、毛蕊花（*Verbascum thapsus*）、白绒毛矢车菊、剪秋罗（*Lychnis senno*）、宿根福禄考（*Phlox drummondii*）等，可在温室或温床中进行繁殖。把根剪成 3～5cm 长的小段，撒播于浅箱、花盆的沙面（或播种用土）上，覆土（沙）约 1cm，保持湿润，待产生不定芽之后进行移植。还有一些花卉，根部粗大或为肉质，如芍药、荷包牡丹、博落回（*Macleaya cordata*）、宿根霞草、东方罂粟（*Papaver orientale*）、霞草等，可剪成 3～8cm 的根段，垂直插入土中，上端稍露出土面，待生出不定芽后进行移植（图 4-8）。

图 4-8 根插

（引自《花卉园艺》，章守玉主编）

二、扦插时间

在花卉繁殖中以生长期的扦插为主。在温室条件下，植株可全年保持生长状态，不论草本或木本花卉均可随时进行扦插，但依花卉的种类不同，各有其最适时期。

一些宿根花卉的茎插，从春季发芽后至秋季生长停止前均可进行扦插。在露地苗床或冷床中进行时，最适时期约在夏季7～8月雨季期间。多年生花卉作一二年生栽培的种类，如一串红、金鱼草、三色堇、美女樱、藿香蓟等，为保持优良品种的性状，也可行扦插繁殖。

多数木本花卉宜在雨季扦插，因此时空气湿度较大，插条叶片不易萎蔫，有利于成活。

三、影响扦插生根的因素

1. 内在因素

(1) 植物种类　不同植物间遗传性也反映在插条生根的难易上，不同科、属、种甚至品种间都会存在差别。如仙人掌、景天科、杨柳科的植物普遍易扦插生根；木犀科的大多数易扦插生根，但流苏树（*Chionanthus retusus*）则难生根；山茶属的种间反应不一，山茶、茶梅（*Camellia sadanqua*）易，云南山茶难；菊花、月季花等品种间差异大。

(2) 母体状况与采条部位　营养良好、生长正常的母株，体内含有各种丰富的促进生根物质，是插条生根的重要物质基础。不同营养器官的生根、出芽能力不同。有试验表明，侧枝比主枝易生根，硬枝扦插时取自枝梢基部的插条生根较好，软枝扦插以顶梢作插条比用下方部位的生根好，营养枝比果枝更易生根，去掉花蕾比带花蕾者生根好（如杜鹃花）。

2. 扦插的环境条件

(1) 温度　一般花卉插条生根的适宜温度：气温白天为18～27℃，夜间为15℃左右；基质温度（底温）需稍高于气温3～6℃，可促使根的发生；气温低有抑制枝叶生长的作用。

(2) 湿度　插穗在湿润的基质中才能生根。基质中适宜水分的含量，依植物种类的不同而不同，通常以50%土壤含水量为适，水分过多常导致插条腐烂。扦插初期含水量可以较多，后期应减少水分。为避免插穗枝叶中水分的过分蒸腾，要求保持较高的空气湿度，通常以80%～90%的相对湿度为宜。

(3) 光照　研究表明，许多花卉（如大丽花、木槿属、杜鹃花属、常春藤属等）采自光照较弱处母株上的插条比强光下者生根好，但菊花却相反，采自充足光照下的插条生根更好。扦插生根期间，许多木本花卉（如木槿属、锦带花属、荚蒾属、连翘属）在较低光照下生根较好，但许多草本花卉（如菊花、天竺葵）在适当的强光照下生根较好。

(4) 扦插基质　基质直接影响水分、空气、温度及卫生条件，是扦插的重要环境。当不定根发生时，呼吸作用增强，因此要求扦插基质具备供氧的有利条件同时保持湿润；扦插不宜过深，越深则氧气越少。扦插基质以中性为好，酸性不易生根。扦插生根后就移苗，可以不施肥。花卉常用扦插基质有沙、蛭石、蛭石和珍珠岩的混合物。

四、促进生根的方法

花卉种类不同，对各种处理也有不同的反应。同种花卉的不同品种，对一些药剂反应也不同，这是由年龄不同、插条发育阶段不一、母株的营养条件及扦插时期等方面的差异所导致的。促进插条生根的方法较多，现简略介绍如下。

1. 植物生长激素处理

目前使用最广泛的植物生长激素有吲哚乙酸、吲哚丁酸、萘乙酸等，对于茎插均有显著作用，但对根插及叶插效果不明显，处理后常抑制不定芽的发生。生长素的应用方法较多，有粉剂处理、液剂处理、酯剂处理。花卉繁殖中以粉剂及液剂处理为多。粉剂处理时，将插穗基部蘸上粉末，再行扦插。混入生长素的量视扦插种类、扦插材料不同而异。吲哚乙酸、吲哚丁酸及萘乙酸等应用于易生根的插条时，其浓度为500～2000μL/L，此浓度适于软枝扦插及半硬枝扦插。对生根较难的插穗，浓度约为10000～20000μL/L。配制这些试剂时应先将其溶于酒精（95%），然后再加水定容到工作浓度。

2. 环剥处理

在生长期中，在拟切取的插穗的下端进行环状剥皮，使养分积聚于环剥部分的上端，而后在此处剪取插穗进行扦插，则容易生根。

3. 软化处理

软化处理对部分木本植物效果良好。即在插条剪取前，先在剪取部分进行遮光处理，使之变白软化，预先给予生根环境和刺激，促进根原组织形成。用不透水的黑纸或黑布在新梢顶端缠绕数圈，待遮光部分变白，即可自遮光处剪下扦插。注意软化处理不同于黄化处理。

升高地温是极广泛的应用方法，此外，喷雾处理等也可大大促进扦插生根。

第四节　其他繁殖方法

一、嫁接繁殖

嫁接是将植物体的一部分（接穗，scion）嫁接到另外一个植物体（砧木，rootstock、stock）上，待其组织相互愈合后培养成独立个体的繁殖方法。砧木吸收的养分及水分输送给接穗，接穗又把同化后的物质输送给砧木，形成共生关系。同实生苗相比，这种方法培育的苗木可提早开花；能保持接穗的优良品质；可以提高抗逆性、进行品种复壮；克服不易繁殖（扦插难以生根或难以得到种子的花木类）的缺点。嫁接成败的关键是嫁接的亲和力。砧木的选择应注意适应性及抗性，同时应具有能调节树势等优点。

园林花卉中除了温室木本植物采用嫁接繁殖外，草本花卉应用不多，一是宿根花卉中菊花常以嫁接法进行菊艺栽培，如大丽菊、塔菊等，是用黄蒿（*Artemisia annua*）或白蒿（*Artemisia sieversiana*）为砧木嫁接菊花品种而成；二是仙人掌科植物常采用嫁接法进行繁殖，同时具有造型作用。

二、压条繁殖

1. 压条繁殖的原理

压条繁殖是枝条在母体上生根后，再将其与母体分离成独立新株的繁殖方式。某些植物，如令箭荷花属（*Nopalxochia*）、悬钩子属（*Rubus*）的一些种，枝条弯垂，先端与土壤接触后可生根并长出小植株，是自然的压条繁殖，栽培上称为顶端压条（tip layering)。压条繁殖操作烦琐，繁殖系数低，成苗规格不一，难以大量生产，故多用于扦插、嫁接不易的植物，有时用于一些名贵或稀有品种，可保证成活并能取得大苗。

压条繁殖的原理和茎插相似，只需在茎上产生不定根即可成苗。不定根的产生原理、部位、难易等均与扦插相同，与植物种类有密切关系。

2. 压条繁殖的方法

压条繁殖通常在早春发芽前进行，经过一个旺盛生长季节即可生根，但也可在生长期进行。方法较简单，只需将枝条埋入土中部分的树皮环割 1～3cm 宽，在伤口处涂上生根粉后再埋入基质中使其生根。常用的方法有下列几种。

(1) 空中压条（air layering） 空中压条始于中国，故又称中国压条（Chinese layering)，适用于大树及不易弯曲埋土的情况。先在母株上选好枝梢，将基部环割并用生根粉处理，用水藓或其他保湿基质包裹，外用聚乙烯膜包密，两端扎紧即可。一般植物 2～3 个月后生根，最好在进入休眠期后剪下。杜鹃花、山茶、桂花、米兰、夜合香、腊梅等均常用此法繁殖。

(2) 埋土压条（mound layering） 埋土压条是将较幼龄母株在春季发芽前于近地表处截头，促生多数萌枝。当萌枝高 10cm 左右时将基部刻伤，并培土将基部 1/2 埋入土中，生长期中可再培土 1～2 次，培土共深 15～20cm，以免基部露出。至休眠分出后，母株在次年春季又可再生多数萌枝供继续压条繁殖，贴梗海棠、日本木瓜等常用此法繁殖。

(3) 单干压条（simple layering） 单干压条是将一根枝条弯下，将中部埋在土中生根。

(4) 多段压条（compound layering） 多段压条适用于枝梢细长柔软的灌木或藤本植物。将藤蔓作蛇曲状，一段埋入土中，另一段露出土面，如此反复多次，一根枝梢一次可取得几株压条苗，紫藤、铁线莲属花卉可用此法繁殖。

三、孢子繁殖

1. 孢子繁殖的过程

蕨类植物是一群进化水平最高的孢子植物，孢子体和配子体可独立生活。孢子体发达，可以进行光合作用。配子体微小，多为心形或垫状的叶状体，绿色自养或与真菌共生，无根、茎、叶的分化，有性生殖器官为精子器和颈卵器。无种子，用孢子进行有性繁殖。

孢子来自孢子囊。蕨类植物繁殖时，孢子体上有些叶的背面出现成群分布的孢子囊，这类叶称为孢子叶，其他叶称为营养叶。孢子成熟后，孢子囊开裂，散出孢子。孢子在适宜的条件下萌发生长为微小的配子体，又称原叶体（prothallism，prothallus)，其上的精子器和颈卵器同体或异体而生，大多生于叶状体的腹面。精子借助外界水的帮助进入颈卵器与卵结合，形成合子。合子发育为胚，胚在颈卵器中直接发育成孢子体，分化出根、茎、叶，成为可供观赏的蕨类植物（图 4-9)。

2. 孢子繁殖的方法

当孢子囊群变褐、孢子将散出时，给孢子叶套袋，连叶片一起剪下，在 20℃下干燥，抖动叶子，帮助孢子从囊壳中散出，收集孢子。然后把孢子均匀撒播在浅盆表面，盆内以

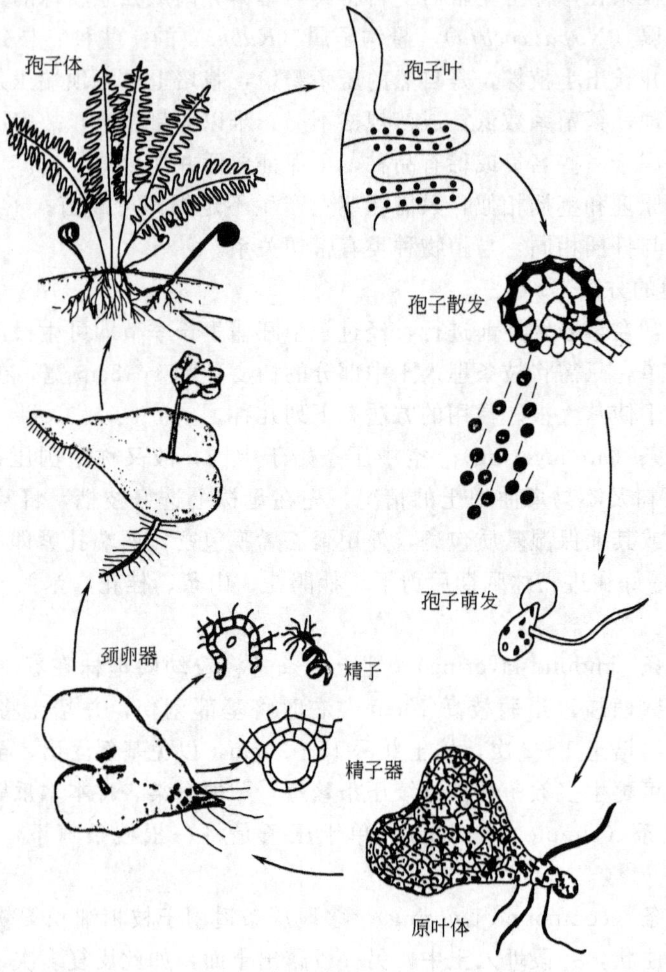

图 4-9　蕨类植物生活史

（引自 Ditter，1972）

2 份泥炭藓和 1 份珍珠岩混合作为基质。也可以用孢子叶直接在播种基质上抖动散播孢子。以浸盆法灌水，保持清洁并盖上玻璃片。将盆置于 20～30℃的温室蔽荫处，经常喷水保湿，约 3～4 周“发芽”并产生原叶体（叶状体）。此时进行第一次移植，用镊子钳出一小片原叶体，待产生出具有初生叶和根的微小孢子体植株时再次移植。

蕨类植物孢子的播种常用双盆法。把孢子播在小瓦盆中，再把小盆置于盛有湿润水苔的大盆内，小瓦盆通过盆壁吸取水苔中的水分，更有利于孢子萌发。

四、组织培养

组织培养繁殖是将植物组织培养技术应用于繁殖，种子、孢子、营养器官均可用组织培养法培育成苗。许多花卉的组培繁殖已成为商品生产的主要育苗方法。近代的组织培养在花卉生产上应用最广泛，除具有快速、大量的优点外，还可通过组织培养获得无病毒苗。许多花卉，如波士顿肾蕨、多种兰花、彩叶芋、花烛、喜林芋属（*Philodendron*）、百合属、萱草属、非洲紫罗兰、草莓、香石竹、唐菖蒲、非洲菊、芍药、秋海棠属、杜鹃花、月季花及许多观叶植物用组织培养法繁殖都很成功。

1. 营养器官

在花卉生产中应用最广的是用一小块营养器官作为外植体进行组织培养，最后生产出大量幼苗的方法，故又称微体繁殖（micropropagation）。微体繁殖的成败及是否有经济价值，主要受下列因素影响。

（1）植物种类　虽然植物细胞全能性的理论已被许多实验所证明并得到普遍承认，但组织成苗的难易在不同植物间存在着极大的差异。某些植物非常容易成苗且增殖很快，而有些植物，尤其是许多木本植物，迄今为止组织培养（组培）成苗尚未成功。各种植物组培成苗的难易和增殖速度虽然与植物亲缘关系有一定相关性，但具体情况只有通过实验来确定。

（2）外植体的来源　外植体（explant）是组培时最初取自植物体、用于起始培养的器官或组织。一般而言，凡处于旺盛分裂时期的幼嫩组织均可作外植体。常用的外植体多取自茎端、根尖、幼茎、幼叶、幼花茎、幼花等，但不同的植物各有最适的外植体切取部位。

（3）无菌环境　组培都在植物生长的最适温度及高湿度下进行，培养基又含糖及丰富的营养物质，这些条件也适于各种微生物的快速繁衍。因此，组培过程中，自始至终均应在绝对清洁无菌的条件下进行。因此，外植体消毒不彻底、用具杀菌不完全、操作时污染等原因都会导致失败。故组织培养要在一定的设施、设备条件下严格按操作规程进行。

（4）培养条件　除水分、温度、光照条件外，培养基的成分特别重要。组培成苗是分阶段进行的。第一阶段使外植体分生并产生大量丛生枝，第二阶段使丛生枝生根，第三阶段将生根苗移入土中。每一阶段需要不同的培养条件，因此第一阶段与第二阶段便有不同的培养基配方，不同植物的配方也有差异。

（5）移栽环境调控　已生根的组培苗要及时从试管中取出移栽于土壤或人工基质中，再培养一段时间即可成为商品苗。组培苗从封闭玻璃容器内的无菌、保温保湿及以糖为主的丰富营养综合条件下转移到开放的土壤基质中，在各方面都发生巨大的变化，柔嫩的幼苗常不适应而死亡。因此，如何从试管内移入土中是组培成败的关键之一，应使其在试管内先受到锻炼，将环境逐渐改变。

2. 种子

兰科植物的种子非常小，在自然条件下只有在某种真菌的参与下，极少数的种子才能发芽。多年来育种家只有把兰花种子播于母株的盆中，借盆中原有菌根真菌的作用，靠机遇才能得到几株幼苗。自 1992 年 Kundson 首次报道用无机盐与蔗糖培养基在试管内将兰花种子培育成苗成功以来，经过许多研究，现已用于工厂化生产。

其他还有蕨类植物的孢子繁殖。孢子的无菌繁殖虽过程较烦琐、成本较高，但更安全可靠。首先将孢子在无菌培养基中培育出原叶体，再将原叶体移入已消毒的基质中培养成苗。将消毒后的孢子用离心或过滤方法除去消毒液，用无菌水清洗后播于加有 3%蔗糖及维生素 B_1 的 MS 琼脂培养基中，在有光处（27℃）2～3 周即可见有原叶体产生，2～3 个月便可移入土壤基质中培育。原叶体在琼脂培养基中还可不断增殖成为大团，并能产生少数孢子体。

思　考　题

1. 花卉繁殖有哪些方法？
2. 花卉的种子繁殖有哪些特点？

3. 花卉种子寿命的定义是什么？影响种子寿命的内外因素有哪些？

4. 园林花卉生产和栽培中常用的种子贮藏方法有哪些？

5. 花卉种子萌发所需要的条件有哪些？

6. 什么是需光性种子、嫌光性种子？举例说明。

7. 播种前种子处理方法有哪些？

8. 简述花卉种子繁殖的时间及方法。

9. 花卉分生繁殖的特点是什么？

10. 花卉的分生繁殖有哪些类别？

11. 花卉的扦插繁殖有哪些类别？

12. 简述影响扦插生根的因素。

13. 嫁接及压条繁殖在园林花卉中的应用情况如何？

第五章 园林花卉栽培设施及设备

第一节 温 室

一、温室的发展史

1. 世界温室发展史

世界园艺设施的发展大体上分以下 3 个阶段。

(1) 原始阶段 约 2000 多年前，中国使用透明度高的桐油纸作覆盖物，建造了温室。古代的罗马是在地上挖出长壕或坑，上面覆盖透光性好的云母板，利用太阳光热进行生产，此时可以说是温室的原始阶段。

(2) 发展阶段 主要是第二次世界大战后，玻璃温室和塑料大棚等真正发展起来，尤其是以荷兰、日本为首的国家发展迅速，而且附加设备逐渐增多起来。

(3) 飞跃阶段 20 世纪 70 年代后，大型钢架温室出现，自动控制室内环境条件已成现实，世界各国温室覆盖面积迅速增加，室内加温、灌水、换气等附加设备得到广泛运用，甚至出现了植物工厂，完全由人类控制作物生产。以后将向着节能、高效率、自动管理的方向发展。

荷兰温室已有 100 多年历史，目前温室结构及生产管理水平都处于世界领先地位。荷兰农民从 19 世纪末就开始把玻璃盆覆盖在植物上用于透光和保温，后来采用不足 0.5m 高的玻璃温箱种植作物，这是温室农业的最初形式。20 世纪 50 年代初建起了木质结构的人字形玻璃温室，开始了保护地规模化生产。现代荷兰温室结构主要选用铝合金框架和玻璃覆盖材料，也有少部分 PC 板材温室，温室生产基本实现了光、温、水、肥、气全面自动化控制。

2. 中国温室发展史

中国古代就有很多关于应用保护设施进行蔬菜栽培的记载。据考证，中国保护地栽培最早有文字记载的是在西汉（公元前 206～公元 25），《汉书·循吏传》记载“太官员种冬生葱韭菜菇，覆以屋庑，昼夜燃蕴火，待温气乃生，信臣以为此皆不时之物”。说明中国在 2000 多年以前已经开始利用保护设施栽培多种蔬菜。历史上还有很多类似的记载。中国的设施园艺虽然开始较早，但是中国蔬菜栽培的温室在相当长的时间内是初级的纸窗温室。解放后，将纸窗温室改为玻璃温室，即北京式温室。1966 年有了塑料大棚，温室真正大面积运用于生产是从 20 世纪 70 年代初开始的，至 1978 年，中国塑料大棚的面积已达 8 万亩（1 亩＝666.67m^2）。

从 20 世纪 80 年代初，北京、天津等地都开始引进或自建若干现代化自动控制的大型连栋温室，但由于投资高、能耗高、成本高、效益低等原因，绝大部分相继停止运行。中国蔬菜生产在北方采用传统的加温温室由于煤火费用太高，产量效益相对低下，无法大面积发展，因此，节能型日光温室便应运而生了。1985 年，辽宁省在海城地区采用塑料薄膜日光温室，冬季不加温生产黄瓜取得成功，开创了中国北方日光温室建设和生产的先河。之后又由第一代节能型日光温室发展到第二代节能型日光温室。1987～1989 年有关部门组织北方地区进行适应性开发研究，在日光温室内种植番茄、茄子、辣椒等喜温果菜类和多种叶菜类蔬菜获得成功，并取得高产，面积发展到 $1000hm^2$。1990 年，财政部、国家科委、农业部立项开发推广，创办了“日光温室高效节能蔬菜栽培技术开发协作网”，使此项技术迅速得到推广应用。据统计，1994 年中国节能型塑料日光温室的面积为 4300 多公顷，比 1989 年扩大 39 倍，主要分布在山东、河北、辽宁、河南等省。1999 年全国设施栽培面积达 $139.6\times10^4hm^2$，其中温室面积 $36.7\times10^4hm^2$，大棚面积 $45.66\times10^4hm^2$，中小棚面积 $57.24\times10^4hm^2$。20 世纪 80 年代末至 90 年代初又迅速发展了遮阳网覆盖栽培，至 1997 年栽培面积达到 $6\times10^4hm^2$（主要在南方）。至 1997 年底无土栽培面积达到 $165.7hm^2$。

据统计资料，中国设施栽培面积最大的省份是山东、河北、河南、辽宁、江苏和陕西。而高效节能日光温室面积最大的省份为山东、河北、辽宁等省。据统计，2001 年中国设施园艺生产总面积为 $191\times10^4hm^2$，占世界设施园艺面积的 80%以上。主要设施类型有大型连栋温室（$0.1\times10^4hm^2$），塑料日光温室［$(45\sim50)\times10^4hm^2$］，塑料大棚、中棚、小棚［$(130\sim140)\times10^4hm^2$］。其中设施蔬菜种植面积 $165\times10^4hm^2$，设施果树种植面积 $4\times10^4hm^2$ 左右，设施花卉种植面积达到 $8\times10^4hm^2$。

从近些年的发展趋势来看，设施花卉栽培效益较好，生产面积在不断扩大。虽然中国用于花卉栽培的设施种类齐全（有温室、大棚、中小棚、遮阳棚、阳畦等），但是从设施水平上看，温室和大棚 80%以上是结构简易类型，以竹木、水泥杆为骨架，厚厚的土墙降低了土地利用率（仅 40%～50%）；作业空间小、立柱多，不便于机械操作，只能靠手工作业，更谈不上自动化管理；保温、采光性能差，强度低，难以抵御雨雪冲击。另外从设施内部的环境上看，设施内部功能较差；控制环境的设备较少，水平较低。比如调节室内温度高低仍靠人工打开（或关闭）窗户或拉开薄膜进行自然通风散热；灌溉仍然照露地栽培那样大水漫灌；施肥仍主要是经验性的追施化肥，而不是定量定时施用。因此，必须逐步进行改善，才能提高花卉栽培设施的水平。

二、温室的类型和结构及应用

1. 温室的类型

（1）根据温室透明屋面的形式划分

① 单屋面温室　利用温室北侧的墙体，屋面向南倾斜，依墙而建。这种温室阳光充足、保温性能较好、造价低廉，小面积温室多用此种形式，尤其在北方严寒地区。其缺点是通风不良，光照分布不均匀。

② 双屋面温室　多南北延伸，在温室的东西两侧装有坡度相等的玻璃，屋面倾斜角一般在 28°～35°之间，使室内从日出到日落都能受到均匀的光照，故又称全日照温室。这种温室较宽大，室内受光均匀。其缺点是通风不良、保温性能较差，需要有完善的通风和加温设备。

③ 连栋式温室　由同一样式、相同结构的两栋或两栋以上的温室连接而成。这种温室最大的优点是土地利用率高、内部空间宽敞，便于经营管理和进行机械化生产。国际上现代化的大型温室多采用此种形式。其缺点是光照和通风不如单栋温室好，在多雪地区必

须安装除雪装置。

④ 不等屋面温室　不等屋面温室又有四角形、六角形和八角形之分，主要用于植物园或公园中观赏植物的展示（图 5-1）。

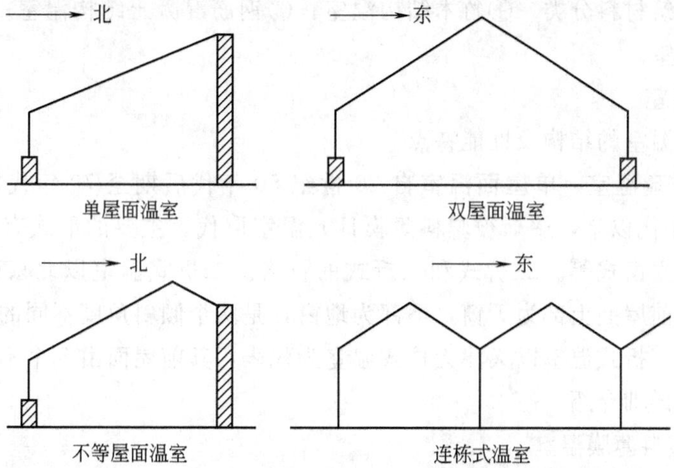

图 5-1　四种温室建筑形式

（2）根据透明屋面覆盖材料划分

① 玻璃面温室　以 3～5mm 厚的玻璃为屋面覆盖材料（为了防雹也有使用钢化玻璃的），玻璃的透光度大、使用年限长。

② 塑料薄膜温室　采用聚乙烯或聚氯乙烯以及乙烯-乙酸乙烯共聚酯等塑料薄膜为覆盖材料。塑料薄膜日光温室是中国应用最广泛的日光温室。其优点是造价低、施工容易。缺点是内部空间有限，不便于大型化、自动化和机械化作业；强度较低，薄膜寿命短（国产的薄膜使用寿命多为 2～3 年），易造成环境污染。

③ 硬质塑料板材温室　以丙烯树脂加玻璃纤维或聚氯乙烯加玻璃纤维为屋面覆盖材料。这种材料的特点是透光率高，平行光和散射光都可透过；质量轻，不足玻璃的 1/3；热导率小，仅为玻璃的 1/5；使用寿命为 15～20 年。缺点是易燃、易老化，易被灰尘污染。

（3）根据温度分类

① 高温温室　室内温度冬季一般保持在 18～36℃，可供冬季花卉的促成栽培及养护热带观赏植物之用，如王莲、热带兰、热带棕榈等。

② 中温温室　室内温度冬季一般保持在 12～25℃，可供栽培亚热带和热带高原观赏植物之用，如热带蕨类、秋海棠类、天南星科植物、凤梨科植物、中温常绿植物和多浆植物等。

③ 低温温室　室内温度冬季一般保持在 5～20℃，供栽培温带观赏植物之用，如温带兰花、温带蕨类、竹类、低温常绿植物等。

④ 冷室　室内温度冬季一般保持在 0～15℃，用以保护不耐寒的观赏植物越冬，如半耐寒植物、柑橘类、松柏类等。

（4）根据加温设备的有无分类

① 不加温温室　亦称日光温室，作低温温室和冷室应用。在寒冷地区，此种温室是晚花防霜御寒，早春提前育苗的重要设施，可比露地花卉培育延迟 15～20d，或提前

20～30d。

② 加温温室　除利用太阳能外，还用烟道、热水、蒸汽、电热等人为加温方法来提高温室温度。

(5) 根据建筑材料分类　①竹木结构温室；②钢筋混凝土结构温室；③钢结构温室；④铝合金结构温室。

2. 单屋面温室

(1) 单屋面温室的结构及性能特点

① 单屋面玻璃温室　单屋面温室自 20 世纪 50 年代后期至 70 年代在生产中应用较多，但进入 80 年代以来，逐渐被塑料薄膜日光温室取代。主要的形式有：一面坡式、二折式、三折式、立窗式等。二折式和三折式的较多。二折式温室以北京改良式温室为代表，这种温室的前屋面上部为天窗，下部为地窗，是两个倾斜角度不同的玻璃屋面，故称为二折式温室。三折式温室以天津无柱式温室为代表，其前屋面由 3 个不同角度的玻璃屋面构成，在此不详细介绍。

② 单屋面塑料薄膜温室

a. 长后坡矮后墙式半拱圆形日光温室　这一类型的日光温室最早始于辽宁省海城市感王镇一带。初始型的温室跨度多为 5.5～6m，中脊高 2.3～2.4m，后墙高 0.5～0.6m，后坡长 3m，中柱高 2.2m（图 5-2）。中柱距温室前底脚 3.5m，距后墙内侧 2.5m，前屋面弧长 4.5m 左右。后屋面结构是先在柁上横担 4～5 道檩条，上面再用整捆玉米秸或高粱秸做箔，箔上抹两遍草泥，上边再铺稻草，总厚度达到 60～70cm。前屋面用草苫加纸被保温。这种温室的优点是取材方便，造价低，保温性能好；特别是遇到连阴天，长后坡保温效果十分明显。缺点是采光面短，长后坡下面光照弱，后坡下形成的弱光带较宽，土地利用率不高。后为经过多年不断增加中脊高度，缩短后坡长度，采光效果有所提高。这种温室在北纬 41°以北的辽宁省中北部地区冬季可生产叶菜，在辽宁南部和华北地区可以生产喜温的果菜类蔬菜。

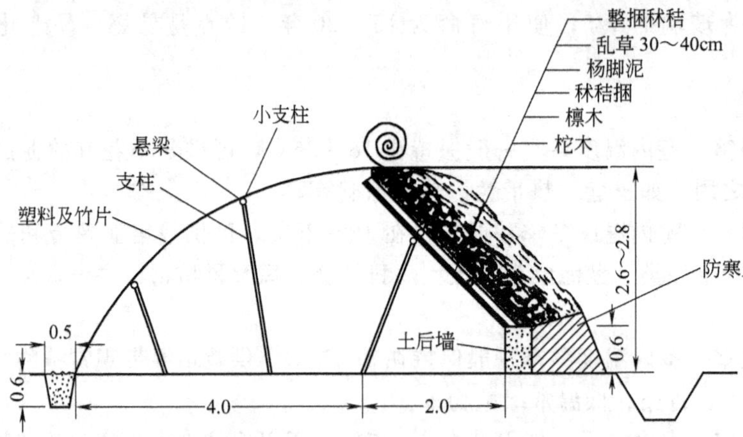

图 5-2　长后坡矮后墙式半拱圆形日光温室（单位：m）

b. 短后坡高后墙式半拱圆形日光温室　这种温室是在总结长后坡矮后墙式半拱圆形日光温室优缺点基础上加以改进的。跨度 6m，脊高 2.8m，后墙高 1.8m 以上，后屋面长 1.5～1.7m，仰角 30°以上，后屋面在地面水平投影宽度 1.2～1.5m（图 5-3）。这种温室由于加长了前屋面，缩短了后坡，提高了中脊高度，采光面加大，透光率显著提高。据鞍山市园艺研究所测定：后坡投影为 1.2m 的温室，后坡下面的光照强度比长后坡温室增加 20%，春末夏初也可生产果菜类，提高了温室的土地利用率。但是修筑后墙用土和用工量大，且夜间温度下降较快，保温能力比长后坡的有所下降。不过由于采光面大，增温效果好，在光照好的地区，中午前后室温比长后坡温室高，到次日揭苫时室内最低温度几乎与长后坡温室一致。即适当扩大采光面，增加采光量，有利于温室白天的增温蓄热，可以在一定程度上弥补夜间保温能力的不足。

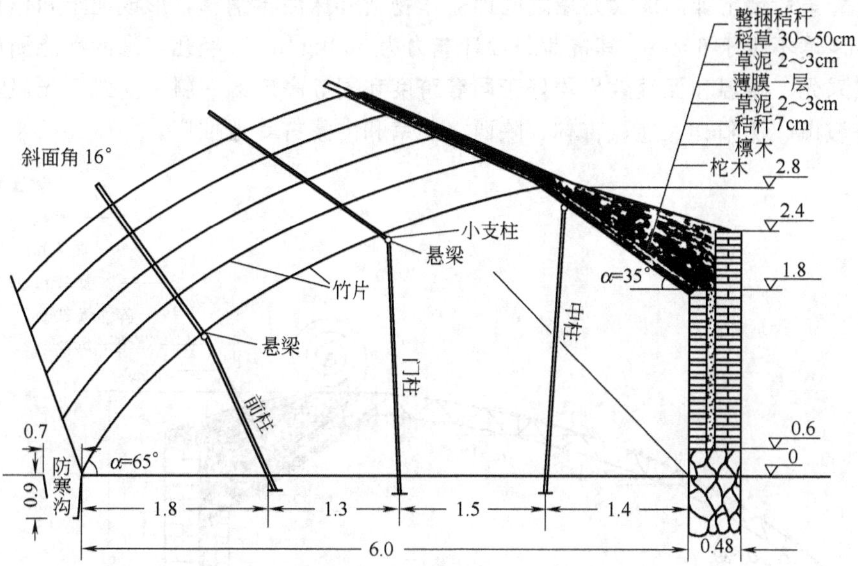

图 5-3　短后坡高后墙式半拱圆形日光温室（单位：m）

c. 一斜一立式日光温室　有代表性的一斜一立式日光温室是瓦房店地区的琴弦式日光温室，20 世纪 80 年代初期由辽宁省瓦房店地区菜农创造。一般脊高为 3～3.1m，跨度 7m，前立窗高 0.8m，屋面与地面夹角 21°～23°，后坡长 1.5～1.7m，水平投影宽度为 1.2m，后墙高 2.0～2.2m，其前屋面是一种特殊的悬索式结构。即先在前屋面下每隔 3m 设置一根木头斜梁，再自一侧山墙经各个斜梁每隔 35～40cm 间距东西向拉 14～18 道 8 号钢丝，斜梁间每隔 60～70cm 设一道竹竿（图 5-4）。

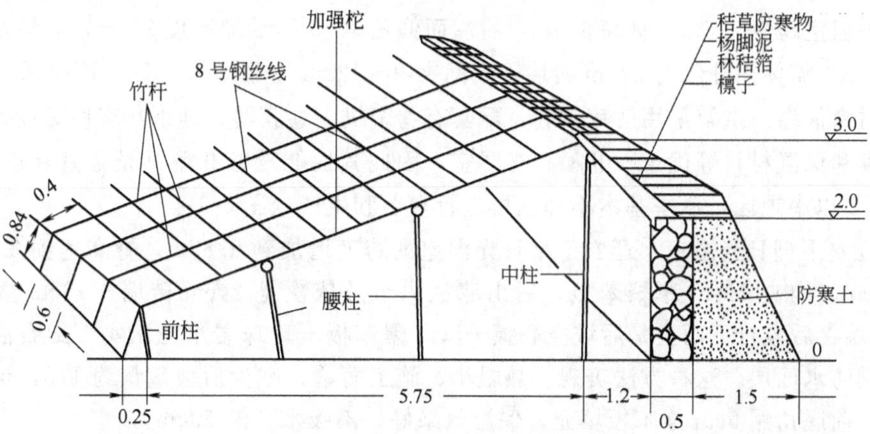

图 5-4　一斜一立式日光温室（单位：m）

一斜一立式温室空间大，后坡短，土地利用率高。但采光性能不如半拱圆形，前屋面采光角度进一步增加有困难，前坡下段低矮不便作业，棚膜固定方式不尽合理，后墙建造用土用工量大等，需要进一步研究改进。事实上，已有一些地方把前屋面改为微拱形。

d. 鞍Ⅱ型日光温室　鞍Ⅱ型日光温室是在吸收各地日光温室优点的基础上，由鞍山市园艺研究所设计的一种无柱结构的日光温室。跨度 6m，中脊高 2.7～2.8m，后墙高 1.8m，为砖砌空心墙，内填12cm厚珍珠岩（图 5-5）。前屋面为钢结构一体化半圆拱形双弦拱架，后坡长约 1.7～1.8m，仰角 35°，水平投影宽度 1.4m，从下弦面起向上填充作物秸秆，脊与后墙上加高的女儿墙之间铺盖作物秸秆抹泥再铺草，形成泥土和作物秸秆复合后坡，厚度不少于 60cm。其抗荷载设计能力为 300kg/m^2。经几年来的性能测试和生产检验，其采光、增温和保温效果均好于同等跨度和同等高度的一斜一立式日光温室。这种温室已在鞍山、沈阳、大连、吉林、陕西、北京和内蒙古等地推广。

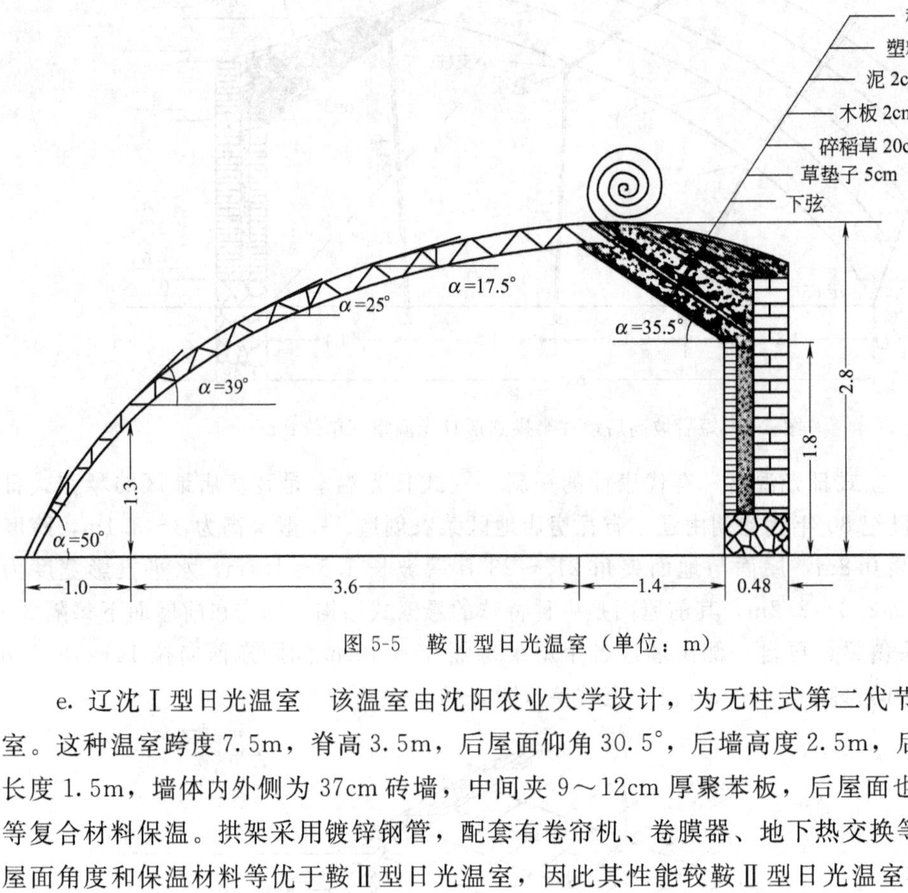

图 5-5　鞍Ⅱ型日光温室（单位：m）

e. 辽沈Ⅰ型日光温室　该温室由沈阳农业大学设计，为无柱式第二代节能型日光温室。这种温室跨度 7.5m，脊高 3.5m，后屋面仰角 30.5°，后墙高度 2.5m，后坡水平投影长度 1.5m，墙体内外侧为 37cm 砖墙，中间夹 9～12cm 厚聚苯板，后屋面也采用聚苯板等复合材料保温。拱架采用镀锌钢管，配套有卷帘机、卷膜器、地下热交换等设备。由于屋面角度和保温材料等优于鞍Ⅱ型日光温室，因此其性能较鞍Ⅱ型日光温室有较大提高，在北纬 42°以南地区，冬季基本不加温可进行育苗和生产（图 5-6）。

f. 辽农Ⅰ型日光温室　辽农Ⅰ型日光温室的跨度增加到 9.85m，脊高达到 3.9m，后墙厚 60cm，内夹 10cm 厚聚苯板，后山墙从内至外依次是 24cm 砖墙＋10cm 聚苯板＋24cm 砖墙，后坡自下而上是后坡空心板＋5cm 聚苯板＋珍珠岩水泥压实＋细石混凝土双向钢筋网防水面层。这种方法美观、热阻小、施工简单，减少后坡重量约 1/5，保温性增加 1 倍；前底角用 5cm 聚苯板填充，保温效果好，不吸水，深 50cm。

本温室采用了异型钢材平面桁架拱的形式作为日光温室的骨架，腹杆用钢筋焊接而

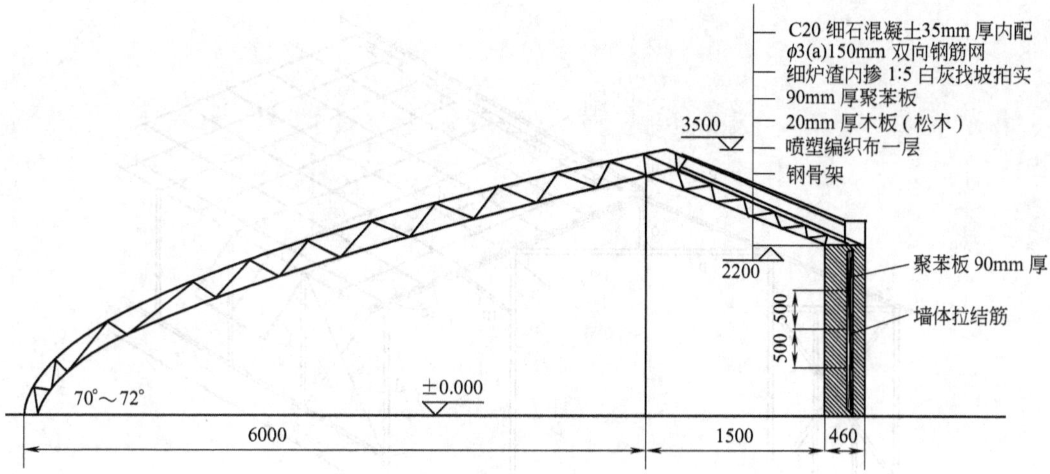

图 5-6 辽沈Ⅰ型日光温室（单位：mm）

成，这种骨架室内无柱，承载力大，截面积小，遮光很少。采用转光塑料双层薄膜为前坡面，使温室在保证采光充足的前提下，大大提高保温性能，免除前坡体上的外覆盖体，减轻桁架载荷，后屋面与地面的夹角增大；合理设置内置保温被、通风天窗、后墙窗、前脚通风帘、外遮阳网、防虫网等，环境调节设施齐全。

辽农Ⅰ型借鉴了现代化温室的特点并与传统日光温室相结合，温室内安装湿帘降温系统和外遮阳系统，夏季温度可以维持在 30℃以下。

（2）单屋面温室的性能和应用　中国早期的单屋面温室多采用简单加温设备进行生产，加温能力有限。其跨度一般为 6～8m，长度 50m 左右。这种单屋面温室造价低，结构简单，可用于冬季生产。第二代节能型日光温室自研制成功以来，其环境调控能力大大加强，内部空间不断改善，加之适合中国北方大多数寒冷地区的应用，推广迅速，是目前中国应用面积最大的温室。现主要用于蔬菜和花卉产品的周年生产、果树的栽培以及种苗生产和养殖业等。

3. 双屋面温室

（1）双屋面温室的结构　其主要结构构件如图 5-7 所示。

这类温室主要由钢筋混凝土基础、钢材骨架、透明覆盖材料、保温幕和遮光幕等构成。其透明覆盖材料主要有钢化玻璃、普通玻璃、丙烯酸树脂、玻璃纤维加强板（FRA 板）、聚碳酸酯板（PC 板）、塑料薄膜等。多用无纺布作内保温材料，遮光幕可采用无纺布或遮阳网等材料。这种温室的特点是两个采光屋面长度、角度相等，呈屋脊式；四周侧立面均由透明材料构成。

双屋面单栋温室的规格、形式较多。现有温室跨度多为 4～10m，大者 8～12m，长度由 20～50m 不等，一般 2.5～3.0m，脊高 3～6m，侧壁高 1.5～2.5m，屋面角度 25°～28°。

（2）双屋面温室的性能和应用　双屋面单栋温室比较高大，一般都具有采暖、通风、灌溉等设备，有的还有降温以及人工补光等设备，因此具有较强的环境调节能力，可周年应用。这种温室一般建造投资也高，用于生产的较少，主要用于科学研究。

4. 现代化温室

现代化温室主要指大型的（覆盖面积多为 $1hm^2$ 或更大），环境调控能力强，基本不

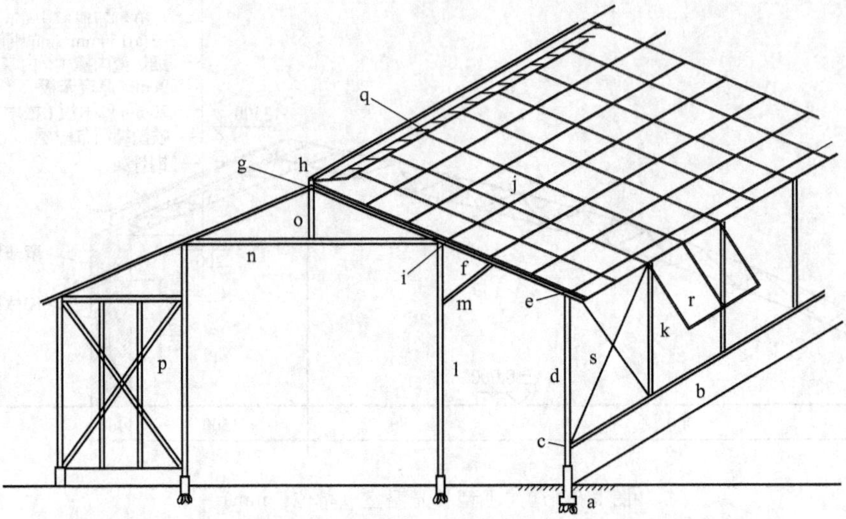

图 5-7　双屋面温室结构示意

a—基础；b—侧墙；c—窗台；d—外柱；e—檐檩；f—屋架上弦；g—脊檩；h—屋脊；
i—檩；j—椽子；k—窗间柱；l—中柱；m—斜撑；n—梁（下弦）；o—竖杆；
p—剪刀撑；q—天窗；r—侧窗；s—拉筋

受自然气候条件的影响，可实现自动化控制，能全天候进行园艺作物生产的连接屋面温室。现代化温室按屋面特点主要分为屋脊形连接屋面温室和拱圆形连接屋面温室。

（1）现代化温室的结构

① 屋脊形连接屋面温室　荷兰芬洛型（Venlo）温室是屋脊形连接屋面温室的典型代表。这种温室大多数分布在欧洲，以荷兰的面积最大。这种温室的骨架采用钢架和铝合金构成，透明覆盖材料为4mm厚平板玻璃。温室屋顶形状和类型主要有多脊连栋形和单脊连栋形两种（图5-8）。

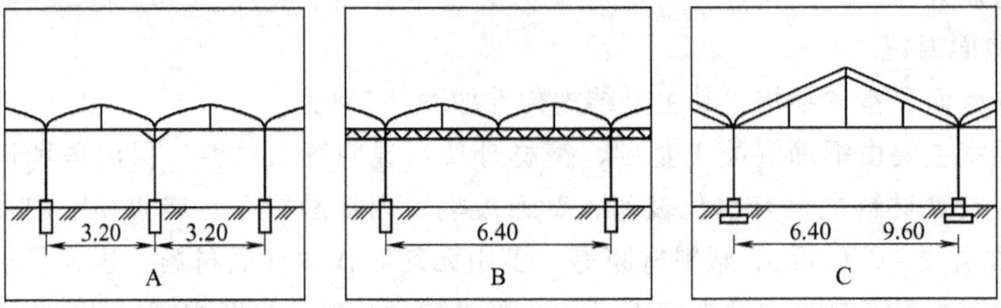

图 5-8　屋脊形连接屋面温室（单位：m）

多脊连栋形温室的标准脊跨为3.2m或4.0m，单间温室跨度为6.4m、8.0m、9.6m，大跨度的可达12.0m和12.8m。早期温室柱间距为3.00～3.12m，目前采用4.0～4.5m较多。该型温室的传统屋顶通风窗宽0.73m、长1.65m；以4.00m脊跨为例，通风窗玻璃宽度为2.08～2.14m。同样地，随着时间的推移，排水槽高度也在逐渐调整。目前该型温室的柱高2.5～4.3m，脊高3.5～4.95m，玻璃屋面倾角25°。单脊连栋形温室的标准跨度为6.40m、8.00m、9.60m、12.80m。在室内高度和跨度相同的情况下，单脊连栋形温室较多脊连栋形温室的开窗通风率大。

② 拱圆形连接屋面温室　主要以塑料薄膜为透明覆盖材料，这种温室主要在法国、以色列、美国、西班牙、韩国等国家广泛应用。中国华北型连栋塑料温室也属此种类型。其骨架由热浸镀锌钢管及型钢构成，透明覆盖材料为双层充气塑料薄膜。温室单间跨度为8m，开间3m，天沟高度最低2.8m，拱脊高4.5m，8跨连栋的建筑面积为2112m^2。东西墙为充气膜，北墙为砖墙，南侧墙为进口PC板。温室的抗雪压为30kg/m^2，抗风能力为28.3m/s（图5-9）。这种温室拥有完善而先进的附属设备，如加温系统、地中热交换系统、湿帘风机降温系统、通风、灌水（施肥）、保温幕以及数据采集与自动控制装置等。自动控制系统可以实现温室环境因子的自动和手动控制，可进行室内外的光照、温度和湿度的自动测量。加温和降温系统可根据作物生育需要，设定温度指标实行自动化控制。

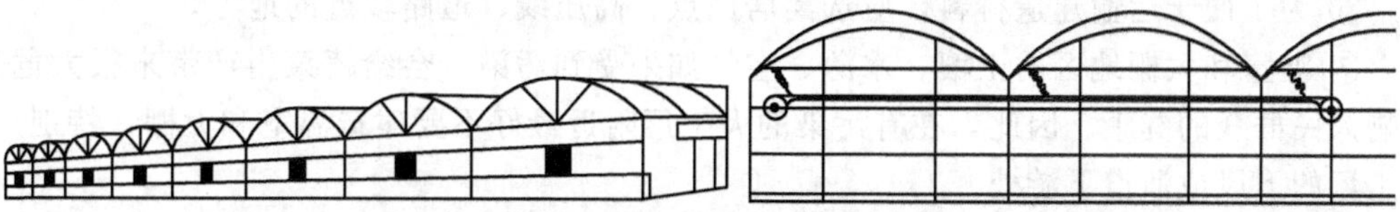

图5-9　中国华北型连栋塑料温室

（2）现代化温室的性能和应用　现代化温室主要应用于高附加值的园艺作物生产上，如喜温果菜、切花、盆栽观赏植物、果树及育苗等。其中具有设施园艺王国之称的荷兰，其现代化温室的60%用于花卉生产，40%用于蔬菜生产，而且蔬菜生产中又以生产番茄、黄瓜和青椒为主。在生产方式上，荷兰温室基本上实现了环境控制自动化，作物栽培无土化，生产工艺程序化和标准化，生产管理机械化、集约化。因此，荷兰温室黄瓜产量可达到800t/hm^2，番茄可达到600t/hm^2。不仅实现了高产，而且达到了优质，产品行销世界各地。

中国引进和自行建造的现代化温室除少数用于培育林业上的苗木以外，绝大部分也用于园艺作物育苗和栽培，而且以种植花卉、瓜果和蔬菜为主。虽然个别温室已实现了工厂化生产，如深圳青长蔬菜有限公司和北京顺鑫长青蔬菜有限公司等，引进加拿大HYDRONOV公司深池浮板种植技术，进行水培莴苣生产，已经实现了温室蔬菜生产的工业化。运用生物技术、工程技术和信息管理技术，以程序化、机械化、标准化、集约化的生产方式，采用流水线生产工艺，充分利用温室的空间，加快蔬菜的生长速度，使蔬菜产量比一般温室提高10～20倍，充分显示了现代化设施园艺的先进性和优越性。

三、温室场地选择与规划

1. 场地选择

场地的好坏对结构性能、环境调控、经营管理等影响很大。因此，在建造前要慎重选择场地。

① 为了多采光要选择南面开阔、无遮阳的平坦矩形地块。

因温室和大棚大型化，如果利用坡地，平整时既费工又增加费用，也在整地时使挖方处的土层遭到破坏，使填方处土层容易被雨水冲刷下沉。因此，建造大型温室和大棚，最少应有150m长度的慢坡地。

② 为了减少炎热和风压对结构的影响，要选择避风的地带。

冬季有季节风的地方，最好选在迎风面有山、防风林或高大建筑物等挡风的地方。但这样的地方又往往变成风口或积雪大的地方，必须事先搞好调查研究。

另外，夏季还需要有一定的风，风能促进通风换气和作物的光合作用，所以也要调查风向、风速的季节变化，结合布局选择场地。

③ 温室和大棚主要是利用人工灌水，要选择靠水源近、水源丰富、水质好的地方。水质不好不仅影响作物的生育，而且也影响锅炉的使用寿命。

④ 要选择土质好、地下水位低、排水良好的地方。地下水位高，不仅影响作物的生育，还能造成高温条件，易使作物发病，也不利于建造锅炉房。

⑤ 为了使基础坚固，要选择地基土质坚实的地方。修建土质软的地基上，如新填土的地方或沙丘地带，基础容易动摇下沉，须加大基础而增加造价。

⑥ 为了便于运输建造材料，应选离居民点、高压线、道路较近的地方。

⑦ 温室和大棚地区的土壤、水源、空气如果受到污染，会给蔬菜生产带来很大危害，影响人民群众的健康。因此，在有污染的大工厂附近最好不要建造温室和大棚，特别是这些工厂的下风或河道下游处。

⑧ 在温室和大棚的实际生产中常常需要用电，因此，应考虑电力供给、线路架设等问题。要力争进电方便，路线简捷，并能保证电力供应；在有条件的地方，可以准备两路供电或自备一些发电设施，供临时应急使用。

为了节约能源，减少建设投资，降低生产开支，有条件时应该尽量选择有工厂余热或地热的地区建造温室、大棚，可充分利用这些热能。

2. 布局计划

（1）集中管理、连片配置　保护地生产在集中经营管理中多数是连片生产、集中管理、多种形式相结合的。这对于加强科学管理、合理利用土地、节约劳动力、配套生产是十分有利的。一般管理处、作业场、电气室、锅炉房等应设在中心，便于管道、线路设计，节约工事费和热量消耗。锅炉不能离温室过远，同时不要建筑在温室的上风口，造成烟尘对温室的污染。锅炉两边要有足够的堆煤场和灰渣场。

（2）邻栋间隔，合理设计　温室和温室的间隔叫做栋间隔，如果从土地利用率上考虑，其间隔越狭窄越好。但从通风遮阳上考虑，过于狭窄不利。一般来说，塑料大棚前后排之间的距离应在5m左右，即棚高的1.5～2倍，这样在早春和晚秋，前排棚不会挡住后排棚的太阳光线。当然，各地纬度不同，其距离应有所变化，纬度高的地区距离要大一些，纬度低的地区则小一些，大棚左右的距离，最好是等于棚的宽度，并且前后排位置错开，保证通风良好。一般东西延长的前后排距离为温室高度的2～3倍以上，即6～7m；南北延长的前后排距离为温室高度的0.8～1.3倍以上。

第二节　花卉栽培的其他设施

一、塑料大棚

1. 塑料大棚的结构

目前生产中应用的大棚，按棚顶形状可以分为拱圆形和屋脊形，但中国绝大多数为拱圆形。按骨架材料则可分为竹木结构、钢架混凝土柱结构、钢架结构、钢竹混合结构等。按连接方式又可分为单栋大棚、双连栋大棚及多连栋大棚。中国连栋大棚棚顶多为半拱圆形，少量为屋脊形（图 5-10）。

塑料薄膜大棚的骨架是由立柱、拱杆（拱架）、拉杆（纵梁、横拉）、压杆（压膜线）等部件组成，俗称“三杆一柱”。这是塑料薄膜大棚最基本的骨架构成，其他形式都是在此基础上演化而来。大棚骨架使用的材料比较简单，容易建造。

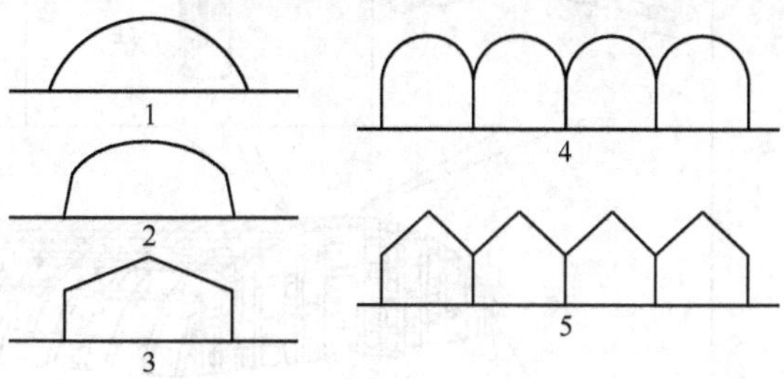

图 5-10　塑料薄膜大棚的类型

1,2,3—单栋大棚；4,5—连栋大棚

(1) 竹木结构单栋大棚　大棚的跨度为 8～12m，高 2.4～2.6m，长 40～60m。由立柱（竹、木）、拱杆、拉杆、吊柱（悬柱）、棚膜、压杆（或压膜线）和地锚等构成（图 5-11）。

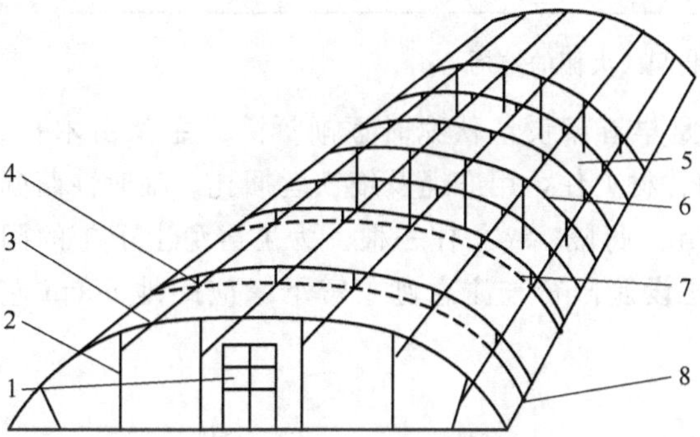

图 5-11　竹木结构单栋大棚示意

1—门；2—立柱；3—拉杆（纵向拉梁）；4—吊柱；5—棚膜；6—拱杆；7—压杆（或压膜线）；8—地锚

(2) GP 系列镀锌钢管装配式大棚　该系列由中国农业工程研究设计院研制成功，并在中国各地推广应用。骨架采用内外壁热浸镀锌钢管制造，抗腐蚀能力强，使用寿命 10～15 年，抗风荷载 31～35kg/m^2，抗雪荷载 20～24kg/m^2。以 GP-Y8-1 型大棚为例，其跨度 8m，高度 3m，长度 42m，面积 336m^2；拱架用 1.25mm 薄壁镀锌钢管制成，纵向拉杆也采用薄壁镀锌钢管，用卡具与拱架连接；薄膜采用卡槽及蛇形钢丝弹簧固定，还可外加压膜线，作辅助固定薄膜之用；该棚两侧还附有手动式卷膜器，取代人工扒缝放风（图 5-12）。

塑料大棚是目前保护地生产中应用最多的一种形式。总结以前的使用经验，认为大棚的跨度一般应是高度的 2～4 倍，即 6～12m 为好。大棚的长度一般以 40～60m 为宜，单栋面积以 1 亩左右为好。太长了管理不方便，内部环境条件也有差异。

2. 塑料大棚的性能和应用

塑料薄膜大棚的增温能力在早春低温时比露地高 3～6℃。其在园艺作物的生产中应用非常普遍，主要用于园艺作物的提早和延后栽培。春季用于提早栽培，可使果菜类蔬菜提早上市 20～40d；秋季延后栽培可使果菜类的蔬菜采收期延后 20～30d；另外还可用于夏季防雨、防风栽培等，早春各种花草和蔬菜的育苗等。

二、荫棚

1. 荫棚的结构

荫棚可大致分为临时性荫棚和永久性荫棚两种。

(1) 临时性荫棚　除放置越夏的温室花卉外，还可用于露地繁殖床和切花栽培（如紫

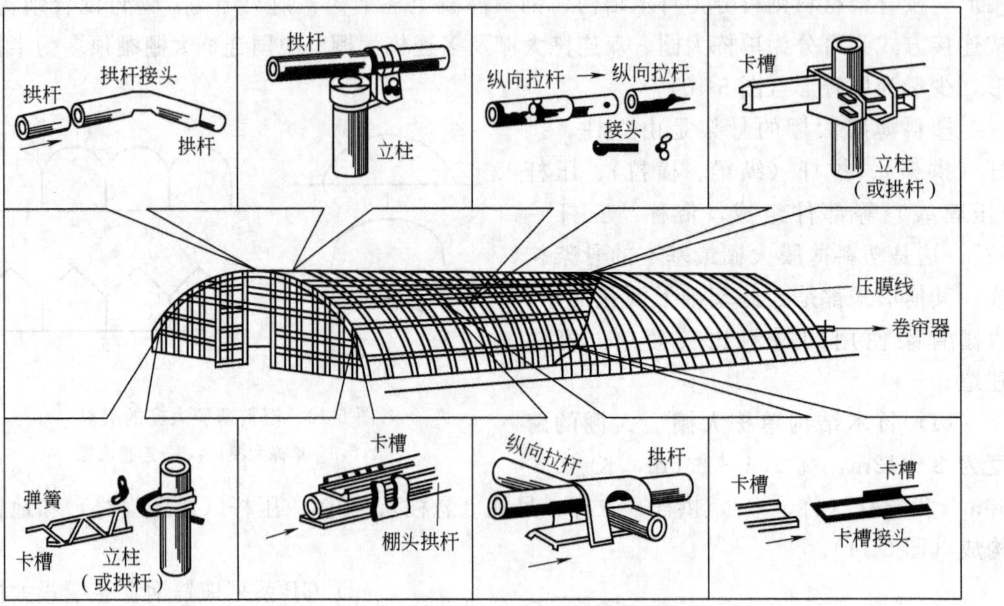

图 5-12 钢管装配式大棚的结构

菀、菊花等）。临时性荫棚建造一般的方法是早春架设，秋凉时逐渐拆除。主架由木材、竹材等构成，上面铺设苇秆或苇帘，再用细竹材夹住，用麻绳及细铁丝捆扎。临时性荫棚一般都采用东西向延长，高 2.5m，宽 6～7m，每隔 3m 立柱一根。为了避免上下午的阳光从东或西面照射到荫棚内，在东西两端还设遮阳帘。注意遮阳帘下缘应距地 60cm 左右，以利通风（图 5-13）。

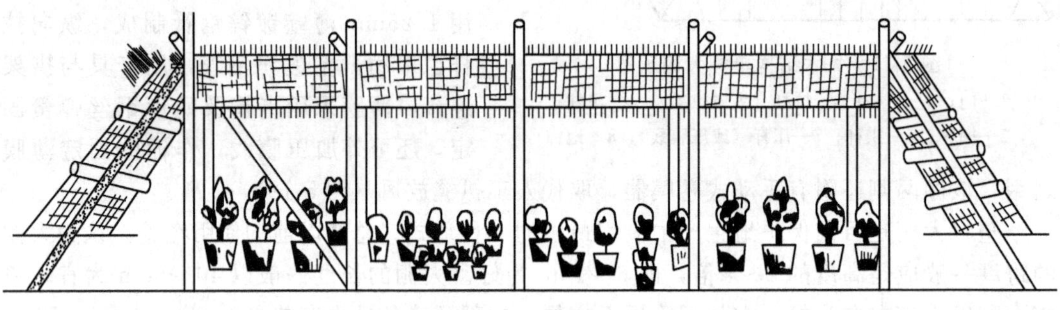

图 5-13 荫棚的构造

（2）永久性荫棚 用于温室花卉和兰花栽培，在江南地区还常用于杜鹃等喜阴性植物的栽培。形状与临时性荫棚相同，但骨架多用铁管或水泥柱构成。铁管直径为 3～5cm，其基部固定于混凝土中，棚架上覆盖苇帘、竹帘或板条等遮阳材料。

2. 荫棚在花卉栽培中的作用

不少温室花卉种类属于半阴性的，如观叶植物、兰花等，不耐夏季温室内的高温，一般均于夏季移出室外，在遮阳条件下培养。夏季的嫩枝叶扦插及播种、上盆或分株的植物的缓苗，在栽培管理中均需遮阳。因此，荫棚是花卉栽培必不可少的设备。荫棚具有避免日光直射、降低温度、增加湿度、减少蒸发等特点，给夏季的花卉栽培管理创造了适宜的环境。

三、塑料薄膜中、小拱棚

塑料薄膜中、小拱棚是指以塑料薄膜作为透明覆盖材料的拱形或其他形式的棚，其规格和尺寸难以严格界定，一般来说，小拱棚的高多在1.0～1.5m左右，内部不能直立行走；中拱棚的规格介于大拱棚和小拱棚之间。

（1）小拱棚　以拱圆形为主，主要采用毛竹片、竹竿、荆条或钢筋为支撑材料，弯成宽1～3m、高1.0～1.5m、长度一般10～30m。小拱棚的透光性能良好，气温增高较快，最大增温能力可达20℃左右，但是降温速度也较快，因此，小拱棚内的昼夜温差比露地大，而且内部气温也不均匀。蔬菜生产中主要用于提早或延后栽培，在花卉栽培中可用于早春提早定植，待气温升高后去除。

（2）中拱棚　中拱棚一般跨度为3～6m、高度1.5～2.3m，骨架材料可以用竹竿、钢骨架，或二者混合。其性能介于小拱棚和大拱棚之间，不再赘述。在花卉生产上中拱棚可用于春季提早生产或秋季延后栽培，也可用于夏季防风、防雨栽培，在生产中使用面积较大。

四、冷床和温床

冷床与温床是花卉栽培的常用设施。不加温只利用太阳辐射热的叫冷床；除利用太阳辐射热外，还需人为加温的叫温床。

1. 冷床与温床的构造

（1）冷床　冷床又称阳畦。普通阳畦主要由风障、畦框和覆盖物3部分组成。各地阳畦的形式略微有些差别。

① 风障是设置在栽培畦背面的防风屏障物，一般由篱笆、披风和土背构成。用于阻挡季风，提高栽培畦内的温度。

② 畦框用土夯实而成。一般框高30～50cm，框顶部宽15～25cm，底宽30～40cm。

③ 覆盖物有玻璃、塑料薄膜和蒲席、草苫等。白天接受阳光照射，提高畦内温度，傍晚在塑料薄膜或玻璃上再加不透明覆盖物，如蒲席、草苫等保温。

改良阳畦由风障、土墙、棚顶、玻璃窗、蒲席等部分构成。内部空间较大，保温性能较好。

（2）温床　温床是在阳畦的基础上改进的保护地设施，由床框、床坑、加温设备和覆盖物组成。床框有土、砖、木等结构，以土框温床为主。床坑有地下、半地下和地表3种形式，以半地下式为主。加温设备有蒸汽、电热和酿热物等方法，其中以酿热物为主，如马粪、稻草、落叶等，利用微生物分解有机质所产生的热能来提高苗床的温度。酿热物需提前装入床内，每15cm左右铺一层，装3层，每层踏实并浇温水，然后盖顶封闭，让其充分发酵。温度稳定后，再铺上一层10～15cm厚的培养土或河沙、蛭石、珍珠岩等。温床作扦插或播种用，也可用于秋播草花和盆花的越冬。

2. 冷床与温床的应用

冷床和温床主要用于提前播种，提早花期。利用冷床、温床可在晚霜前30～40d播种，以提早花期；还可以用于促成栽培，如秋季在露地播种育苗，冬季移入冷床或温床使之在冬季开花，或在温暖地区冬季播种，使之在早春开花；另外也可用于半耐寒性盆花或二年生花卉的保护越冬。

第三节　温室内部环境条件的调节控制

一、温室的光照环境及其调节控制

日光温室的光照环境特点是：由于覆盖材料的吸收、反射、覆盖材料内表面凝结的水珠的折射和吸收等而降低了透光率，因此日光温室内部光照强度较低，甚至不足自然光照的50%；日光温室内的光照时数由于冬季使用外覆盖材料以及山墙遮阳等原因，一般要比露地条件下要短；日光温室主要以塑料为覆盖材料，所以透过的光质就与薄膜的成分、颜色等有直接关系；日光温室和后屋面及后墙和山墙在其附近或下部往往会有遮阳，内部光照分布不均匀。

日光温室光照环境的调控主要包括光强和光质的调控及光的分布的调控3个方面，其中又以光强的调控为主。光强的调控措施如下。

1. 增强光照

(1) 改进温室结构以提高透光率　主要包括选择好适宜的建筑场地及合理的建筑方位；设计合理的屋面角；设计合理透明的屋面形状；选择截面积小，遮光率低的骨架材料；选择透光率高且耐候性好的透明覆盖材料等。

(2) 改进管理措施　主要有保持透明屋面清洁；在保温前提下尽可能早揭晚盖外保温和内保温覆盖物；合理密植，合理安排种植行向；选用耐弱光的品种；覆盖地膜，加强地面反光；后墙利用反光幕等。据测，反光幕可使其前方的光照增加40%～44%，有效范围达3m。

(3) 人工补光　主要的目的有二：一是用以抑制或促进花芽分化，这种补光要求的光照强度较小，大约100lx即可；另一种目的是增加光照的强度，以满足作物生长发育的需要，一般要求强度在1000～3000lx。适用于补光的光源有农艺钠灯、水银荧光灯等。

2. 减弱光照

目的主要有两个：一是减弱保护地内的光照强度；二是降低保护地内的温度。遮光的主要方法如下。

① 覆盖各种遮光材料，如遮阳网、无纺布、苇帘等。目前最常用的遮光材料是遮阳网。

② 采光屋面涂白，主要用于玻璃温室，可遮光50%～55%，降低室温3.5～5.0℃。

③ 屋面流水，遮光率约25%。

二、日光温室的温度环境及其调节控制

温度环境的调控包括保温、加温和降温。

1. 保温

保温主要是防止进入温室内的热量散失到外部。根据温室的热量收入和支出规律，保温措施应主要从减少贯流放热、减少换气放热和减少地中热传导3方面进行。

(1) 减少贯流和换气放热　目前减少贯流和换气放热主要采取：①减小覆盖材料、维护材料和结构材料的缝隙；②使用热阻大的各种材料；③采用多层覆盖。

在减小缝隙方面，发达国家温室主要采取铝合金骨架再加密封胶条，中国日光温室则逐渐实行标准化，进而大大减小各种缝隙。总之，减小缝隙主要是在园艺设施建造及覆盖

透明材料时加以注意。

由于温室各部结构对材料要求的局限性，因此，选择热阻大的材料也受到一定限制。温室的保温性能除与各种材料的热阻有关外，还与其厚度有关。此外，透明覆盖材料的长波透过特性也对保温有影响。多层覆盖主要采用室内保温幕、室内小拱棚和外面覆盖等措施。据测定：玻璃温室和塑料大棚在内加一层PVC保温幕时，可分别降低热贯流率35%和40%；而在外部只加一层草苫时，可分别降低60%和65%。

(2) 减少地中热传导　地中热传导有垂直传导和水平横向传导，垂直传导的快慢主要与土质和土壤含水量有关，通常黏重土壤和含水量大的土壤热导率高；而水平横向传导除了与土质和土壤含水量有关外，还与室内外地温差有关。因此，减少地中垂直热传导主要采取改造土壤，增施有机质使土壤疏松，并避免土壤含水量过多。而减少土壤水平横向热传导除了采取如上措施外，还要在室内外土壤交界处增加隔热层，以切断热量的横向传导，如挖防寒沟；此外，还可在室外温室周围用保温覆盖物覆盖土壤，以减小室内外土壤温差，达到减少土壤水平横向热传导目的。

(3) 增加温室的透光率　增加温室的透光率，温室内积累更多的太阳能，是增温的重要措施。主要的方法有改进温室结构以及加强温室的管理以提高透光率。其方法如前所述。

(4) 蓄积太阳能　白天温室内的温度常常高于作物生长适温，如果把这些多余能量蓄积起来，以补充晚间低温时的不足，将会大量节省寒冷季节温室生产的能量消耗。具体方法主要有地中热交换、水蓄热、砾石蓄热和潜热蓄热等4种方式。

地中热交换是将白天太阳热能通过风扇和地下管道送到土壤中，使土壤蓄热，待晚间室内气温下降时释放出来，以避免室内气温快速下降。

水蓄热主要有两种：一是将水灌入塑料袋中，然后放在作物垄上，白天接受太阳辐射，从而达到蓄热目的；二是使水和室内空气同时通过热交换机，白天将高温空气中的热能传给水，并进入保温性能好的蓄热水槽蓄积起来，晚间使温水中热能传给空气，用以补充空气热能。

采用砾石等热容量大的固体材料进行蓄热，虽然没有水的蓄热量大，而且其传导传热系数也不及水的对流传热系数大，但固体材料蓄热不需复杂设备，比较便利，特别是日光温室，如果在后墙内侧采用热容量较大的材料，而在外侧采用热导率较小的材料，则既可达到蓄热，又可达到保温的目的。

潜热蓄热是通过化学物质在不同温度下的相变所产生的热交换来蓄热。

2. 加温

温室主要的采暖方式及其特点如下。

(1) 热水加温　温室中通常使用铸铁的圆翼形散热器，也可采用其他形式的暖气片。热水加温法加热缓和，温度分布均匀，热稳定性好，余热多，停机后保温性高，是温室加温诸多方法中较好的办法之一。但是设施一次性投资较高。

(2) 暖风加温　暖风加温的具体设备是热风炉，常用的燃料有煤、天然气或柴油。这种方法预热时间短，加热快，容易操纵，热效率高，可达70%～80%；设备成本低（燃油的较高），大约是热水采暖成本的1/5；但是停机后保温性差，需要通风换气。暖风采暖可广泛应用于多种类型的温室中。

(3) 电热加温　这种方式是用电热温床或电暖风加热。特点是预热时间短，设备费用低；但是停机后保温性能差，而且使用成本高，生产用不经济。主要适用于小型温室或育苗温室地中加温或辅助采暖。

(4) 火炉加温　这种方法设备投资少，保温性能较好，使用成本低；但操作费工，容易造成空气污染。多用于土温室或大棚短期加温。

除了上述方法之外，在有地热资源的地方还可以将地热（如辽宁海城腾鳌地区）资源用于冬季温室内部取暖。

3. 降温

(1) 通风换气　通风换气是最简单而常用的降温方式，通常可分为强制通风和自然通风两种。自然通风的原动力主要靠风压和温差，据测定；风速为2m/s以上时，通风换气以风压为主要动力；而风速为1m/s时，通风换气以内外温差为主要动力；风速在1～2m/s之间时，根据换气窗位置与风向间的关系，有时风力换气和温差换气相互促进，有时相互拮抗。强制通风的原动力是靠换气扇，在设计安装气扇时，要注意考虑换气扇的选型、吸气口的面积、换气扇和吸气口的安装位置以及根据静压-风量曲线所确定的换气扇常用量等。

(2) 减少进入温室内的太阳辐射能　主要是采取各种遮光方法（如前所述）。

(3) 蒸发冷却法　蒸发冷却法又可分为湿热风扇法、水雾风扇法、细雾降温法和屋顶喷雾法等，这些方法主要是通过水分蒸发吸热而使气体降温后再进入温室内，从而起到降低室内温度的目的。

(4) 冷水降温　此法主要是使用20℃以下的地下水或其他冷水直接与室内空气接触冷却。此法耗水量较大，据计算1L 15℃水升至22℃，只能从空气中吸收29.29kJ热量。

(5) 作物喷雾降温法　此法是直接向作物体喷雾，通过作物表面水滴蒸发吸热而降低体温，这种方法会显著增加室内湿度，通常仅在扦插、嫁接和高温干燥季节采用。

(6) 地中热交换　如前所述。

三、温室内的气体环境及其调节控制

1. 空气湿度的调控

由于温室内空气常常处于多湿状态，因此，空气湿度的调控主要考虑排湿问题。温室内排湿途径归结起来主要有如下几方面。

① 通风换气排湿。

② 升温或保持气温在露点以上。

③ 使用无滴覆盖材料或流滴剂，使水滴顺覆盖材料流下。

④ 抑制地表蒸发。

⑤ 使室内空气流动，促进植株露水或吐水蒸发等。

2. 温室内CO_2气体环境及其调控

CO_2是光合作用的重要原料之一。通常大气中CO_2平均浓度为0.033%（0.65g/m³空气）左右，而白天植物光合作用吸收CO_2量大约为4～5g/(m²·h)，在无风或风力较小情况下，作物群体内部的CO_2浓度常常低于平均浓度。特别是在半封闭的园艺设施系统中，如果不进行通风换气或增施CO_2，就会使作物处于长期CO_2饥饿状态，从而严重影响作物光合作用和生育。园艺作物的CO_2饱和点一般在0.08%～0.16%。日光温室内冬季早晨揭草苫前温室内的CO_2浓度最高，可达0.11%～0.13%，而揭草苫2h后的10

时左右，CO_2 浓度降至0.025%以下，放风前的11时左右则降至0.015%甚至更低。温室内空气中 CO_2 浓度经常成为园艺作物光合作用限制因子。温室内 CO_2 气体的调控具体方法如下。

(1) 通风换气法　采用通风换气法调控 CO_2 浓度常受外界气温的制约，一般外界气温低于10℃时，直接进行通风换气较为困难。而且，在温室内 CO_2 浓度较低情况下，通过通风换气法，最大限度只能使 CO_2 浓度提高到外界水平。

(2) 土壤增施有机质　土壤有机质在微生物的作用下，会不断被分解为 CO_2，同时土壤有机质增多，也会使土壤微生物增加，进而增加了微生物呼吸所放出的 CO_2。据鸭田等人（1975）测定：施有腐熟稻草的温室中的 CO_2 浓度在日出前最高可达0.5%。另据高桥等人（1977）对施有不同种类有机质的土壤进行测定的结果表明：施有稻草的床土所放出的 CO_2 最高，生稻壳、稻草堆肥、蚯蚓类等次之，腐叶土、泥炭、胡敏酸和稻壳熏炭等最差。有研究表明：稻草和膨化鸡粪按适当比例配合处理（膨化鸡粪 $10kg/m^2$，稻草 $12kg/m^2$）可以提高叶绿素含量，增强光合，抑制呼吸，加快羧化，从而显著提高产量。

(3) CO_2 人工施肥

① 化学分解法　碳酸氢铵和硫酸的反应简单，便于使用，但是有危险（强酸）。

② 燃烧法　主要的燃料有天然气、白煤油、煤和焦炭。其中天然气是主要的原料，成本低，容易自动控制。燃烧产生的热量可以通过水或其他介质贮存起来，在夜间再用来给温室加温取暖。

③ 释放法　人工释放液态和固态二氧化碳。此法使用方便，但是浓度难以控制，成本相对较高。施用的浓度：一般作物0.06%～0.15%，多采用0.1%，当浓度大于0.3%时，作物增产效果下降。施用的适宜时期：一般作物宜在幼苗期至定植后一个月左右开始施用，果实膨大期使用效果好；一天中见光0.5h后施用，放风前0.5～1h前停止施用。

四、温室内的土壤环境及其调节控制

1. 温室内的土壤环境特点

(1) 土壤养分转化和有机质分解速度快　温室内的土壤温度一般全年都高于露地，再加上土壤湿度较高，所以土壤中的微生物活动全年均较旺盛，这就加快了土壤养分转化和有机质分解速度。

(2) 肥料的利用率高　温室内的土壤一般不受或较少受雨淋，土壤养分流失较少，因此，施入的肥料便于作物充分利用，从而提高了肥料的利用率。

(3) 土壤盐分浓度大　由于温室内的土壤水分是由下层向表层运动，即所谓“向上型”的，又由于温室内连年过量施肥，使残留在土壤中的各种肥料盐随水分向表土积聚，因此，温室内表土常常出现盐分浓度过高，以致对作物生长发育产生障碍。

(4) 土壤湿度稳定　因园艺设施内的土壤湿度主要靠人工灌水来调节，而不受降雨的影响，因此，其土壤湿度相对稳定。

(5) 土壤中病原菌集聚　由于温室内连作栽培十分普遍，又由于温室一年四季利用，因此，就导致了土壤中病原菌的大量集聚，造成土传病害的大量发生。

(6) 土壤营养失衡　土壤中硝酸盐浓度的增高会使土壤逐步酸化，从而会抑制土壤中硝化细菌的活动，这样就容易发生亚硝酸气体危害。

另外，由于土壤酸化，还会增加铁、铝、锰等元素的可溶性，而降低钙、镁、钾、钼等元素的可溶性，从而诱发作物产生营养元素缺乏症或过剩症。

2. 土壤含盐量的调控

土壤盐分浓度对作物的影响，依作物种类和土壤种类的不同而异。不同土壤种类中，以沙土最易出现盐分浓度危害。腐殖质壤土因其缓冲能力较强，可缓解因盐分浓度过高而出现的作物生育障碍。土壤盐分浓度增高，除造成烧秧现象外，还对作物吸收某种营养元素产生拮抗作用，即盐分浓度过大会出现抑制作物对某种营养元素的吸收，从而产生缺素症。其实土壤中并不缺少该种元素，这种缺少只是由于土壤盐分浓度过高造成的。

(1) 农业综合措施除盐

① 科学合理施肥，多施有机肥，少施化肥，以增加土壤的缓冲能力。

② 夏季休闲季节揭掉棚膜，利用雨水淋溶洗盐。

③ 浇水时避免小水勤浇，而应进行大水灌溉，以便使作物充分吸收土壤营养，同时能避免土壤盐分在表层积聚。

④ 实行地膜覆盖，并在畦间走道处铺 5cm 稻草或稻壳，以抑制表土积累盐分。

⑤ 对于盐分浓度过大的土壤，可在休闲季节进行深翻后灌大水洗盐，灌水量一般在 200mm 以上。

(2) 生物除盐　在夏季高温的休闲季节，温室种植生长速度快、吸附力强的苏丹草，可以吸收掉大量的土壤中氮素，起到除盐作用。在农作物中，除盐效果最好的是玉米、高粱。据报道，种植苏丹草后，可使 0～5cm、5～25cm 和 25～30cm 3 个土层分别脱盐 27.0%、13.1%和 30.6%。种植的草可喂牛、养鱼和作为绿肥。

(3) 工程除盐　通常温室或大棚内 0～25cm 土层内的盐分浓度较高，而 25～50cm 土层含盐量较低，因此，可根据这一特点，在土面下 30cm 和 60cm 处分别埋一层波纹有孔塑料暗管，管的间距在 30cm 深处为 1.5m，60cm 深处为 6m，然后实行灌水洗盐，这样可使耕层内大部分盐分随水顺管道排到室外。也可在 60cm 土层处铺一层 10cm 厚稻草，然后进行大水洗盐，这样可使表层盐分淋溶到稻草下层，由于稻草孔隙较大，其盐分不会再随水分上升到地表。

(4) 更新土壤　采用更换土壤，或采用可移动组装式大棚或临时性日光温室，经过几年换建一次，以更新土壤。

3. 防止作物连作危害

(1) 嫁接育苗　果菜类蔬菜采取以抗病的蔬菜种类或品种作砧木，以栽培品种作接穗进行嫁接育苗，如黄瓜嫁接防止黄瓜枯萎病，茄子嫁接防止黄萎病，番茄嫁接防止褐色根腐病等土壤传染病害。

(2) 土壤消毒　主要有物理消毒法和化学消毒法。

① 物理消毒法　物理消毒法主要包括两种，即太阳能消毒和蒸气消毒法。

蒸气消毒法需消耗大量能源和使用专用设备，难于大面积推广应用。

太阳能消毒法是在高温的夏季温室休闲时，将温室密闭起来，在土壤表面撒上碎稻草（每亩地 0.7～1.0t）和石灰氮（每亩 70kg），并使之与土壤混合，做畦，向畦内灌水，盖上旧薄膜。白天土表温度可达 70℃，25cm 深土层全天都在 50℃左右。经半个月到一个月，就可起到土壤消毒和除盐的作用。

② 化学药剂消毒　温室或大棚消毒用的药剂主要有福尔马林（即40%的甲醛溶液）、氯化苦（又名三氯硝基甲烷或硝基氯仿）、溴甲烷（又名溴代甲烷、甲基溴）。

a. 福尔马林主要用于床土消毒，使用浓度为50～100倍水溶液。先将床土翻松，将配好的药液均匀喷洒在地面上，每亩用配好的药液约100kg。喷完后再翻土一次，用塑料薄膜覆盖床面，5～7d后撤去薄膜，再翻土1～2次，即可使用。

b. 用氯化苦消毒应在作物定植或播种前10～15d进行。具体做法是：在温室或大棚地面上每隔30cm插一个深约10cm的穴，注入3～5mL的氯化苦，然后立即盖上薄膜，高温季节经过5d（春秋季节经过7d，冬季经过10～15d）之后去掉薄膜，翻耕2～3次，经过彻底通风，才能定植作物。

c. 用溴甲烷消毒对于黄瓜疫病防治效果最好，对消灭杂草种子、线虫效果也较好。溴甲烷气化时的温度比氯化苦低，所以能够在低温时使用。温室或大棚土壤要全面消毒，可在翻地整碎土块后，于地面上放上圆木或竹竿，上铺薄膜以便不使之漏气。将充有溴甲烷的钢瓶放在室（棚）外，瓶嘴接上软管，并引入室内膜下，打开瓶嘴，按每平方米40g充入溴甲烷。为了防止气体外泄，须将拱棚四周密封好。覆盖时间冬季需要7d，其他季节3d左右即可。

在日本采用的设施环保土壤消毒技术还有：土壤还原消毒法、热水土壤消毒、地下加热与太阳能并用土壤消毒、太阳能消毒、活性炭土壤消毒等。

思考题

1. 简述温室的类型及其性能。
2. 花卉栽培还有哪些其他设施？
3. 简述温室环境调控的方法。

第六章　园林花卉的栽培管理

第一节　露地栽培

花卉的露地栽培是指完全在自然气候条件下，不加任何保护设施的栽培形式，包括花卉露地直播栽培和育苗后移栽到露地栽培。露地栽培的花卉又称露地花卉，露地花卉的整个生长发育过程在露地完成，其生长周期与露地自然条件的变化周期基本一致。露地花卉包括一二年生草本花卉、宿根草本花卉、球根草本花卉以及园林绿地栽培的各类木本花卉等。

中国地跨寒带、温带、热带 3 个气候带，可以露地栽培的花卉种类繁多。露地花卉适应性强、栽培管理方便、省时省工、设备简单、生产程序简便、成本低，被广泛地应用于花坛、花境等，露地栽培是花卉栽培的主要方式之一。

一、选地与整地

1. 选地

露地花卉栽培首先要进行选地，即根据不同种类花卉对土壤肥力的不同要求选择栽培地块。土壤肥力的好坏与土壤质地、土壤结构、土壤有机质以及土壤水分等状况密切相关。

(1) 土壤质地　通常按照土壤矿质颗粒的大小将土壤质地分为沙土、壤土和黏土 3 类。沙土颗粒大，粒径 0.05～1.0mm，通透性好，但缺乏毛细管孔隙，保水保肥能力差，热容量小，昼夜温差大，仅适用于作扦插生根基质或耐旱花木以及多浆花卉的栽培。黏土结构致密，土壤空气少，颗粒小，粒径在 0.002mm 以下，保水保肥力强，但通透性差，热容量大，土壤昼夜温差小。除叶子花等少数喜黏土花卉外，大多数花卉不适宜在此类土壤上栽培，常需与其他土壤或基质混配使用。壤土颗粒粒径介于 0.002～0.05mm 之间，性状介于沙土与黏土之间，保水保肥能力及通透性均较强，适于栽培大多数花卉。

其间又将介于沙土和壤土之间的土壤类型称为沙壤土，沙壤土和壤土是绝大部分露地花卉栽培最适宜的土壤质地类型。既有较强的保水、保肥能力，又有良好的通透性，且土温比较稳定。

(2) 土壤结构　土壤结构是指土壤固体颗粒的结合形式及其相应的孔隙度和稳定度。自然界的土壤一般呈各种各样的团聚体，而不是单粒形式，如块状、核状、柱状、片状、团粒结构等。不同的土壤结构性质不同，其中团粒结构对土壤结构具有良好的调节作用，最适宜植物的生长，是最理想的土壤结构。团粒结构土壤中的团聚体粒径为 0.25～10.0mm，农业生产上将 2～3mm 团粒结构土壤称为“蚂蚁蛋”，是最理想的团粒结构。有团粒结构的土壤，非毛细管孔隙（大孔隙）与毛细管孔隙（小孔隙）比例适当，即在团粒结构内部为毛细管孔隙，是水分和养料的贮藏所；在团粒之间是非毛细管孔隙，为空气所占据，是水分与空气的通道。

(3) 土壤有机质　土壤有机质是土壤中的最活跃成分，土壤有机质含量是评价土壤肥力状况的重要指标之一。土壤有机质大致有以下几种：新鲜的有机质、已经发生变化的半分解有机残余物、腐殖质。其中腐殖质是土壤有机质的主要成分，它是通过有机质的腐殖化过程产生的自然产物，是土壤微生物生命活动的结果，是改良土壤性质的主要营养物质。

(4) 土壤水分　土壤水分对花卉的生长发育起着至关重要的作用。土壤水分过多则通气不良，根系溃烂。土壤的酸碱度对露地花卉的正常生长影响也很大，尤其对喜酸性花卉而言，如杜鹃花、山茶花、兰花等要求 pH 为 4.5～5.5。八仙花在 pH 为 4.6～5.1 时，花瓣呈蓝色；pH 为 5.5～6.5 时呈紫色至紫红色；pH 为 6.8～7.4 时呈粉红色。三色堇 pH 应在 5.8～6.2，大于 6.2 会导致根系发黑，基叶发黄。

2. 整地

整地是在选地的基础上，对土壤进行改良的操作步骤，目的是改良土壤结构，增强土壤的通气和透水能力，促进土壤微生物的活动，从而加速有机物的分解，以利于露地花卉的吸收利用。整地还可将土壤中的杂草、病菌、虫卵等暴露于空气中，通过紫外线及干燥、低温等逆境将之消灭。

(1) 整地深度　整地的深度依花卉的种类和土壤状况而定。一二年生草花的生长期短、根系较浅，为了充分利用表土的优越性，整地宜浅，一般耕深为 20cm 左右。宿根、球根草本花卉、木本花卉整地宜深，耕深需 30～50cm。大型木本花卉在露地移植时，要根据苗木根系情况，深挖定植穴。

(2) 整地方法　整地可用机耕或人力翻耕，整地翻耕的同时清除杂草、残根、石块等。不立即栽苗的休闲地，翻耕后不要将土细碎整平，待种植前再灌水耙平，否则易由于自然降水等因素造成再次板结。此外，在挖掘定植穴和定植沟时，应将表土（熟土）和底土（生土）分开投放，以便栽苗时使表土接触根系，促进根系对养分的及时吸收。

(3) 整地时间　春季使用的土地最好在上一年秋季翻耕，有利于使表层土保持相对良好的结构。秋季使用的土地应在上茬花苗出圃后立即翻耕。

耙地应在栽种前进行。如果土壤过干，土块不易破碎，可先灌水，灌后待土壤水分蒸发含水量达 60%左右时，将田面耙平。土层过湿时耙地容易造成土表板结。

(4) 做畦或做垄　畦面高度、宽度及畦埂方式可按照栽培的目的、花卉的习性、当地的自然降水、灌水量的大小和灌水方式以及花坛的匠心设计要求进行。在雨量较大的地区，牡丹、大丽花、菊花等不耐水湿的花卉露地栽培时，最好打造高畦或高垄，四周开挖排水沟，防止过分积水。福建等地在栽培水仙时，也打造高畦，四周挖沟，但沟是用来存水而不是排水的，这样可使畦面既不积水又能始终保持湿润。

播种育苗后待移植的圃地，大多需要密植，因此畦宽多不超过 1.6m，以便进行中耕除草、移苗等田间作业。而球根类花卉的地栽繁殖、鲜切花生产、多年生木本花卉苗圃则应保留较宽的株行距，畦面应大些，可根据水源的流量来决定畦面的大小。在水量较小的情况下，如果畦面过大，会给均匀灌水带来困难。

采用渠道自流给水时，如果畦面较大，畦埂应加高，以防外溢。用漫灌、喷灌或滴灌时，因水量不大，畦埂不必过高。畦埂的宽度和高度是对应的，砂质土应宽些，黏壤土可狭些，但一般不窄于 30cm，以便于来往行走作业。

3. 土壤改良及管理

适合每一种花卉的天然土壤类型比较少见，因此在种植花卉之前，应对土壤 pH、土壤成分、土壤养分进行检测。对于过砂、过黏、有机质含量低等土壤结构性差的土质，可通过客土、加砂、增施有机肥等方法改良土壤。可施入的有机质包括堆肥、厩肥、锯末、腐叶、泥炭以及其他容易获得的有机物质。

由于花卉对土壤酸碱性要求不同，栽培时应根据种类或品种需要，对酸碱性不适宜的土壤进行改良。在碱性土壤上栽培喜酸性花卉时，一般露地花卉可施用硫酸亚铁，每 $10m^2$ 用量为 1.5kg，施用后 pH 可相应降低 0.5～1.0，黏性重的碱性土，用量需适当增加；对盆栽花卉如杜鹃，常浇灌硫酸亚铁和硫酸铵的水溶液，即每千克水加 2g 硫酸铵和 1.2～1.5g 硫酸亚铁的混合溶液，也可用矾肥水浇灌，配制方法是将饼肥 10～15kg、硫酸亚铁 2.5～3kg、加水 200～250kg，放入缸内于阳光下曝晒发酵，腐熟后取上清液加水稀释即可施用。相反，当土壤 pH 过低时，根据土壤情况可用生石灰中和，草木灰是良好的钾肥，也可起到中和酸性的作用。含盐量高的土壤采用淡水洗盐可降低土壤 EC 值。

科学合理的耕作制度和耕作方式是管理和改良土壤的有效途径，如合理轮作换茬、间作等。松土中耕等常规田间管理也是花卉栽培必不可少的措施，这有利于防止土面板结和阻断毛细管的形成，有利于保持水分和土壤中各种气体交换及微生物的活动，从而改良土壤。

二、间苗与移栽

1. 间苗

间苗主要是对露地直播而言，为了保证足够的出苗率，播种量都大大超过留苗量，因此需要间苗，以保证每棵花苗都有足够的生长空间和土壤营养面积。间苗还有利于通风透光，使苗木苗壮生长并减少病虫害的发生。通过间苗还能选优去劣，拔掉其中混杂的花种和品种，保持花苗的纯度，同时结合间苗可拔除杂草。

露地培育的花苗一般间苗 2 次。第一次在花苗出齐后进行，第二次间苗谓之“定苗”，除成丛培养的草花外，一般均留一株壮苗，其余的拔掉，定苗应在出现三四片真叶时进行。间下来的花苗还可用来补栽，对于一些耐移栽的花卉，还可以把它们移到其他圃地上栽植。

2. 移栽

不论是草本花卉还是木本花卉，除直播于花坛、路旁外，一般都需要进行移植。根据不同的匠心设计，可以选择整齐一致的花苗进行移植配置。

根据生产实际，许多花苗移植需分两次进行。第一次是从苗床移至圃地内，用加大株行距的方法来培养大苗；第二次是起苗出售，或者定植于园林中。用大苗布置园林可以短期内见到景观效果。

(1) 起苗和假植　从苗圃地把花木挖掘出来叫作起苗。起苗方式有带土起苗和裸根起苗两种。裸根起苗多用于幼年花木，在起苗时不但要尽量多保存一些完好的根系，还应带有一部分“护心土”。大部分裸根起苗的木本花卉都应将裸根沾上泥浆，以延长须根的寿命。带土起苗用于移栽大苗，在起苗时带有护根土团。土团的大小应以经得起运输和在露天场地做临时堆放为准，土团内的含水量应保持在 60%以上。疏松的沙土容易使土团松散，这时应另取黏土把土团加固。

起苗后如不立即定植或运走，应在圃地上立即假植，因此在起苗前就应有计划地把假植沟挖好，然后成单行把苗木的根系紧密排放在沟内并覆土。带有土团的花苗如果土团很大，最好先进行包扎再假植，这时覆土不要太厚，也不用踏实，以便于提取。

（2）移栽　需要进行两次移苗的，第一次移栽时株行距不要太大，以再次起苗时不过分伤根为标准，同时还要根据留床时间的长短以及植株生长的冠幅来决定，应在实际工作中灵活掌握。

园林定植时的株行距应根据园林设计要求、花卉的种类以及土壤条件等来决定。总体原则是多年生宿根草花的株行距要大，给它们留出扩大株丛的空间。单纯种植一二年生草花的花坛，在确定株行距时，既要给生长发育提供一定的土壤营养面积，又要使花坛显得充实而丰满。用彩叶草等布置模纹花坛时，则要求很小的株行距，使它们紧密地栽在一起，才能达到最佳的观赏效果。

移栽最好在阴天进行，降雨前移栽的成活率最高。移栽后要立即灌透水，对一些幼嫩的花苗还应铺设苇帘遮阳。

三、灌溉与排水

水不仅是花卉的主要组成成分，而且花卉的一切生理活动，都是在水的参与下完成的。各种花卉由于长期生活在不同的环境条件下，需水特点和需水量不尽相同；同一种花卉在不同生育阶段或不同生长季节对水分的需求也不一样。

1. 花卉的需水特点

每种花卉的需水特点与其原产地的降雨量及降雨分布有关。

一般宿根花卉根系强大，需水量较少。一二年生花卉根系浅，多数容易干旱，灌溉次数应较宿根花卉和木本花卉多。一二年生花卉的灌水适宜深度为30～35cm，草坪为30cm，一般花灌木为45cm。

同一花卉不同生长时期对水分的需求量亦不相同，种子发芽时需水较多，水分有利于胚根的伸出；苗期根系浅，应经常保持土壤湿润；旺盛营养生长时期需要给予充足的水分维持生长；开花结实期则要求较小的空气湿度。

花卉在不同季节和气象条件下，对水分的需求也不相同。春秋季干旱时期，应有较多的灌水，晴天风大时应比阴天无风时多灌水。

2. 灌水量与灌水次数

灌水量的大小和灌水次数主要根据土壤干湿情况来掌握。

就全年来说，春、夏两季气温高，蒸发量大，灌水量要大，灌水要勤。立秋以后雨量增加，这时露地花卉的生长多已停止，大都花果累累，应减少灌水量和灌水次数，如果不是天气太旱，一般不再灌水，以防止秋后徒长和延长花期。就每次的灌水量来说，应以彻底灌透为原则，如果只灌透表皮，使根系因吸水而上扬，对花卉生长非常有害。

就土质来讲，黏土的灌水次数要少，沙土的灌水次数要多。遇表土浅薄、下有黏土盘的情况，每次灌水量宜少，但次数宜多；土层深厚的砂质土壤，灌水应一次灌足，待见干后再灌。

3. 灌水时间

灌溉时期分为休眠期灌水和生长期灌水。休眠期灌水在植株处于相对休眠状态时进行，北方地区常对园林树木灌“封冻”防寒水。具体灌水时间因季节而异，在一天当中，夏季应在早、晚灌水，因为这时的水温和土温相差较小，不至于使根细胞过分收缩或膨胀。严寒的冬季因早晨气温较低，灌溉应在中午前后进行。春秋季以清早灌水为宜，这时风小光弱，蒸腾较低，傍晚灌水，湿叶过夜，易引起病菌侵袭。

4. 土壤的持水能力

土壤的持水能力同样影响灌水。优良的园土持水力强，多余的水也易排出。黏土持水性强，但孔隙小，水分渗入慢，灌水易引起流失，还会影响花卉根部对氧气的吸收。

5. 灌溉方式

① 漫灌　传统的大面积表面灌水方式，用水量最多，适用于夏季高温地区植物生长密集的大面积草坪。

② 沟灌　适用于宽行距栽培的花卉，采用行间开沟灌水的方式，水能完全到达根区，但灌水后易引起土面板结，应在土面见干后及时进行松土。

③ 畦灌　将水直接灌于畦内，是北方大田低畦和树木移植时的灌溉方式。

④ 喷灌　利用高压设备系统，使水在高压下喷至空中，再呈雨滴状落在植物上的一种灌溉方式。园林树木和大面积的草坪以及品种单一的花卉适用此法，一般根据喷头的射程范围安装一定数量的喷头。喷灌能使花卉枝叶保持清新状态，调节小气候，为新兴的节水灌溉方式。

⑤ 滴灌　利用低压管道系统，使水缓慢地呈滴状浸润根系附近的土壤，使土壤保持湿润状态。滴灌也是一种节水灌溉方式，主要缺点是滴头易堵塞。

6. 水质

灌溉用水的质量直接影响花卉的生长发育。灌溉用水以软水为宜，避免使用硬水。河水富含养分，水温亦较高，是灌溉用水之首选。其次是池塘水和湖水。也可采用自来水或地下井水，当然，应先将这些硬水贮存于池内，待水温升高及相对软化后再用，只是费用偏高。

7. 排水

排水是花卉栽培中的重要环节之一，排水除根据田间畦垄结构简单进行外，必要时还可以铺设地下排水层，在栽培基质的耕作层以下先铺砾石、瓦块等粗粒，其上再铺排水良好的细沙，最后覆盖一定厚度的栽培基质。此法排水效果好，但工程面积大、造价高。

四、施肥

构成植物营养的矿质元素有碳、氢、氧、氮、磷、钾、硫、钙、镁、铁、硼、锰、铜、锌、钼、氯等，由于成土母质不同，各种元素在土壤中含量不一，所以对缺少或不足的元素应及时补充。

1. 花卉的需肥特点

对于花卉生长来讲，各种营养元素间的适宜比例比某单一营养元素的水平更为重要。

一般花卉正常发育需要的氮、磷、钾的适宜比例为1∶0.2∶1，但不同花卉类型也有差别，如蕨类植物氮、磷、钾在3∶0.4∶2时生长良好。早在1934年，Hill等就发现，菊花体内氮钾比过高时，营养体易受害，花色变差，品质降低；但氮钾比过低时，会导致节间缩短，植株变矮。目前许多专家认为，菊花体内的氮、钾适宜比例应为1∶(1.2～1.5)，即体内含钾量应高于含氮量。许多研究者测定植物体内磷的临界水平为0.25%，约为氮水平的5%～10%，随着组织中磷的增加，微量元素的缺乏也随之增加。研究发现当菊花组织中磷钙比（P/Ca）和磷镁比（P/Mg）接近1或大于1时，微量元素的缺乏症就难以控制。另外，影响肥效的常是土壤中含量不足的那一种元素。如在缺氮情况下，即使基质中磷、钾含量再高，花卉也无法利用，因此施肥应特别注意营养元素的完全与均衡。

此外，不同种类花卉对铵态氮（NH_4^+-N）肥和硝态氮（NO_3^--N）肥的需求也有明显差异。波斯菊、牵牛、一串红、百日草、彩叶草等，喜硝态氮，称为硝酸型；香石竹、秋海棠、三色堇、大丁草、百合等，在硝态氮中加入20%～40%的铵态氮时则生长良好，称为共存型；唐菖蒲的生育状况则与硝态氮和铵态氮的比例无关，称为共用型。氮素形态引起的生育变化被认为是花卉对硝态氮和铵态氮的嗜好性不同或氮素同化作用不同所致。如一串红、牵牛、百日草3种硝酸型花卉以硝态氮形式在体内贮存，再逐渐被还原利用，因而耐氨性差；秋海棠和三色堇等共存型花卉，以铵态氮形式贮存于叶片，尤其是三色堇能将铵态氮转化为酰胺，以无毒形式存在，所以耐氨能力强。因此，应针对不同的花卉施用相应种类的氮肥。

2. 肥料类型与施肥方式

从总体上讲，可将肥料分为有机肥料和无机肥料。有机肥料为动植物遗体或排泄物，包括厩肥、堆肥、骨粉、豆饼等，肥效慢而长；无机肥料是指化学合成肥料，如氮肥（尿素、硝酸铵、硫酸铵、碳酸氢铵等）、磷肥（过磷酸钙、磷酸二氢钠等）、钾肥（硫酸钾、氯化钾、磷酸二氢钾等）、氮磷钾复合肥等，肥效相对较快而短，肥效高。

肥料的施入方式主要有基肥和追肥两种。基肥是指栽种植物材料前施入土壤中的肥料。追肥是指栽种植物材料后，根据植物材料的生长状况补充施入的肥料。追肥又分为根侧追肥和根外追肥两种。根侧追肥即将肥料补施入植物根系周围的土壤中，根侧追肥可以环状施肥、穴状施肥或条状施肥，也可随灌水冲入田中；根外追肥常指向叶面喷施肥料。

基肥应以有机肥料为主，多在整地的同时翻入土内，或施入定植穴的底部，并与穴土相混合，以防肥料直接接触根系而造成烧苗。无机肥有时也作基肥使用。

追肥应以无机肥料为主，在植物生长过程中施入。根侧追肥后应立即灌水。一些速效性的人粪尿和麻酱渣等，腐熟后也可作为追肥使用。叶面追施无机肥的适宜浓度一般为0.1%～0.3%。

施肥时还应注意以下几点：施用的有机肥应充分腐熟，否则易烧坏根系或携带虫卵，引起虫害；有的无机肥如过磷酸钙、氯化钾等与枯枝落叶和粪肥、土杂肥混合施用效果更好；有机肥施用量因肥源不同，种类间差异大，肥效不一，施用时应灵活掌握。

3. 施肥时期与施肥量

对于木本花卉，春季应多施氮肥，夏末少施氮肥，否则促使秋梢生长，越冬前不能成熟老化，易遭冻害。秋季当花卉顶端停止生长后，施完全肥，对冬季或早春根部继续生长的多年生花卉有促进作用。冬季不休眠的花卉，在低温、短日照下吸收能力也差，应减少或停止施肥。

追肥施用的时期和次数受花卉生育阶段、气候和土质的影响。苗期、生长期以及花前花后应施追肥，高温多雨时节或砂质土，追肥宜少量多次。

对于速效性、易淋失或易被土壤固定的肥料如碳酸氢铵、过磷酸钙等，宜稍提前施用；而迟效性肥料如有机肥，可提前施。

五、中耕除草

中耕能疏松表土，切断土壤毛细管，减少水分蒸发，增加土温，使土壤内空气流通，促进土中有机物的分解，为根系正常生长和吸收营养创造良好的条件，中耕还有利于防除杂草。尤其在苗木栽植的初期，大部分田面都暴露在阳光下，这时除土表容易干燥外，杂草繁殖也很快，因此应经常中耕除草。

中耕的深度应随着花木的生长逐渐加深，远离苗株的行间应深耕，花苗附近应浅耕，平均深度约3～6cm，并应把土块打碎。

除草是除去田间杂草，不使其与花卉争夺水分、养分和阳光，杂草往往还是病虫害的寄主。除草工作应在杂草发生的初期尽早进行，在杂草结实之前必须清除干净，以免落下草籽。此外，不仅要清除花卉栽植地上的杂草，还应把四周的杂草除净，对多年生宿根杂草还应把根系全部挖出深埋或烧掉。

目前除草剂已开始在园林中应用，应根据除草剂的类型选择使用，如对于灭生性除草剂只能限制性地在休闲地使用，选择性除草剂不能用于与被除杂草同科的花卉。

除草剂的类型大致可分为以下4类。

① 灭生性　对所有植物不加区别，全部杀死，如五氯酚钠、百草枯。

② 选择性　对杂草做有选择性地杀死，但不同施用浓度对花卉本身生长发育也有影响，如2,4-D。

③ 内吸性　这种除草剂可通过草的茎、叶或通过根部吸收到达植物体内，起到破坏内部结构、破坏生理平衡的作用，从而使植物死亡，如草甘膦、西玛津。

④ 触杀性　除草剂只杀死直接接触的植物部分，对未接触的部分无效，如除草醚。

目前对于除草剂的大量应用仍存在分歧，初步研究结果表明：2,4-D丁酯可防除双子叶植物杂草，多用0.5%～1.0%的稀释液田间喷洒；草甘膦能有效防除一二年生禾本科杂草。龙柏、大叶黄杨、紫薇、紫荆、女贞、海桐、金钟花、迎春、金橘、木槿、麦冬、鸢尾等对草甘膦抗性较强，桃、梅、红叶李、水杉、酢浆草、无花果、槐等对草甘膦反应敏感。

使用化学除草剂时，要注意安全，根据作物的种类正确选用适合的除草剂，并根据使用说明书，掌握正确的使用方法、药剂浓度及药量。

六、整形与植株调整

整形主要是对幼年花木采用的园艺措施。通过设立支架、拉枝等完成，使花木形成一定干型、枝型。修剪除作为整形的主要手段外，还可通过它们来调节植物的营养生长和生殖生长，协调各部分器官的生理机能，从而满足人们对观赏植物的不同观赏要求。

1. 整形

① 单干式　一株一本，一本一花，不留侧枝，如独头大丽花等。

② 多干式　一株多本，每本一花，花朵多单生于枝顶，如牡丹、芍药、多本菊等。

③ 丛生式　许多一二年生草花、宿根花卉都按此法整形。有的是通过花卉本身的自然分蘖而长成丛生状，有的则是通过多次摘心、平茬、修剪，促使根际部位长出稠密的株丛。

④ 悬挂式　当主干长到一定高度，将其侧枝引向某一方向，再悬挂下来，如悬崖菊、金钟连翘等。

⑤ 攀援式　利用藤本花卉善于攀援的特性，使其附着在墙壁上或者缠在篱垣、枯木上生长，如茑萝、爬山虎、牵牛、金银花、凌霄等。

⑥ 圆球式　通过多次摘心或短剪，促使主枝抽生侧枝，再对侧枝进行短剪，抽生二次枝和三次枝，最后将整个树冠剪成圆球形，如作为园景树的大叶黄杨、锦熟黄杨、金叶女贞等。

⑦ 雨伞式　一般采用高接方式，将曲枝品种嫁接在干性强的砧木上，使接穗品种自然下垂而形成伞状，如龙爪槐、垂枝榆等。

2. 植株调整

（1）摘心　指的是摘除主枝或侧枝上的顶芽，其目的在于解除顶端优势，促使发生更多的侧芽和抽生更多的侧枝，从而增加着花的部位和数量，使植株更加丰满。摘心可在一定程度上延迟花期。

（2）除芽　指的是摘除侧芽、叶芽和脚芽，可防止分枝过多而造成营养的分散。此外还可防止株丛过密以及防止一些萌蘖力强的小乔木长成灌木状。

（3）剥蕾　指的是剥掉叶腋间生出的侧蕾，使营养集中供应顶蕾开花，以保证花朵的质量。

（4）短截　指的是剪去枝条先端的一部分枝梢，促使侧枝发生，并防止枝条徒长，使其在入冬前充分木质化并形成充实饱满的叶芽或花芽。

（5）疏剪　指的是从枝条的基部剪掉，从而防止株丛过密，以利于通风透光。对木本花卉常疏去内膛枝、交叉枝、平行枝、病弱枝等，使植株造型更完美。

七、防寒与降温

1. 防寒越冬

防寒越冬是对耐寒能力较差的花卉实行的一项保护措施，以防发生低温冷害或冻害。常用的防寒方法有如下几种。

（1）培土法　培土保护是最安全的防寒方法。培土压埋的厚度和开沟的深度要根据花卉的抗寒力决定。对于一些需要每年萌发新枝后开花的花卉，在埋土前应进行强短剪，以减少埋土的工作量。翌春萌芽前再将土扒开。

（2）覆盖法　该法用于一些宿根或球根花卉。目的是防止地下球根或接近地表的幼芽受冻，尤其是晚霜危害。方法是在地面上覆盖稻草、落叶、马粪、草帘、塑料薄膜等，翌春晚霜过后清除覆盖物。

（3）包扎法　对于无法压埋或覆盖的大型观赏乔木，常包扎草帘、纸袋或塑料薄膜等防寒。

也可在植株的西、北两侧搭设风障。如雪松、悬铃木在东北地区小气候下栽植时可用包扎及风障法防寒越冬。

（4）灌封冻水　水的热容量大，灌水后提高了土壤的导热能力，使深层土壤的热量容易传导到土表，从而提高近地表空气温度，灌溉可提高地面温度 2～2.5℃。常在严寒来临前 1～2d 进行冬灌。

2. 降温越夏

夏季温度过高会对花木产生危害，可通过人工降温保护花木安全越夏。人工降温措施包括向叶面或地面喷水、搭设遮阳网或覆盖草帘等。

第二节 园林花卉的容器栽培

将栽植于各类容器中的花卉统称为容器花卉，或盆栽花卉，以各类容器栽培花卉的方式称为花卉的容器栽培。容器栽培便于控制花卉生长的环境条件，促进花卉的发育；此外由于容器固定，便于搬移，既可陈设于室内，又可布置于户外。

容器花卉在花卉生产中占有极其重要的地位。近些年，中国盆花发展极其迅猛，随着旅游黄金周的出现，容器花卉更是大显身手，尤其在北方的"五一"，大多数园林景观艺术的完美体现主要靠容器花卉。随着国民生活水平的提高，年宵花市场使得容器花卉身价倍增，畅销的年宵盆花如蝴蝶兰、大花蕙兰、凤梨、杜鹃、仙客来、一品红、花烛、组合盆栽等已跻身于综合超级市场。

一、容器

容器花卉栽培要选择适当的容器。随着科技的发展和市场调节作用的体现，容器的类型已多种多样。常用的有素烧泥盆、塑料容器、陶瓷盆、混凝土容器、木桶、金属容器等，各种容器的优缺点不尽相同。素烧泥盆透气性好，美观和耐久性差，价格便宜；塑料容器透气性差，美观，材质不同的塑料容器耐久性不同，价格便宜；陶瓷盆透气性好，美观和耐久，价格较贵；混凝土容器仅适于很少挪动时使用，一般表现空间较大；木桶为简易容器，透气性好，耐久性较差；铜铁等金属做成的大型容器多用于立体组合装饰。

不管哪种容器类型，在兼顾美观的同时，都需要考虑到是否有利于花卉植物的生长。在容器底部或其他部位留有排水孔，保证排水顺畅。

二、培养土

容器栽培时因容积有限，要求盆土必须具有良好的物理性状，以保障花卉正常生长发育的需要。良好的透气性是盆土的重要物理性状之一，因为盆壁与盆底都是排水的障碍，气体交换也受影响，盆底积水时，影响根系呼吸。培养土还应有较好的持水能力，这是由于盆土体积有限，可供利用的水少。盆土通常由园土、沙土、腐叶土、泥炭土、松针土、谷糠及蛭石、珍珠岩、腐熟的木屑等材料按一定比例配制而成，培养土的酸碱度和含盐量要适合花卉的需求，同时培养土中不能含有有害微生物和其他有毒的物质。

1. 常见培养土组分

① 园土　是果园、菜园、花园等的表层活土，具有较高的肥力及团粒结构，再配合透气持水性强的基质即可使用。

② 厩土　马、牛、羊、猪等家畜厩肥发酵沤制，其主要成分是腐殖质，质轻、肥沃，一般呈酸性。

③ 沙土　用作扦插基质的沙土，粒径应在1～2mm之间。素沙指淘洗干净的粗沙，沙的颗粒较粗，排水较好，但与腐叶土、泥炭土相比保水持肥能力低，质量重，不宜单独作为培养土。

④ 腐叶土　由树木落叶堆积腐熟而成，土质疏松、有机质含量高，是配制培养土最重要的基质之一。可以用阔叶或针叶树的落叶，如山毛榉、各种栎树、落叶松等的腐叶土。腐叶土养分丰富、腐殖质含量高、土质疏松、透气透水性能好，一般呈酸性（pH4.6～5.2），是优良的传统盆栽用土，适合于大多数花卉。

⑤ 堆肥土　由植物的残枝落叶、旧盆土、垃圾废物等堆积，经发酵腐熟而成。堆肥土富含腐殖质和矿物质，一般呈中性或碱性（pH6.5～7.4）。

⑥ 塘泥和山泥　塘泥是指沉积在池塘底的一层泥土，挖出晒干后，使用时破碎成直径0.3～1.5cm的颗粒。这种材料遇水不易破碎，排水和透气性比较好，也比较肥沃。但一般使用2～3年后颗粒粉碎，土质变黏，不能透水，需更换新土。

⑦ 草炭　草炭含有机质多，多呈酸性或中性，有机质含量高，使用时要配以3～5倍的园土。

盆栽花卉除了以土壤为基质的培养土外，还可用人工配制的无土混合基质，如用珍珠岩、蛭石、砻糠灰、泥炭、木屑或树皮、椰糠、造纸废料、有机废物等一种或数种按一定比例混合使用。由于无土混合基质有质地均匀、质量轻、消毒便利、通气透水等优点，在盆栽花卉生产中越来越受重视。

实际上，上述各种培养土多数不是单独使用的，而是几种或多种按一定比例混合使用。具体的配比比例要根据各种花卉的不同习性、不同生长阶段、不同栽培目的来确定。以下是几种常见的培养土的配制比例。

育苗基质：泥炭：珍珠岩：蛭石为1：1：1。

扦插基质：珍珠岩：蛭石：细沙为1：1：1。

盆栽基质：腐叶土：园土：厩肥为2：3：1。

2. 培养土消毒

容器栽培花卉要进行土壤消毒，以防止各种病菌、线虫等危害。土壤消毒方法很多，可根据设备条件和需要来选择。

（1）物理消毒法　一是蒸汽消毒，即将100～120℃的蒸汽通入土壤中，消毒40～60min，或将70℃的蒸汽通入土壤处理1h，可以消灭土壤中的病菌。蒸汽消毒对设备、设施要求较高。二是日光消毒，当对土壤消毒要求不高时，可用日光曝晒方法来消毒，尤其是夏季，将土壤翻晒，可有效杀死大部分病原菌、虫卵等。三是直接加热消毒，少量培养土可用铁锅翻炒杀死有害病虫。

（2）化学消毒法　化学药剂消毒有操作方便、效果好的优点，常用的药剂有福尔马林溶液、溴甲烷等。具体方法如下。

40%的福尔马林500mL/m^3均匀浇灌，并用薄膜盖严，密闭1～2d，揭开后翻晾7～10d，使福尔马林挥发后使用；也可用稀释50倍的福尔马林均匀泼洒在翻晾的土面上，使表面淋湿，用量为25kg/m^2，然后密闭3～6d，再晾10～15d即可使用。

三、上盆与换盆

1. 上盆

将花苗由苗床或小的育苗盘内移入花盆叫作上盆。

上盆操作技术虽然简单，但也不容忽视。上盆操作的好坏直接影响花苗的缓苗和生长。具体操作时，要注意以下几点。

① 为缩短缓苗期，尽量带土坨上盆。

② 上盆前要根据植株的大小或根系的多少来选用大小适当的花盆，切勿一味追求大盆。

③ 在上盆前对未用过的新盆应泡水“退火”，否则如果浇水不透，盐害就会灼坏

苗根。

④ 上盆时先放少量底土，将花苗放在盆的中央，使苗株直立，最后在四周填入培养土。

⑤ 填土后应留出盆口 2～3cm，大盆和木桶应留出 4～6cm，以便于浇水。

2. 换盆

所谓换盆指的是换掉大部分旧培养土，将原有植物材料移入新的容器。

多年生观赏植物，长期生长于容器内有限土壤中，会造成养分不足，加以冗根盈盆，因此随植物的不断长大，需逐渐更换新的或大的花盆，扩大其营养面积，以利于植株继续健壮生长。

换盆的注意事项如下。

① 应按植株发育的大小逐渐换到较大的盆中，不可一次换入过大的盆内，因为盆过大给管理带来不便，浇水量不易掌握，常会造成缺水或积水现象，不利植物生长。

② 根据植物种类确定换盆的时间和次数，过早、过迟对植物生长发育均不利。当发现有根自排水孔伸出或自边缘向上生长时，则说明需要换盆了。

③ 多年生盆栽花卉换盆应在休眠期或花后进行，一般一年换一次。一二年生草花的换盆时间可根据花苗长势和园林应用随时进行，并依生长情况可进行多次，每次花盆加大一号。

④ 多年生盆栽花卉或观叶植物换盆时，要将冗根剪除一部分，对于肉质根系类型应适当在荫处短时晾放，以防伤口感染病菌。

⑤ 换盆后应立即浇水，第一次必须浇透，以后浇水不宜过多，尤其是根部修剪较多时，吸水能力减弱，水分过多易使根系腐烂，待新根长出后再逐渐增加浇水量。

⑥ 为减少叶面蒸发，换盆后应放置阴凉处养护 2～3d，并增加空气湿度，以利于迅速恢复生长。

四、浇水与施肥

1. 浇水

(1) 盆花浇水的原则　盆花浇水的原则是“间干间湿，浇必浇透”，干是指盆土含水量达到再不浇水植物就濒临萎蔫的程度。这样既使盆花根系吸收到水分，又使盆土有充足的氧气。

此外，还应根据花卉的不同种类、不同生育期和不同生长季节而采取不同的浇水措施。草本花卉本身含水量大、蒸腾强度也大，盆土应经常保持湿润；蕨类植物、天南星科、秋海棠类等喜湿花卉要保持较高的空气湿度，对水分要求较高，栽培过程“宁湿勿干”；仙人掌科等多浆植物花卉要少浇，即“宁干勿湿”；有些花卉（如兰花）要求有较高的空气湿度，应经常向地面或空间喷水、洒水。

夏季以清晨或傍晚浇水为宜，冬季以上午 10：00 以后为宜，防止植物与水的温差过大而造成伤害，此外土壤温度情况直接影响根系的吸水。

一般而言，花卉在幼苗期需水量较少，应少量多次；营养生长旺盛期消耗水量大，应浇透水；现蕾到盛花期应有充足的水分；结实期或休眠期则应减少浇水或停止浇水；气温高、风大时应多浇水；阴天、天气凉爽时应少浇水。

(2) 盆花浇水的方式

① 淋浇　用水管放水淋浇盆土，这是最传统的浇水方式，在大面积粗放养护时常用。

② 喷水或喷雾　这是用喷壶或喷枪向花苗植株和枝叶喷水或喷雾的方式。喷水或喷雾不仅通过给水使植株根系吸收水分，还可以起到调节小气候的作用。水雾可以提高空气湿度和冲洗叶表灰尘，有利于叶片进行光合作用。此法尤其适用于生长阶段要求土壤水分较少、而枝叶表面则要求湿润的一些花卉。对一些扦插苗、新上盆的植物应进行喷水或喷雾，全光自动喷雾技术是大规模育苗给水的重要方式。喷水也要浇足，直到盆底孔有水渗出为止。

③ 浸盆　使水从盆底孔慢慢由下而上渗入盆土，直至盆土表面见湿为止。此法可防止盆土表层发生板结，尤其适于保护地盆花浇水。

除了上述3种主要的浇水方式外，盆花浇水还有找水、放水、勒水、补喷水等。找水是补充浇水，即只寻找个别缺水的植株单独补浇，不受正常浇水时间和次数的限制。放水是指在植株生长旺季，结合根侧追肥加大浇水量的方式。勒水是指对水分过多的盆花停止供水，并松盆土或脱盆散发水分的措施，连阴久雨时应勒水，以促进土壤通气，利于根系生长。

(3) 盆栽花卉对水质的要求　盆栽花卉的根系生长局限在一定的空间内，因此对水质的要求比露地花卉高。灌水应以天然降水为主，其次是江、河、湖水。用井水浇花应特别注意水质，如含盐分较高，尤其是给喜酸性土花卉灌水时，应先将水做软化处理。无论是井水还是含氯的自来水，均应于贮水池经24h之后再用，灌水之前，应该测定水分的pH和EC值，根据花卉的需求特性分别进行调整。

2. 施肥

盆栽花卉生活在有限的基质中，因此所需要的营养物质要不断补充。

常用基肥主要有饼肥、牛粪、鸡粪等，基肥施入量不要超过盆土总量的20%，与培养土混合均匀施入。追肥以薄肥勤施为原则，通常以沤制好的饼肥、油渣为主，也可用无机肥或微量元素追施或向叶面喷施。

向叶面喷施时要注意液肥的浓度应控制在较低的范围内。通常有机液肥的浓度不宜超过5%，无机肥的施用浓度一般不超过0.3%，微量元素浓度不超过0.05%。叶子的气孔是背面多于正面，背面吸肥力强，所以喷肥应多在叶背面进行。温室或大棚栽培花卉时，还可进行二氧化碳施肥，即增施二氧化碳气体。通常空气中二氧化碳含量为0.03%，光合作用的效率在二氧化碳含量在0.03%～0.3%的范围内随二氧化碳浓度增加而提高。

容器花卉施肥时，与露地花卉相同，也需要了解盆栽植物不同种类的养分含量、花卉的需肥特性、不同类型花卉需要的营养元素之间的比例。

从总体上看，盆栽花卉的施肥在1年当中可分为3个阶段。第一阶段，基施应在春季出室后结合翻盆换土一次施用。第二阶段是在生长旺盛季节和花芽分化期至孕蕾阶段进行追肥，根据植株的大小、着花部位的多少以及耐肥力的强弱，可每隔6～15d追肥一次。第三阶段在进入温室前进行，但要区别对待，对一些入室后仅仅为了越冬贮藏的花卉可不再追施，而对一些需要在温室催花以供元旦或春节时用的盆花，则应在入室后至开花前继续追肥。

五、整形修剪与植株调整

整形与修剪是盆花栽培管理工作中的重要一环，它可以创造和维持良好的株形，调节生长和发育以及地上和地下部分的比例关系，促进开花结果，从而提高观赏价值。

1. 整形

整形的形式多种多样，概括有两种。

一为自然式，着重保持植株的自然姿态，仅通过人工修整和疏删，对交叉、重叠、丛生、徒长枝稍加控制，使枝条布局更加合理完美。自然式多用于株型高大的观叶类、观花类花木，如苏铁、棕榈、蒲葵、龟背竹、木槿等。

二为人工式，依人们的喜爱和情趣，利用植物的生长习性，经修剪整形做成各种意想的形式，达到源于自然高于自然的艺术境界。

不论采用哪种整形方式，都应该使自然美和人工美相结合。在确定整形形式前，必须对植物的特性有充分了解。枝条纤细且柔韧性较好者，可整成镜面形、牌坊形、圆盘形或S形等，如常春藤、三角花、藤本天竺葵、文竹、令箭荷花等；枝条较硬者，宜做成云片形或各种动物造型，如腊梅、一品红等。整形的植物应随时修剪，以保持其优美的姿态。在实际操作中，两种整形方式很难截然分开。

2. 修剪

木本容器花卉修剪主要包括疏剪和短截两种类型。疏剪指将枝条自基部完全剪除，主要针对病虫枝、枯枝、重叠枝、细弱枝等。短截指将枝条先端剪去一部分。

在整形修剪之前，必须对花卉的开花习性有充分的了解。在当年生枝条上开花的扶桑、倒挂金钟、叶子花等，可在春季进行重剪，而对一些只在二年生枝条上开花的杜鹃、山茶等，如果在早春短剪，势必将花芽剪掉，因此应在花后短剪花枝，使其尽早形成更多的侧枝，为翌年增加着花部位做准备。对非观果类花卉，在花后也应将残花剪掉，以免浪费营养而影响再次开花。

修剪时还要注意留芽的方向。若使枝条向上生长，则留内侧芽；若使枝条向外倾斜生长，则留外侧芽。修剪时应在芽的对面下剪，距剪口斜面顶部约1～2cm。

3. 绑扎与支架

盆栽花卉中一些攀援性强、枝条柔软、花朵硕大的花卉，常设支架或支柱。

用作支架和绑扎的材料很多，应选择粗细适当、光滑美观的材料，如8号铅丝、芦苇、毛竹等。捆绑时应采用尼龙线、塑料绳、棕线或其他具韧性又耐腐烂的材料，还可在材料上涂刷绿漆，给人以取自天然的感觉。

支架的形式很多，常用的有以下几种。

① 单柱式　为防止植株或花枝倒伏，将裱竹直接插入盆土内，然后绑扎固定。这种方法主要用于多年生草本观花类花卉，如秋海棠、独本菊、大丽花等。

② 圆盘式　圆盘的形式可随心所欲地扎成各种形状，如半圆形、椭圆形、甚至多边形等，可用于迎春、天竺葵、昙花、令箭荷花等的整形。

③ 其他　用铅丝等扎成灯笼、鸟兽、文字等图案，将枝条分出主次固定其上，力求层次分明。

4. 摘心、抹芽、疏花疏果

摘心可以促进不同功能性激素的产生与重新分配，解除顶端优势，促发侧枝。

抹芽是将多余的侧芽全部除去，是与摘心有相反作用的一项技术措施。抹芽应早于芽开始膨大时进行，以免过分消耗营养。

在观果类花卉栽培中，有时挂果过密，为使果实生长良好、调节营养生长与生殖生长之间的平衡，还需进行疏花疏果，即摘除一部分花蕾或果实，使留存的花或果实健壮充实。

第三节　园林花卉的促成与抑制栽培

园林花卉的促成与抑制栽培是指通过人为改变外界环境条件、采取园艺学栽培措施、外施植物生长调节剂等方法来调节花期（或最佳观赏期）的栽培方式。使花期比自然花期提前的栽培方式称为促成栽培，使花期比自然花期延后的栽培方式称为抑制栽培。

进行花卉促成与抑制栽培的目的在于根据花卉市场交易和人们观赏的需要，使在自然花期（或最佳观赏期）以外的时间或季节开花，实现花卉的周年生产。花期调节还可使不同花期的父母本同时开花，有利于开展杂交育种工作，选育更多更好的花卉品种。

目前，随着中国经济实力和物质文化生活水平的提高，人们对花卉的欣赏水平和期望与日俱增，这为花卉的促成与抑制栽培提供了良好的契机和新的挑战。此外，节假日也逐渐增多和延长，各种花卉及其他行业博览会都离不开促成或抑制栽培条件下生产的花卉产品。

一、促成与抑制栽培的理论依据

一切影响花卉生长发育的环境因子都会影响花期，如营养生长状况、温度、光周期、生长调节物质等。

1. 温度与开花

植物的生长发育受昼夜或季节的温度变化影响，这种现象称为温周期现象。利用温度进行花期调控，就是利用温周期现象，人为控制温度，使植物提前生长开花或者推迟生长开花。

(1) 休眠和莲座化　某些植物的生活史中，存在着生长暂时停止和不进行节间伸长两种状态，一般称这样的情况为休眠和莲座化。植物进入休眠状态时，生长点的活动完全停止；而莲座化植物的生长点还是继续分化，只是节间不伸长，也就是说莲座化是植物处于低生长活性状态。通常意义上讲，影响伸长和生长停滞的原因有两种：一种是由恶劣的环境条件导致的植物不进行生长和伸长（强迫休眠），如低温和干旱；另一种是由植物内在的生长节律引起的休眠和莲座化（生理休眠或自发休眠），即使在适宜的环境条件下，也不伸长和生长。

由生长节律引起休眠的典型花卉是唐菖蒲和小苍兰，在球根形成的时候开始进入休眠，高温和低温都不能阻止休眠的发生。日长可以引起休眠的大丽花和秋海棠在13h以上的长日照下可以不断的生长和开花，一旦移到12h以下的短日照条件下，则生长停止，不久就进入休眠。

种子、球根、芽等大都具有休眠习性。

(2) 打破休眠和莲座化状态　一般处于初期和后期的休眠容易被打破，而处于中期的深休眠状态不易被打破。强迫休眠较生理休眠易于被打破。

能够有效地打破植物休眠和莲座化的温度，因植物的种类不同而异。小苍兰和鸢尾等初夏休眠的植物，需高温打破休眠；大丽花、橘梗等秋季休眠的植物，需低温打破休眠。

打破休眠和莲座化的低温，也因植物的种类、品种和植株苗龄而不同。有效温度一般是10℃以下，接近0℃最有效。

(3) 春化作用　低温对植物成花的促进作用，称为春化作用。植物在个体发育中必须经过一段低温时期，才能打破休眠，继而进行花芽分化和开花。根据植物感受春化的状态分为萌动种子春化型和营养体（或绿体）春化型。以萌发种子通过春化阶段的，称为“种子春化型”，如香豌豆；以具有一定营养体植株通过春化阶段的，称为“营养体（或绿体）春化型”，如紫罗兰、金鱼草、羽衣甘蓝、榆叶梅等。

春化作用的温度范围，一般是－5～15℃左右，最有效温度为3～8℃，但是最佳温度因植物种类的不同而略有差异。不同花卉要求的低温时间长短也有差异，在自然界中一般是几周。

从整体上看，需要春化才能开花的植物主要是典型的二年生植物和某些多年生植物。大苗和多年生植物接受低温时最适温度偏高，比如麝香百合和鸢尾的最适温度为8～10℃。一般而言，必须秋播的二年生花卉种子有春化现象，一年生和多年生草花种子一般没有春化现象，但也有例外，如勿忘我虽然是多年生草花，种子却有春化现象。

春化过程没有完全结束前，就被随后给予的高温所抵消或逆转，此种现象称脱春化或春化逆转。

(4) 花芽分化　一般春夏季进行花芽分化的植物，需要特定温度以上方能花芽分化。秋季进行花芽分化的植物，需要温度降至一定温度之下才能花芽分化。

但也有例外，如香石竹和大丽花只要在可生长的温度范围内，或早或晚，只要生长到某种程度就可进行花芽分化而开花。月季也可在一个很广泛的温度范围内进行花芽分化。但是它们的花芽正常发育需一定的温度，温度太低会导致盲花。与之相反，夏菊花芽分化需要一定的低温，温度高于临界低温，则只生长、不开花。

(5) 花芽发育　对一般植物而言，花芽可以在被成功诱导的温度条件下顺利发育而开花，但是有些植物花芽分化后，要接受特定的温度，尤其是低温，花芽才能顺利发育开花，如菖蒲、芍药等。因此很多春季开花的木本花卉和球根花卉，花芽分化往往发生在前一年的夏秋高温季节，而花芽发育需在冬春低温下完成。荷兰鸢尾在促成栽培时，球根冷藏时间过长，花茎长和叶长显著增加，切花品质降低；反之，如果低温冷藏时间不足，则花茎过短，达不到切花的要求。

2. 光周期与开花

一天内白昼和黑夜的时数交替，称为光周期。植物的光周期现象是指植物的花芽分化、开花、结实及某些地下器官的形成受到日照长短影响的现象。根据植物成花对光周期的反应，可以将其分为3种类型：短日照植物、长日照植物、日中性植物。短日照植物要求光照长度短于一定时间才能成花，如秋菊、孔雀草、一品红等；长日照植物要求光照长度长于一定时间才能成花，如藿香蓟、草原龙胆、蓝花鼠尾草等；日中性植物对光照长度没有严格的要求，这类植物有扶桑、香石竹、月季等。

植物的光周期反应与植物的地理起源有着密切的关系，通常低纬度起源者多属于短日照植物，高纬度起源者多属于长日照植物。

3. 植物生长调节物质与开花

植物生长调节物质是一类调节控制植物生长发育的物质。可分为两类：一类是植物内源激素，如赤霉素（GA）、吲哚乙酸（IAA）、细胞分裂素（CTK）、脱落酸（ABA）等；

另一类是人工合成的生理活性物质，如萘乙酸（NAA）、吲哚丁酸（IBA）、2,4-二氯苯氧乙酸（2,4-D）、6-苄基腺嘌呤（6-BA）、矮壮素（CCC）、琥珀酰胺酸（B9）、多效唑（PP333）等。

植物生长调节物质在花期调控中的主要作用如下。

（1）代替日照长度，促进开花　有许多花卉在短日照下呈莲座状，只有在长日照下才能抽薹开花。而赤霉素具有促使长日照花卉在短日照下开花的作用，如对紫罗兰、矮牵牛的作用，但不能取代长日照。赤霉素促进长日照花卉在非诱导条件下形成花芽，起作用的部位可能是叶片。对大多数短日照植物来说，赤霉素起着抑制开花的作用。

（2）代替低温打破休眠　对一些花卉而言，赤霉素有助于打破休眠，可以完全代替低温。如处于休眠各阶段的橘梗，其根系浸于赤霉素溶液中，休眠可以被打破。用赤霉素处理处于休眠初期或后期的芍药和龙胆休眠芽，也可以打破休眠。对杜鹃花来说，赤霉素处理比低温贮存对开花更有利。每周用赤霉素（100mg/L）喷杜鹃花植株1次，约喷5次，直到花芽发育健全为止，可以有效地使杜鹃花期维持5周，并能保持花的质量，使花的直径增大，且不影响花的色泽。仙客来在开花前60～75d用赤霉素处理，即可达到按期开花的目的。用赤霉素浸泡郁金香鳞茎，可以代替冷处理，使之在温室中开花，并且加大花的直径。

同样的方法处理蛇鞭菊，则只对处于休眠初期和后期的花卉起作用。

乙烯可以打破小苍兰、荷兰鸢尾等一些夏季休眠性球根的休眠，但却促进了夏季高温后莲座化菊花的莲座化状态。

一些人工合成的植物生长调节剂，如NAA、2,4-D、6-BA等都有打破花芽和贮藏器官休眠的作用，如6-BA可以打破宿根霞草的莲座化状态。

（3）促进或延迟开花　花卉生产中，利用植物生长抑制剂来延迟开花及延长花期是屡见不鲜的。植物生长抑制剂已广泛用于木本花卉，如杜鹃花、月季花、茶花等。用萘乙酸及2,4-D处理菊花，可以延迟菊花的花期。

二、促成与抑制栽培的技术途径

实现促成栽培与抑制栽培的途径主要有：控制温度、光照等生长发育的环境因子，采取修剪、摘心等园艺学措施，调节土壤水分、养分等栽培环境条件，辅助施以外源植物生长调节剂等。

温度与光照对开花调节既有质的作用，也有量的作用。在接受特殊温度或光周期条件下使植株加速通过休眠、成花诱导、花芽分化等过程而达到促进开花；也可使植株保持营养生长，保持休眠状态，延缓发育过程而实现抑制栽培，这是温度和光照对开花调节所起的质的作用，也是调节开花的主要途径。温度与光照对植株生长发育也有量性作用，例如在适宜温度下生长发育快，非适宜条件下进程缓慢，从而调节开花进程。

一般园艺措施（如修剪、摘心、摘蕾）、土肥水管理、调节播种期、应用生长调节剂等对花期的促进与抑制可起重要作用。

1. 温度处理

温度处理调节花期主要是通过调节温度来调节花卉的休眠、成花诱导、花芽形成、花芽分化等主要进程来实现对花期的控制。大部分越冬休眠的多年生草本和木本花卉以及越冬期呈相对静止状态的球根花卉，都可采用温度处理。

（1）低温处理　低温处理主要用于打破休眠，完成春化。

此外，在低温下，植物生长缓慢，延长了发育期与花芽成熟过程，在一定程度上延迟或延长了花期。在早春气温回升之前，将一些春季温度升高后开花的花卉，预先移入人为创造的低温环境中，使其休眠期延长，从而推迟开花。这种处理方法适用于比较耐寒和耐荫的花卉，低温范围为1～4℃，应注意选用晚花品种，做好水分管理，避免盆土过湿。根据目标花期、植物的种类及栽培的环境条件，推算出由低温处理结束后的培养至开花所需的天数，从而确定停止低温处理的日期。一些耐寒耐荫的宿根、球根及木本花卉均可采用此法推延花期。例如瓜叶菊，在冬季正常温室养护条件下，春节期间便陆续开花，如果在早春时将其移入低温温室，4月上旬再移至中温温室，则其花期便可推迟到“五一”前后。又如杜鹃花，于早春花芽萌动之前，将其移入3～4℃的冷室中，于需花日的前2周移出冷室，给予20℃的温度条件，便可如期开花。

低温可减缓生长，推迟花期。较低的温度，能使花卉植物的新陈代谢减弱，使花蕾发育滞缓，从而延迟开花。这种处理常用于含苞待放和初花期的花卉，例如含苞待放的大蕾菊花移入3～8℃左右的低温条件下，控制浇水，使植株处于微弱的生理代谢状态，花朵的展开进程极为缓慢，根据需要再将其移入正常温度下进行养护管理，从而可根据需要延迟花期。天竺葵、八仙花、水仙、月季等均可采用此法处理。

（2）高温处理　提高温度主要用于促进开花，常用于花芽分化后的花芽发育。特别是冬春季节，提高温度可阻止花卉发生春化逆转，从而提早花期。

冬季温度低，很多花卉均表现为生长缓慢、不能开花，或进入休眠状态。这时如果通过增加温度，人为地提前给予一个适宜生长发育的温度条件，便可使植株加速生长，提前开花。经过春化作用的二年生花卉、宿根花卉、落叶花灌木均属于这种类型。

采用增温催花时，首先应确定花期，然后根据花卉本身的习性，确定加温的时间。一般处理温度是逐渐升高的。例如，对牡丹催花处理室温升至20～25℃，空气相对湿度保持80%以上，经过30～35d，即可开花，以同样的温度处理，杜鹃花需40～45d即可开花。

增温对于某些原产温暖地区的花卉还可延长花期。这些花卉开花阶段要求的温度较高，只要温度适宜就能不断开花，但在中国北方地区的自然条件下，入秋以后温度逐渐降低，这类花卉便会停止生长发育，进入休眠或半休眠状态，不能开花。这种情况下，如果人为地给予增温处理，便可克服逆境，继续开花，并使花期延长。例如，茉莉、白兰花、非洲菊、大丽花、美人蕉、君子兰等花卉可采用这种方法延长花期。

（3）温度处理调节花期实例

① 越冬休眠的球根花卉　唐菖蒲常规栽培是在越冬贮藏中经低温解除休眠后于4月种植，6～7月间开花。

唐菖蒲促成栽培时，起球后置于5℃下经5周可打破休眠，于9～10月在温室栽培，可于次年1～4月开花。抑制栽培时可于4月开始，在气温上升前，将球茎贮藏于2～4℃环境中，可延迟到5～8月种植，于9～12月开花，栽培温度需10℃以上。

麝香百合秋季叶枯后进入休眠，越冬解除休眠后于初夏开花。促成栽培需事先将鳞茎冷藏，经冷藏的鳞茎可分期种植分期开花。打破休眠需10～12℃低温。当鳞茎芽伸长到已形成5枚叶原基时，在2～9℃条件下完成春化诱导并分化花芽，而后在20～25℃高温下形成花序并开花。此外，麝香百合为量性长日，春化所需低温可以由长日全部或部分代替。

百子莲（*Agapanthus orienitalis*）越冬休眠要求低温，10～15℃经 50～60d 花芽形成，此后在高温下迅速开花。如将鳞茎冷藏在 10℃左右低温下，则延迟种植期可延迟开花。

② 越夏休眠的球根花卉　越夏休眠的球根花卉在夏季高温期休眠，在高温或中温条件下形成花芽，秋季凉温条件下萌芽，越冬低温期内进入相对静止状态并完成花茎伸长的诱导，而后在温度上升的春季开花。调节开花的方法主要是在夏季休眠后适时转入凉温，或缩短低温冷藏的持续时间。

郁金香为典型的夏季休眠秋植鳞茎花卉。促成栽培时选用早花品种，提前起球，夏季休眠期提供 20～25℃适温，使鳞茎顺利分化叶原基与花原基，一旦花芽形成，可采用 5～9℃冷藏以满足发根及花茎伸长所要求的低温。当芽开始伸长后逐渐升温至 13～20℃，可提前于 12 月至翌年 1 月开花。若花芽形成后冷藏可延迟发根，或在满足花茎伸长所要求的低温之后，降温冷藏于 2℃下而延迟升温，可延迟到 3～4 月或更晚开花。

风信子的生育习性与郁金香相似。其夏季休眠期花芽分化要求的温度较高，虽然在 35℃分化最快，但通常将鳞茎先置于 20℃下经 2 周，然后在 26℃下经 3 周，再在 20～23℃下贮藏至形成花芽。风信子发根和花茎伸长所要求的温度为 9～13℃，促成栽培开花温度为 22℃左右，调节花期措施与郁金香相同。

喇叭水仙也是夏季休眠、秋植春花花卉。在叶枯前 5 月间已经开始分化花芽，6～7 月叶枯时花芽已达到副冠原基形成期。起球后将鳞茎冷藏于 1～5℃下经 12～15 周，可完成花茎伸长的低温诱导。当芽伸长到 4～6cm 时开始升温至 18～20℃，即可在元旦至春节时开花。一般从开始升温到现蕾开花约需 28～30d。若选用早花品种应提前起球，起球后经 30～32℃高温处理 3 周，可促进花芽形成，以后再经冷藏、升温栽培，可提前到10～11 月开花。

③ 越冬休眠的宿根花卉　越冬休眠的宿根花卉可采用温度处理调节花期，主要也是利用低温打破休眠促花及延长强迫休眠时期延花。

铃兰（*Convallaria majalis*）以地下茎上的芽越冬休眠，春季萌发，初夏开花。将休眠的地下茎在 10 月初－2℃下处理 4 周可打破休眠，在温室中升温栽培可于 12 月开花。延长低温冷藏期，一年中任何时期均可开花。

六出花（*Alstromeria aurantiaca*）在适宜温度下可不断发生新芽，花芽形成需经 5～13℃低温诱导，在 5℃下约需 4～6 周。春化后如遇 15～17℃以上高温则进行春化逆转。

④ 越冬休眠的木本花卉　在越冬期间经低温解除休眠的芽于春季萌发、生长和开花。促成栽培可采取低温打破休眠，再经升温促成开花。延迟栽培则需冷藏枝条，以延长强迫休眠期，延后开花。

连翘在自然条件下 10 月以前已完成花芽分化，此后进入休眠，翌年早春 3 月开花。10 月时在 1～5℃下经 4～6 周可打破休眠，然后在温室栽培，可于 12 月至翌年 2 月开花。春季萌芽前将枝条移至 0℃下冷藏，可延迟到 3 月以后开花。

2. 光周期处理

(1) 光周期处理方法

① 短日照处理　使日照长度短于该植株要求的临界小时数的方法称为短日照处理。短日照处理主要用于自然日长下延迟长日照花卉开花和使短日照花卉提早开花。

用黑色的遮光材料（黑布或黑色塑料膜），在每天的早晨和傍晚进行遮光处理，以缩短白昼，延长黑夜。通常于下午 5 时至翌日上午 8 时为遮光时间，遮光时数可控制在 14～15h。

这种处理方法对典型的短日照花卉适用。如一品红，通过遮光处理使每天的光照时间缩短到 10h，经过 50～60d，便可开花；又如秋菊，每天白昼时间缩短至 8～10h，60d 左右便可开花。

每日遮光时间需根据不同植株的临界日长，使暗期长于临界夜长小时数。在实际操作中短日照处理超过临界夜长小时数不宜过多，否则会影响植株正常光合作用，从而影响开花质量。例如一品红的临界日长为 13h，经 30d 以上短日照处理可诱导开花，其做短日照处理时日长不宜少于 8～10h。

在遮光处理促成栽培中，要注意以下几个问题。

a. 注意选用早花品种。

b. 使用的遮光材料要严密，不透光。

c. 处理棚（室）内要注意通风降温，避免高温障碍。

d. 遮光开始时要求苗株具有一定的生长量。

e. 遮光处理要连续进行，不可中断，直至花蕾显色为止。

f. 遮光处理期间停施氮肥，增施磷肥。

g. 短日照处理遮光强度应保持低于各类植株的临界光照度。此外，植株已展开的叶片中，一般上部叶比下部叶对光照敏感。因此在检查时应着重注意上部叶的遮光强度。

② 长日照处理　在短日照季节，进行人工补光可使长日照花卉提前开花和短日照花卉延迟开花。人工补光可采用日光灯、白炽灯。对于补光的光质，仅有一些初步的研究报道。有人提出菊花等短日照植物用白炽灯比荧光灯更适合，原因是白炽灯所含远红外光比荧光灯多；而锥花丝石竹等长日照植物应该用荧光灯。也有人提出，短日照植物叶子花（*Bougainvillea spectabilis*）在荧光灯和白炽灯共同照明下发育更快。补光开始时间应在当地短日照开始之前。

黑夜中断暗期也是长日照处理的简单有效方法，可以破坏短日效应，又称“黑夜间断”，即在自然长夜的中期（午夜）给以一定时期照明，将长夜隔断，使连续的暗期短于该植物的临界暗期小时数。通常晚夏、初秋和早春黑夜间断照明小时数为 1～2h，冬季照明小时数多，约 3～4h。黑夜间断法可使秋菊、一品红等短日照花卉推迟开花。

此外，不同植物种类照明的有效临界光照度也有所不同。紫菀在 10lx 以上，菊花需 50lx 以上，一品红需 100lx 以上有抑制成花的长日效应。50～100lx 通常是长日照植物诱导成花的光照度。锥花丝石竹长日照处理采用午夜 4h 中断照明时，随照度增强有促进成花的效果，但是超过 100lx 并不产生更强的效应。有效的照明度常因照明方法而异。菊花抑制成花采用午夜闪光照明法时，1min∶10min 的明暗周期需要 200lx 引起长日效应，而 2min∶10min 的明暗周期 50lx 即可有效。

植株接受的光照度与光源安置方式有关。100W 白炽灯相距 1.5～1.8m 时，其交界处的光照度在 50lx 以上。生产上常用的方式是 100W 白炽灯相距 1.8～2m，距植株高度为 1～1.2m。如果灯距过远，交界处光照度不足，对长日照植物会出现开花少、花期延迟或不开花现象，对短日照植物则会存在提前开花、开花不整齐等弊病。

(2) 光周期处理开始时间的估算　光周期处理开始的时间对于准确控制花期很重要，

这要根据目标花期以及处理开始至开花所需要的时间来推算。光周期处理开始的时期一般可以根据植物临界日长及所在地的地理位置而定。例如北纬40°下，10月初和翌年3月初自然日长为12h。对临界日长为12h的长日照植物自10月初至翌年3月初是需要进行长日照处理的大致时期。

计算日长小时数应从日出前20min至日落后20min计算。例如北京3月9日自日出至日落的自然日长为11h20min，加日出前和日落后各20min，共为12h，即北京3月9日的日长应为12h。

值得注意的是，温度和光因子作用于植物的花芽分化和开花时有着协同作用。

短日照植物做短日照处理时，临界日长受温度影响而改变，温度高时临界日长小时数相应减少。属于质性短日的花卉如长寿花（*Kalanchoe blossfeldianus*），多数品种的临界日长为11.5～12.5h，短日照诱导须持续3～4d或15～20d。多数品种花芽形成要求20～25℃或稍低，而花芽发育与日长无关。香堇菜（*Viola odorata*）在短日和低温下形成花芽，并在短日条件下开花，在长日条件下则不能形成花芽。

属于量性长日的花卉如旱金莲（*Tropaeolum majus*），17～18℃时可在长日条件下开花；当温度降至13℃时开花与日长无关，因此冬季在温室也能开花。矮牵牛（*Petunia hybrida*）在短日条件下促进分枝，在长日条件下生长茂盛。在长日条件下比在短日条件下开花早约2周。香豌豆（*Lathyrus odoratus*）夏季开花品种的长日性更明显，冬季开花品种长日性弱。翠菊（*Callistephus chinensis*）夏花品种在长日条件下花芽形成较快，短日条件下则较慢。在高温下，长日与短日条件下均能开花，但短日能促进开花，长日能促进植株生长健壮，光照度高时可改善花的品质。金鱼草（*Antirrhinum majus*）量性长日的特性强弱因品种而异，长日性弱的品种即使在短日下也能开花，只是叶片数比在长日下少，适于冬季温室栽培；长日性明显的品种在短日条件下植株高、开花迟，故多作夏季栽培。

另有一类植物对日长条件的要求随温度不同而有很大变化。例如，万寿菊（*Tagetes erecta*）在高温条件下短日开花，但温度降低时（12～13℃）只能在长日条件下开花。报春花（*Primula malacoides*）在低温条件下，长日和短日都能诱导成花；当温度增高则仅在短日下诱导成花，花芽发育在高温长日下得到促进。叶子花在高温时需短日诱导成花，而15℃时则长日与短日均能诱导成花。

3. 园艺措施

一般园艺措施如修剪、摘心、除芽、调节播种或种植期、控水控肥可有效地调节花期。

（1）调节播种（种植）期　有些花卉，在适宜的生长条件下，只要植物体长到一定大小即可开花。对于这一类花卉，可以通过调节播种（种植）期来调节其开花期。早播种（种植）即早开花，晚播种（种植）即晚开花。例如，多数一年生花卉，对光周期并无严格要求，在温度适宜的地区或季节，只要分批播种，便可取得分期开花的效果。温室里提前播种育苗，便可提前开花。以一串红为例，春季晚霜后播种，可于9～10月开花；2～3月温室播种育苗，可于8～9月开花；11～12月播种，可于翌年4～5月开花。唐菖蒲3月种植，6月开花；7月种植，10月开花。二年生花卉需要在一定的低温下花芽分化和开花，在温度适宜的季节或冬季在温室条件下通过调节播种期也可使之于不同时期开花。如紫罗兰，12月播种，翌年5月开花；2～5月播种，则6～8月开花；7月播种，则翌年2～3

月开花。

(2) 修剪、摘心、除芽　采用修剪、摘心、除芽等栽培措施调节花卉的生长速度，从而起到控制花期的作用。

常用摘心方法可以控制花期的花卉有一串红、香石竹、万寿菊、孔雀草、大丽花等。

通过修剪，摘心等技术措施可使木本花卉或多年生草本花卉定期开花。夏季，月季修剪后约需40～45d开花，冬季约需50～55d开花。

(3) 肥水管理控制花期　不同的营养元素，对花卉生长发育的作用不同。一般增施氮肥可促进花卉的营养生长而延迟开花，而增施磷、钾肥，有利于抑制营养生长，促进花芽分化。在菊花营养生长后期若追施磷、钾肥，可提前开花。

夏季高温干旱季节，充分灌水有利于花卉的生长发育，可促进开花。唐菖蒲拔剑期充分灌水，可使之提前1周左右开花。茉莉开花后加强追肥，并进行摘心，一年可开花4次。能连续发生花蕾、总体花期较长的花卉，在开花后期增施营养可延长总体花期。如仙客来花期接近末尾时增施氮肥，可延长花期约一个月。

人为地控制水分，迫使植株落叶休眠，再于适当的时候给予充足的水分，则可促进休眠的解除，促使提前发芽生长而提前开花。如玉兰、丁香、桃花等木本花卉可用控水法使其提前开花。

4. 应用植物生长调节剂

用500～1000mg/L的赤霉素滴在牡丹、芍药的休眠芽上，4～7d后芽便开始萌动。赤霉素可以代替低温，促进花芽分化。用50～100mg/L的赤霉素对紫罗兰处理2～3次，便可提前开花。

用25～400mg/L的IAA处理菊花生长点，即使给予9h的短日条件，花芽分化也受到抑制。用ABA处理万寿菊，不论给予长日照处理或短日照处理，均会推迟花期。

虽然各种植物生长调节剂在花卉上曾展开了大量的试验研究，但植物生长调节剂本身的作用效果与植物种类、使用浓度、应用背景等有极大关系，所以在使用前应做预备试验。使用时应注意以下事项。

① 同种药剂对不同植物种类的效应不同。如赤霉素对花叶万年青（*Dieffenbachia picta*）有促进成花作用，而对菊花则具抑制成花的作用。

② 药剂浓度不同则效果不同。相同的药剂因浓度不同而产生截然不同的效果。如生长素低浓度时促进生长，而高浓度则抑制生长。

③ 相同药剂在相同植物上，因不同施用时期而产生不同效应。如IAA对藜的作用，在成花诱导之前应用可抑制成花，而在成花诱导之后应用则有促进开花的作用。

④ 环境条件明显影响药剂施用效果。有的药剂在低温下有效，有的则需高温；有的需在长日条件下发生作用，有的则需短日相配合。

⑤ 土壤湿度、空气相对湿度、土壤营养状况以及有无病虫害等都会影响药剂的正常效应。

⑥ 多种植物生长调节剂配合应用时可能存在相互增效或相互拮抗作用。

第四节　花卉的无土栽培

无土栽培是指用不含土壤的材料作为栽培基质的栽培方式，凡是利用其他物质代替土壤来栽培花卉的方法，统称花卉的无土栽培（soilless culture）。无土栽培是一种新兴的植物栽培技术。

无土栽培始于1970年丹麦Grodan公司开发的岩棉栽培技术和1973年英国温室作物研究所的营养液膜技术（NFT）。沙砾最早被植物营养学家和植物生理学家用来栽培作物，通过浇灌营养液来研究作物的养分吸收、生理代谢以及植物必需营养元素和生理障碍等。因此，沙砾可以说是最早的无土栽培基质。近20年来，无土栽培技术发展极其迅速，目前在美国、英国、俄罗斯、法国、加拿大、荷兰等发达国家已广泛应用。中国无土栽培的应用起步较晚，目前仍处于开发阶段，实际应用于生产的面积不大。

一、无土栽培的优点

1. 有利于提高花卉的产量和品质，便于产业化栽培

无土栽培由于营养条件可控性强，有利于提高花卉的产量和品质，尤其适用于产业化花卉生产。如无土栽培的香石竹香味浓、花朵大、花期长、产量高，盛花期比土壤栽培可提早2个月；仙客来水培花的直径可达5cm、花朵高度达40cm，一株仙客来一次平均可开20朵花，一年可达130朵花；无土栽培金盏菊的花序平均直径为8.35cm，而对照的花序直径只有7.13cm。

2. 无杂草，无病虫，清洁卫生

在城市住宅向空间立体发展的今天，无土栽培特别适合窗台、阳台、过廊、过厅及案头等零星小面积家庭养花时使用。

花卉栽培的目的在于美化环境和供人观赏。用土壤养花常污染环境，有碍卫生，无土栽培则可以杜绝病菌、虫卵、蛹及幼虫在地下潜伏，使病虫害大大减少。

3. 节省肥水

土壤栽培由于水分流失严重，其水分消耗量要比无土栽培大7倍左右。

在土壤中栽培花卉，养分的流失多达40%～50%，水的渗漏和地面蒸发量更大。而无土栽培的养分损失一般不超过10%，大约可节省一半左右的肥料用量。

4. 可节省劳动力，减轻劳动强度

无土栽培不需要调制培养土，也不需要耕作和除草，可大大降低劳动强度。全部生产过程便于利用电子计算机控制，为花卉生产走向工厂化、标准化和自动化提供了方便。

5. 适应性广

由于无土栽培条件便于人工调控，所以在没有适宜栽培土壤的盐碱地、海岛、荒漠都可以进行。

无土栽培虽然存在很多优点，但无土栽培需要许多设备，如水培槽、培养液池、循环系统等，栽培前期一次性投资较大。选用时应做好充分准备。

二、无土栽培的基质类型

1. 岩棉

为工业用建筑材料。由60%灰绿岩、20%石灰石、20%焦炭经1600℃高温处理之后，喷成直径0.5mm的纤维状细丝，再加压制成可供栽培用的岩棉块或岩棉板。其特点是质轻、孔隙度大、通气性好、吸水力较强，pH7～8。

2. 陶粒

页岩加热至1000℃膨胀成为多孔的粒状物，呈粉红色或砖红色，其内部结构疏松、孔隙多，似蜂窝状。特点是清洁卫生、轻便安全、通透性良好、保肥能力适中、化学性质稳定、可同时向根系提供水分和空气。适宜栽种花卉的大苗，根系纤细的花卉不宜使用。

3. 炉渣

炉渣取材方便，总孔隙度55%，炉渣中含有一定的营养物质，一般含氮180mg/kg、速效磷23mg/kg、钾203mg/kg，还含有多种微量元素，pH6.8左右。

4. 锯末

锯末资源丰富、质轻、耐腐蚀、孔隙度高、吸水保水能力强、通透性良好，经发酵后，是优良的花卉无土栽培基质原料。以黄杉、铁杉的锯末为好，阔叶树的锯末也可选用。而含有害物质的锯末，例如松柏科树种的锯末含有树脂、松节油等有害物质，对花卉生长不利，不宜选用。

5. 树皮

树皮能提供良好的通气条件，也具有良好的吸水性。但有些树皮含有害物，须发酵后使用。

6. 稻壳

稻壳排水透气性良好，质量轻，不影响离子浓度，常用作混合基质配料，一般含量在25%以下。

7. 河沙

直径小于0.3cm的大粒河沙，排水透气性好，但持水能力较差，一般与珍珠岩等配合使用。

8. 蛭石

蛭石是由黑云母和金云母分化而形成的次生矿物，它的化学成分主要是水合硅酸铝铁镁，其分子结构中含有不同数量的氢氧基。矿物态的蛭石是由密度为2700kg/m^{3}的致密片状物组成，这种蛭石不能直接使用，需将它们放在1000℃的高温炉中加热，这时蛭石矿的结晶水变成了蒸汽，体积大为膨胀，使致密的片状物变成疏松的多孔体，可用作无土栽培基质。蛭石的吸热能力和保温能力都很强，且适于扦插育苗。

9. 水培

水同样可以成为一种无土栽培基质。水培就是将花卉的根系悬浮在装有各种营养的水溶液中，通过循环营养液或定期更换营养液，以保证供给植物根系氧气的无土栽培方式。

10. 雾培

雾培或称汽培是使花卉一直处于饱和的水汽环境中，这种饱和的水汽是含有各种营养元素的水雾细滴，可供给根系和叶面直接吸收。

此外，还有一些其他的基质类型。选用栽培基质时应根据不同的栽培目的、不同的花卉种类、不同的材料来源等做出选择。通常应遵循如下标准。

① 要有良好的物理性状，结构和通气性要好。

② 有较强的吸水和保水能力。

③ 价格低廉，调制和配制简单。

④ 无杂质，无病、虫、菌、异味。

⑤ 良好的化学性状，具有较好的缓冲能力和适宜的 EC 值。

三、营养液的配制

无土栽培花卉的养分来源于追施的营养液。所以在无土栽培中，营养液的合理科学配制至关重要。

1. 营养液的组成

无土栽培的营养液中至少应含有花卉生长发育所需要的大量元素（氮、钾、磷、钙、镁、硫、铁）和微量元素（锰、铁、锌、铜、钼等）。正确使用营养液主要是保持各种离子之间的平衡关系，使之适合于各类花卉的生长发育。而这些大量元素和微量元素主要是来自于各种无机肥料。配制营养液常用的无机肥料有硝酸钙、硝酸钾、硝酸铵、硫酸铵、尿素、过磷酸钙、磷酸二氢钾、硫酸钾、氧化钾、硫酸镁、硫酸亚铁等。

在大规模的切花无土栽培中，常采用有机生态型无土栽培方法，在基质中加入适量的经过消毒的有机肥，此法可省去营养液浇灌，只要浇水即可保证花卉正常生育，管理简便。

2. 营养液的浓度

一般情况下，大多数花卉的适宜营养液浓度都不能超过 0.4%。实际上，每一种花卉在不同的生长阶段都有其最适宜的营养液配方，这也正是众多花卉无土栽培研究者长期努力工作的方向。

值得注意的是，一种花卉植物在其不同的生长发育阶段，体内干物质中的氮、钾、磷的含量比例在不断地变化，在生长初期阶段所需的氮和钾，往往比后期发育阶段高。

3.　配制营养液需注意的问题

（1）配制营养液的用水问题　在进行大规模花卉无土栽培时，不可能使用蒸馏水来配制，这就必须对所使用的水有充分了解。如果水中钙和镁的含量很高或者是硬水，营养液中能够游离出来的离子数量就会受到限制。自来水中大多含有氯化物和硫化物，它们对植物有害，还有一些重碳酸盐也会妨碍根系对铁的吸收。因此在用自来水配制营养液时，应加入少量的乙二胺四乙酸二钠等加以螯合。在地下水质不良的情况下，还可以使用过滤后的河水及湖水。

（2）营养液的酸碱度测试　营养液 pH 值大小直接关系到无机盐类的溶解度和根细胞的半透性。

营养液偏碱时多用磷酸或硫酸来中和，偏酸时则用氢氧化钠来中和。在测定酸碱度时除可使用分光光度计或精密 pH 试纸外，还可观察植物的生长表现，当溶液偏碱时会妨碍锰和铁的吸收，造成叶片黄化；偏酸时会游离出过多的铁而造成幼根枯死。

当营养液呈碱性反应时，尽管溶液中含有适量的铁化合物，植物也会出现缺铁反应；当营养液偏酸时，溶液中的铁离子又会过多。环境条件对溶液中铁离子含量有一定影响，日照会促使铁在溶液中沉淀，因此营养液最好避光贮存。

（3）营养液的温度　各种花卉植物所需的营养液温度和它们的生态习性有密切关系。实践证明，在较低的气温下，无土栽培花卉大多生长良好，这主要是铁的供应量适当。

（4）容器　配制营养液时切勿使用金属容器，更不能用它来存放，应使用陶瓷、搪瓷、塑料及玻璃器皿。在配制时最好先用少量温水将各种无机盐类分别溶化，最后定容。在调整 pH 值时，应先把强酸、强碱加水稀释或溶化，然后逐滴加入营养液中，同时不断进行测试。

（5）营养液浇灌　在无土栽培中使用营养液时，一方面因植物吸收会使一部分元素的含量降低，另一方面又会因溶液本身的水分蒸发而使浓度增加，因此在花卉生长表现正常的情况下，当营养液减少时，只需添加新水而不必补充营养液。

思 考 题

1. 露地花卉的栽培管理有哪些注意事项？
2. 盆栽花卉的栽培管理有哪些注意事项？
3. 花卉为什么要进行花期控制？
4. 花卉花期控制的基本原理有哪些？
5. 花卉花期控制有哪些方法？
6. 花卉无土栽培的方式及营养液配制的方法有哪些？

第七章　一二年生花卉

第一节　概　　论

一、含义及类型

1. 一年生花卉

① 典型的一年生花卉是指在一个生长季内完成全部生活史的花卉。从播种到开花、死亡在当年内进行，一般春天播种，夏秋开花，冬天来临时死亡。

② 多年生作一年生栽培的花卉有几个原因：在当地露地环境中作多年生栽培时，对气候不适应，怕冷；生长不良或两年后生长差；同时，它们具有容易结实，当年播种就可以开花的特点，如美女樱、藿香蓟、一串红。

2. 二年生花卉

① 典型的二年生花卉是指在两个生长季内完成生活史的花卉。从播种到开花、死亡跨越两个年头，第一年营养生长，然后经过冬季，第二年开花结实、死亡。一般秋天播种，种子发芽，营养生长，第二年春或初夏开花、结实，在炎夏到来时死亡。

② 多年生作二年生栽培的花卉。园林中的二年生花卉，大多数种类是多年生花卉中喜冷凉的种类，在露地环境中作多年生栽培时对气候不适应，怕热；生长不良或两年后生长差；有容易结实、当年播种翌年就可以开花的特点，如雏菊、金鱼草等。

3. 既可以作一年生栽培也可以作二年生栽培的花卉

这类花卉由其本身的耐寒性、耐热性及栽培地的气候特点所决定。一般情况下此类花卉的抗性较强，有一定耐寒性，又不怕炎热。如在北京地区蛇目菊、月见草可以春播也可以秋播，生长类似，只有植株高矮和花期的区别。还有一些花卉，喜温暖，忌炎热，喜凉爽，不耐寒，也属此类，如霞草、香雪球，只是秋播生长状态好于春播。

二、园林应用特点

① 一二年生花卉品种繁多、形状各异、色彩艳丽，开花繁茂整齐、装饰效果好，在园林中可起画龙点睛的作用。一年生花卉是夏季景观中的重要花卉，二年生花卉是春季景观中的重要花卉。

② 花期集中，花期长。一二年生花卉是规则式园林应用形式如花坛、种植钵、窗盒等的常用花卉，如三色堇、金鱼草、石竹、百日草、凤仙花、蛇目菊、一串红、万寿菊等开花期集中，方便及时更换种类，可保证较长的良好观赏效果。

③ 种苗繁殖容易，可以大面积使用，见效快。

④ 有些种类可以自播繁衍，形成野趣，可以当宿根花卉使用，如二月兰。

三、生态习性

1. 一二年生花卉生态习性的共同点

① 对光的要求。大多数一二年生花卉喜欢阳光充足，仅少部分喜半荫环境。

② 对土壤的要求。除了重黏土和过度疏松的土壤外，都可以生长，以深厚肥沃排水良好的壤土为好。

③ 对水分的要求。不耐干旱，根系浅，易受表土影响，要求土壤湿润。

2. 一二年生花卉生态习性的不同点

主要是对温度的要求不同。一年生花卉喜温暖，不耐严寒，大多不能忍受0℃以下的低温，生长发育主要在无霜期进行，因此主要是春季播种，又称春播花卉。

二年生花卉喜冷凉，耐寒性强，可耐0℃以下的低温，一般在0～10℃下30～70d完成春化；不耐夏季炎热，主要采用秋播，又称秋播花卉。

四、繁殖栽培要点

1. 繁殖要点

以播种繁殖为主。

(1) 一年生花卉　在春季晚霜过后，即气温稳定在大多数花卉种子萌发的适宜温度时可露地播种。为了提早开花或开花繁茂，也可以借助温室、温床、冷床等保护地提早播种育苗。正常播种时间在4月25日至5月5日，为了提早开花，可以在12月至翌年2月（温室）或3月初（阳畦）播种，可以保证“五一”、“六一”用花；为了延迟花期，如“十一”用花，也可以延迟播种，于5月至7月播种。

(2) 二年生花卉　一般在秋季播种，种子发芽适宜温度低，早播不易萌发，只要保证出苗后根系和营养体有一定的生长量即可。一些二年生花卉可以立冬至小雪（11月下旬）土壤封冻前露地播种，使种子在休眠状态下越冬，并经冬春低温完成春化；或于早春土壤刚刚化冻10cm时露地播种，利用早春低温完成春化，但不如冬播生长好，如石竹、月见草。

多年生花卉作一二年生栽培的种类，有些也可以扦插繁殖，如金盏菊、半支莲。

2. 栽培要点

(1) 苗期管理　经人工播种或自播种子萌发后，可施稀薄水肥并及时灌水。苗期避免阳光直射，应适当遮阳。为了培养壮苗，苗期还应进行多次间苗。

(2) 摘心及抹芽　为了使植株整齐，促进分枝，常采用摘心措施，如三色苋、金鱼草、石竹、金盏菊、霞草、千日红、百日草、银边翠等。摘心还有延迟花期的作用。

有时为了促使植株高生长，而摘除侧芽，称为抹芽。

(3) 支柱与绑扎　一二年生花卉中有些株形高大，上部枝叶花朵过于沉重，尤其遇风易倒伏，需设支柱绑扎。

(4) 剪除残花　对于单株花期长的花卉，如一串红、金鱼草、石竹等，花后应及时摘除残花，同时加强水肥管理，以保证植株生长健壮，使后续花繁茂色艳。

第二节　主要一二年生花卉

一、一串红

学名　*Salvia splendens*

别名　墙下红、象牙红、爆竹红、撒尔维亚

英文名　Scarlet Sage

科属　唇形科、鼠尾草属

1. 形态特征

原为多年生亚灌木，作一年生栽培。茎直立，高 15～90cm，全株光滑，茎多分枝，四棱，茎节常为紫红色。叶对生，卵形至心脏形，顶端尖，边缘具锯齿。顶生总状花序，似串串爆竹；花 2～6 朵轮生；苞片红色，早落；萼钟状，宿存，与花冠同色，具有长久观赏价值；花冠唇形筒状，伸出萼外，长达 5cm；花有鲜红、粉、红、紫、淡黄、白等色（图 7-1）。自然花期 5～10 月。种子生于萼筒基部，成熟种子为浅褐色。

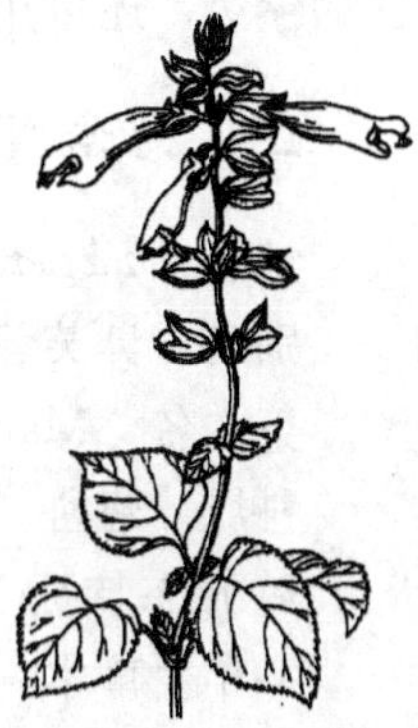

图 7-1　一串红
（引自《花卉学》，鲁涤非）

2. 变种与品种

主要变种有一串白（var. *alba*）、一串紫（var. *atropurpura*）、矮一串红（var. *nana*）、丛生一串红（var. *compacta*）等。

品种依高矮不同可分为 3 组，如下。

矮型品种：高 25～30cm，如火球（Fireball），花鲜红色，花期早；罗德士（Rodes），花火红色，播种后 7 周开花；卡宾枪手（Carabineer）系列，有橙红、火红、蓝紫、白等色。

中型品种：高 35～40cm，如红柱（Red-Pillar），花火红色，叶色浓绿；红庞贝（Red-Pompei），花红色。

高型品种：高 65～75cm，如妙火（Bonfire），花鲜红色，整齐，生长均衡；高光辉（SplendensTall），花红色，花期晚。

3. 习性

原产南美巴西，各地广为栽培。喜温暖和阳光，亦稍耐半荫，宜栽培于排水良好、肥沃湿润土壤。不耐寒，怕霜冻，最适温 20～25℃，15℃以下停止生长，10℃以下叶片枯黄脱落。

4. 繁殖栽培

以播种繁殖为主。播种可在温室提早进行，具体播种时间应以开花期而定：“五一”用花需提早于前一年 11～12 月初播种；“十一”用花需春播。一串红种子喜光，播种适温为 20～22℃，经 10～14d 发芽。

一串红种子成熟后会自然脱落，要注意随时采收。应在花冠开始褪色时把整串花枝轻轻剪取下来，放入箩筐晾晒，种子通过后熟由白变浅褐或黑褐色。

也可采用扦插法。扦插于春秋两季均可进行，扦插生根容易。在 15℃以上的温床，任何时期都可扦插，插穗以 5～6cm 的嫩枝为好，株距 4～5cm，荫蔽养护。插后 10～20d 生根，30d 即可分栽。扦插苗至开花较实生苗所需时间短，植株高矮也易于控制。

盆栽养护用沙土、腐叶土与粪土混合作为基质，土与肥的比例以7∶3为宜。

花前追施磷肥，开花尤佳，花期长，开花后每月追全肥，可延长花期。

当幼苗长出4枚真叶后开始摘心，促使其萌发4～6枚侧枝；以后当侧枝再长出4片叶后再摘心，从而增加花枝数量，使株丛茂密。

一串红花萼日久稍褪色而不落，供观赏布置时，需随时清除残花，可保持花色鲜艳而开花不绝。

如果保留母株作多年培养，应在10月初进行重剪，然后移入温室，2月中下旬摘心1次，“五一”又可开花。

5. 园林应用

一串红植株紧密，开花时覆盖全株，地栽可布置花坛、花境或花台，也可作花丛、花群的镶边，还可用于盆栽和切花。

二、万寿菊

学名　*Tagetes erecta*

别名　臭芙蓉、蜂窝菊

英文名　Marigold

科属　菊科　万寿菊属

1. 形态特征

一年生草本，株高30～90cm。茎光滑粗壮。叶对生或互生，长12～15cm，羽状全裂，裂片有锯齿，披针形或长圆形，1.5～5cm，顶端尖锐；叶缘背面有油腺点，全叶有臭味。头状花序单生，花黄色或橘黄色，径5～12cm，舌状花具长爪，边缘皱曲，花序梗上部膨大。瘦果黑色，有光泽。花期6～10月（图7-2）。种子寿命3～4年。

图7-2　万寿菊

2. 其他种和品种

按花色分：淡黄、柠檬黄、金黄、橙黄、橙红色。

按株高分：矮型20～35cm、中型35～60cm、高型70cm以上。

按花型分：蜂窝型，花序上大部分为舌状花，中间的少数筒状花间杂在舌状花中间，重瓣性强，花瓣多皱，花序周缘近球形；散展型，花序外形和蜂窝形基本相似，但花瓣开展，排列也比较疏松，呈扁圆形；卷钩型，花瓣狭窄，先端渐尖并下弯，舌状花卷曲呈钩环状。

同属还有孔雀草（*T. patula*），由墨西哥原产的姬孔雀草与万寿菊杂交改良而成。孔雀草茎多分枝，细长，花色多为黄色、橘红色，有单瓣的，也有重瓣的，但不像万寿菊那样呈蜂窝状。全株臭味更浓。

3. 习性

原产南美墨西哥及中美洲地区，现广为栽培。喜温暖、阳光充足，适应性强，不耐寒。稍耐早霜和半荫，较耐干旱。在多湿、酷暑下生长不良。对土壤要求不严。

4. 繁殖栽培

以播种繁殖为主，发芽适温21～24℃，播后5～10d可发芽。从播种到开花需60～100d。

万寿菊为异花授粉植物，采种应选优良单株隔离采集。夏初炎热，第一批瘦果大多不能充分成熟，到了雨季常发霉腐烂，应在10月上旬采收秋花的种子。在舌状花开始干枯失色、总苞由绿变黄、而花梗尚青时采种。一般均将整个花头剪取下来晒干，然后脱粒去杂。

也可采用扦插繁殖，插后2周即可生根，1个月后开花。

万寿菊幼苗期生长迅速。种子萌发2～3片真叶时经一次移植，待5～6片真叶时定植。苗高15cm可摘心促分枝。

植株生长后期易倒伏，要随时摘除残花枯叶。夏季伏天开花停止，这时对高茎和中茎品种可全部短剪1次，同时注意排水防涝，立秋后在新生的侧枝顶端又可开花。夏季如果天气干旱，常遭受红蜘蛛危害，应注意防治。

对肥水要求不严，在土壤过分干旱时适当灌水。开花期每月追肥可延长花期，但注意氮肥不可过多。

5. 园林应用

万寿菊花大色艳，花期长。

中矮茎品种是北方花坛的主要花卉之一。高茎品种可作花境，作为其他花卉的背景材料，还可作切花，水养持久。

孔雀草也是花坛、花台理想的草花，其生性强健不需特殊管理。

万寿菊和孔雀草的花晾干后油炸可食。

三、瓜叶菊

学名 *Cineraria hybridus*（*Cineraria cruenta*）

别名 千日莲

英文名 Florists Cineraria

科属 菊科、瓜叶菊属

1. 形态特征

多年生草本作一二年生栽培，全株密被柔毛。茎直立，高矮不一。叶具长柄，心状卵形，硕大似瓜叶，表面浓绿，背面洒紫红色晕。头状花序，形成伞房状花丛，花序径3.5～12cm，花色除黄色外还有红、粉、白、蓝、紫等色或具不同色彩的环纹和斑点。瘦果黑色，种子状，具冠毛，椭圆形（图7-3）。千粒重约0.19g。

图7-3 瓜叶菊

2. 种与品种

瓜叶菊染色体 $x=10$，$2n=40$。异花授粉，易生变异。

品种较多，有3个主要类型。

① 大花型（Grandiflora） 株型紧密，高约30cm，花朵密集生于叶片之上，头状花序径4～8cm。

② 星花型（Stellata） 高约60～100cm，株型松散，头状花序较小，径约2cm，生于叶丛之上。

③ 中间型（Intermedia） 介于上述二者之间的类型，高约40cm，头状花序径3～4cm。

3. 习性

由原产加那利群岛的 *Senecio cruentus*（*Cineraria cruenta*）和马德拉群岛以及地中海

产的几个种杂交而成，实际上是一个多祖先的“人工种”。目前世界各地广为温室栽培。

喜温暖湿润气候，不耐寒冷、酷暑与干燥。生长适温为12～15℃，生长期要求光线充足，日照长短与花芽分化无关，但花芽形成后长日照可促使提早开花。花期从12月到次年4月。种子5月下旬成熟。

4. 繁殖栽培

瓜叶菊以播种繁殖为主。开花过程中，选植株健壮、花色艳丽、叶柄粗短、叶色浓绿植株作为留种母株，置于通风良好、日光充足处，摘除部分过密花枝，有利于种子成熟或进行人工授粉。当子房膨大、花瓣萎缩、花心呈白绒球状时即可采种，种子阴干贮藏，从授粉到种子成熟约需40～60d。

播种至开花约需5～8个月，为获得不同花期的植株自3～10月间都可播种，夏秋播冬春花，早播早开花。

种子应播于富含有机质、排水良好的砂质土壤或蛭石中，土壤应预先消毒。播后覆土以不见种子为度，加盖玻璃或透明塑料薄膜，置遮阳处。种子发芽适温21℃，经3～5d萌发，待成苗后逐渐揭去覆盖物，仍置遮阳处，保持土壤湿润。

也可扦插繁殖，3～4月间花后采用茎基发生的腋芽或茎枝作插穗，插于粗沙中，约经15～20d生根，一般仅用于不易结实的重瓣品种。

幼苗2～3片真叶时进行第一次移植于浅盆中，株距为5cm，7～8片真叶时移入口径为7cm的小盆，10月中旬以后移入口径为18cm的盆中定植。定植盆土以腐叶土：园土：豆饼粉：骨粉为60：30：6：4的比例配制。

生长期每2周施一次稀薄液氮肥。花芽分化前停施氮肥，增施1～2次磷肥，促使花芽分化和花蕾的发育。此时室温不宜过高，白天20℃，夜间7～8℃为宜，同时控制灌水。花期稍遮阳。花期通风良好，室温稍低有利于延长花期。

5. 园林应用

瓜叶菊花型花色丰富多彩，花期长，常作为盆花布置于厅堂会场等室内，也是制作花环、花篮的好材料。温暖地区还可布置花坛、花境。

四、百日草

学名　*Zinnia elegans*

别名　节节高、步步高

科属　菊科、百日草属

1. 形态特征

一年生草本，株高15～100cm，全株被短毛。茎直立粗壮，侧枝成叉状分生。叶对生，全缘，长4～15cm，披针形、卵形或长椭圆形，基部抱茎。头状花序单生枝顶，径4～15cm，总苞多层。筒状花黄或橙色，舌状花有除蓝色以外的各种花色，如白、黄、粉红、红、紫、黄绿等色。花期6～10月（图7-4）。瘦果扁平，种子千粒重4～10g。

2. 其他栽培种

百日草染色体$x=12$，$2n=24$。

同属常见栽培的还有小花百日草和细叶百日草。

小花百日草（*Z. angustifolia*），株高30～45cm，叶椭圆形至披针形，头状花序深黄或橙黄色，径达2.5～4.0cm。分枝多，花多。易栽培。

细叶百日草（*Z. linearis*），株高约 25cm，叶线状披针形，头状花序金黄色，舌状花边缘橙黄，径约 5cm。分枝多，花多。

3. 习性

原产南北美洲，以墨西哥为分布中心，世界各地广为栽培。

性强健，喜温暖和阳光；忌酷暑，耐早霜；较耐干旱与瘠薄土壤，但在肥沃土壤上花色更鲜艳。

4. 繁殖栽培

以播种繁殖为主。供留种用植株应行隔离，以免品种间混杂退化。

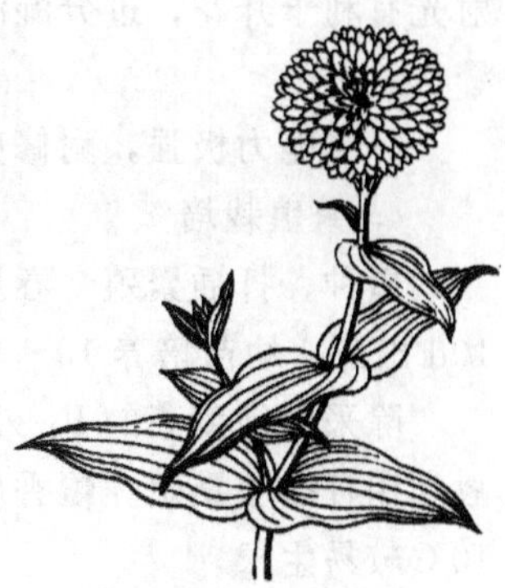

图 7-4　百日草

种子发芽率在 60%左右，发芽适温 20～25℃，4～6d 可发芽。在人工控制条件下夜温保持在 10℃，日温 16～17℃，幼苗生长健壮。播种后 9 周可开花。

也可扦插。扦插选用嫩枝，于夏季进行，应注意防护遮阳。

百日草侧根少，移植后缓苗慢，应于苗小时定植。花坛定植株距 25～40cm。当 3～4 片真叶、株高 10cm 左右时进行摘心，促其分枝和腋芽生长。花后剪去残花，可减少养分的消耗，促使多抽花蕾。

切花栽培时不能摘心，应抹除侧芽和侧枝。

百日草夏季生长迅速。光照不足易徒长，开花不良。生长期应多施磷钾肥。株型高大的应设支柱以防倒伏。忌连作。

5. 园林应用

百日草生长迅速、花期长、花色繁多而艳丽，是炎夏园林中的优良花卉，可作花坛、花境栽植。株丛紧凑、低矮的品种可以作边缘花卉；高型品种作切花水养持久。

五、藿香蓟

学名　*Ageratum conyzoides*

别名　胜红蓟、蓝翠球

科属　菊科、藿香蓟属

1. 形态特征

茎基部多分枝，株丛紧密，株高 15～100cm。头状花序小，璎珞状，密生枝顶，由多数筒状小花成聚伞状着生。花朵质感细腻柔软，花色淡雅，有蓝色、粉白色，花期从初夏到晚秋不断（图 7-5）。

图 7-5　藿香蓟

2. 种与品种

园林中多应用 F_1 杂种。高型品种（Bulus Horizom）高约 1m，矮生品种 15～20cm，还有斑叶品种。

同属常见的还有心叶藿香蓟（*A. houstoniatum*），花序较大，花色有蓝、雪青、玫瑰红及白色。

3. 习性

喜温暖湿润的环境，不耐寒；喜日照充足，直射光有利于开花；过分湿润和氮肥过多则开花不良；对土壤要求不严，适应性强，能自播繁衍。

分枝能力极强，耐修剪，修剪后能迅速开花。

4. 繁殖栽培

播种、扦插繁殖。春播，种子发芽适温 21～22℃，种子喜光，播后不需覆土，8～10d 出苗。幼苗培养 10～12 周开花。

除采用纯度高的 F_1 外，播种苗高矮和花色往往不一致，难以符合布置花坛的要求，故常用扦插法繁殖。藿香蓟分枝能力强，可结合修剪取嫩枝作插穗，冬春可在温室扦插，10℃较易生根。

5. 园林应用

藿香蓟花朵繁多、色彩淡雅、株丛有良好的覆盖效果，可作毛毡花坛，也是良好的地被植物，适宜花丛、花群、花带或小径沿边种植，还可用于岩石园和盆栽。

全株可入药，有清热解毒、消肿止血功效。

六、金盏菊

学名 *Calendula officinalis*

别名 金盏花、长生花

科属 菊科、金盏菊属

1. 形态特征

全株被软腺毛，株高 25～60cm，多分枝。叶互生，长圆至长圆状倒卵形，基部抱茎。头状花序单生，径可达 15cm。舌状花黄色至深橙红色，夜间闭合（图 7-6）。花期春季。

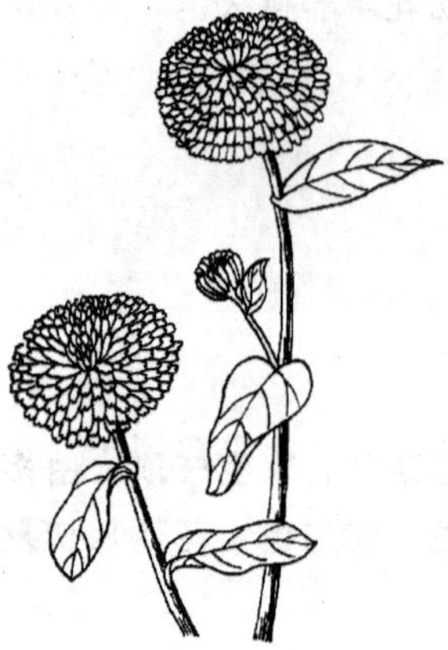

图 7-6 金盏菊

（引自《花卉学》，鲁涤非）

2. 种与品种

园艺品种多为重瓣，有平瓣型和卷瓣型。

3. 习性

喜冷凉，忌炎热，较耐寒，小苗能抗－9℃低温，但大苗易遭冻害，喜阳光充足；性强健，对土壤要求不严，耐瘠薄土壤，但以疏松肥沃、排水良好、略含石灰质的壤土为好。

4. 繁殖栽培

播种繁殖。春播或秋播，但春播不及秋播生长开花好，花小不结实。在 21～24℃下，播种后 7～10d 发芽，16～18 周开花。4～5 片真叶时摘心，促进侧枝发育。定植时株距以 20～30cm 为宜。

生长快，枝叶肥大，早春应及时分株，并注意通风；喜肥，缺肥时花小瓣少；生长期间不宜浇水过多，保持土壤湿润即可，后期控制水肥。花谢后及时去除残花梗。

5. 园林应用

金盏菊花大色艳、花期长，为春季花坛常用花卉；也可盆栽观赏或作切花。对二氧化硫、氟化物、硫化氢等有毒气体均有一定抗性。

金盏菊含芳香油。全株可入药。最初欧洲作为药用或食品染色剂栽培，舌状花瓣晒干贮藏后，可用来炖汁或作调味剂。

七、翠菊

学名 *Callistephus chinensis*

别名 江西腊

科属 菊科、翠菊属

1. 形态特征

茎直立粗壮，被白色糙毛，上部多分枝。株高20～100cm。叶互生，上部叶无柄；下部叶有柄，阔卵形或三角状卵形。头状花序单生枝顶，直径3～15cm。野生原种舌状花1～2轮，浅紫色至蓝紫色；栽培品种花色丰富，有白、黄、橙、红、紫、蓝等，深浅不一。管状花黄色（图7-7）。花期从春至秋季。

图7-7 翠菊

2. 习性

耐寒性不强，也不耐酷热，喜阳光充足的环境；喜肥沃、湿润、排水良好的砂质土壤，忌涝；浅根性。

3. 繁殖栽培

播种繁殖。四季都可进行播种。发芽适温为18～21℃，3～6d可发芽。苗高10cm即可定植，幼苗期需要1个月的长日照，定植株距20～30cm。耐移植，矮型品种开花时也可移植，中高型品种以早移为好。

根系浅，夏季干旱时需经常灌溉。喜肥，栽植地应施足基肥，生长期半月追肥一次。忌连作，也忌与其他菊科花卉连作。花期因品种和播种时间的不同而异，春播者夏、秋开花，秋播者春季开花。在炎热环境中开花不良。

4. 园林应用

翠菊品种多、类型丰富、花期长、花色鲜艳丰富，是园林中重要的花卉。高型品种主要用作切花，水养持久，也可作背景花卉；中型品种适于花坛、花境；矮型品种可用于花坛或作边缘材料，亦可盆栽。翠菊又是氯气、氟化氢、二氧化硫的监测植物。

花、叶均可入药，具清热、凉血之功效。

八、波斯菊

学名 *Cosmos bipinnatus*

别名 秋英、扫帚梅

科属 菊科、秋英属

1. 形态特征

茎纤细而直立，株高120～200cm，株丛开展。叶对生，羽状全裂。头状花序顶生或腋生，总梗长，花序直径5～10cm，管状花明显。花色有白、粉红、红、深红、黄等色（图7-8）。短日照花卉，花期从8月至霜降。

2. 习性

喜温暖，不耐寒，也忌酷热，喜光；耐干旱瘠薄，喜排水良好的砂质土壤，肥水过多则茎叶徒长而少花，易倒伏；忌大风，宜种背风处。

图 7-8 波斯菊
（引自《花卉学》，鲁涤非）

耐粗放管理，具有极强的自播繁衍能力，各变种和品种之间容易杂交而产生变异。

3. 繁殖栽培

播种、扦插繁殖。

晚霜后露地直播，18～25℃下 6d 发芽，生长迅速，播种至开花约需 10～11 周。幼苗 4 片真叶时可摘心。定植株距 50cm。

也可在初夏用嫩枝扦插繁殖，生根容易。

4. 园林应用

波斯菊植株高大、花朵轻盈艳丽、开花繁茂自然，有较强的自播能力，成片栽植有野生自然情趣；也可于道路两侧作花境、花篱和基础栽植；还可作切花。

九、雏菊

学名 *Bellis perennis*

别名 延命菊

科属 菊科、雏菊属

1. 形态特征

雏菊植株矮小，株高 7～20cm。叶匙形基生。头状花序单生，直径 3～5cm，花葶自叶丛中抽出，长 10～15cm，可抽生多数花葶。花色有白、粉、玫瑰红、紫、洒金等，花期春季（图 7-9）。

2. 习性

喜冷凉，较耐寒，可耐－4～－3℃低温，重瓣大花品种耐寒力稍弱；不耐炎热，炎夏极易枯死；喜全日照，也耐荫；对土壤要求不严，但以疏松肥沃、湿润、排水良好的砂质土壤为好；不耐水湿，喜水、喜肥。

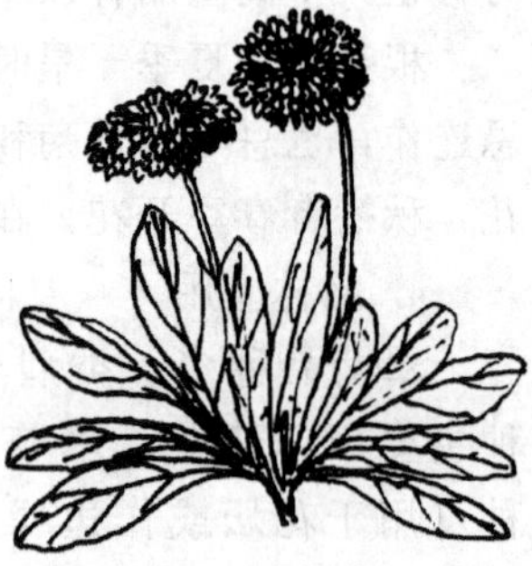

图 7-9 雏菊
（引自《花卉学》，鲁涤非）

3. 繁殖栽培

多年生作二年生栽培。主要采用播种繁殖。多秋播，种子喜光，发芽适温15～20℃，播后 5～10d 可出苗。定植株距 15～20cm。播种后 15～20 周开花。

中国北部越冬困难可春播，夏季凉爽、冬季温暖地区调整播种期可周年开花。

夏凉地区还可采用分株繁殖。雏菊极耐移栽，大量开花时也可移栽。

生长期间应保证充足的水分供应，薄肥勤施，每周追肥一次。

4. 园林应用

雏菊植株娇小玲珑、花色丰富，为春季花坛常用花材，也是优良的花带和花境花卉，还可用于岩石园。

十、麦秆菊

学名 *Helichrysum bracteatum*

别名 蜡菊

科属　菊科、蜡菊属

1. 形态特征

全株被微毛，株高 30～90cm。茎粗硬直立，仅上部有分枝。叶互生，长椭圆状披针形，全缘，苞片呈花瓣状，膜质发亮。头状花序单生枝端；总苞片含硅酸而呈膜质，花瓣状，坚硬如蜡，覆瓦状排列，干而硬，酷似干燥花。舌状花有白、黄、橙、褐、粉红、暗红等色；管状花黄色。花晴天开放，阴天及夜间闭合。花期从 8 月至霜降。

2. 习性

喜温暖和阳光充足的环境，不耐寒，忌酷热；喜湿润、肥沃、排水良好的土壤，宜黏质土壤。

3. 繁殖栽培

播种繁殖。春播，覆土宜薄，发芽适温为 15～20℃，1 周左右出苗。幼苗 3～4 片真叶时移植，7～8 片真叶时定植，定植株距 30cm。

生长期摘心 2～3 次，促使分枝，多开花，单朵花期长达 1 个月，单株花期可长达3～4 个月。阳光不足或酷热时，生长不良或停止生长，开花不良或很少。

4. 园林应用

麦秆菊苞片坚硬如蜡，色彩绚丽光亮，干燥后花型、花色经久不变，宜切取作干花，也可用于花境或丛植。

十一、金鱼草

学名　*Antirrhinum majus*

别名　龙头花

英文名　Snap Dragon

科属　玄参科、金鱼草属

1. 形态特征

多年生草本作一二年生栽培。株高 15～120cm。叶基部对生，上部螺旋状互生，短圆状披针形或披针形，长达 8cm，光滑。总状花序顶生，长达 20～60cm，花具短梗，长 4cm；小花密生，二唇形，上唇 2 浅裂，下唇平展至浅裂。花色鲜艳丰富，具有除蓝色以外的其他花色，如白、黄、橙、粉、红、紫及复色等（图 7-10）。花期长。蒴果卵形，含多数细小种子，千粒重 0.16g。

2. 变种和品种

原产地中海地区，世界各地广为栽培。金鱼草染色体 $x=8$，$2n=16$。大多为二倍体，也有四倍体，目前生产用多为 F_1 杂种。依株型可将各品种分为以下几类。

① 高型品种　株高 90～120cm，主要有两个品系：蝴蝶（Butterfly）系，花似吊钟柳，花色多，高约 90cm；火箭（Rocket）系，至少有 10 个以上不同花型，适高温下生长，株高 90～120cm，为优良切花。

② 中型品种　株高 45～60cm，花色丰富，有的适于花坛种植，有的为优良切花。

③ 矮型品种　株高 15～28cm，花色丰富，有重瓣类型。

图 7-10　金鱼草

（引自《花卉学》，鲁涤非）

④ 半匍匐型品种　花型秀丽，花色丰富，适于盆栽陈列路边或作地被种植。

3. 习性

性喜凉爽气候，除个别品种不受日照长短的影响外，对日照要求高，否则开花不良，为典型长日照植物；较耐寒，可在0～12℃下生长；喜全光照、也可在稍遮阳下开花；喜排水良好、富含腐殖质、肥沃稍黏重土壤，在中性或稍碱性土壤中生长尤佳。能自播繁衍。

4. 繁殖栽培

以播种繁殖为主。种子细小，覆土宜薄。秋播或春播于疏松砂质混合土壤中，稍用细土覆盖，保持湿润，但勿太湿。种子发芽适温15～20℃，播后1～2周可发芽。

在保护地条件下，促成栽培7月播种，可于12月至翌年3月间开花；10月播种，翌年2～3月间开花；1月播种，5～6月间开花。一般自播种至开花约12周。温室栽培夜温保持在7～10℃，日温12～18℃之间。

金鱼草易天然杂交而造成品种退化，因此留种株需隔离。

也可进行扦插繁殖，主要用于重瓣品种繁殖或育种，在6月、7月、9月进行，半荫处两周可生根。

出真叶时进行移栽，定植株行距30cm×30cm左右。主茎有4～5节时可摘心，促使分枝，使株型丰满，但常延迟花期。

金鱼草喜肥，除栽植前施基肥外，在生长期每隔7～10d追肥一次。保持土壤湿润，促使植株生长旺盛，开花繁茂。

花后去残花，可使开花不断。夏季花后重剪，保留15cm，剪除地上部，加强肥水，可使下一季继续开花。

对高型品种应设支柱，以防倒伏。

5. 园林应用

金鱼草株形挺拔、花色浓艳丰富、花型奇特，适于群植花坛、花境中，与百日草、矮牵牛、万寿菊、一串红等配置效果尤佳，或与郁金香、风信子等球根花卉混植以延长花期。高型品种可用作背景种植，矮型品种可在岩石园、花池或边缘种植。高型品种还是冬春季常用的切花，水养持久。

全株可入药，有清热、凉血、消肿功效。

十二、毛地黄

学名　*Digitalis purpurea*

别名　自由钟、洋地黄

科属　玄参科、毛地黄属

1. 形态特征

株高80～120cm，茎直立，少分枝，除花冠外，全株密生短柔毛和腺毛。叶粗糙、皱缩，由下至上逐渐变小。顶生总状花序，钟状小花下垂，花冠紫红色，花筒内侧浅白，并有暗紫色细点及长毛。花期春季。

2. 习性

植株强健，喜温暖湿润，较耐寒，忌炎热；喜阳光充足，耐半荫；耐干旱瘠薄土壤，喜中等肥沃、湿润、排水良好的土壤。

3. 繁殖栽培

播种繁殖。播种适温20℃，如播种时间过迟，则次年春天开花少。夏季育苗应尽量创造通风凉爽湿润的环境。冬季在北方需冷床保护，次年5～7月开花。初期生长缓慢，幼苗长至10cm移植，第二年定植露地，株距30cm。

也可分株繁殖。栽培过程中应薄肥勤施。

4. 园林应用

毛地黄植株高大、花序挺拔、花型优美、色彩艳丽，为优良的花境竖线条材料，丛植更为壮观；盆栽多为促成栽培，早春赏花；也可作切花。

十三、鸡冠花

学名　*Celosia cristata*（*Celosia argenta* var. *cristata*）

别名　鸡冠

英文名　Cockscomb

科属　苋科、青葙属

1. 形态特征

一年生草本，株高20～150cm，茎粗壮直立，光滑具棱，少分枝。叶互生，全缘或有缺刻，长卵形或卵状披针形，有绿、黄绿、红色等。穗状花序顶生，具丝绒般光泽，花序上部退化成丝状，中下部膜质，扁平呈宽扇状或火炬状（羽状）等，小花细小、不显著，整个花序为深红、鲜红、橙黄或红黄相间等色。小花两性，花被片基数5，雄蕊5枚（图7-11）。花期6～10月。小花结黑色发亮种子多数，千粒重约1.00g。

图7-11　鸡冠花

（引自《花卉学》，鲁涤非）

2. 品种

鸡冠花染色体$x=9$，有2倍体及4倍体品种。通过杂交培育了许多品种。常见栽培的品种如下。

① 矮鸡冠（cv. Nana），植株矮小，高仅15～30cm。

② 凤尾鸡冠（cv. Pyramidalis），金字塔形圆锥花序，花色丰富鲜艳，叶小分枝多。

③ 圆锥鸡冠（cv. Plumosa），花序呈卵圆形，或呈羽绒状，具分枝，不开展，为中高型品种。

3. 习性

原产非洲、美洲热带和印度。

喜阳光充足、炎热和空气干燥的环境，忌积水，较耐旱，不耐寒，怕霜冻。短日照下能诱导开花。适宜土层深厚、肥沃、湿润、弱酸性（pH5.0～6.0）土壤。种子可自播，种子生活力可保持4～5年。

4. 繁殖栽培

种子繁殖。采种期8～10月。

3月间播于温床。晚霜后可播于露地。种子细小，需盖细薄土。在25℃下，约经5～7d发芽。栽培适宜日温21～24℃，夜温15～18℃。当2～5片真叶时移植一次。因属直根系，不宜多次移植。

生长期需水多，尤其炎夏应注意充分灌水，保持土壤湿润。

苗期宜少施肥，尤其氮肥过多影响主枝发育。开花前应施稀薄肥。花期要求通风良好，气温凉爽并稍遮阳可延长花期。植株高大、肉质花序硕大者应设支柱以防倒伏。切花栽培定植株行距为 20cm×50cm，花坛定植株距 30～40cm。

5. 园林应用

鸡冠花花序顶生、显著、形状色彩多样，有较高的观赏价值，是重要的花坛花卉。高型品种用于花境、花坛，还是很好的切花材料，插瓶能保持 10d 以上；矮型品种盆栽或作边缘种植。

鸡冠花花序、种子可入药，茎和叶可食。

十四、五色苋

学名 *Alternanthera bettzickiana*

别名 五色草

科属 苋科、虾钳菜属

1. 形态特征

匍匐多年生草本，分枝呈密丛状；观赏部位为绿叶或褐红色叶，观赏期 5～10 月。五色苋叶纤细，常具彩斑或异色；株丛紧密。

2. 种与品种

园林中常用种类为红草五色苋（*A. amoena*），又名小叶红、可爱虾钳菜。叶暗紫红色，茎平卧，分枝较多；叶狭，基部下延。

3. 习性

喜阳光充足，略耐荫；喜温暖湿润，畏寒；喜高燥的砂质土壤，不耐干旱和水涝。盛夏生长迅速，秋凉叶色艳丽。极耐低修剪。

4. 繁殖栽培

扦插繁殖，极易生根。气温 22℃，相对湿度 70%～80%条件下，4～7d 可生根，15d 左右即可定植。

生长期保持湿润，多次摘心和修剪可保持低矮的株形。定植株行距视苗的大小而定，一般 350～500 株/m^2。一般 8 月下旬或 9 月初选取优良插条，扦插于浅箱，9 月中下旬移入温室，作第二年春天扦插用的母株，控制水分，温度保持 16～18℃。北方 6 月后可以露地扦插，夏季扦插需略遮阳。施肥不宜多，否则徒长；喜砂质土壤，若花坛土壤不适，可掺沙改良。

5. 园林应用

五色苋植株低矮、分枝性强、耐修剪，最适用于模纹花坛，可用不同的色彩配置成各种花纹、图案、文字等平面或立体的景象；也可用于花坛和花境边缘及岩石园。

十五、雁来红

学名 *Amaranthus tricolor*

别名 三色苋、老来少

科属 苋科、苋属

1. 形态特征

植株高大，株高 100～150cm，直立，少分枝。叶大，基部暗紫色，入秋顶叶及中下部叶变为红、橙、黄色相间，为主要观赏部位。花小，不明显。自播能力很强。

2. 习性

不耐寒，喜阳光充足；喜疏松肥沃、排水良好的土壤，耐碱；忌湿热，怕涝，耐干旱。

3. 繁殖栽培

播种繁殖，为嫌光种子，种子细小，覆土宜薄。直根系，宜春季4～5月直播于露地，保持15～20℃，播后7d出苗。株高10～15cm时定植，株行距为40cm×40cm。

幼苗前期生长缓慢，后期生长迅速。生长季施肥2～3次。氮肥充足叶色鲜艳。后期肥水不可过多，但亦不可贫瘠缺肥，否则会导致叶色不鲜；光照不足不易变色，影响观赏效果。生长后期土壤高燥有利于变色。8月叶开始变色。在热带低纬度地区，冬季播种，5～6月枝叶变色，观赏期延长。

4. 园林应用

三色苋植株高大、秋季枝叶艳丽、高低差异大，有自然之趣，宜作花丛、花群自然丛植，或作花境的背景材料，亦可盆栽或作切花。

全株可入药，有解毒、祛寒、明目之功效。嫩叶可作蔬菜或饲料。

十六、千日红

学名 *Gomphrena globosa*

别名 火球

科属 苋科、千日红属

1. 形态特征

茎直立，株高20～60cm，上部多分枝；叶对生，椭圆形至倒卵形；头状花序球形，1～3个着生于枝顶，有长总花梗，花小密生，每花有小苞片2个，苞片膜质有光泽，紫红色，干后不凋，色泽不褪。花色有紫红色、橙黄色、白色等。花期从7月初至霜降。

2. 习性

喜炎热干燥气候，不耐寒；喜阳光充足；性强健，不择土壤。

3. 繁殖栽培

播种繁殖。因种子外密被纤毛，易互相粘连，一般用冷水浸种1～2d后挤出水分，然后用草木灰拌种，或用粗沙揉搓使其松散便于播种。发芽温度21～24℃，播后10～14d发芽。出苗后9～10周开花。定植株距30cm。

栽培管理粗放。生长期不宜浇水过多，每隔15～20d施肥一次。花后修剪、施肥可再次开花，花期应不断地摘除残花，促使开花不断。植株抗风雨能力较弱，种植宜稍密，以免倒伏。

4. 园林应用

千日红植株低矮、花繁色浓，是花坛的好材料，也适宜于花境应用。球状花主要由膜质苞片组成，干后不凋，是良好的自然干花材料。采集开放程度不同的千日红，插于瓶中观赏，宛若繁星点点，灿烂多姿。对氟化氢敏感，是氟化氢的监测植物。

十七、石竹

学名 *Dianthus chinensis*

别名 中华石竹、洛阳花

英文名　Chinese Pink

科属　石竹科、石竹属

1. 形态特征

多年生草本，常作一二年生栽培，实生苗当年可开花。株高 15～75cm，茎直立，节部膨大，无或顶部有分枝。单叶对生，灰绿色，线状披针形，长达 8cm，基部抱茎。花芳香，单生或数朵呈聚伞花序；花径约 3cm；有白、粉红、鲜红等色；苞片 4～6；萼筒上有条纹；花瓣 5，先端有齿裂。花期 5～9 月，果熟期 6～10 月（图 7-12）。蒴果，种子扁。种子千粒重 1.12g。

图 7-12　石竹（引自《花卉学》，鲁涤非）

2. 种与品种

石竹染色体 $x=15$，$2n=30$、60。石竹为异花授粉植物，须进行隔离留种。

中国与日本育种学家曾进行了长期的工作，培育出许多品种，其中有的为重瓣，有的株型矮小，有的花大，径达 5～10cm，花色除白、粉外还有紫红、复色等。

同属常见作一二年生花卉栽培的还有如下两种。

① 须苞石竹（*D. barbatus*），又名美国石竹、五彩石竹、十样锦等。株高 45～60cm；茎光滑，微 4 棱；叶披针形至卵状披针形；头状聚伞花序圆形，苞片先端须状，花瓣有白、粉、绯红、墨紫等色，并具环纹、斑点及镶边等复色，有重瓣品种。不喜酸性土，花期夏季。

② 石竹梅（*D. latifolius*），又名美人草，为石竹与须苞石竹或常夏石竹（*D. plumarius*）的杂交种，形态介于它们之间。叶较宽。每花序有花 1～6 朵，花径 3cm 左右，花瓣表面常具银白色边缘，单瓣或重瓣，背面为银白色，花萼开裂。花期长。

3. 习性

原产中国及东亚地区，分布广。

耐寒性强，要求高燥、通风凉爽的环境；喜阳光充足，不耐荫；喜排水良好、含石灰质的偏碱性肥沃土壤，忌潮湿水涝，耐干旱瘠薄。

4. 繁殖栽培

以种子繁殖为主。秋播或春播，在 21～22℃下种子约经 5～10d 发芽，苗期生长适温为 10～20℃。自播种至成苗约需 9～11 周，生长期每隔 3 周施 1 次肥，并进行 2 次摘心，促其分枝。花后剪除残枝。注意水肥管理，秋季还可再次开花。pH 低于 6.5 时土壤中应加石灰，每平方米约 250g。喜较低夜温。

扦插繁殖，将枝条剪成 6cm 左右的小段，插于砂床。

也可进行分株繁殖，于秋季或早春进行。

幼苗间苗后移植一次，定植株距 20～30cm。华北地区稍加覆盖即可越冬。

5. 园林应用

石竹类花朵繁密、花色丰富、色泽艳丽、花期长，叶似竹叶、青翠、柔中有刚，适于花坛、花境栽植，或与岩石配植，植于岩石园；还可盆栽或用作切花，花茎挺拔，水养持久。

十八、霞草

学名　*Gypsophila elegans*

别名　满天星、丝石竹

科属　石竹科、丝石竹属

1. 形态特征

茎直立，株高 40～50cm。全株光滑，灰绿色，被白粉。叉状分枝，上部枝条纤细。单叶对生，上部叶披针形，下部叶矩圆状匙形。聚伞状花序顶生，稀疏而伸展，花小繁茂，犹如繁星，白色或粉红色。花期春季。

2. 习性

喜阳光充足、高燥、通风、凉爽的环境，忌酷暑、多雨，耐寒；耐干旱瘠薄，也耐盐碱，在腐殖质丰富、排水良好的石灰性沙壤土上生长良好。

3. 繁殖栽培

播种繁殖。直根性，宜直播，小苗带土尚可移植。寒冷地区宜春播，5 月中旬开花；南方不结冻地区秋播，直播于园地或盆播，加覆盖物越冬，翌年 5 月开花。发芽适温21～22℃，7～10d 幼苗出土，园林绿地定植株距 30～40cm。

适应性强，栽培管理简单。生长期每 2 周施稀薄肥水 1 次，可使植株生长旺盛，开花多。

4. 园林应用

霞草繁星点点、花丛蓬松、有云雾般效果，在园林中可用于花丛、花境、岩石园，尤其适合与秋植球根花卉配植；常用于点缀切花花束等，也可制成干花。

十九、半支莲

学名　*Portulaca grandiflora*

别名　龙须牡丹、太阳花、松叶牡丹、死不了、洋马齿苋

科属　马齿苋科、马齿苋属。

1. 形态特征

一年生肉质草本，植株低矮，高 15～20cm。茎匍匐状或斜生。叶圆柱形，肉质，长达 2.5cm，互生，有时对生或簇生。花单生或数朵簇生枝顶，花径达 3cm，单瓣或重瓣，花色丰富，有白色、淡黄色、黄色、橙色、粉红色、紫红色或具斑纹（图 7-13）。花期8～10 月。蒴果，种子细小，多数。种子千粒重约 0.10g。

图 7-13　半支莲

染色体 $x=9$，$2n=18$、36。

2. 习性

原产南美巴西、阿根廷、乌拉圭等地，世界各地广为栽培。

喜温暖向阳环境，光照不足徒长、开花少，不耐寒；耐干旱瘠薄，不耐水涝，在肥沃排水好的沙壤土上生长良好，花大而多，色艳。能自播繁衍。

花在阳光下盛开，阴天光弱时，花朵常闭合或不能充分开放。但近几年已经育出全日性开花的品种，对日照敏感性差。

3. 繁殖栽培

播种或扦插繁殖。

果实成熟时开裂，极易散落，应及时采收。露地栽培晚霜后播种，盖土宜薄。种子发

芽适温 20～25℃，播后 7～10d 可发芽。

扦插于生长期进行。取新梢进行扦插，易生根。扦插繁殖可以保持品种的优良特色。

半支莲栽培管理简单。移植后恢复生长容易，可不带土。雨季注意防积水。

4. 园林应用

半支莲色彩丰富而鲜艳、株矮叶茂，是良好的花坛用花，可用作毛毡花坛或花境、花丛、花坛的镶边材料，也可用于窗台栽植、盆栽或吊植。

二十、茑萝

学名 *Quamoclit pennata*

别名 羽叶茑萝、绕龙草、锦屏封

科属 旋花科、茑萝属

1. 形态特征

一年生缠绕草本。茎细长，光滑，长约 6m。叶互生，羽状深裂，长 4～7cm，裂片线形。聚伞花序腋生，有花数朵，高出叶面，花冠呈高脚碟状，筒细长 2～4cm，冠缘 5 浅裂，呈五角星状，径约 2.0～2.5cm；花鲜红或猩红色，也有白色及粉红色品种（图 7-14）。

花期 7～10 月，果期 8～11 月。蒴果卵形。种子黑色，长卵形，千粒重 14.81g。

图 7-14 茑萝
（引自《花卉学》，鲁涤非）

2. 其他栽培种

茑萝染色体 $x=14$，$2n=28$。

同属常见栽培的还有以下 3 种。

圆叶茑萝（*Q. coccinea*），一年生，叶心状卵形至圆形，花橙红或猩红色，喉部稍呈黄色，筒长约 4cm。原产南美。

裂叶茑萝（*Q. lobata*），又称鱼花茑萝，多年生作一年生栽培。叶心脏形，筒长 2cm。原产墨西哥。

掌叶茑萝（*Q. sloteri*），为茑萝与圆叶茑萝杂交种，生长势强。叶掌状分裂，宽卵圆形，花红色至深红色，喉部白色，筒长约 4cm。

3. 习性

原产热带美洲，现全球广为栽培。

喜阳光充足和温暖气候，不耐寒；喜疏松肥沃土壤。直根性，易自播。

4. 繁殖栽培

播种繁殖。4 月播种，约经 1 周左右发芽。因其为直根性植物，多行直播。但在苗期 3～5 片真叶时亦可移植。需设支架供其攀援。生长期每半月施水肥一次则花繁叶茂。

5. 园林应用

适植于篱垣、花墙和小型棚架上，可盆栽，亦可用作地被。

二十一、虞美人

学名 *Papaver rhoeas*

别名 丽春花、舞草

科属 罂粟科、罂粟属

1. 形态特征

一二年生草本，有白色乳汁，全株被粗糙短毛，茎直立细长，株高 30～70cm。叶互生，羽状分裂，裂片线状披针形，缘具缺刻，顶端尖锐，有柄，质感柔中有刚，鲜绿色。

花单生于长梗上，花蕾长椭圆状圆形，开放前向下弯垂；萼片 2，绿色，花开即落；花冠浅杯状；花瓣基部常具黑斑；花瓣 4，近圆形，长约 3.5cm，薄而有光泽，有白、粉红、红、紫红及复色。雄蕊多数，雌蕊由多心皮组成。有半重瓣及重瓣品种（图 7-15）。

图 7-15 虞美人

花期 4～7 月，果期 6～8 月。蒴果无毛，倒卵形，长约 2cm，顶孔裂，种子细小极多。种子千粒重约 0.07g。染色体数 $x=7$，$2n=14$。

2. 其他栽培种

同属常见栽培的品种如下。

东方罂粟（*P. orientalis*），多年生草本，作二年生栽培。茎粗壮，高 1m 左右，叶羽裂，花径 10～20cm，花瓣 6，栽培者多为重瓣，一般鲜红色，亦有白、粉及复色者。原产地中海地区及伊朗。

冰岛罂粟（*P. nudicaule*），多年丛生草本。叶基生，花单生，高约 30～60cm，花瓣白色、黄色或橘红色，芳香。原产北极地区，极耐寒而怕热。

山罂粟（*P. nudicaule* spp. *rubro-aurantiacum* var. *chinensis*），花瓣 4，橘黄色，原产于中国河北、山西山区，北方可栽培观赏。

3. 习性

原产欧洲中部及亚洲东北部，全球广为栽培。

性喜冷凉，忌高温，生长发育适温 5～25℃，春、夏温度高地区花期缩短，昼夜温差大、夜温低时有利于生长开花，在高海拔山区生长好、花色更艳丽。土层深厚、肥沃、排水良好处生长开花最好。能自播繁衍。直根性、不耐移植。忌连作与积水。

4. 繁殖栽培

播种繁殖，因虞美人属直根性，不耐移植，故最好直播。营养钵育苗移苗时须带土坨，或连同容器一并定植，否则叶片枯黄而影响生长。可于 4 枚真叶时移苗定植。

花后蒴果成熟不一，需分批采收。因种子细小，播种时宜拌细沙，覆土宜薄。从播种到开花约需要 2 个月。种子发芽适温 15～20℃，播后 2～3 周发芽。

忌连作。及时除去生长弱、开花过早的植株，以保证开花的整体效果。高温多湿的夏季来临后，植株很快枯死。注意及时剪去残株。

5. 园林应用

虞美人花大色艳，一朵花虽仅开 1～2d，但整株蕾多，花期可达 1 个月以上，是晚春至初夏园林绿地优良草本花卉，宜植于花坛、花境、片植丛植林缘草地，亦可盆栽或作切花。剪取切花后，用微火烤其切口，可延长瓶插期。

虞美人不同于园林中禁种的罂粟，其乳汁中提炼不出吗啡，但其根可入药，有镇咳、镇痛、止泻功效，可用来治咳嗽、腹痛及痢疾等。据《本草纲目》记载，花及根味甘、微温、无毒，主治黄疸。花瓣还可榨汁，用作食品染料。

二十二、羽衣甘蓝

学名 *Brassica oleracea* var. *acephala*

别名 叶牡丹、花叶甘蓝

科属　十字花科、甘蓝属

1. 形态特征

株高 30～50cm。叶基生，幼苗与食用甘蓝极像，但不结球。观赏部位为叶，叶大而肥厚。当秋冬及早春季气温低于 15℃时，其中心叶片由绿色开始转为紫红、红、玫瑰红、粉、黄、白色等各种颜色，绚丽如花。总状花序，花冠十字形，开花时总状花序高可达 1.2m，果实为长角果，种子棕黑色或红褐色，圆球形，千粒重约 3～4g（图 7-16）。

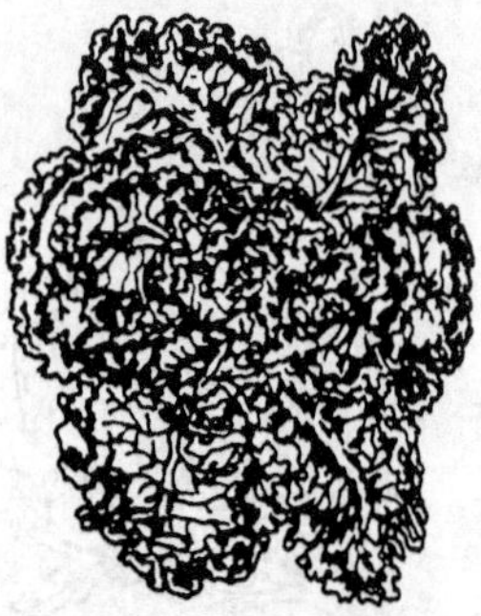

图 7-16　羽衣甘蓝

2. 习性

原产地中海及小亚细亚一带，欧美已广为栽培。中国近年大、中城市引种栽培较多。

喜冷凉，较耐寒，可耐－8～－6℃低温；莲座期忌高温多湿；喜阳光充足；喜疏松肥沃的砂质土壤。

3. 繁殖栽培

播种繁殖。羽衣甘蓝 $2n=18$，异花授粉。发芽适温 20～25℃，4～6d 可发芽。播种后 3 个月即可观赏。6～8 片叶时可定植。花坛定植株行距 30cm×30cm，定植后充分浇水。叶片生长过分拥挤、通风不良时，可适度剥离外部叶子，以利生长。

4. 园林应用

羽衣甘蓝叶色美丽鲜艳，是冬季花坛的主要材料。也可盆栽观赏。高型品种是优良的切花材料。

羽衣甘蓝营养丰富，含有大量的维生素 A、维生素 C、维生素 B_2 及多种矿物质，叶片绿色，在炒食、拼盘装饰等烹调后，可以保持鲜美的色泽，是一种珍稀特菜。

二十三、香雪球

学名　*Lobularia maritima*

别名　玉蝶球

科属　十字花科、香雪球属

1. 形态特征

植株矮小，株高 15～25cm。茎叶纤细，分枝多，匍匐生长，被灰白色毛。总状花序顶生，着花繁密成球形，花白色或淡紫色，花冠十字形，微香（图 7-17）。花期为春、秋两季。

2. 习性

喜冷凉干燥气候，稍耐寒，忌酷暑；喜阳光，又稍耐荫；对土壤要求不严，耐干旱瘠薄，忌涝渍；耐海边盐碱空气。能自播繁殖。

3. 繁殖栽培

播种或扦插繁殖。秋播或春播，秋播生长良好。播种适温为 21～22℃，播后 8～10d 发芽，5～6 周开花。种子细小，可不覆盖或覆盖一层薄细土。当幼苗长到 3～4 片复叶时定植于盆中，在冷床或

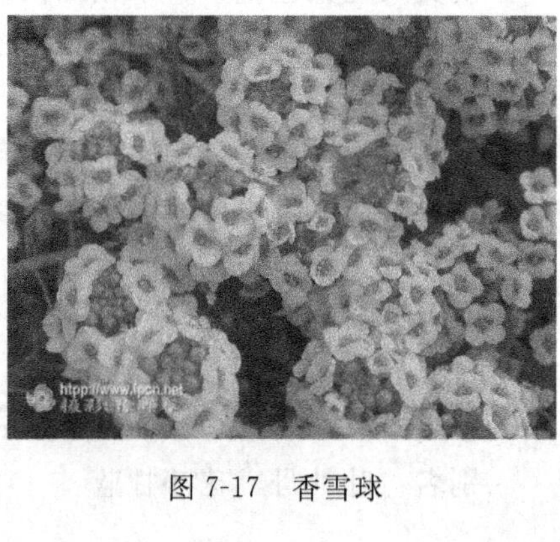

图 7-17　香雪球

冷室内越冬，翌年脱盆定植于露地或盆栽应用，定植株距 15～20cm。

香雪球夏季有休眠现象，花后将其花序自基部剪掉，秋凉时能再次开花。茎叶易受肥害，施肥时不要污染茎叶。

4. 园林应用

香雪球植株低矮匐地、盛花时晶莹洁白、花质细腻、芳香而清雅，为优美的岩石园花卉，尤其是模纹花坛及花坛镶边、花境边缘布置的优良花卉，也可盆栽观赏。

二十四、地肤

学名 *Kochia scoparia*

别名 扫帚草、孔雀松

科属 藜科、地肤属

1. 形态特征

株丛紧密，卵圆至圆球形，全株草绿色。株高 50～150cm。主茎木质化，分枝多而纤细。叶线形，稠密。秋季全株成紫红色。主要观赏株形（圆球形）和嫩绿色茎叶（图 7-18）。整个生长季均为观赏期。

图 7-18 地肤

2. 习性

喜温暖，不耐寒，极耐炎热，喜光；耐干旱、瘠薄和盐碱，对土壤要求不严。极易自播繁衍。

3. 繁殖栽培

播种繁殖。春播，宜直播。幼苗初期生长缓慢并要求园地湿润，随着气温上升生长转快。间苗后定植株距 50cm。

生长初期幼苗纤弱，要加强除草、松土，追施磷、钾肥 1～2 次。入夏植株生长旺盛，枝叶浓密，可修剪造型育成球形、方形等。为防止自播过多，可在叶色尚未变红、种子未成熟时割除。

4. 园林应用

地肤外形整齐耐修剪，叶纤细、嫩绿，入秋泛红，可用作花坛材料、自然式丛植或绿篱。

种子含油量 15%，可供食用和工业用。

全株和种子可入药，有清热利尿功效。嫩茎叶可食。植株干燥后可制成扫帚。

二十五、紫茉莉

学名 *Mirabilis jalapa*

别名 草茉莉、地雷花、胭脂花

科属 紫茉莉科、紫茉莉属

1. 形态特征

植株开展多分枝，近光滑。地下有小块根，株高 30～100cm。单叶对生，卵形或卵状三角形，先端尖。花数朵集生枝端，花冠高脚杯状，先端 5 裂，有白、黄、红、粉、紫、红黄相间等色。花具香味，傍晚开放至次日早晨，于中午前凋谢。果实圆形，成熟后黑色，表面皱缩，形似地雷（图 7-19）。花期 6～9 月。

2. 习性

喜温暖湿润的气候条件，不耐寒，冬季地上部分枯死，在中国南方冬季温暖地区，地

图 7-19 紫茉莉

下根系可安全越冬而成为多年生；耐炎热，在稍蔽荫处生长良好；不择土壤，喜土层深厚肥沃之地。边开花边结籽，可自播繁衍。

3. 繁殖栽培

播种、扦插或分生繁殖。以播种为主。直根性，春季直播，因种皮较厚，播前浸种可加快出苗。定植株距 40～50cm。春、秋剪取成熟的枝条扦插，易生根。也可将块根于秋季挖出，贮于 3～5℃冷室中，次年再栽植。

4. 园林应用

紫茉莉花期长，从夏至秋开花不绝，可用于林缘周围大片自然丛植或房前屋后、路边丛植，尤其宜于傍晚休息或夜间纳凉之地布置。对二氧化硫、一氧化碳具有较强抗性。

根可入药，治月经不调，外治跌打、疮毒。种子内的胚乳研成细粉后，是制作化妆香粉的添加剂。

二十六、矮牵牛

学名 *Petunia hybrida*

别名 碧冬茄

科属 茄科、碧冬茄属

1. 形态特征

全株具黏毛，匍匐状。株高 20～60cm。叶质柔软，卵形，全缘，近无柄。花冠漏斗形，先端具波状浅裂，白色或紫色，花大色艳，可四季开花（图 7-20）。

2. 习性

喜温暖，不耐寒，干热的夏季开花繁茂；喜阳光充足，耐半荫；喜疏松、排水良好及微酸性土壤，忌积水雨涝。

3. 繁殖栽培

播种或扦插繁殖。温度适宜随时可播种，因不耐寒且易受霜害，露地春播宜稍晚。种子发芽适温 20～25℃，播后 7～10d 可发芽。晚霜后定植露地，株距 30～40cm。

重瓣或大花品种不易结实，花后可剪去枝叶，取其新萌发出来的嫩枝进行扦插，在 20～23℃下，15～20d 即可生根。

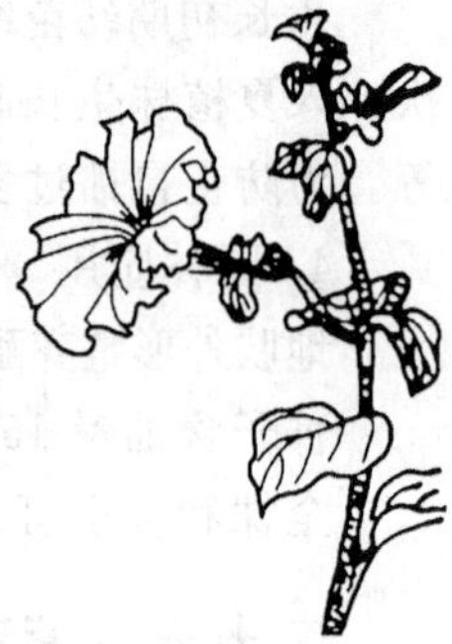

图 7-20 矮牵牛

移植宜于小苗时进行，并注意勿使土球松散。摘心可促分枝。重瓣品种对肥水的要求高。高湿下开花不良。

4. 园林应用

矮牵牛花大、花多、开花繁茂、花期长、色彩丰富，是优良的花坛和种植钵花卉，也可自然式丛植。匍匐性强的品种还可作垂吊盆栽观赏。

二十七、旱金莲

学名 *Tropaeolum majus*

别名 金莲花、旱荷花

科属　旱金莲科、旱金莲属

1. 形态特征

茎细长，蔓长可达1.5m，半蔓性或倾卧，高约20cm。茎叶稍带肉质，灰绿色。叶互生，近圆形，具长柄，盾状。花腋生，花梗长；5枚萼片中的1枚向后延伸成距；花瓣5枚，具爪，有乳白、浅黄、橘红、深紫及红棕等深浅不一花色，或具深色网纹及斑点等复色（图7-21）。花期7～9月。

图7-21　旱金莲

2. 习性

喜凉爽，但畏寒，一般能耐0℃的低温，不耐热；宜栽于排水良好的砂质土壤，忌过湿或受涝；要求阳光充足的环境。温度适宜地区作多年生栽培，四季可开花。

3. 繁殖栽培

以播种繁殖为主。春播不宜过晚。种皮厚，厌光，播前用40～45℃温水浸种12h。发芽适温15～20℃，播后7～10d可发芽。一般在2～3月于温室或温床播种，晚霜后移植露地，可供5～6月花坛用。5月播种可供秋初观花。

也可扦插繁殖，取带3～5个芽的嫩茎扦插，10～15℃下生根容易。

可以摘心促分枝。小苗夏季培育时尽可能创造凉爽与通风环境，可秋季开花。定植株行距40cm×40cm。叶子过于茂盛可适当摘叶，控制氮肥使用，可促进开花。炎夏生长不良时，可齐地重剪，数月后又可开花，但3年以上植株即衰老，需要更新。

4. 园林应用

旱金莲花大色艳、形状奇特、花期长，叶也有较高观赏价值。宜自然式丛植，或在灌丛间地面覆盖。利用其蔓性可在岩石园应用，使其生长于假山隙间，依石而生，别具情趣。蔓性品种也可设支架或做成花篮状供悬挂观赏。

全株可入药，有清热解毒之功效。鲜株捣烂外敷，可治结膜炎和痈疖毒肿。嫩梢、花、新鲜的种子可作辛辣的调味品。

二十八、美女樱

学名　*Verbena hybrida*

别名　铺地马鞭草

科属　马鞭草科、马鞭草属

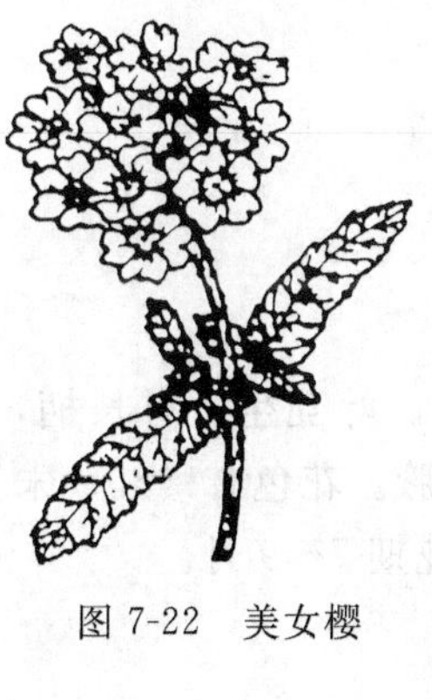

图7-22　美女樱

1. 形态特征

全株有细绒毛，植株丛生而铺覆地面，株高10～50cm，茎四棱；叶对生，深绿色；穗状花序顶生，密集呈伞房状，花小而密集，有白色、粉色、红色、紫色、复色等，具芳香（图7-22）。花期6～9月。

2. 习性

喜温暖，忌高温多湿，有一定耐寒性，喜阳光充足；对土壤要求不严，但在湿润、疏松肥沃的土壤中，开花更为繁茂。能自播繁衍。

3. 繁殖栽培

播种或扦插繁殖。春播。种子播前宜浸泡 1 昼夜，否则发芽率低，发芽较慢而不整齐。发芽适温 15～20℃，播后 15～20d 发芽。多为异花授粉，故播种繁殖难以保持花色纯正。

扦插繁殖时取 5～6 节茎段，浅插于基质中，约 15d 可生根。

摘心可以促生分枝和盆栽时保持株型。光照不足易徒长。开花期间应经常追肥。

4. 园林应用

美女樱分枝紧密、低矮、铺覆地面、花序繁多、花色丰富秀丽，是优良的花坛和边缘花卉。矮生品种仅 20～25cm 高，也适合作盆栽。

二十九、三色堇

学名　*Viola tricolor*

别名　蝴蝶花、猫脸花

科属　堇菜科、堇菜属

1. 形态特征

株高 10～30cm。叶多基生，卵圆形，茎生叶长卵圆形，叶缘有整齐的钝锯齿。花顶生或腋生，立于叶丛之上，花两侧对称，通常一花具紫、黄、白三色；花瓣 5 枚，图案酷似猫脸。花单色或复色，有黄、蓝、白、褐、红等色（图 7-23）。花期春季。

图 7-23　三色堇

2. 习性

喜冷凉，较耐寒，忌高温多湿；喜光，略耐半荫；要求肥沃湿润的黏质土壤。

3. 繁殖栽培管理要点

播种繁殖。种子发芽适温 15～20℃，播后 10～15d 发芽。播种到开花约需 100d。

有 3～4 枚叶时移植一次。花坛定植株距 15～20cm。性强健，栽培管理简单。

4. 园林应用

大花三色堇株型低矮、花色浓艳、花小巧而有丝质光泽，美丽叶丛上的花朵随风摇动，似蝴蝶翩翩飞舞，在阳光下非常耀眼，是优良的花坛和边缘花卉，还可盆栽观赏。

三十、凤仙花

学名　*Impatiens balsamina*

别名　指甲花、急性子

科属　凤仙花科、凤仙花属

1. 形态特征

株高 20～80cm，茎直立肉质，光滑有分枝，浅绿或具红色晕纹。叶互生，有长柄，阔披针形，缘具细齿，叶柄两侧具腺体。花单生或数朵簇生于上部叶腋。花色有紫红、朱红、玫瑰红、雪青、白及杂色，有时瓣上具条纹和斑点（图 7-24）。花期 7～9 月。

2. 品种

凤仙花原产于中国南部、印度和马来西亚，凤仙花属植物共有500种，主要产于热带及温带山地，中国有凤仙花属植物约150种，资源极其丰富。

凤仙花园艺品种极多，有爱神系列、俏佳人系列、邓波尔系列、精华系列；按株型可分为直立型、开展型、龙爪型；按花型可分为单瓣型、玫瑰型、山茶型；按株高可分为高型、中型、矮型。有高达1.5m的品种，冠幅可达1m。

图7-24 凤仙花（引自《花卉学》，鲁涤非）

3. 习性

喜温暖，不耐寒，怕霜冻，不耐热，生长适温15～25℃；喜阳光充足，也耐半荫。对土壤适应性强，适宜湿润、肥沃、深厚、排水良好的微酸性土壤，不耐干旱。具有自播能力。

4. 繁殖栽培

播种繁殖。发芽适温为21～24℃，7～10d出苗。播种到开花约经7～8周，花期40～50d。可通过调整播种期来调节花期，但播种期晚，则生长期短，花期也短。为了收种子，需早播。

全年可扦插，取顶芽10cm插于素沙中，温度保持在25℃，20d可生根。

要求种植地通风，否则易染白粉病。全株水分含量高，因此不耐干燥和干旱，水分不足时，易落花落叶，影响生长。定植后应及时灌水，但雨水过多应注意排水防涝，否则根茎容易腐烂。耐移植，盛开时仍可移植，较容易恢复生长。对易分枝而又直立生长的品种可进行摘心，促发侧枝。

5. 园林应用

凤仙花是中国民间栽培已久的草花之一，花瓣可用来涂染指甲。因其分枝多、花团锦簇、花期持久、色彩艳丽，是花坛、花境的好材料，也可作花丛和花群栽植，高型品种可栽在篱边庭前，矮型品种可盆栽。凤仙花也是氟化氢的监测植物。

思 考 题

1. 一二年生花卉园林应用有哪些特点？

2. 一二年生花卉生态习性是怎样的？

3. 一二年生花卉繁殖栽培要点有哪些？

4. 举出20种常用一二年生花卉，说明它们主要的生态习性、栽培管理要点及应用特点。

第八章 宿根花卉

第一节 概 论

一、含义及类型

宿根花卉（perennials）是指地下部器官形态未变态成球状或块状的多年生草本植物。事实上，一些种类多年生长后其基部会有些木质化，但上部仍然呈柔弱草质状，应称为亚灌木，但一般也归为宿根花卉，如菊花。宿根花卉可以分成两大类。

1. 耐寒性宿根花卉

冬季地上茎、叶全部枯死，地下部分进入休眠状态。其中大多数种类耐寒性强，在中国大部分地区可以露地过冬，春天再萌发。耐寒力强弱因种类而有区别。主要原产于温带寒冷地区，如菊花、风铃草、桔梗。

2. 常绿性宿根花卉

冬季茎叶仍为绿色，但温度低时停止生长，呈现半休眠状态，温度适宜则休眠不明显，或只是生长稍停顿。耐寒力弱，在北方寒冷地区不能露地过冬。主要原产于热带、亚热带和温带暖地，如竹芋、麦冬、冷水花。

二、园林应用特点

宿根花卉可以用于花境、花坛、种植钵、花带、花丛、花群、地被、切花、垂直绿化。园林应用特点如下。

① 一次种植多年观赏，简化种植手续，使用经济，是宿根花卉在园林花圃、地被中广为应用的主要原因。宿根花卉栽植要适地适花。

② 大多数种类（品种）对环境要求不严，管理相对简单粗放，在园林应用上可大面积使用造成群体景观。

③ 种类（品种）繁多，形态多变，生态习性差异大，应用方便适于多种环境应用。

④ 观赏期不一，可周年选用。

⑤ 宿根花卉是花境的主要材料，还可作宿根专类园布置。

⑥ 宿根花卉花色丰富、种类繁多、适应范围广、适于多种应用方式，如花丛、花群、花带，播种小苗及扦插苗可用于花坛，是街道、工矿区、土壤瘠薄地美化的优良花卉。

⑦ 营养繁殖的优良特性比较容易保持，但繁殖数量有限，大量繁殖有困难。

⑧ 由于一次栽种后生长年限较长，植株在原地不断扩大占地面积，因此在栽培管理中要预计种植年限并留出适宜空间。定植前更应重视土壤及基肥施用，每年配以适宜肥水管理及病虫防治，尤其是地下害虫。

三、生态习性

宿根花卉一般生长强健，适应性较强。种类不同，在其生长发育过程中对环境条件的要求不一致，生态习性差异很大。

1. 对温度的要求

耐寒力差异很大。对温度反应不一样，从而导致花期不一样，有春季和夏秋开花之分。早春及春天开花的种类大多喜冷凉，忌炎热；而夏秋开花的种类大多喜温暖。

2. 对光照的要求

对光照强度要求不一致。有些喜阳光充足，如宿根福禄考、菊花；有些喜半荫，如玉簪、紫萼、铃兰；有些喜微荫，如白芨、耧斗菜、橘梗。对光照时间要求也不一致。春天开花的种类多为长日照花卉，而夏秋开花的种类多为短日照花卉，还有周年都可开花的种类为日中性花卉。

3. 对土壤的要求

对土壤要求不严。宿根花卉生长强健，根系比一二年生花卉发达，除沙土和重黏土外，大多数都可以生长，一般栽培 2～3 年后以黏质土壤为佳，小苗喜富含腐殖质的疏松土壤。对土壤肥力的要求也不同，金光菊、荷兰菊、橘梗等耐瘠薄；而芍药、菊花则喜肥。多叶羽扇豆喜酸性土壤；而非洲菊、宿根霞草喜微碱性土壤。

4. 对水分的要求

根系较一二年生花卉强，抗旱性较强，但对水分要求也不同。鸢尾、铃兰、乌头喜湿润的土壤；而黄花菜、马蔺、紫松果菊则耐干旱。

四、繁殖栽培要点

1. 繁殖要点

以营养繁殖为主，包括分株、扦插等。

最普遍简单的方法是分株。为了不影响开花，春季开花的种类应在秋季或初冬进行分株，如芍药、荷包牡丹；而夏秋开花的种类宜在早春萌动前分株，如桔梗、萱草、宿根福禄考。还可以用根蘖、吸芽、走茎、匍匐茎繁殖。由于植物种类的不同，产生蘖芽的方式也不同。如宿根福禄考、蜀葵等，由根部发生萌蘖，形成新株，称为根蘖苗；萱草、菊花、鸢尾等多由根茎或地下茎发生萌蘖，形成新株，称为茎蘖苗；玉带草、连线草等匍匐茎上由节间处向下生根，向上长苗，属匍匐茎蘖苗；而荷兰菊、景天、小菊等可用萌蘖芽繁殖。

此外，有些花卉也可以采用扦插繁殖，如荷兰菊、紫菀、随意草等。

有时为了育种或获得大量植株也采用播种法。根据生态习性不同，也分为春播、秋播。播种苗有的 1～2 年后可开花，也有的要 5～6 年后才开花。

2. 栽培要点

园林应用一般是使用花圃中育出的成苗。小苗的培育需要精心，多在花圃中进行，同一二年生花卉，定植以后管理粗放。主要工作如下。

由于一次栽植后多年生长开花，根系也强大，因此，整地时要深耕至 40～50cm，同时施入大量有机肥作基肥。栽植深度要适当，一般与根茎齐，过深过浅都不利于花卉生长。栽后灌 1～2 次透水。以后不需精细管理，特别干燥时灌水即可。

为了生长茂盛、开花繁茂，可以在生长期追肥，也可以在春季新芽抽出前，绕根部挖沟施用有机肥，或是在秋末枝叶枯萎后进行施肥。

秋末枝叶枯萎后，自根际剪去地上部分，防止病虫害发生或蔓延。

对不耐寒的种类要在温室中进行栽培；对耐寒性稍差的种类，入冬后要培土或覆盖过冬；对生长几年后出现衰弱、开花不良的种类，可以结合繁殖进行更新，剪除老根、烂根，重新分株栽培；对生长快、萌发力强的种类也可利用分株控制生长；对有自播繁衍能力的花卉要控制生长面积，以保持良好景观。

第二节 主要宿根花卉

一、菊花

学名 *Dendranthema grandiflorum*

别名 黄花、节花、九花、金蕊、更生

英文名 Chrysenthemum Mum、Mum

科属 菊科、菊属

1. 栽培简史

菊花原产中国，据典籍约有3000年栽培历史。原产中国的多种野菊参与了杂交，由古人不断选育而成为中国栽培菊。现在的栽培品种是高度杂交的园艺品种。日本菊是由传入日本的中国栽培菊和日本的野菊杂交而成；中国栽培菊也是西洋菊的重要亲本。近年来，菊花事业有了新的进展，从多方面展开了品种选育工作，包括不同季节开花的切花新品种、露地栽培的大菊和小菊以及抗性强的地被菊。

2. 形态特征

菊科宿根草本。茎基部半木质化，株高20～150cm，茎青绿或带紫褐色。叶互生、有柄，卵形至披针形，缘有粗齿或深裂，基部楔形。头状花序单生或数个聚生枝顶。舌状花为雌性花，筒状花为两性花，雌雄蕊同存。花径2～30cm，有白、紫、黄、棕、红、绿等多种花色。花期因品种不同有夏花、秋花、冬花及多季开花品种。瘦果，种子小、褐色。

3. 类型及品种

菊花有3000多个品种，除茎直立外，其他部分变化很大。叶互生，羽状浅裂或深裂，叶缘有锯齿，背面有毛，其大小、形状因品种而变化。花梗高出叶面，顶生头状花序，微香，花瓣有平、管、匙形，花型多样，花色变化丰富，花期可以延续全年。极具观赏性。

品种可按自然花期、花（序）直径、花（瓣）型、整枝方式和应用（菊艺）分类。

（1）依自然花期分类

① 夏菊：花期6月至9月，中性日照，10℃左右花芽分化。

② 秋菊：花期10月中旬至11月下旬，花芽分化、花蕾生长、开花都要求短日照条件，15℃以上花芽分化。

③ 寒菊：花期12月至翌年1月，花芽分化、花蕾生长、开花都要求短日照条件，在15℃以上花芽分化，高于25℃，花芽分化缓慢，花蕾生长、开花受抑制。

四季菊：四季开花，花芽分化、花蕾生长，中性日照，对温度要求不严。

（2）依花（序）直径分类

① 大菊：花径 10cm 以上。

② 中菊：花径 6～10cm。

③ 小菊：花径 6cm 以下。

(3) 依花（瓣）型分类　中国目前使用的主要是中国园艺学会、中国花卉盆景协会于 1982 年在上海的菊花品种分类学术会议上，对花径在 10cm 以上晚秋菊的分类方案。把菊花分为平瓣、匙瓣、管瓣、桂瓣、畸瓣等 5 个瓣类（图 8-1），包括 30 个花型和 13 个亚型。在实际应用中没有使用亚型，并且对 30 个花型中一些相似花型做了合并。

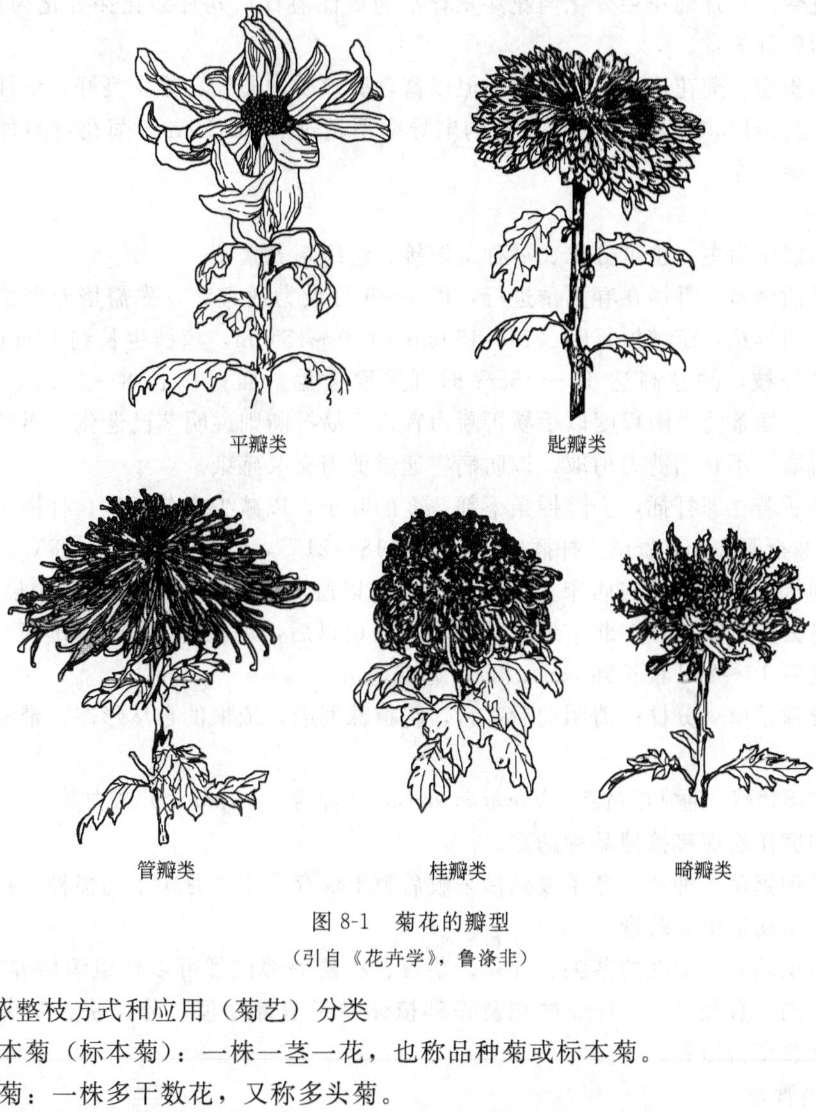

图 8-1　菊花的瓣型

（引自《花卉学》，鲁涤非）

(4) 依整枝方式和应用（菊艺）分类

① 独本菊（标本菊）：一株一茎一花，也称品种菊或标本菊。

② 立菊：一株多干数花，又称多头菊。

③ 大立菊：一株着花数百朵乃至数千朵以上的巨型菊花。

④ 悬崖菊：通过整枝、修剪，整个植株体成悬垂式。

⑤ 嫁接菊：在一株花卉的主干上嫁接各种花色的菊花。

⑥ 案头菊：与独本菊相似，但低矮，株高 20cm 左右，花朵硕大，常陈列在几案上欣赏。

⑦ 菊艺盆景：由菊花制作的桩景或盆景。

4. 习性

菊花具有一定越冬耐寒能力，尤其是地被菊，部分品种可抗－30～－20℃。菊花在5℃以上地上部萌芽，10℃以上地上部生长，16～21℃生长最适宜。花芽分化在15～20℃，但因品种不同适温也有不同的临界温度，27℃以上高温花芽分化受抑制。夏菊具有低温开花特性，有些早花品种在夜温5℃时形成花芽。

菊花喜光，在长日照条件下营养生长，花芽分化与花芽发育对日长要求因品种而异。传统栽培的秋菊、寒菊大部分为质性短日，在一定临界日长以下的短日照条件下形成花芽与开花。夏菊、八月菊花芽分化与花芽发育都为量性短日；九月菊花芽分化为量性短日，花芽发育为质性短日。

耐旱忌积涝。菊花适宜各种土壤，但以富含腐殖质，通气、排水良好，中性偏酸的砂质土壤为好。pH 5.5～6.5，可溶性盐的电导率不超过2.5mS/cm。菊花对多种真菌病害敏感，应避免连作。

5. 繁殖

以扦插繁殖为主，也可分株、播种、嫁接、组织培养繁殖。

(1) 扦插繁殖　扦插在春夏季进行，以4～5月最为适宜。首先需培养采穗母株，一般选用越冬的脚芽，定植株行距(10～15)cm×(10～15)cm，植株生长到10cm左右即可摘心，促进分枝，侧枝高达10～15cm即可采取插穗。插条以长8～10cm、下部茎粗0.3cm为佳。插条的柔嫩程度以手易折断为宜，不易折断则说明茎已老化，不可选用。采条应用手折取，不宜用剪刀剪取，以防病害通过剪刀交叉感染。

插条采后若立即扦插，去除插条下部2/3的叶子，以减少水分蒸发。扦插时深入基质2～3 cm，株行距2cm×2cm。扦插后基质温度18～21℃，空气温度15～18℃，若在温室内扦插，则从4月份起需在插床上方拉遮阳网，以避免温度过高和阳光直晒插条。到10月上旬，可去掉遮阳网。在北京地区，从5月下旬以后，可在室外扦插，但7～8月份需遮阳。扦插后10～20d根长到2cm时，可起苗定植。

(2) 分株繁殖　分株在清明前后进行，将植株掘起，依根的自然形态，带根分开，另植盆中。

(3) 嫁接繁殖　通常以黄蒿(*Artemisia annua*)、青蒿(*A. apiacea*)或白蒿(*A. sieversiana*)为砧木，用劈接法嫁接接穗品种的芽。

(4) 播种繁殖　种子于冬季成熟，采收后晾干保存。于3月中下旬播种，约1周即可萌芽。实生苗初期生长缓慢。

(5) 组织培养　菊花的茎尖、叶片、茎段、花蕾等部位都可以作组织培养的外植体，其中未开展的、直径0.5～1cm的花蕾作外植体易于消毒处理，分化快。茎尖培养分化慢，常用于脱毒苗培养。

6. 栽培管理

庭院菊的栽培管理相对简单粗放。春季栽植在肥沃、地势高、排水良好的土壤上，定植前施足基肥。缓苗后及时摘心，只留下部5～6片叶，可以摘心数次，但7月底至8月初停止摘心，以免影响花芽分化。老株开花效果差，每年扦插更新开花好。栽培中忌连作，忌积水。

普通盆菊主要有独本菊、多本菊，栽培方法大体相同，只是整枝方式有异。根据菊花生长发育习性和品种特征，总结为冬存、春种、夏定、秋养4个环节的盆菊栽培方法。

7. 园林用途

菊花是中国的传统名花，花文化丰富，被赋予高洁品性，为世人所称颂，是重要的秋季园林花卉，适于园林中花坛、花境、花丛、花群、种植钵等应用，也是世界著名的优良盆花和切花。

中国古代流传的赏菊名句和故事甚多。屈原的“朝饮木兰之坠露兮，夕餐秋菊之落英”，陶渊明的“采菊东篱下，悠然见南山”，《红楼梦》中也有咏菊花诗的故事，农历九月九日重阳节，古人有佩茱萸囊和采摘菊花戴于鬓发之中的习俗。菊“苗可蔬，叶可羹，花可饵，根实可药，囊之可枕，酿之可饮，自本至末，罔有不功”实为人间良友。

中国目前栽培的有观赏菊和药用菊两大类。后者有杭白菊、徽菊等。

二、芍药

学名 *Paeonia lactiflora*

别名 将离、娈尾春、没骨花、白芍、殿春花

英文名 Peony、Chinese Herbaceous Peony

科属 芍药科、芍药属

1. 形态特征

多年生宿根花卉，地下具粗壮肉质纺锤形根，每年从其上发一年生的细根，在根茎部产生新芽。初生长时，茎叶或茎红色或有紫红晕。二回三出羽状复叶，小叶通常3深裂，全缘，椭圆形，绿色。花顶生茎上，有长花梗，花径10～20cm。花色多种，有白、黄、粉、紫、绿及混合色（图8-2）。花期4～5月，果熟期8～9月。

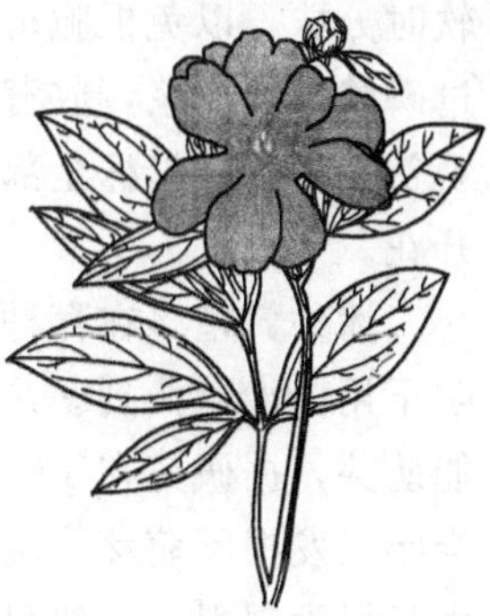

图8-2 芍药

2. 品种与类型

芍药的品种，宋代记载有30多种，明代有88种，清代有百余种，民国时期有300多种。全世界目前有1000种之多。芍药品种甚多，花色丰富，花型多变，园艺分类按用途、花色、花期、花瓣数及花型等方式。

（1）按花型分类 按花型分类各国虽有所不同，但主要依据则相似。芍药花型的变化主要因雌蕊、雄蕊的瓣化程度，花瓣的数量以及重台花叠生的状态而异。雄蕊退化，由正常雌蕊初度瓣化，花药扩大，花丝加长加粗，进而药隔变宽，药室只留下金黄色的痕迹，进而花药形态消失，成为长形或宽大的花瓣。雄蕊的瓣化使花瓣数量增加，形成重瓣花的内层花瓣。当两朵花上下重叠着生时，雌蕊、雄蕊瓣化后而出现芍药特殊的台阁花型。

① 单瓣类 药瓣1～3轮，花瓣宽大，雌、雄蕊发育正常。

② 千层类 花瓣多轮，花瓣宽大，内层花瓣与外层花瓣无明显差异，此类花型，在花芽形态分化阶段，就可看出是由花瓣自然增加而形成的。

③ 楼子类 有宽大外轮花瓣1～3轮，部分雄蕊瓣化，雌蕊部分瓣化成正常。

④ 台阁类 两朵花重叠为一朵花。

（2）按花色分 白色、黄色、粉白、红色、紫色、墨紫、混合品种。

（3）按花期分类

① 早花品种：花期5月10日至18日左右。

② 中花品种：花期5月18日至25日左右。

③ 晚花品种：花期5月25日至30日左右。

（4）按用途分　日本培育专用于切花品种，花色鲜明、芳香、水养持久。中国多数品种适于庭院栽培，其中部分用于切花。

3. 习性

喜冷凉，忌高温多湿，北方均可露地越冬，华南适合在高海拔地栽培。喜光、耐半荫。喜空气湿润，忌夏季酷暑。肉质根，怕积水，宜肥沃、湿润及排水良好的砂质土壤，忌盐碱及低洼地。

4. 繁殖

以分株繁殖为主，也可播种繁殖。

分株繁殖可保持原种的特性，开花期也比播种的早。专供分株繁殖用的母株多栽在苗圃地内，每4年分株1次。常于8月下旬至9月下旬以至10月下旬进行。此时地温比气温高，有利于伤口愈合，使根系在入冬前有一段恢复生长的时间，产生新根而有利于次年生长。分株过早，当年可能萌芽出土，影响次年生长发育；分株过晚，不能萌发新根，降低越冬能力。春季分株后大多生长不良，因为没有形成须根，气温就开始升高，萌芽后长出的茎叶大量消耗肉质根内的营养和水分，影响根系生长，以致发育不良，对开花更为不利，故有“春分分芍药，到老不开花”之说。

分株时先将根丛掘起，震落附土，然后顺自然纹理切开，也可阴干1～2d，待根系稍软时分株，以免根脆折断，每丛带有2～5个芽。在伤口处涂以草木灰硫磺粉或含硫磺粉、过磷酸钙的泥浆，放背阴处稍待阴干再栽。分株繁殖的新植株隔年能开花，为不影响开花观赏，可不将母株全部挖起，只在母株一侧挖开土壤，切割部分根芽，如此原株仍可照常开花。

播种繁殖多在育种和培养根砧时应用。种子的寿命很短，于8月成熟后随采随播，或阴干用湿沙贮藏到9月中下旬播种。芍药种子为上胚轴休眠型，要经过一定低温与黑暗方能萌芽，据研究在4℃下经30d以上可以打破休眠。通常采用沟播，覆土6～10cm，一般当年只发根不萌芽，越冬后于次年4月萌芽，萌芽适温为11℃。春季幼苗出土后，当年生长极为缓慢，一般只生长2个叶片，第3年才加速生长，5年以后才能开花。

5. 栽培管理

宜选阳光充足、土壤疏松、土层深厚、富含有机质，排水通畅场地进行定植。切花栽培宜用高畦或垄栽，花坛栽培可筑成花台更有利排水通气。芍药根系粗大，栽植前应深耕并施足基肥。根茎覆土2～4cm，园林中定植株距50～100cm，因品种和栽培目的而异。生长期保持土壤湿润，尤其花前不能干旱，否则花易凋谢。及时疏去侧花蕾，可以集中养分供主蕾，使花大色艳。芍药喜肥，每年追肥2～3次，以混合肥为好。第一次在早春出芽前，第二次于4月中下旬（现蕾时施，谷雨前后），第三次在8月中下旬（处暑前后），为形成翌年花芽打好基础，地上部枝叶枯黄前后，可结合刈割清理，这次可将有机肥与无机肥混合施用。花瓣脱离后要及时去残花，否则影响观赏价值。连年开花后开花差，大多品种10年以后开始衰老，芽多但小，开花不良，要通过分株更新。

6. 园林用途

芍药是中国传统名花，因其与牡丹外形相似而被称为花相。花大色艳，栽培简单，是重要的春季园林花卉，常与牡丹共同组成牡丹芍药园。丛植或孤植于庭院中，也能充分地展示其雍容华贵的姿态。芍药水养持久，是优良的切花。

《诗经·郑风》记载："维士与女，伊其相谑，赠之以芍药"。古代男女交往以芍药相赠，作为结情之约，或表示惜别之情，故又名将离、将离草、离草或可离。晋代开始作观赏栽培，佛前供花最盛，以后有多部专著。

唐宋文人有谓芍药为婪尾春，婪尾乃巡酒中的最后一杯，故芍药又有婪尾春之名。《芍药谱》记载："昔有猎人在中条山中见白犬入地中，掘之得一草根，携归植之，翌年开花，乃芍药叶也，故又名白犬"。

三、鸢尾类

学名 *Iris*

别名 千日莲

英文名 Iris

科属 鸢尾科、鸢尾属

1. 形态特征

多年生宿根花卉，地下部分为块状或匍匐状根茎，或为鳞茎、球茎；叶基生二列互生，多革质，剑形或线形，绿色深浅不同；花茎从叶中抽生，有分枝或无分枝，每茎有花1朵至多朵，排列成蝎尾状聚伞花序或圆锥状聚伞花序。花从2个苞片组成的佛焰苞内抽出；花被片6，基部呈短管状或爪状；外轮3片大而外弯或下垂，称垂瓣，内轮片较小，多直立或呈拱形，称旗瓣。花构造独特，是高度发达的虫媒花（图8-3）。花期春、夏季。

2. 习性

根茎类鸢尾耐寒性强，一些种类有积雪覆盖时，可耐-40℃低温，早春萌动早。鸢尾类对土壤水分的适应性因种而异，大体可分两大类型。第一类根茎粗壮，适应性广，但以光照充足、排水良好、在适当充足水分的条件下生长良好，亦能耐旱，例如德国鸢尾、银苞鸢尾、香根鸢尾、鸢尾等。第二类为喜水湿，在湿润土壤或浅水中生长良好，如燕子花、溪荪、蝴蝶花、玉蝉花、海滨鸢尾等。多数种类要求日照充足，如花菖蒲、燕子花、德国鸢尾等，若在灌木丛或高大树木遮阳下则开花较少；但蝴蝶花宜在半荫处生长，因此常作地被植物应用，鸢尾也稍耐荫。花菖蒲在微酸性土壤上生长良好。

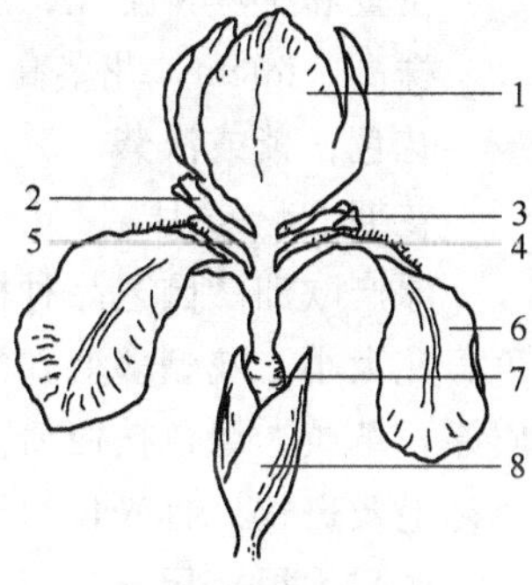

图8-3 鸢尾花各部分名称
1—花瓣（内花被片）；2—花柱枝；3—柱头；4—髯毛；5—花药；6—花瓣（外花被片）；7—子房；8—鞘苞

3. 繁殖

以分生繁殖为主，也可播种繁殖。分根茎时，每块根茎带2～3个芽，前两类剪去地上叶丛1/3～1/2，易成活。大量繁殖时可分切根茎扦插于湿沙中，在20℃条件下，2周可出不定芽。

鸢尾多数种类易于结实，可用种子繁殖。于秋天9月以后种子成熟后采种即播，春季萌芽。实生苗须3～4年开花。应用冷藏种子打破休眠，播种后10d发芽，可以加速育苗提早开花。若播种后冬季使之继续生长，则18个月就可开花。

4. 栽培管理

园林栽培鸢尾类多数应用于园林花境、花坛、花丛，在草坪边缘、山石旁或池边或浅水中栽种，矮型种可作地被、盆栽观赏。虽然一年中不同季节都可栽种成活，但以早春或晚秋种植为好。地栽时应深翻土壤施足基肥，尤其磷、钾肥要充分。栽植时将根茎平放，一般覆土 2.5cm 即可，过深生长不良，株距 30～50cm。每年花前追肥 1～2 次，生长季保持土壤水分。2 年后开花减少，因此 2～4 年分株一次，有利于根茎发育和地上开花。湿生种鸢尾可栽于浅水或池畔，种植深度 7～10cm。生长季不能缺水，否则生长不良。

5. 园林中常用种类

(1) 鸢尾（*I. tectorum*）

别名　蓝蝴蝶、扁竹花

英文名　Roof Iris

位置和土壤　全光、半荫；肥沃、排水良好的石灰质土壤

株高　30～40cm

花色　蓝紫、白

花期　5 月

植株低矮。根茎短粗。叶剑形，排列如扇形，淡绿色，薄纸质。花茎稍高于叶丛，有 1～2 分枝，着花1～3 朵；花垂瓣具蓝紫色条纹，瓣基具褐色纹，中央有鸡冠状突起，白色带紫纹；旗瓣较小，弓形直立，基部收缩，色较浅。性强健，耐寒、耐旱、耐湿、耐荫。根系较浅。

(2) 德国鸢尾（*I. germannica*）

英文名　German Iris

位置和土壤　全光；肥沃、排水良好的石灰质土壤

株高　60cm，花茎高可达 90cm

花色　紫或淡紫

花期　4～5 月

原产欧洲。园艺品种极丰富，由原产欧洲的原种杂交，目前仍不断有新品种育成，花色、花大小、花型多变，世界各地广为栽培，是栽培最广泛的鸢尾。根茎粗壮。叶剑形，质厚，革质，绿色被白粉而成灰绿色。花茎高 70～90cm，有 2～3 分枝；垂瓣中央有黄白色须毛及斑纹。喜光，耐干旱。

(3) 香根鸢尾（*I. florentina*）

英文名　Fragrant-root Iris

位置和土壤　全光；排水良好的石灰质土壤

株高　50cm，花茎高可达 90cm

花色　白色有淡蓝色晕

花期　5 月

原产中南欧和西南亚。根茎粗壮，有香味。叶与德国鸢尾相似。花大，苞片浅棕色；垂瓣中央有须毛及斑纹。习性同德国鸢尾。

(4) 银苞鸢尾（*I. pallida*）

别名　奥地利鸢尾、香根鸢尾、白鸢尾

英文名　White Iris

位置和土壤　全光；排水良好的石灰质土壤

株高　50cm，花茎高可达 120cm

花色　淡紫

花期　5 月

原产南欧及阿尔卑斯山。根茎粗大，有香味，可提炼香精。植株丛生状。叶剑形，质较德国鸢尾薄，被白粉，灰绿色。花茎高于叶丛，有 2～3 分枝；苞片银白色干膜质；垂瓣中央有黄色须毛及深色斑纹。习性同德国鸢尾。有斑叶及花瓣具斑点品种。

(5) 马蔺（*I. lactea* var. *chinensis*）

别名　马莲、紫蓝草

英文名　Chinese Iris

位置和土壤　全光；不择土壤

株高　30～60cm

花色　堇蓝

花期　5～6 月

原产中国及中亚细亚。根茎粗短，须根细而坚韧。叶丛生，革质硬，灰绿色，很窄，基部具纤维状老叶鞘，叶下部带紫色。花茎与叶等高，着花 2～3 朵；垂瓣光滑，花瓣窄。耐践踏、耐寒、耐旱、耐水湿。根系发达，可用于水土保持和盐碱地改良。

(6) 拟鸢尾（*I. spuria*）

别名　欧洲鸢尾

英文名　False Iris

位置和土壤　全光；不择土壤

株高　80～100cm

花色　淡蓝紫、白、乳黄

花期　6～7 月

原产欧洲。株丛挺立，根茎细小。叶线形，灰绿色，有异味。花茎与叶等高，着花 1～3 朵；垂瓣光滑，花瓣极窄。喜水湿，适应性强，不择土壤。

以分生繁殖为主，也可播种繁殖。分根茎时，每块根茎带 2～3 个芽，前两类剪去地上叶丛 1/3～1/2，易成活。大量繁殖时可分切根茎扦插于湿沙中，在 20℃条件下，2 周可出不定芽。

四、耧斗菜类

学名　*Aquilegia*

英文名　Columbine

科属　毛茛科、耧斗菜属

1. 形态特征

多年生宿根花卉，株高 60～90cm，茎直立，多分枝，株形疏松直立，全株质感轻薄。二至三回三出复叶，具长柄，小叶深裂，裂片浅而微圆。一茎多花，花朵下垂，花瓣长约 2cm；花型独特，萼片花瓣状，花瓣基部成长距，直生或弯曲，从花萼间伸向后方；花大但不失轻盈。花有蓝色、紫色或白色，花径约 5cm（图 8-4）。花期 5～6 月。园艺品种多，目前栽培的多为园艺品种。

2. 习性

性强健，耐寒，华北和华东可露地过冬，忌酷暑。喜半荫。喜肥沃、湿润、排水好的土壤，忌干燥。对夏季高温适应性较差，若有树木遮阳生长较好。

图 8-4 耧斗菜类的花

3. 繁殖

以分株繁殖为主，也可播种繁殖。早春或晚秋进行分株。春播或秋播。一般栽培种子，其种子发芽温度适应性强，20d后出芽，而加拿大耧斗菜发芽适温为15～20℃，温度过高则不发芽，播后约1个月发芽。发芽前应注意保持土壤湿润。

4. 栽培管理

幼苗经一次移植后，苗高约10cm左右即可定植，株距为30～40cm。定植时以数株丛植一起效果为好。开花前可施追肥，以促进生长及开花。忌涝，在排水良好的土壤中生长良好。春天可在全光条件下生长开花，但夏季最好遮阳，否则叶色不好，呈半休眠状。花前追肥可以促进开花。栽培管理简单。耧斗菜类发芽早，种间杂交很容易，因此要想得到纯种要进行种间隔离。

5. 园林用途

种和品种繁多，是重要的春季园林花卉。植株高矮适中、叶形优美、花型奇特，是花境的好材料；丛植、片植在林缘和疏林下或山地草坡，可以形成美丽的自然景观，表现群体美，大量使用很壮观；亦可用于岩石园。

6. 园林中常用种类

(1) 杂种耧斗菜（*A. hybrida*）

别名　大花耧斗菜

英文名　Alsike Columbine

株高　90cm

花色　紫红、深红、黄

花期　5～8月

为园艺杂交种，有很高的观赏价值。主要亲本有花色艳丽的加拿大耧斗菜（*A. canadensis*）和花期稍晚、7～8月开花、花期较其他种长1个月的黄花耧斗菜（*A. chrysantha*）。

杂种耧斗菜茎多分枝，二至三回三出复叶，花朵侧向开展、花大、色彩丰富、花瓣距长，花瓣先端圆唇状，为目前各国园林栽培的主要品种。它有众多的园艺品种，花色、花期都有不同。

(2) 华北耧斗菜（*A. yabeana*）

英文名　Yabe Columbine

株高　50～60cm

花色　紫

花期　5月

原产中国华北山地草坡，中国陕西、山西、山东、河北有分布。植株茎上部密生短腺毛。一至二回三出复叶，茎生叶较小，具长柄。花顶生下垂；萼片狭卵状，与花瓣同数同色，紫色，距末端狭，内弯。发芽适温要求严格，为15～20℃，过高不易发芽。

(3) 加拿大耧斗菜（*A. canadensis*）

英文名　Canadian Columbine、Wild Columbine

株高　50～70cm

花色　红、黄

花期　5～6 月

原产加拿大和美国。叶黄绿色。花大，萼片红色，花瓣黄色，开花繁茂。有 20cm 的矮变种 var. *nana*。杂种耧斗菜的品种有许多与之相似之处。

(4) 耧斗菜（*A. vulgaris*）

别名　西洋耧斗菜

英文名　European Columbine

株高　40～80cm

花色　紫、白

花期　5～6 月

原产欧洲和西伯利亚地区。茎直立，多分枝；有细柔花下垂，距稍内弯。有众多变种，如大花、白花、重瓣、斑叶。也有一些杂交品种，主要是不同的花色，蓝、紫、红、粉、白、淡黄等。

五、蜀葵

学名　*Althaea rosea*

别名　一丈花、熟季花、端午锦

英文名　Hollyhock

科属　锦葵科、蜀葵属

1. 形态特征

多年生宿根花卉，茎直立可达 3m，无分枝或少分枝，全株被柔毛。叶大、互生叶片粗糙而皱，圆心脏形，5～7 浅裂或有波状角裂，边缘具齿，托叶 2～3 枚，离生，叶柄长 6～15cm。花大，单生叶腋或聚成顶生总状花序，花径 8～12cm，花瓣 5 枚或更多，短圆形或扇形，边缘波状而皱或齿状浅裂；花色有红、紫、褐、粉、黄、白等色，单瓣、半重瓣至重瓣，花期 6～8 月。

2. 习性

性强健，耐寒，华北地区可露地越冬。喜光，耐半荫。对土壤要求不严，喜肥沃、深厚的土壤。能自播繁衍。

3. 繁殖

播种繁殖，也可进行分株和扦插繁殖。种子成熟即可播种，也可于 9 月初秋播于露地苗床，发芽迅速整齐，种子约一周后发芽，北方阳畦过冬；也可以春天露地直播。

分株在秋凉后掘取植株，将根冠上所长的嫩枝带根切取分栽。扦插仅用于特殊的优良品种和重瓣品种，利用老干基部萌发侧枝，长 8cm，扦插于室内；盆土以砂质土壤为好，插后要闭气遮阳直至发根，时间自花后直至冬季，但冬季扦插时要有底温。

4. 栽培管理

栽培管理简单。生长期施肥可以使花开更好，花期适当浇水。播种苗 2～3 年后生长开始衰退，可以作二年生栽培；也可以在花后从地面上 15cm 处剪除，次年开花更好；一般栽培 4 年左右就要更新。定植株距 50cm。

5. 园林用途

蜀葵花色丰富、花大色艳，是重要的夏季园林花卉。在建筑物前或墙垣前丛植或列植，都有很高的观赏价值；亦是优良的花境材料，在其中作竖线条的花卉。植株易衰老，应注意及时更新，以免影响景观效果。

六、落新妇类

学名　*Astilbe*

英文名　Astilbe

科属　虎耳草科、落新妇属（升麻属）

1. 形态特征

多年生宿根花卉，株高 40～80cm，根状茎粗壮呈块状，有棕黄色长绒毛及褐色鳞片，须根暗褐色。茎直立被多数褐色长毛，并杂有腺毛，基生叶为二至三回三出复叶，具长柄；茎生叶 2～3 枚，较小，小叶片长 1.8～8cm，边缘有重锯齿，叶面疏生短刚毛，背面尤多。圆锥花序长达 30cm，与茎生叶对生，花轴密生褐色曲柔毛。花小，几乎无柄，花瓣 4～5 枚，白色、粉色、红紫色，狭条形，两性或单性（图 8-5）。花期 7～8 月。

图 8-5　落新妇类的花

2. 习性

性强健；自然界多生于疏林下湿润处及路边草丛间，在半荫条件下生长较好；耐寒；喜肥沃、湿润、疏松的微酸性和中性土，也耐轻碱；忌高温干燥和积涝。

3. 繁殖

分株或播种繁殖。分株秋季进行，将植株掘起，剪去地上部分，每丛带有 3～4 个芽重新栽植。

播种繁殖，种子最适发芽温度为 25～30℃；春秋播种均可，但以春播为宜，播前需细致整地，将种子和 10 倍的细沙混合后，均匀撒播，浅覆土，保持湿润，否则不易发芽；幼苗长至 2～3cm 时，及时移栽至半荫、湿润的环境中，每隔 2～3 周追施 1 次稀薄肥料，经过 1 年的精心养护，第 2 年可开花。

4. 栽培管理

幼苗可摘心促分枝。栽培地要施足有机肥，株距 40～50cm，春季施 2～3 次复合肥，生长季节应保证有充足的水分供应，保持根系活动层土壤湿润。春末及夏初连续掐尖 2～3 次，使植株矮壮，花序大，分枝多。若不需采种，花后应尽早剪去残花，可促进新花序的生长，延长花期。寒冷地区，秋季分栽太晚时应覆盖保护越冬。生长 2～3 年需要分株更新。栽培管理简单。

5. 园林用途

株型挺立、叶片秀美、花色淡雅、高耸于叶面，观赏价值很高。落新妇是花境中优良的竖线条材料，适宜种植在疏林下、溪边、林缘，亦可与山石配置。

6. 园林中常用种类

同属植物约 25 种，原产亚洲及北美，中国产 7 种。常见栽培或可引种栽培的有如下几种。

（1）阿兰德落新妇（*A. arendsii*）

株高　60～1000cm

花色　白、粉、紫红、红

花期　夏季

二至三回三出复叶，长 30～45cm。圆锥花序密集，长 20～80cm。本种是由德国 Georg Arends 于 1909～1955 年利用大卫落新妇（*A. chinensis* var. *davidii* Franch.）、鬼灯檠［*A. astilboides*（Maxim.）］、日本落新妇（*A. japonica*）、董氏落新妇（*A. thunbergii*）种间杂交得到的杂种，后经培育得到的一系列无性系。

（2）大落新妇（*A. grandis*）

株高　0.4～1.2m

花色　白色、紫色

花期　夏季

根状茎粗壮。二至三回三出复叶至羽状复叶，叶轴长 3.5～32.5cm，小叶长 1.3～10cm，宽 1～5cm。顶生圆锥花序通常塔形，长 16～40cm，宽 3～17cm。主产于中国东北、华中及华北一带。

（3）日本落新妇（*A. japonica*）

株高　0.8m

花色　白色

花期　5～6 月

花序密集，长 10～20cm。原产日本，生长于湿润、多石的峡谷中。

（4）朝鲜落新妇（*A. koreana*）

株高　60cm

花色　初花粉红，盛花乳白色

花期　夏季

叶一至二回羽状裂。圆锥花序拱起。

（5）溪畔落新妇（*A. rivularis*）

株高　0.6～2.5m

花色　粉红

花期　7～9 月

二至三回羽状复叶。圆锥花序 30～60cm，多花；花序分枝长 1～1.8cm；无花瓣，萼片 4～5 枚。产于陕西、河南、四川、云南、西藏等地。

（6）单叶落新妇（*A. simplicifolia*）

株高　15～30cm

花色　白色

花期　7～9 月

叶长 7.5cm。花序松散。原产日本。本种和阿兰德落新妇（*A. arendsii*）杂交，其后代也叫单叶落新妇，花玫瑰红色，复叶通常具 3 小叶。

（7）董氏落新妇（*A. thunbergii*）

株高　60cm

花色　白色、粉红色

花期　7～9月

叶二至三回羽状裂，小叶卵形，长达9cm，有锯齿，具毛。花序扩散，常变粉红色。原产于日本。

七、荷包牡丹类

学名　*Dicentra*

英文名　Common Bleeding Heart

科属　罂粟科、荷包牡丹属

1. 形态特征

多年生宿根花卉，株高30～60cm，茎直立，地下茎水平生长，稍肉质。叶对生，二回三出复叶，全裂，具长柄，叶被白粉，3出复叶极似牡丹。花序顶生或与叶对生，呈下垂的总状花序；花型独特，萼片小而早落，4枚花瓣交叉排成两轮，外面2枚粉红色，基部呈尖状，上部狭且反卷；内2枚狭长，近白色，花期5月（图8-6）。

图8-6　荷包牡丹的花

2. 习性

耐寒，忌夏季高温。喜半荫，生长季内日光直射时，需侧向遮阳。喜湿润，不耐干旱；喜疏松、湿润的土壤，在黏土中生长不良。

3. 繁殖

以春秋分株繁殖为主，约3年左右分株一次，春季当新芽开始萌动时进行最宜，也可在秋季进行。分株时注意避免挖伤地下部分的半肉质根茎，去除腐坏部分进行分栽。分株时也可利用断根进行根插，花期可剪去花蕾进行枝插，成活率高，次年即可开花。种子繁殖可秋播或层积处理后春播，实生苗3年开花。

4. 栽培管理

栽培管理容易。定植株距40～60cm。夏季注意遮阳、排涝。栽植在树下等有侧向遮阳的地方，可以推迟休眠，延长观赏期一个月。在春季萌芽前及生长期施些饼肥及液肥则花叶更茂，冬季在近根处施以油粕或堆肥，植株生长旺盛时，要有充足的水分。盆栽时宜选用深盆，下部放些瓦片以利排水，荷包牡丹也可促成栽培，在休眠后栽于盆中，置于冷室，至12月中旬移至12～13℃温室内，经常保持湿润，2月间即可开花，花后再放置冷室内，早春来临分株更新栽植露地。

5. 园林用途

植株丛生而开展，叶翠绿色，形似牡丹，但小而质细。花似小荷包，悬挂在花梗上优雅别致。荷包牡丹类是花境和丛植的好材料，片植则具自然之趣。矮生品种也可作地被或盆栽置于案头欣赏。切花可水养3～5d。

6. 园林中常用种类

（1）荷包牡丹（*D. spectabilis*）

别名　铃儿草、兔儿牡丹

英文名　Showy Bleedrng Heart

株高　30～60cm

花色　白、粉红

花期　4～5 月

原产中国，河北、东北有野生。地下茎稍肉质。叶被白粉。总状花序横生，花朵着生在一侧，下垂；花瓣长约 2.5cm，内轮白色，外轮粉红色。有白花变种（var. *alba*），叶黄绿色，花全白。可以根插繁殖。可促成栽培，秋季将植株上盆，保持 12～15℃和湿润环境，约 70～80d 开花。

（2）缝毛荷包牡丹（*D. exima*）

株高　30～50cm

花色　红紫

花期　5～8 月

原产美洲东海岸。叶基生，长圆形，稍带白粉。总状花序无分枝；花红色，下垂。有一些观赏价值很高的园艺品种。

（3）美丽荷包牡丹（*D. formosa*）

英文名　Western Bleeding Heart

株高　50～60cm

花色　粉红、暗红

花期　5～6 月

原产北美洲。叶细裂，株丛柔细。总状花序有分枝，花粉红色。

（4）大花荷包牡丹（*D. macrantha* Oliv.）

英文名　Largeflower Bleeding Heart

株高　100cm

花色　淡绿色、白色

花期　5～6 月

叶大型，产于中国四川、贵州、湖北等地。

八、萱草类

学名　*Hemeroallis*

英文名　Daylily

科属　百合科、萱草属

1. 形态特征

多年生宿根花卉，根茎短，常肉质，有多数肉质根。叶线状披针形，基生，成簇生长，带状，长 30～60cm，宽 2.5cm，排成 2 列状。花茎高出叶丛，上部有分枝；圆锥花序，花茎高达 1m 以上，着花 6～12 朵，橘红至橘黄色，阔漏斗形，花内外二轮，每轮三片，花期 6～8 月（图 8-7）。原种单花花期一天，花朵开放时间不同，有的朝开夕凋，有的夕开次日清晨凋谢，有的夕开次日午后凋谢。

图 8-7　萱草类的花

2. 习性

性强健而耐寒，对环境适应性较强，根状茎可在 −20℃低温冻土中越冬。喜光，亦耐半荫；耐干旱和低湿；对土壤的适应性强，喜深厚、肥沃、湿润及排水良好的砂质土壤。

3. 繁殖

以分株繁殖为主，也可播种或扦插繁殖。分株多在秋季进行，每丛带2～3个芽，用腐熟的堆肥和基肥，春季分株者，夏季即可开花。一般3～5年分株一次。播种需经冬季低温后萌发，一般秋播。春播需沙藏处理，发芽整齐一致。花后扦插茎芽易成活，次年即可开花。

4. 栽培管理

中国南北各地均可露地栽培，栽前施足基肥。定植株距50～60cm，若栽植过密，2年后株丛增大，易因通风不良招致虫害。春季少雨地区，萌芽至开花期应及时补充水分。花后，自地面剪除残花茎，并及时清除株丛基部的枯残叶片。定植3～5年内不需特殊管理，以后分栽更新。

5. 园林用途

春天萌芽，叶丛美丽，花茎高出叶丛，花色艳丽，是优良的夏季园林花卉。适宜花境应用，也可丛植于路旁、篱缘，疏林边，能够很好的体现田野风光，也是插花的材料。

6. 园林中常用种类

(1) 萱草（*H. fulva*）

别名　忘忧草、忘郁

英文名　Common Orange Daylily

株高　60～120cm

花色　淡白绿、米黄、深金黄、粉

花期　6～7月

原产中国南部、欧洲南部及日本。具短根状茎及纺锤形膨大的肉质根；叶基生，长带形；花茎粗壮，着花6～12朵，盛开时花瓣裂片反卷。

(2) 大苞萱草（*H. middendorffii*）

别名　大花萱草

英文名　Middendorff Daylily

株高　40cm

花色　黄

花期　4～5月

原产中国东北、日本及西伯利亚地区。株丛低矮，花期早。叶较短、窄，宽2～2.5cm。花茎高于叶丛，花梗短，2～4朵簇生顶端。

(3) 小黄花菜（*H. minor*）

英文名　Small Yellow Daylily

株高　30～60cm

花色　黄

花期　6～8月

原产中国北部、朝鲜及西伯利亚地区。植株小巧，根细索状。叶纤细，2列状基生。花茎高出叶丛，着花2～6朵；小花芳香，傍晚开放，次日中午凋谢。干花蕾可食。

(4) 黄花菜（*H. citrina*）

别名　黄花、金针菜、柠檬萱草

英文名　Citron Daylily

株高　1m 以上

花色　淡黄

花期　7～8 月

原产中国长江及黄河流域。具纺锤形膨大的肉质根。叶 2 列状基生，带状。花茎稍长于叶，有分枝，着花可达 30 朵；花被淡黄色；花芳香，夜间开放，次日中午闭合。干花蕾可食。

(5) 北黄花菜（*H. flava*）

别名　黄花萱草、金针菜

英文名　Common Yellow Daylily

株高　1m 以上

花色　柠檬黄

花期　5～7 月

原产中国和日本，中国长江流域以北各省有分布，欧洲和美洲广泛栽培。叶深绿。花茎着花 6～9 朵；花芳香，傍晚开放，次日午后凋谢；花色较黄花菜深，花萼管较短。大北黄花菜 var. *major* 植株高大，花色稍浅，花蕾可食。

九、玉簪

学名　*Hosta plantagimea*

英文名　Plantainlily

科属　百合科、玉簪属

1. 形态特征

多年生宿根花卉，株高 40～75cm，株丛低矮，圆浑。根状茎粗大，并生有多数须根。叶基生，簇状，具长柄，卵形至心状卵形，平行脉，长 15～30cm，宽 10～15cm。顶生总状花序，着花 9～15 朵，花白、蓝或蓝紫色，管状漏斗形，径约 2.5～3.5cm，长 13cm（图 8-8）。花期 6～8 月，芳香袭人，在夜间开放。变种有重瓣玉簪。

图 8-8　玉簪

2. 习性

性强健，耐寒，喜阴湿，忌直射光，栽于树下或建筑物北侧生长良好，土壤以肥沃湿润、排水良好为宜。

3. 繁殖

多采用分株法，于春季 4～5 月或秋季 10～11 月进行，播种繁殖 3～4 年开花。近年用组织培养方法，取叶片、花器均能获得幼苗，不仅生长速度较播种快，并可提早开花。

4. 栽培管理

定植株距 40～50cm。栽种前要施足基肥。选蔽荫之地种植，在浓荫处生长旺盛。在春季或开花前可施用氮肥及少量磷肥，则叶绿而花茂，夏季注意防除危害茎、叶的蜗牛和蛞蝓。栽培管理简单。

5. 园林用途

园林中可配置于林下作地被植物或岩石园中及建筑物北面，亦有盆栽作观叶、观花之用。

6. 同属其他花卉

(1) 紫萼（*H. ventricosa*）

别名　紫花玉簪

英文名　Blue Plantainlily

株高　40cm

花色　紫

花期　6～8 月

与玉簪不同点为叶柄边缘常有翅，叶柄沟槽无玉簪深，叶片质薄。原产中国、日本，西伯利亚也有分布。叶较窄小，质薄，叶基常下延呈翼，叶柄沟槽浅。花淡紫色，无香味，较玉簪小，白天开放。株丛较玉簪小。

(2) 狭叶紫萼（*H. lancifolia*）

别名　狭叶紫萼、日本玉簪

英文名　Japanese Plantainlily

株高　40cm

花色　淡紫

花期　8 月

原产日本。根茎细。叶灰绿色，披针形至长椭圆形，两端渐狭。花茎中空，花淡紫色。变种和品种很多。喜高燥。

十、宿根石竹类

学名　*Dianthus*

英文名　Dianthus

科属　石竹科、石竹属

1. 形态特征

多年生宿根花卉，植株直立或成垫状。茎节膨大，叶对生。花单生或为顶生聚伞花序及圆锥花序，苞片 2 枚至多枚，是分类学上的特征；花瓣 5、具爪，被萼及苞片所包被，全缘或具齿及细裂。花有粉色、白色、紫色、红色，花期为春、夏、秋。种间杂交易产生后代，是园艺品种丰富的属。

2. 习性

喜凉爽，不耐炎热。喜光。喜肥沃、排水良好的砂质土。喜高燥、通风，忌湿涝。

3. 繁殖

播种、分株和扦插繁殖。春播或秋播，大多数发芽适温 15～18℃，温度过高抑制萌发。播后约 5d 发芽，10d 齐苗。在北方地区常阳畦越冬，长江流域露地越冬，春季定植。

扦插时期易在 10 月至翌年 3 月进行。将枝条剪成 6cm 左右的小段，插于沙床或露地苗床。在寒冷地区需在温室内扦插，植株长根后定植。

4. 栽培管理

幼苗移植两次可定植，定植株距为 20～30cm，植后每隔 1 周施肥 1 次。摘心可促分枝。栽培多年后生长衰退，注意及时更新。

5. 园林用途

宿根石竹类色若彩霞，带有清雅的微香，是传统的园林花卉。在坡地若成片栽植，可表现出野生的自然气息。常夏石竹、西洋石竹等矮生种类，枝蔓状丛生，枝叶纤细，开花繁密，是优良的岩石园花卉材料，也是良好的镶边材料。瞿麦、香石竹等高型种类，轻盈美丽，可用于花坛、花境和岩石园。香石竹是重要的切花花卉。

花枝纤细，叶似竹，青翠成丛，故名石竹。在欧美一些国家，被人们看作象征纯洁的母爱，称其为“母亲花”，在每年5月的第二个星期日“母亲节”时佩带。

6. 园林中常用种类：

(1) 常夏石竹（*D. plumarius*）

别名　羽裂石竹

英文名　Cottage Pink

位置和土壤　全光；疏松、肥沃、排水好的石灰质土壤

株高　20～30cm

花色　白、粉红、紫

花期　5～7月

原产奥地利及西伯利亚地区。株丛密集低矮。植株光滑被白霜，灰绿色。茎簇生，上部有分枝，越年基部木质化。叶细而紧密，叶缘具细齿，中脉在叶背隆起。花2～3朵顶生，花瓣剪绒状，质如丝绒，芳香浓郁。

在阳光充足、温暖、土壤肥沃、排水通畅及微碱性土壤等条件下生长最好。种植方法及管理同少女石竹。但常夏石竹单株有时会在花后第二季失去活力，必须更新移植。

通常仅通过春季分株繁殖，亦可用压条或扦插繁殖。

在园林中，常夏石竹常用于圆形花坛镶边，或群植于岩石园和野趣园中，花枝可作切花。

(2) 西洋石竹（*D. deltoides*）

别名　少女石竹

英文名　Maiden Pink

位置和土壤　全光；疏松、肥沃、排水好的石灰质土壤

株高　15～25cm

花色　白、粉、淡紫

花期　5～6月

植株低矮，灰绿。营养茎匍匐地面，着花茎直立，叉状分枝，稍被毛。叶小，密而簇生，线状披针形。花单生于茎端，具长梗，有须毛，喉部常有一形或V形斑；花色丰富，芳香四溢。

原产西欧及亚洲东部，在美国广为栽培。性喜温暖，阳光充足，在肥沃、排水性好、微碱性土壤上生长。排水不良，常导致死亡。

春季定植。酸性土壤定植前需加石灰调整pH以利植株生长。夏季土壤及中性土壤中仍需再加一次石灰。定期浇水，1年施平衡肥1次。在冬季严寒地区，用常绿树枝覆盖其上，这要比覆盖落叶更好，因为用落叶覆盖，潮湿，密不透气，苗易腐烂。

一些植株几年后自然死亡。仲夏用营养枝压条或扦插繁殖，亦可在春季分株。种子夏季播于冷室中，幼苗冬季保护越冬。第二年夏天播种苗便可开花，具自播能力，但因幼苗越冬不易而存留不多。

西洋石竹，花美味香，叶色迷人，是一种极好的花坛用石竹，曾经在欧美园林中辉煌一时，常用于花坛镶边及观花地被，同时它还是一种良好的切花材料。

(3) 瞿麦 (*D. superbus*)

英文名　Fringed Pink

株高　36～40cm

花色　白、蓝紫、淡红

花期　5～6月

植株不具白霜，浅绿色。叶平展。花单生或成稀疏的圆锥花序，花瓣深裂成羽状，萼筒长，先端有长尖；花色丰富，具芳香。有园艺品种。

(4) 香石竹 (*D. caryophyllus*)

别名　麝香石竹、康乃馨

英文名　Carnation、Clore Pink

株高　30～100cm

花色　白、紫、红、黄、杂色

花期　园林中5～7月

全株被白粉，灰绿色；茎直立，多分枝；叶窄，披针形，基部抱茎；花多单生，或2～5朵成聚伞花序，稍芳香。

香石竹是一个杂交种，栽培品种甚多，大致可分为露地和温室栽培两类。前者耐寒力强，可露地越冬，常作二年生花卉栽培；后者是亚灌木状，四季开花，在温室作切花栽培。

香石竹，原产于法国到希腊一带，现为世界各地广泛栽培。喜保肥性好、通气和排水性能好、肥沃的黏壤土。pH为6.0～6.5，切忌连作。忌涝。喜冷凉的气候，但不耐寒，最适生长温度为20℃左右。一般来说，冬、春季节白天宜保持15～18℃，晚间保持10～12℃；夏秋季节白天18～21℃，晚间12～15℃。喜干燥通风环境，高温、多湿引起病虫害发生。香石竹是一种日中性花卉，在阳光充足条件下方能生长良好。

香石竹花期长，每朵花开放的时间也长。露地栽培，5～6月和9～10月开花。温室栽培除炎热季节，可周年供应。

香石竹可用扦插、播种和组织培养等方法繁殖。一般用人工杂交育种，组织培养也日趋普遍。扦插多在春季进行，12月至翌年1月扦插，约45d生根；3月底至4月初扦插，约15～20d生根。插条宜选用植株中下部粗壮的侧枝，插条长4～10cm摘下时，略带主干皮层，插条顶端留叶3～4片，其余摘除，然后浸泡于水中或10～100mg/L的萘乙酸及吲哚丁酸的溶液中，使插条吸足水分，生长点硬起来后再扦插。一般管理得当，成活率可达70%～80%。

播种多在秋季。种子无休眠，播种后在12～18℃约1周左右可发芽，幼苗期保持在8～12℃约15周可成苗。组织培养则多用于茎尖脱毒，品种复壮。

香石竹是世界五大切花之一，花朵色泽鲜艳，主要用作切花。由于其叶不甚美观，插花时常用文竹、天门冬、丝石竹等植物加以陪衬。香石竹露地栽培种，可布置花坛，也可盆栽，供室内布置观赏。花朵还可提取香精。

十一、丝石竹类

学名　*Cypsophila*

别名　霞草、满天星

科属　石竹科、丝石竹属

1. 形态特征

多年生宿根花卉，茎纤细，多分枝而开展。叶对生；披针形至线形，全缘，花时叶片较少。花小而繁，多呈圆锥花序，稀单生于叶腋；白色至粉色，萼5齿裂，具5～15脉，花瓣5，基部有爪，先端微凹。

2. 习性

丝石竹类耐寒性强，喜向阳含石灰质的高燥地。

3. 繁殖栽培

宿根类丝石竹以分株繁殖为主，宜秋季进行，也可扦插繁殖。丝石竹中的重瓣品种，由于不结种子，多用嫁接繁殖，用单瓣品种或用 *G. manginii* 做砧木嫁接。多年生丝石竹可露地越冬，4月初定植花坛。

4. 园林用途

丝石竹类可布置花坛及岩石园种植，也是重要的切花材料。

5. 主要种类及品种

(1) 丝石竹 (*G. paniculata* L.)

别名　宿根露草、锥花丝石竹

株高　90cm

花色　白色

花期　6～8月

多年生草本，全株无毛，稍被白粉，性强健，多分枝，向四面开展。叶对生，披针形至线状披针形。多数小花组成疏散的圆锥花序，花白色，景观似霞；萼短钟形，长2mm，5裂，花瓣5，长椭圆形，小花梗为萼的2～3倍长。原产地中海沿岸，适于花坛及切花用，是本属中园艺水平较高的一种，1759年输入英国。有下述变种：大花变种 (var. *grandiflora*)、矮型变种 (var. *campacta*)、重瓣变种 (var. *flore pleno*)。主要的重瓣品种"*Bristol fairy*"花白色，高100cm；"*Flamingo*"高120cm，粉红色；"*Plena*"高70cm，白花；"*Rosenschleier*"高30cm，粉红色，由 *G. paniculata*"*Plena*"×*G. repens*"*Rosea*"而来。

(2) 匍匐丝石竹 (*G. repens* L.，*G. prostrata* Hort.)

株高　15cm

花色　白色或稍带粉色

花期　6～8月

多年生草本。茎匍匐或横卧，先端直立，不具白粉。叶线状，无毛。花稍大，白色或稍带粉色，组成疏生圆锥花序，花瓣长为萼片的2倍；花期夏至秋。原产阿尔卑斯山及比利牛斯山海拔2000m处。适于岩石中栽培。以本种为亲本的尚有以下杂交种：① *G.* × *monstrosa* (*G. repens* × *G. steveni*)，性强健，与 *repens* 相近似；② *G.* × *suendermanii* (*G. petraea*×*G. rspens*)，性强健、叶长线形、花小，1774年输入英国。

(3) 卷耳状丝石竹 (*G. cerastioides* D. Don)

株高　10cm

花色　白色至淡紫色，有红色脉

花期　6～8月

低矮匍匐性多年生草本。全株密被软毛。基生叶耳状，具长柄，茎生叶倒卵形。花大，径约1.7cm。原产喜马拉雅山，1882年输入欧洲。适于岩石园栽培。

(4) 霞草（*G. oldhamiana* Miq.）

别名　欧石头花、奥德姆氏丝石竹。

株高　60～100cm

花色　花粉红色或白色

花期　6～8月

多年生草本，全株无毛，粉绿色。根粗壮，茎多数，上部分枝。叶矩圆状披针形。聚伞花序顶生、稍扩展，5瓣。原产中国，华北及东北有分布，生于海拔1000～2000m山地草原。根可入药。

十二、蓍草类

学名　*Achillea*

英文名　Yarrow

科属　菊科、蓍草属

1. 形态特征

多年生宿根花卉，株高5～100cm。茎直立；叶互生，常为1～3回羽状深裂；头状花序小，常伞房状着生，边缘花舌状、雌性能结实，有白、黄、紫等色；筒状花黄色、两性也结实。

2. 习性

耐寒，性强健，对环境要求不严格，日照充足和半荫地都能生长；以排水好、富含有机质及石灰质的沙壤土最好。

3. 繁殖栽培

以分株繁殖为主，也可播种繁殖，春秋皆可进行。发芽适温为18～22℃，播后1～2周可发芽，苗出齐后，适当间苗。种子发芽力可保持2～3年。

定植株距30～40cm。栽培管理简单。花前追1～2次液肥，有利于开花。冬季前剪去地上部分，浇冻水。每2～3年分株更新一次。

4. 园林用途

蓍草类是重要的夏季园林花卉。花序大，开花繁密，开花时能覆盖全株，是花境中很理想的水平线条的表现材料；片植能表现出美丽的田野风光；也可以作为切花。

5. 主要种类及品种

(1) 蕨叶蓍（*A. filipendulina*）

别名　凤尾蓍

英文名　Fernleaf Yarrow

株高　100cm

花色　鲜黄

花期　6～8月

灰绿色。茎具纵沟及腺点，有香气。羽状复叶互生，小叶羽状细裂。头状花序伞房状着生，花芳香。种子有春化作用要求，秋播种子次年开花，春播种子当年不开花。

(2) 银毛蓍草（*A. ageratifolia*）

英文名　Greek Yarrow

株高　10～20cm

花色　白色

花期　7月

叶被银色柔毛；产于希腊北部，适宜布置岩石园。

(3) 常春蓍草（*A. ageratum* L.）

英文名　Sweet Yarrow

株高　45cm

花色　黄色

花期　8月

叶矩圆形，有腺点，具柔毛；原产南欧。

(4) 千叶蓍草（*A. milleffolium* L.）

别名　西洋千叶蓍草、锯叶千叶蓍草

英文名　Common Yarrow

株高　30～90cm

花色　黄色、红色、粉红色

花期　7～8月

根状茎向外扩展生长，叶无柄，狭长，1～3回羽状裂；原产欧洲、西亚，自然扩展至北美、新西兰、澳大利亚。千叶蓍草适宜配植花坛、花境或盆栽，也可作切花。

(5) 矮生蓍草（*A. nana* L.）

株高　20cm

花色　白色

花期　7～8月

全身密被绒毛。叶具强烈芳香味，长2.5cm。原产南欧，适宜布置在岩石园中。

十三、风铃草类

学名　*Campanula*

英文名　Bellflower

科属　橘梗科、风铃草属

1. 形态特征

多年生宿根花卉，株高10～100cm，茎直立。叶互生或基生，多不分裂；茎生叶较基生叶小而狭。花顶生或腋生，总状或圆锥状聚伞花序；花色为蓝紫色和白色，花冠多为钟状。

2. 习性

性耐寒，喜冷凉而干燥的气候，忌高温多湿。喜光，但忌夏季强光直射。喜肥沃、疏松排水好的土壤，在石灰质土壤上生长尤佳。

3. 繁殖

分株、扦插、播种繁殖均可。春秋两季均可分株，秋季进行分株不会影响次年开花；将大株丛分切成3～4丛，栽培品种常分老株基部滋生的吸芽。初春取茎顶部，2～3cm扦插，在10～15℃条件下较易生根。春播或秋播，秋播时间过晚，影响次年开花。风铃草属的种子在采收后具有一定时间的休眠现象，长短因种而异，一些种类用 100μL/L 的赤霉素可打破休眠。播种用土以细泥炭与粗沙 1∶1 为宜，播后可不覆土或覆土宜薄，发芽温度 13～30℃，大多在 20℃，约 10～15d 发芽。种子吸水后，放在 0～5℃下 2 周，可明显提高发芽力。光对多数种类发芽有促进作用。

4. 栽培管理

种子发芽后，要适当蔽荫，并应及时进行间苗，土壤不宜过湿。选择地势高燥处，定植株距依种不同 25～40cm。夏季应注意遮阳，适当喷水。花后及时去除残花茎，保持株丛整齐，使通风良好。

5. 园林用途

风铃草适宜花坛、花境及岩石园栽植。矮生品种更适宜作小径、花坛镶边及岩石园点缀。

6. 园林中常用种类

(1) 欧风铃草（*C. carpatica*）

别名　丛生风铃草

英文名　Tussock Bellflower

株高　15～45cm

花色　蓝紫

花期　6～9 月

原产东欧。全株无毛或仅下部有毛。茎软，上部披散。叶丛生，卵形，基部叶柄较长，叶缘有齿。花单生，直立，杯状，鲜蓝色、白色和由蓝至淡紫各色。性健壮耐寒。自然界有矮生类型，高仅 15cm，最适宜岩石园栽植。

(2) 聚花风铃草（*C. glomerata*）

别名　聚铃花

英文名　Clustered Bellflower、Danesblood

株高　40～100cm

花色　蓝、白

花期　5～9 月

原产欧洲、北亚及日本，中国东北有野生。全株被细毛。茎直立，多不分枝。叶互生，粗糙，卵状披针形，基生叶具长柄；茎上部叶半抱茎。数朵花集生于上部叶腋，顶端更为密集。性喜阳，但在略有蔽荫处生长良好，不择土壤。

(3) 桃叶风铃草（*C. persicifolia*）

英文名　Peach Leafed Bluebell

株高　30～90cm

花色　蓝

花期　6～8 月

原产欧亚大陆温带。全株无毛。具匍匐根。茎粗壮，直立，少分枝。基生叶多数，长椭圆形具长柄；茎生叶为数不多，线状披针形，无柄；上部叶线形。花顶生或腋生，花冠阔钟形，蓝至蓝紫色。

(4) 阔叶风铃草（*C. atifolia*）

株高　1.2m

花色　紫色带蓝晕

花期　6～7月

叶片卵状长圆形，下部叶具长柄。花管状直立，长约3～4cm，有大花、白花类型及鲜浅紫色品种。蒴果基部开裂。分布欧、亚两洲。适宜作基础背景栽植，亦可作切花。

（5）紫斑风铃草（*C. punctata*）

英文名　Spotted Bellflower

株高　60cm

花色　白色带紫斑

花期　6～8月

全株被刚毛，具横走根状茎。茎具多而直立的细分枝。基生叶阔心状卵形，有长柄，茎生叶三角状卵形至披针形，至顶部近无柄。花顶生于主茎及分枝顶端，下垂；花萼裂片边缘有芒状长刺毛；花冠筒状钟形，长5～6cm。原产中国东北、内蒙古、河北、四川、湖北等地，日本、朝鲜也有。生于山林、灌丛及草地中。

（6）火箭风铃草（*C. pyramidalis*）

株高　1.2～1.5m

花色　淡蓝色至白色

花期　6～8月

叶片多为心形；花钟形，直立，长约2.5～4cm，多数集生成长总状圆锥花序；花淡蓝色至白色。分布于欧洲南部。

（7）圆叶风铃草（*C. rotundifolia*）

英文名　Bluebell、Harebell

株高　15～30cm

花色　蓝灰色

花期　6～8月

基生叶卵圆或圆形，茎生叶草状线形。钟形花单生或数朵集生成稀疏总状花序；花筒长约2.5cm。分布于欧、亚与北美。

十四、金鸡菊类

学名　*Coreopsis*

英文名　Coreopsis

科属　菊科、金鸡菊属

1. 形态特征

多年生宿根花卉，茎直立，株高30～90cm。叶多对生，全缘或有裂。花单生或疏圆锥花序，花色为黄色、棕色、粉色。有一年生种类。

2. 习性

性强健，耐寒。喜光。对土壤要求不严，耐干旱瘠薄。植株根部极易萌蘖，有自播繁衍能力。

3. 繁殖栽培

播种、分株繁殖。播种多在春、秋两季进行，春季4～5月在露地直播，10d后即可出苗。秋末可在冷室盆播，翌春移栽露地。分株宜在春、秋两季，因其长势强，一般栽培

3～4 年，就需分栽 1 次。

宜选阳光充足的地方种植，定植株行距 20cm×40cm。肥水要适当，过大易引起徒长，影响孕蕾开花。入冬前应将地上部分剪除，浇冻水越冬。

4. 园林用途

金鸡菊类花色亮黄、鲜艳，花叶疏散，轻盈雅致，是优良的丛植或片植花卉，自然丛植于坡地、路旁，微风过处，摇曳生姿，别有一番田野风光，可用于花境，也是切花的材料。

5. 园林中常用种类

(1) 大花金鸡菊（*C. grandiflora*）

别名　剑叶波斯菊

英文名　Bigflower Coreopsis

株高　30～60cm

花色　金黄

花期　6～10 月

原产美国南部。全株稍被毛。茎多分枝。基生叶全缘，上部或全部茎生叶 3～5 裂，裂片披针形，顶裂片尤长。头状花序大，具长总梗，内外总苞近等长。有重瓣和黄色矮生品种。喜光，稍耐荫。

(2) 大金鸡菊（*C. lanceolata*）

别名　狭叶金鸡菊

英文名　Lance Coreopsis

株高　30～90cm

花色　黄

花期　6～8 月

原产北美洲。各国有栽培或亦为野生。叶多簇生基部，茎生叶少，长匙形或披针，全缘，基部有 1～2 个小裂片。外层总苞常较内层短。花梗细长，头状花径可达 6～7cm。

(3) 金鸡菊（*C. basalis*）

英文名　Goldenwave Coreopsis

株高　40cm

花色　黄

花期　夏秋

一年生草本。叶对生，为一至二回羽裂。头状花径达 5cm，管状花，黄色，舌状花基部紫色。分布于美国西部。早春在室内播种。喜温暖，生长健壮，管理简便。

(4) 蛇目菊（*C. tinctoria*）

别名　金星梅、小波斯菊

英文名　Plains Coreopsis

株高　30～80cm

花色　黄

花期　5～8 月

一二年生草本。叶对生，二回羽状深裂。舌状花单轮，黄色，基部褐红色，色彩鲜艳，花期 5～8 月。瘦果。分布于北美中部。

(5) 轮叶金鸡菊 (*C. verticillata*)

英文名　Thread-Leaf Coreopsis

株高　40～60cm

花色　深黄

花期　夏秋

原产北美洲及墨西哥。多年生草本，直立。花径约 5cm。

十五、紫松果菊

学名　*Echinacea purpurea*

英文名　Purple Coneflower

科属　菊科、紫松果菊属

1. 形态特征

多年生草本，株高 60～150cm，具纤维状根，全株具粗硬毛，茎直立。基生叶端渐尖，基部阔楔形并下延与叶柄相连，边缘具疏浅锯齿；茎生叶柄基部略抱茎。头状花序单生或几朵聚生枝顶，径达 15cm；苞片革质，端尖刺状；舌状花瓣宽，下垂，长达 5cm 或更长，玫瑰红色；管状花橙黄色，突出呈球形。花期 6～8 月。

2. 习性

喜温暖，性强健而耐寒。喜光。耐干旱。不择土壤，在深厚肥沃富含腐殖质土壤上生长好，花大，色艳。可自播繁衍。

3. 繁殖栽培

播种或分株繁殖，春秋均可进行。种子发芽适温 20～25℃，3～4 周萌发，早春播种当年可开花。但栽培品种的实生苗，花色易于变化。经 1～2 次移植后即可定植，株距 50～60cm。分株繁殖宜春季进行，每隔 3～4 年分株 1 次，进行更新复壮，可防止根系老化，促其花朵繁茂。

紫松果菊在阳光充足、通风良好的地方生长良好，但也耐半荫。栽植季节以在早秋或春季为好。每年春季宜追施 1 次复合肥，夏季干旱时，应适当灌溉。花后及时去残花，可延长花期。中国东北严寒地区，冬季需稍加防寒越冬。排水不畅、土壤较湿地区，植株耐寒能力下降。

4. 园林用途

紫松果菊生长健壮而高大，风格粗放，花期长，是野生花园和自然地的优良花卉，也可用于花境或丛植于树丛边缘；水养持久，是优良的切花。

十六、宿根天人菊

学名　*Gaillardia aristata*

别名　大天人菊

英文名　Blanket Flower

科属　菊科、天人菊属

1. 形态特征

多年生宿根花卉，株高 60～90cm，全株具长毛。叶互生，基部叶多匙形，上部叶较少，披针形及长圆形，全缘至波状羽裂。头状花序单生，花径 6～10cm，放射状，总苞鳞片线状披针形，基部多毛。舌状花黄色，先端三齿裂，基部红褐色；管状花裂片尖或芒状，黄色或紫红色。花期从6月至霜降。有许多变种，花色不同。

2. 习性

性强健，耐寒，耐热，耐旱，易生长。喜温暖。喜阳光充足。宜排水良好的砂质土。

3. 繁殖栽培

播种、扦插、分株繁殖。播种于春秋进行，春播当年可开花。种子在20℃条件下2～3周内萌发，萌发过程中对光照有反应。播种苗后代易分离。栽培品种最好采用春季分株或扦插。扦插可作根插和绿枝扦插。根插即在夏季，离根茎部15cm左右，用铁锹切一圈，切断后的根上往往能萌生新的植株，新株至翌年夏季即可移植。8～9月间，亦可剪取插条，扦插生根后定植。3～4月或9月分株繁殖。

栽培容易。春天定植，株距25～40cm。不用漫灌。生长期偶用复合肥。花期长，适当追肥有利于开花。及时去残花，可延长花期。在潮湿、肥沃的土壤条件下，花少叶多，易死苗。2～3年应分株更新。

4. 园林用途

宿根天人菊株丛松散，花色艳丽，花朵较大，是花境中的优良材料，丛植或片植于草坪、林缘、坡地等处也有很高的观赏价值。

十七、剪秋罗类

学名　*Lychnis*

英文名　Campion

科属　石竹科、剪秋罗属

1. 形态特征

多年生草本，高30～90cm。茎直立，具绵毛或伏毛。单叶对生，抱茎，全缘。花单生或成簇；花萼稍膨大，有10条脉，10齿裂。原种主要是红色，杂交种有白、粉色，花期夏秋。

2. 习性

性强健，耐寒；要求日光充足又稍耐荫；忌土壤湿涝积水，喜石灰质沙壤土。

3. 繁殖栽培

以春、秋分株繁殖为主，也可播种繁殖。分株时根系易断，为加速繁殖也可将断根收集起来进行根插。播种以秋播为好，种子发芽适温为18～20℃，2～3周发芽，次年可开花，可采用不同的播种期来调整花期。生产上可露地或冷室播种。

当幼苗长高至5cm时即可移植，株距25～35cm，移栽后的幼苗具有4～5对叶片时宜摘心处理，可降低株高增加枝数，开花多。盛花后，剪掉残花，可有二次花出现，华北能露地越冬。3～4年分株更新。早春或花前适当追肥，花叶更茂盛。

4. 园林用途

该类每一株都珑璁明洁、花色鲜艳醒目、仪态出群，花序密集的种类可以用于花坛，也可在花境中独立欣赏。同时，它也是切花中的优良材料。宜在石灰质沙壤土中生长，是岩石园的优良花卉。

5. 园林中常用种类

(1) 皱叶剪秋罗（*L. chalcedonica*）

别名　皱叶剪夏罗

英文名　Maltese Cross

株高　60～90cm

花色　白、红

花期　5～6 月

原产中国北部及高加索和西伯利亚地区。全株具柔毛。花密生茎顶，成圆球状聚伞花序，径可达 2.5cm；花瓣 5 枚，倒心型，先端有 2 裂，鲜红或砖红；花萼宿存。有淡粉红、深红、白色及重瓣品种。

(2) 丽春花（*L. haageana*）

别名　哈氏剪秋罗

英文名　Haage Campion

株高　30～50cm

花色　白、红、粉

花期　6～8 月

它是德国人用剪春罗（剪夏罗）（*L. coronata*）和大花剪秋罗（*L. fulgens*）杂交育成的。前者为中国特有种，后者原产西伯利亚及中国东北。此种稍具毛，多分枝，花瓣 2 深裂，各裂片又浅裂。花色较丰富。

(3) 剪秋罗（*L. Sennoo*）

别名　剪秋纱、汉宫秋

英文名　Senno Campion

株高　60cm

花色　白、深红

花期　7～8 月

原产中国及日本。茎直立，全株被细毛。叶两面具毛。聚伞花序顶生，花梗短，密生长柔毛；花细碎，轻盈。

(4) 毛缕（*L. coronaria*）

株高　100cm

花色　鲜红

花期　7～8 月

短命多年生草本，多分枝，密生白绒毛。花单生梗顶，鲜红色，径约 2.5cm，有颜色各异的栽培品种。原产非洲西北部、欧洲东南部至亚洲中部。忌高温、水涝，夏季湿热地区多作二年生花卉栽培。

(5) 单性剪秋罗（*L. dioica*）

株高　90cm

花色　紫红或粉红色

花期　7～8 月

二年或短命多年生草本，全株具毛。基生叶倒卵形，长达 20cm，具长柄；茎生叶卵形，长 10cm，具短柄。白天开放，无香味。原产欧洲，自然扩散至北美东部。

(6) 大花剪秋罗（*L. fulgens*）

株高　90cm

花色　深红色

花期　7～8月

短命多年生草本，忌炎热多雨。花数朵簇生茎顶。原产中国东北、华北，前苏联、朝鲜、日本也有分布。

(7) 德国蝇子草（*L. viscaria*）

株高　40～90cm

花色　紫红色

花期　7～8月

叶线形，光滑无毛，径约2cm，有重瓣及白花品种。原产英国、西班牙、土耳其、西伯利亚至亚洲中部。

十八、宿根福禄考类

学名　*Phlox*

英文名　Phlox

科属　花荵科、福禄考属

1. 形态特征

多年生草本，根茎呈半肉质，多须根。茎直立或匍匐，高60～120cm，通常不分枝或少分枝。单叶对生或上部互生，长椭圆状披针形至卵状披针形，长7～12cm。聚伞花序或圆锥花序顶生，花冠粉紫色，花冠基部紧缩成细管样喉部，端部平展；开花整齐一致。花期6～9月。

2. 习性

性强健，耐寒，能耐－26℃低温；喜阳光充足；忌炎热多雨。喜肥沃、深厚、湿润而排水良好的土壤，pH 6.5～7.5；在干燥贫瘠、排水不良、pH过高（7以上）或强酸性（4以下）上均生长不良；过于蔽荫处亦不宜栽培。匍匐类福禄考尤其抗旱。

3. 繁殖栽培

播种繁殖多用于培育新品种。种子宜秋播或经过低温沙藏后早春播。春播种子，当年夏秋季节开花。实生苗花期、高矮差异大。

园林上以早春或秋季分株繁殖为主。分株繁殖应结合种苗的轮作、复壮来进行，每隔4～5年分栽1次。也可以春季扦插繁殖，新梢6～9cm时，取3～6cm作插穗，在22～24℃条件下约20d即可生根，成活率可达85%以上。

园林上，目前应用的宿根福禄考绝大部分是已改进的优良品种，原始种已很少见栽培。定植时间以4月中旬至5月上旬为好，既对移栽苗的恢复生长有利，又可保证盛花前有足够的营养生长期，提高花期整体观赏效果。株行距以25cm×25cm为宜，栽前应深翻土地，多施充分腐熟的有机肥。近距离随起苗随栽，可裸根但应少伤根系；远距离运输，需带土球并对地上部分适当修剪。栽后应充分浇水保证土壤湿润，以利于尽快恢复生机，苗期注意松土、锄草，保证土壤疏松透气和光照充分。夏季多雨地区注意排水，防病害感染。苗高15cm左右，进行1～2次摘心掐尖，促进分枝，控制高度，保证株丛圆满矮壮，增加花枝数及延迟花期。摘心后可适当追施1～2次稀薄液肥，花后应尽早剪掉残花序，并适当做些稀疏修剪，促使新枝萌发，开二次花。修剪后应加强肥水管理，有条件时可进行2～3次叶面喷肥，以提高二次花观赏效果。宿根类3～4年进行分株更新，匍匐类5～

6 年分株更新。

4. 园林用途

福禄考开花紧密、花色鲜艳，是优良的园林夏季花卉。宿根类可用于花境，开花繁密，成片种植可以形成良好的水平线条，一些种类扦插的整齐苗可用于花坛；匍匐类福禄考植株低矮、花大色艳，是优良的岩石园和毛毡花坛材料，在阳光充足处也可大面积丛植作地被，在林缘、草坪等处丛植或片植也很美丽，可作切花栽培。

5. 园林中常用种类

（1）宿根福禄考（*P. paniculata*）

别名　锥花福禄考、天蓝绣球

英文名　Summer Perennial Phlox

株高　60～120cm

花色　白、红紫、浅蓝

花期　6～9 月

茎直立，不分枝。叶交互对生或上部叶子轮生，先端尖；边缘具硬毛。圆锥花序顶生，花朵密集；花冠高脚碟状，先端 5 裂，粉紫色；萼片狭细，裂片刺毛状。花色鲜艳具有很好的观赏性。园艺品种很多，有各种花色。

（2）丛生福禄考（*P. subulata*）

英文名　Moss Phlox、Mosspink

株高　10～15cm

花色　白、粉红、粉紫

花期　3～5 月

植株成垫状，常绿。茎密集匍匐，基部稍木质化。叶锥形簇生，质硬。花具梗，花瓣倒心形，有深缺刻。耐热，耐寒，耐干燥。有很多变种，花色不同。

（3）福禄考（*P. nivalis*）

英文名　Phlox

株高　15cm

花色　白、粉、淡紫

花期　春季

全株被茸毛。茎低矮，匍匐呈垫状。叶锥状，长 2cm。花径约 2.5cm，花冠裂片全缘或有不整齐齿牙缘。外形与丛生福禄考相似。

十九、景天类

学名　*Sedum*

英文名　Stone Crop

科属　景天科、景天属

1. 形态特征

多年生草本，株高 5～80cm，全株呈青白色。叶对生或 3～4 枚轮生，近无柄。伞房状聚伞花序顶生，小花黄、粉色。花期夏秋季。

2. 习性

原产中国东北及朝鲜。世界各地广为栽培。性耐寒，喜光亦耐轻度蔽荫，耐旱，不择土壤，要求排水良好。

3. 繁殖栽培

播种、分株或扦插繁殖。种子细小，早春冷，宜播种，浅覆土。常温下约2～3周萌发，幼苗期间应严格控制浇水次数，防止猝倒及腐烂，苗高4～5cm时定植露地。春、秋季节常用分株方法繁殖，每5～6年1次。扦插繁殖更为简便，生长季节均可进行，插条长度为5～8cm，扦插在已准备好的插床或沙壤土上。扦插地点切忌积水，土壤略潮湿，常温下20d生根。

栽培时，选择排水良好的沙壤土，地形高燥向阳地段，施入适量的厩肥和少量的过磷酸钙，深翻土地后平整地面，株行距40cm×60cm。种植后适量浇水，土壤略干即行松土，以利缓苗。生育期间遇到干旱，应及时浇水。夏季注意防涝。生长季节结合嫩枝扦插繁殖，修剪1～2次，使株丛矮而紧密，延迟花期。降霜后，剪除地上部分，清除杂物浇足冻水，植株可安全越冬。

4. 园林用途

八宝景天株形丰满、花色艳丽、花期长，可配合各种花卉布置花坛、花境或成片栽植作为护坡地被植物，亦可用于点缀岩石园、庭院向阳处的容器装饰，鲜花可用于室内装饰。

5. 园林中常用种类

(1) 蝎子草（*S. spectabile*）

别名　八宝、长药景天

英文名　Showy Stonecrop

位置和土壤　全光、通风好；排水良好土壤

园林用途　花境、岩石园、切花

株高　30～50cm

花色　白、红、暗紫

花期　8～9月

具地下根状茎，地上茎粗壮直立；全株稍肉质，被白粉呈粉绿色。叶对生或3叶轮生，短柄，倒卵形，中脉明显。伞房花序顶生，大而具密集小花。耐寒性强，喜光照充足，要求通风良好，宜排水良好的砂质土，耐干旱瘠薄。春季分株或生长季扦插繁殖，也可播种繁殖。管理粗放。勿使水肥过大，以免徒长，引起倒伏。蝎子草花序大而丰满，覆盖整个植株，在花境中是水平线条极好的材料；春季新发的叶子呈莲座状，蓝绿色，也有很高的观赏价值，是花叶俱佳的庭院花卉，在花坛和岩石园中也可应用。有深粉红色、绿白色花等品种。

(2) 费菜（*S. kamtschaticum*）

别名　金不换

英文名　Orange Stonecrop

位置和土壤　全光、微荫、通风好；排水良好土壤

园林用途　花境、岩石园

株高　15～40cm

花色　黄、橘黄

花期　6月

根状茎粗壮而木质化；茎斜伸，簇生，稍有棱。叶互生，偶有对生，倒披针形至狭匙形，先端钝，基部渐狭，先端具疏齿，叶无柄。聚伞花序顶生，大而具密集小花。有较强的耐寒性，喜阳光充足、稍耐荫，宜排水良好的土壤，耐干旱。以分株、扦插繁殖为主，也可早春播种。种子寿命一年。栽培管理简单。

（3）垂盆草（*S. sarmentosum*）

别名　爬景天、狗牙齿

英文名　Stringy Stonecrop

位置和土壤　半荫；湿润

园林用途　地被、岩石园

株高　9～18cm

花色　黄

花期　7～9月

植株光滑无毛、匍匐于地面，低矮、常绿、肉质。茎纤细，匍匐或倾斜，近地面茎节易生根。3叶轮生，叶小、扁平。无花梗，聚伞花序，小花繁密。垂盆草生于低山坡上、山谷中，耐寒，耐干旱瘠薄，喜半荫的环境和肥沃的黑沙壤土。分根繁殖，一般在4～5月或秋季用匍匐枝繁殖。生长力强，能节节生根。为防止夏季高温日晒，宜选适当的蔽荫处栽植。养护管理简便，生长期间要保持土壤湿润，最好适当追施液肥。

垂盆草绿色期长，是园林中较好的耐荫地被植物，叶子质地肥厚多汁，不耐践踏。它也是花坛的材料，可以盆栽。

（4）佛甲草（*S. lineare*）

别名　白草

英文名　Lineare Stonecrop

位置和土壤　全光；排水好土壤

园林用途　模纹花坛、岩石园、盆栽

株高　10～20cm

花色　黄

花期　5～6月

植株低矮、肉质、白色。茎初时直立，后匍匐，有分枝。3叶轮生，无柄。有一定耐旱性，喜排水好的沙壤土。扦插繁殖易成活。栽培简单。佛甲草是五色草材料之一，在模纹花坛中与“小叶绿”、“小叶黑”、“小叶红”配用。

二十、一枝黄花类

学名　*Solidago*

英文名　Goldenrod

科属　菊科、一枝黄花属

1. 形态特征

多年生草本，株高1.5～2m，全株被粗毛。单叶互生，叶披针形，长至13cm，表面粗糙，背面具柔毛，全缘或具齿。头状花序甚多，排成聚伞状圆锥花序；舌状花和管状花黄色（图8-9）。花期夏秋季。本属植物含挥发油。

2. 习性

图 8-9　一枝黄花类的花

性强健。喜凉爽，耐寒；喜光；耐旱、耐瘠薄，对土壤要求不高，在砂质土壤中生长良好。

3. 繁殖栽培

播种繁殖，春秋均可。种子在常温下 10～15d 发芽，播种苗第一二年开花。

其对环境适应能力强，定植地宜选择向阳、肥力较差的土壤；在肥沃的土壤上，植株营养生长旺盛，株高达 1.8m 以上，易倒伏，降低观赏效果，同时地下根茎迅速扩展，野性较强，很难清除。盛花过后及时中度修剪残花，国庆节前后可二次开花。老植株每隔 2～3 年分株调整 1 次，栽培管理简易粗放。

4. 园林用途

一枝黄花类高型者，植株高大，质感温和，花色纯正，是优良的花境材料，也可丛植或栽于道路两侧。矮型类株丛繁密，可以丛植。一枝黄花类水养持久，可用于切花。

5. 园林中常用种类

(1) 加拿大一枝黄花（*S. canadensis*）

别名　一枝黄花

英文名　Canadian Goldenrod

株高　150cm

花色　黄

花期　7～8 月

植株高大，全株被粗毛。叶披针形，质薄，有 3 行明显的叶脉，表面粗糙，叶背有柔毛。圆锥状花序生于枝端，稍弯曲而偏于一侧。盛花后中度修剪，“十一”可再次开花。注意控制生长，地下茎扩展迅速。

(2) 毛果一枝黄花（*S. virgaurea*）

别名　一枝黄花

英文名　European Goldenrod、Woundwart

株高　30～90m

花色　黄

花期　7～9 月

茎粗糙而强健。叶披针形，基生叶大。头状花序大，排成密集的圆锥花序，生枝顶。

(3) 高茎一枝黄花（*S. altissima*）

株高　3m

花色　黄

花期　秋季

全株被白柔毛。叶披针形具锯齿，长达 13cm。头状花序偏向一侧弯成宽圆锥伞房状。原产北美墨西哥、美国加利福尼亚州、得克萨斯州。

(4) 丛生一枝黄花（*S. cutleri*）

株高　30cm

花色　黄

花期　夏秋季

基生叶长披针形至匙状卵圆形，长达 15cm，近无毛，具锯齿；茎生叶少，上部多无柄。头状花序总状或伞房状，花期夏秋季。原产北美。

(5) 香一枝黄花 (*S. odora*)

英文名　Sweet Goldenrod

株高　1～1.2m

花色　黄

花期　7～8 月

叶披针形，全缘，长 10cm，有茴香味及油腺点。花序大，顶生偏向一侧的总状圆锥花序。原产北美。叶可作茶饮用。

(6) 美丽一枝黄花 (*S. speciosa*)

株高　2～3m

花色　黄

花期　夏秋季

全株光滑近无毛。叶披针形至长卵形，具齿，长达 25cm。花序大，顶生聚伞圆锥花序。原产北美。

二十一、穗状婆婆纳

学名　*Veronica spicata*

英文名　Spike Speedwell

科属　玄参科、婆婆纳属

1. 形态特征

多年生耐寒草本，株高达 45cm。叶对生，有时轮生，披针形至卵圆形，近无柄，长 5～20cm，具锯齿。花蓝色或粉色；小花径 4～6mm，形成紧密的顶生总状花序，尖部稍弯；小花具梗。花期 6～8 月。

2. 习性

本种原产北欧及亚洲。自然生长在石灰质草甸及多砾石的山地上。喜光、耐半荫，在各种土壤上均能生长良好，忌冬季土壤湿涝。

3. 繁殖栽培

种子在 12～32℃条件下 2 周内发芽。实生苗易发生变异，可优选新的栽培品种。繁殖新植株也可于春季剪取新枝条，保留 3～4 节插于冷床下，1 个月后即可形成独立小植株，当年秋季即可开花。

春季或秋季定植，株距 35～40cm。炎热、多雨季节，应注意排涝。花后可及时剪除残花，刺激新梢生长，形成新的花序，延长花期；2～3 年分株栽植 1 次。

4. 园林用途

穗状婆婆纳株形紧凑、花枝优美，花期恰逢仲夏缺花季节，是布置花坛的优良材料，曾是较为流行的线型切花材料。

5. 园林中常用种类

(1) 奥地利婆婆纳 (*V. austriaca*)

株高　60cm

花色　蓝色

花期　6～8月

多年生草本。单叶对生，羽状深裂。总状花序长，小花径1～1.4cm。原产欧洲的东部、南部及亚洲的小亚细亚，自然生长在开阔林地或多砾石的草甸及丘陵地带。

(2) 大婆婆纳（*V. grandis*）

株高　60cm

花色　白色

花期　6～8月

多年生草本，全株具柔毛。叶披针形至长椭圆形，长至8cm，具叶柄，边缘具齿。顶生总状花序，长达15cm。原产西伯利亚。

(3) 大花婆婆纳（*V. himalensis*）

英文名　Himalayan Speedwell

株高　60cm

花色　蓝色

花期　夏季

多年生草本，茎高达60cm。叶椭圆形，具疏锯齿。总状花序，长达13cm，小花径2.5cm。原产亚洲。

(4) 绒毛婆婆纳（*V. incana*）

株高　60cm

花色　蓝色

花期　6～7月

多年生草本。单叶对生，密被白色绒毛；下部叶长椭圆形，上部叶披针形。有紫色及粉红色品种。原产东欧及亚洲的北部。

(5) 长叶婆婆纳（*V. longifolia*）

英文名　Longleaf Speedwell

株高　60cm

花色　紫色

花期　6～8月

单叶对生或3枚轮生；花葶上叶互生；披针形或矩形，长达10cm，具齿。总状花序。原产欧洲及亚洲。有许多栽培品种，花有白、紫、蓝、玫瑰红、粉色及矮生品种。

二十二、芙蓉葵

学名　*Hibiscus moscheutos*

英文名　Common Rose Mallow

科属　锦葵科、木槿属

1. 形态特征

多年生草本，高1～2m，茎亚灌木状，粗壮，丛生，斜出，光滑被白粉。单叶互生，叶长8～22cm，叶背及柄密生灰色星状毛，叶形多变，3浅裂或不裂，基部圆形，缘具疏齿。花大，直径达28cm，单生茎上部叶腋，花色玫瑰红或白色，花萼宿存。花期6～9月。

2. 习性

性强健；喜温暖和阳光充足，耐寒；不择土壤，但在肥沃、排水好的土壤上生长更好。

3. 繁殖栽培

播种、分株或扦插繁殖。种子种皮厚，播种前刻伤或用55℃温水催芽10h或用浓硫酸处理3～5min，水冲洗后再播，以利萌发；播种后注意保湿，约1～2周可发芽，实生苗一般当年不开花，两年开花。分株可在春季萌芽前进行，栽种易活。春季或夏季可扦插。

其生长健壮、适应性强、夏秋季管理简便，长江以北地区露地栽培成宿根性，每年地上部分枯萎，次春萌发新枝。

4. 园林用途

芙蓉葵花大、株型高、色彩丰富，可作花境的背景材料；丛植于路旁、坡地等阳光充足处，自成一景，也颇美丽。

5. 园林中常用种类

(1) 槭葵（*H. coccineus*）

别名　红秋葵

英文名　Scarlet Rosemallow

株高　2m

花色　粉红、深红或紫红

花期　7～9月

多年生草本。茎直立丛生，半木质化，株高2m，幼茎绿色渐变为深灰色。叶柄紫红色，叶互生，长达12cm，掌状5～7深裂，裂片线状，边缘有不规则锯齿。花单生于叶腋。

(2) 草芙蓉（*H. palustris*）

英文名　Swampy Hibiscus

株高　2.5m

花色　粉、红或白色

花期　7～9月

多年生宿根草本。叶卵圆形。播种或分株繁殖。产于北美。宜作庭园绿化背景材料。

(3) 玫瑰茄（*H. sabdariffa*）

英文名　Roselle

株高　2m

花色　浅黄色

花期　7～9月

一二年生草本。叶长8～15cm，3～5裂。花单生，基部紫红色。产于非洲及亚洲。不耐寒，播种繁殖。花萼含红色果胶，可食用。

二十三、翠雀花类

学名　*Delphinium*

英文名　Larkspur

科属　毛茛科、翠雀属

1. 形态特征

多年生宿根花卉，株高 30～200cm，茎直立，有高、中、矮不同品种。掌状三出复叶或掌状浅裂至深裂。总状花序或穗状花序；花型奇特，萼片 5，花瓣状，一枚向后延伸成距，花瓣 2～4 枚，重瓣者多数，上面一对有距且突伸于萼距内。花多为蓝色，也有红、橙红、黄、白色。花期春、夏、秋。

2. 习性

喜光，耐半荫；耐寒，忌炎热，喜夏季凉爽；要求肥沃、湿润、排水好的砂质土壤。

3. 繁殖栽培

分株、扦插、播种繁殖。秋播，种子发芽适温 15℃左右，播后 2～3 周发芽。翠雀种子寿命很短，常温贮存 1 年可使 50%以上的种子丧失活力，故应将种子置于冰箱中贮存和用新鲜种子繁殖。种子在 12～16℃条件下 2 周即可发芽。幼苗生长温度以 10℃左右为宜，当苗高至 5～6cm 时应及时移栽。幼苗前期注意蹲苗，有利于植株的后期生长。春秋均可分株。春季新芽长到 15cm 时取插穗扦插，当年夏秋即可开花；夏季花后也可扦插。

栽植地以选择向阳、肥沃、深厚、排水良好、微碱性的土壤为宜。排水不畅地区，雨季易导致植株地上部分及根系部分腐烂，应考虑采用高床种植。栽植前应深翻土地，适量施加有机肥及过磷酸钙。株距 50～60cm，春、秋季节均可栽植。穗花翠雀非常喜肥，每年春季应追施 1 次复合肥，生长季节保证有充足的水分供应；当植株现蕾至花序凋落期间应每 2 周追施 1 次稀薄肥料，以促进花序繁茂，并用竹竿绑扎以防倒伏；主花序枯萎时，应及时剪掉残花刺激侧芽萌发，形成新的花序延长花期，侧枝上的花序败落后及时将茎干从地面剪掉，刺激植株恢复生长，秋季还望有少量的花开放。栽植 2～3 年后，生长势明显减弱，应于早春及时分株复壮。夏季湿热地区，多做 2 年生栽培。

4. 园林用途

翠雀花序长而挺拔，是春末夏初重要的园林花卉。尤其在花境中使用，是较好的竖线条花材，颜色雅致，冷色中不乏艳丽，能很好的调和春夏季的色彩；丛植于路旁角隅，也有很高的观赏价值；也是一种重要的切花。

5. 园林中常用种类

(1) 美丽飞燕草（*D. belladonna*）

别名　颠茄翠雀

株高　50～100cm

花色　蓝色

花期　5～6 月

美丽飞燕草为种间杂种，是当前主要栽培的园艺品系之一，具有很高的观赏价值。茎多分枝；叶互生，掌状分裂；总状花序顶生。耐寒性较强。易倒伏，生长期应多施磷、钾肥。

(2) 大花飞燕草（*D. grandiflorum*）

别名　翠雀花

英文名　Bouquet Larkspur、Largeflower Larkspur

株高　60～100cm

花色　白、粉、红

花期　6～9 月

原产中国北方及西伯利亚地区。园艺品种极多，是目前栽培的主要种类。茎直立，多分枝，茎叶密布柔毛。叶互生，掌状深裂，裂片线形。花大，总状花序长；萼片淡蓝、蓝或莲青色，距直伸或稍弯；花瓣 4 枚，2 侧瓣蓝紫色、有距，2 后瓣白色、无距。

(3) 大红翠雀（*D. cardinale*）

株高　2m

花色　红

花期　5～7 月

多年生草本。茎无分枝。总状花序小，花径 2～3cm。能耐－10℃低温，原产美国加利福尼亚。自然生长在干旱、开阔的林缘或灌丛下。

(4) 唇花翠雀（*D. cheilanthum*）

英文名　Garland Larkspur

株高　1.4m

花色　深蓝色至白色

花期　5～7 月

多分枝。花序松散扩展，有花 2～6 朵，栽培类型花径 4～5cm，有黄色花类型，产于中国华北、西南及西伯利亚。

(5) 红花翠雀（*D. nudicaule*）

株高　60cm

花色　红色、橘黄、黄

花期　5～6 月

茎少分枝。花少，具长柄。原产美国加利福尼亚州，自然分布在海拔 2200m 以下，生长在多石的堤坝旁或开阔的林缘，耐－15℃低温。

(6) 康定翠雀（*D. tatsienense*）

株高　60cm

花色　蓝紫色

花期　5～6 月

伞形花序 3～12 朵，花径 2.5cm，距长 3cm。原产中国云南北部至四川西部，自然生长在海拔 4000m、多砾石、杂草的斜坡上，耐－15℃低温。

思考题

1. 宿根花卉园林应用有哪些特点？
2. 宿根花卉一般生态习性是怎样的？
3. 宿根花卉繁殖栽培要点有哪些？
4. 举出 20 种常用宿根花卉，说明它们主要的生态习性、栽培管理要点及应用特点。

第九章 球根花卉

第一节 概 论

一、含义及类型

1. 含义

在漫长的植物进化过程中，各种植物均有其适应自然而生存下来的方式。其中有一类花卉植物，在不利于其生长发育的环境到来之前，其地下部贮藏了大量营养物质，以备在有利于它们生长发育时期继续生长、开花结实，这一类花卉植物总称为球根花卉。

2. 类型

(1) 依地下变态器官的结构划分

① 鳞茎类 茎变态而成，呈圆盘状的鳞茎盘。其上着生多数肉质膨大的鳞叶，整体球状，又分有皮鳞茎和无皮鳞茎。有皮鳞茎外被干膜状鳞叶，肉质鳞叶层状着生，故又名层状鳞茎，如水仙及郁金香。无皮鳞茎则不包被膜状物，肉质鳞叶片状，沿鳞茎中轴整齐抱合着生，又称片状鳞茎，如百合等。有的百合（如卷丹），地上茎叶腋处产生小鳞茎（珠芽），可用于繁殖。有皮鳞茎较耐干燥，不必保湿贮藏；而无皮鳞茎贮藏时，必须保持适度湿润。

② 球茎类 地下茎短缩膨大呈实心球状或扁球形，其上有环状的节，节上着生膜质鳞叶和侧芽；球茎基部常分生多数小球茎，称子球，可用于繁殖，如唐菖蒲、小苍兰、番红花等。

③ 块茎类 地下茎或地上茎膨大呈不规则实心块状或球状，上面具螺旋状排列的芽眼，无干膜质鳞叶。部分球根花卉可在块茎上方生小块茎，常用于繁殖，如马蹄莲等；而仙客来、大岩桐、球根秋海棠等，不分生小块茎；秋海棠地上茎叶腋处能产生小块茎，名零余子，可用于繁殖。

④ 根茎类 地下茎呈根状膨大、具分枝、横向生长，而在地下分布较浅，如大花美人蕉、鸢尾类和荷花等。

⑤ 块根类 由不定根经异常的次生生长、增生大量薄壁组织而形成，其中贮藏大量养分。块根不能萌生不定芽，繁殖时须带有能发芽的根茎部，如大丽花和花毛茛等。

此外，还有过渡类型，如晚香玉其地下膨大部分既有鳞茎部分，又有块茎部分。以上列举的鳞茎、球茎、块茎、根茎和块根等，在观赏园艺上，统称球根。

(2) 依适宜的栽植时间划分 大多数球根花卉都有休眠期，依原产地的气候条件，主要是雨季不同而异。有少数原产于热带的球根花卉没有休眠期，但在其他地方栽培，有强迫休眠现象，如美人蕉、晚香玉等。

① 春植球根花卉 春天栽植，夏秋开花，冬天休眠，花芽分化一般在夏季生长期进行，如大丽花、唐菖蒲、美人蕉、晚香玉等。

② 秋植球根花卉　秋天栽植，在原产地秋冬生长，春天开花，炎夏休眠；在冬季寒冷地区，冬天强迫休眠，春天生长开花。花芽分化一般在夏季休眠期进行，如水仙、郁金香、风信子、花毛茛等。也有少数种类花芽分化在生长期进行，如百合类。

二、园林应用特点

① 球根花卉与其他类花卉相比，种类较少，但地位很重要，受人类喜爱有几千年的历史。它们有多种用途，而且容易携带和栽植，因此较其他花卉更容易传播。此外，球根花卉在宗教上也有特殊的地位，如圣经上经常提到郁金香、百合、水仙，佛教中象征和平与永生的荷花。它们是园林中一类重要花卉。

② 球根花卉是园艺化程度极高的一类花卉，种类不多的球根花卉，品种却极其丰富，每种花卉都有几十至上千个品种。

③ 可供选择的花卉品种多，易形成丰富的景观，但大多种类对环境中土壤、水分要求较严。

④ 球根花卉大多数种类色彩艳丽丰富、观赏价值高，是园林中色彩的重要来源。

⑤ 球根花卉花朵仅开一季，而后就进入休眠而不被注意，方便使用。

⑥ 球根花卉花期易控制，只要球根大小一致，栽植条件、时间一致，即可同时开花。球根花卉是早春和春天开花的重要花卉。

⑦ 球根花卉是各种花卉应用形式的优良材料，尤其是花坛、花丛、花群、缀花草坪的优良材料；还可用于混合花境、种植钵、花台、花带等多种形式。有许多种类是重要的切花、盆花生产花卉。有些种类有染料、香料等价值。

⑧ 许多种类可以水培，方便室内绿化和不适宜土壤栽培的环境使用。

三、球根花卉的生长发育规律

球根花卉的生命周期有一个共同的特点，即植株先依赖于贮藏的营养物质发芽、抽枝、发根，乃至开花。与此同时，植株吸收外界的营养物质继续生长，把叶片制造的光合作用产物再贮藏于地下的各种贮藏器官，形成新的球根供次年生长，并产生大量的子球，子球经过培养，可长成能开花的球茎。

四、生态习性

球根花卉分布很广，原产地不同，所需要的生长发育条件相差很大。

1. 对温度的要求

依原产地不同而异。春植球根生长季要求高温，耐寒力弱，秋季温度下降后，地上部分停止生长，进入休眠（自然休眠或强迫休眠）；秋植球根喜凉爽，怕高温，较耐寒，秋季气候凉爽时开始生长发育，春天开花，夏季炎热到来前地上部分休眠。

2. 对光照的要求

除了百合类有部分种耐半荫外，如山百合、山丹等，大多数喜欢阳光充足。一般为日中性花卉，只有铁炮百合、唐菖蒲等少数种类是长日照花卉。日照长短对地下器官形成有影响，如短日照能促进大丽花块根的形成，长日照能促进百合等鳞茎的形成。

3. 对土壤的要求

大多数球根花卉喜中性至微碱性土壤；喜疏松、肥沃的砂质土壤或壤土；要求排水良好有保水性的土壤，上层为深厚壤土，下层为砂砾层最适宜。少数种类在潮湿、黏重的土壤中也能生长，如番红花属的一些种类和品种。

4. 对水分的要求

球根是旱生形态，土壤中不宜有积水，尤其在休眠期，过多的水分会造成腐烂；但旺盛生长期必须有充足的水分；球根接近休眠时，土壤宜保持干燥。

五、繁殖栽培要点

1. 繁殖要点

主要采用分球繁殖。可以采用分栽自然增殖球，或利用人工增殖的球。自然增殖力差的块茎类花卉主要是播种繁殖。还可依花卉种类不同，采用鳞片扦插、分珠芽等方法繁殖。

一般在采收后，把自然产生的新球依球的大小分开贮存，在适宜种植时间种植即可。也有个别种类需要在种植前再分开老球与新球，以防伤口染病。

2. 栽培要点

园林中的一般球根花卉栽培过程为：整地→施肥→种植球根→常规管理→采收→贮存。

(1) 整地　深耕土壤40～50cm，在土壤中施足基肥。点植种球时，在种植穴中撒一层骨粉，铺一层粗沙，然后铺一层壤土。种植钵或盆土可使用泥炭∶粗砂砾∶壤土＝2∶3∶2，按每升5g的量加入基肥和每升1.4g的量加园艺石灰作基质。

(2) 施肥　球根花卉喜磷肥，对钾肥需求量中等，对氮肥要求较少，追肥时应注意肥料比例。

(3) 球根栽植深度　取决于花卉种类、土壤质地和种植目的。相同的花卉，土壤疏松宜深，土壤黏重宜浅；观花宜浅，养球宜深。大多数球根花卉栽植深度是球高的2～3倍，间距是球根直径的2～3倍。朱顶红、仙客来要浅栽，要求顶部露出土面；晚香玉、葱兰覆土至顶部即可，而百合类则要深栽，栽植深度为球根的4倍以上。

(4) 常规管理　注意保根保叶，由于球根花卉常常是一次性发根，栽后在生长期尽量不要移栽；发叶较少或有一定的数量，尽量不要伤叶。花后剪去残花，利于养球，也利于次年开花。花后浇水量逐渐减少，但仍需注意肥水管理，此时是地下器官膨大时期。

(5) 采收　依当地气候，有些种类需要年年采收，有的可以隔几年掘起分栽。采收应在生长停止、茎叶枯黄，但尚未脱落时进行。采收过早，球根不够充实；过晚，茎叶脱落，不易确定球根所在地下的位置。采收时，土壤宜适度湿润。掘起球根后，大多数种类不可在炎日下曝晒，需要阴干，然后贮存。大丽花、美人蕉只需阴干至外皮干燥即可，不可过干。

(6) 贮存　球根成熟采掘后，放置室内并给予一定条件以利其适时栽植或出售，球根贮藏可分为自然贮藏和调控贮藏两种类型。自然贮藏指贮藏期间，对环境不加人工调控措施，球根在常规室内环境中度过休眠期。通常在商品球出售前的休眠期或用于正常花期生产切花的球根，多采用自然贮藏。调控贮藏是在贮藏期运用人工调控措施，以达到控制休眠、促进花芽分化、提高成花率以及抑制病虫害等目的。常用的是药物处理、温度调节和气调（气体成分调节）等，以调控球根的生理过程。如郁金香若在自然条件下贮藏，则一般10月栽种，翌年4月才能开花。如运用低温贮藏（17℃经3个星期，然后5℃经10个星期），即可促进花芽分化，将秋季至春季前的露地越冬过程，提早到贮藏期来完成，使郁金香可在栽后50～60d开花。这样做不仅缩短了栽培时间，并能与其他措施相结合，设法达到周年供花的目的。

球根的调控贮藏，可提高成花率与球根品质，还能催延花期，故已成为球根经营的重要措施。如对中国水仙的气调贮藏，需在相对黑暗的贮藏环境下适当提高室温，并配合乙烯处理，就能使每球花葶平均数提高1倍以上，从而成为“多花水仙”。

各类球根的贮藏条件和方法，常因种和品种而有差异，又与贮藏目的有关。对通风要求不高而需保持一定湿度的球根，如美人蕉、百合、大丽花等，可埋藏在一定湿度的干净沙土或锯木屑中；贮藏时需要相对干燥的球根，可采用空气流通的贮藏架分层堆放，如水仙、郁金香、唐菖蒲等。调控贮藏更需根据不同目的分别处理，如荷兰鸢尾在8月份每天熏烟8～10h，连续处理7d，可有成花率提高1倍之效。收获后的小苍兰，在30℃条件下贮放4周，再用木柴、鲜草焚烧，释放出乙烯气进行熏烟处理3～6h，便可有明显促进发芽的作用。麝香百合收获后用47.5℃的热水处理30min，不仅可以促进发芽，还对线虫、根锈螨和花叶病有良好防治效果。

第二节　主要球根花卉

一、百合

学名　*Lilium* spp.

别名　百合蒜、中逢花

英文名　Lily

科属　百合科、百合属

1. 产地及分布

百合属植物只分布在北半球，从北纬10°～65°的亚热带山地到亚寒带均有分布。其垂直分布从太平洋沿岸到中国西南部海拔3000m高山地。中国是百合属植物的起源中心。全世界约有百合130种，其中起源于中国的就有47个种和18个变种，占世界百合属植物的一半左右。

中国栽培百合的历史悠久。早在公元4世纪前，人们就把它作为药用，及至南北朝时期，梁宣帝发现百合花很值得观赏，曾有诗云：“接叶多重，花无异色，含露低垂，从风偃柳。”赞美它具有超凡脱俗，矜持含蓄的气质。至宋代时种植百合花的人逐渐增多，明清时对百合属花卉已有详细记述。20世纪80年代以后，中国才开始百合的杂交育种，利用丰富的野生资源，进行远缘杂交，培育出百合的种间杂种。

2. 形态特征

百合为多年生草本。无皮鳞茎扁球形，乳白色。多数百合的鳞片为披针形，无节，鳞片多为覆瓦状排列于鳞茎盘上，组成鳞茎。茎表面通常为绿色，或有棕色斑纹，或几乎全棕红色。茎通常圆柱形，无毛。叶呈螺旋状散生排列，少轮生。叶形有披针形、矩圆状披针形和倒披针形、椭圆形或条形等。叶无柄或具短柄，叶全缘或有小乳头状突起。花大、单生、簇生或呈总状花序。花朵直立、下垂或平伸，花色鲜艳。花被片6枚，2

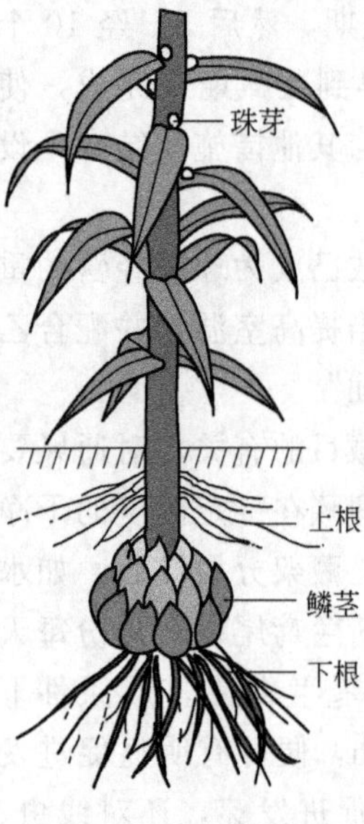

图 9-1　百合

轮，离生，常有靠合而成钟形、喇叭形。花有白、黄、粉、红等多种颜色。雄蕊 6 枚，花丝细长（图 9-1）。蒴果 3 室，种子扁平。

3. 分类与主要种类

百合的不同种间的形态差别很大，但是其花朵的形态却惊人地相似。根据威尔逊（1925 年）的分类，百合属又可分为如下 4 个亚属。

① 麝香百合亚属（*Lilium longiflorum* Thunb.），也称为铁炮百合，筒状花，花朵横向、稍下斜、上斜或向上开放。

② 天香百合亚属（*Lilium auratum* Lindl.），花朵漏斗状，横向开放。

③ 毛百合亚属（*Lilium dauricum* Ker-Gawl.），花朵杯状，向上开放。

④ 药百合亚属（*Lilium speciosum* Thunb.），花朵钟状，向下开放。

虽然按花型有以上分类，但是由于其在杂交亲和性等方面并非一致，在分类上还存在争议。

在所有的野生种百合之中，除了观赏价值较低和难于栽培的种类以外，目前用于园艺育种或栽培的有 40～50 种，其中主要包括如下几种。

（1）麝香百合（*L. longiflorum* Thunb.）　百合花卉的代表性品种，可以用于切花或盆花。原产于中国的台湾省，在日本冲绳地区也有分布。花色纯白，筒状花，横向开放。日本率先用麝香百合与高砂百合杂交获得实生栽培的新铁炮百合，成为优良切花的主栽品种。

（2）毛百合（*L. dauricum* Ker-Gawl.）　又名兴安百合。原产于中国河北、黑龙江、吉林、辽宁以及朝鲜、日本、蒙古和俄罗斯的西伯利亚等北方寒冷地区，是一种抗寒性极强的北方品系。生长期极短，适合于促成栽培，花朵成杯状，黄色，向上开放。花期 5 月下旬。鳞茎球形至圆锥形，白色，可食用。

（3）卷丹（*L. lancifolium* Thunb.）　又名南京百合、虎皮百合。除了台湾、福建、贵州和云南等省未见标本以外，在中国的大部分地区均有分布，西伯利亚等沿海地区和日本也有分布。花色橙红，内有紫黑色斑点，向下开放，花期 7～8 月。植株生长强健，叶柄大，叶腋生紫黑色珠芽。鳞茎卵圆形至扁球形，黄白色，可食用。

（4）山丹（*L. concolor* Salisb.）　也称为渥丹，主要分布在中国中部地区，东北地区有变种分布。花色朱红，星型小花，向上开放，植株秀丽，茎高 30～80cm，可以用于切花或盆花栽培。

（5）天香百合（*L. auratum* Lindl.）　又称山百合，主要分布在日本的东北和关东地区，为日本的特产种。在中国中部地区也有分布。该种百合的花朵硕大、色彩艳丽、芳香宜人。花朵成阔漏斗状，白色夹杂浅黄色条斑，花径 20～26cm，花期 6～8 月。观赏价值极高，是切花或盆栽的主栽品种，但抗病性较弱。

（6）药百合（*L. speciosum* Thunb.）　又称鹿子百合。原产于中国的浙江、安徽、江西和台湾等地，日本的九州和四国地区也有分布。药百合的花色鲜艳，深红、淡红或白色，上嵌红色块斑或点斑，花径 8～10cm，花瓣反卷，边缘呈波纹状，呈圆锥状总状花序，花期 8～9 月。与天香百合一样，具有极高的观赏价值，是重要的观赏百合种类。

(7) 湖北百合（*L. henryi* Baker） 原产于中国的湖北和贵州等地，生长强健，抗病性很强，是培育园艺品种的重要的遗传资源。湖北百合的花色橙黄，上着红褐色斑点，花径 15～18cm，花瓣反卷，花序有 6～12 朵小花，与药百合一样，是观赏价值很高的百合品种。

(8) 王百合（*L. regale* Wilson.） 又名岷江百合、王香百合、峨眉百合。原产于中国四川省峨眉山地区，是观赏价值极高的百合种类之一。鳞茎卵形至椭圆形，紫红色，径 5～12cm。其花色洁白，花筒处莺黄色或紫褐色，花型筒状，芳香宜人。具有自花授粉能力，容易采到种子进行实生繁殖。其生长势极强，具有较强的抗病性，是育种领域的重要遗传资源。

(9) 布朗百合（*L. brownii* F. B. Brown） 又名野百合、淡紫百合、香港百合、紫背百合。原产于中国的东南、西南、河南、河北、陕西和甘肃等地。鳞茎扁平球形，径 6～9cm，黄白色有紫晕。地上茎直立，高 0.6～1.2m，略带紫色。花 1～4 朵，平伸，乳白色，背面中肋带褐色纵条纹，花芳香。花期 8～10 月。本种多野生于山坡林缘草地上，鳞茎除食用外还可入药。

(10) 川百合（*L. davidii* Dacharte） 又名大卫百合、昆明百合。主要分布于中国云南、四川、甘肃、陕西、山西、河南等地的山坡或峡谷中。鳞茎扁卵形，径约 4cm，白色。地上茎高 60～180cm，略被紫褐色粗毛。叶多而密集，线形。着花 2～20 朵；花被白色，带有紫色或橙红色斑点，花下垂，砖红色至橘红色，带黑点；花被片反卷；花期 7～8 月。可以进行种子繁殖。其变种兰州百合 var. *unicolor* 花瓣橙色无斑点，鳞茎大，是著名的食用百合。喜光照多些。适应石灰质土壤。

(11) 青岛百合（*L. tsingtauense* Gilg） 又名崂山百合。原产于中国山东省，朝鲜半岛也有分布。鳞茎卵形，白色，味苦，可食。其花色橙红色，带淡紫色斑点，由 5～7 朵单花型成总状花序，花朵星状，花被不反卷。具有轮生叶，目前栽培还不普遍，是良好的遗传育种资源。

(12) 武岛百合（*L. hansonii*） 原产于朝鲜半岛南部的武岛，植株强健，耐病性很强，适合于庭院栽培。由于开花期较早，常用于切花生产，花色橙黄，小型，呈星形，具有轮生叶。

(13) 日本百合（*L. japonicun* Thunb.） 分布于日本本州至九州地区，自生于草地或林中。花朵粉色或白色，芳香宜人，花序的小花数为 1～3 朵，株高 70～110cm，在沿海一带生长旺盛，花大型，花被肥厚，观赏价值较高。

(14) 马多娜百合（*L. candidum*） 是世界上作为观赏和药用最早的百合种类之一。原产于中东地区，在欧洲普遍用于庭院和切花栽培。花色纯白，漏斗状，穗状花序，观赏价值较高。

(15) 马耳他恭百合（*L. martagon*） 分布于欧洲至西伯利亚广大的土地上。自古以来在欧洲作为观赏植物栽培，植株生长强健，适合于庭院栽培。花朵小型，反卷，花色粉红。

4. 习性

百合种类多，分布广，所要求的生态条件不同。大多数种类和品种喜光照充足，喜冷凉、湿润气候；耐热性较差，具有一定的耐寒性，其中亚洲杂交组的百合耐寒性最强。要求肥沃、腐殖质丰富、排水良好的微酸性土壤，少数适应石灰质土壤。忌连作。

百合类鳞茎为多年生，鳞片寿命约为3年。鳞茎中央的芽伸出地面，形成直立的地上茎后，又在其上发生1至数个新芽，自芽周围向外形成鳞片，并逐渐扩大增厚，几年后分生成为新鳞茎。在茎生根部位也产生小鳞茎。地上部分叶腋产生株芽。花芽分化多在球根萌芽后并生长到一定大小时进行。花后进入休眠，休眠期因种而异，2～10℃的低温可以打破休眠。

5. 繁殖

分栽小鳞茎、珠芽，自然分株（鳞茎）以及播种繁殖，有些种可组织培养繁殖。

(1) 播种繁殖　凡能获得种子的种类均可采用此法。播种育苗，方法简便，一次能获得大量无病健壮植株。其次杂交育种培育新品种时，在能获得杂种种子的情况下，也必须经过播种育苗获得新类型（品种）。缺点是有些种类发芽慢、成球慢，如多数东方杂交组合的百合从播种到开花需2～3年。

(2) 分栽小鳞茎、珠芽繁殖　百合的小鳞茎是繁殖的主要材料，此法适用于多数能够产生小鳞茎的种类和能够用鳞片扦插获得小鳞茎的种类。分栽小鳞茎法是生产中最主要的方法之一。多数种类百合的小鳞茎经过2～3年培养之后才能形成开花球。获得小鳞茎的途径有如下几种。

① 茎生子球　这种子球主要从地上茎基部及埋于土中茎节处长出。适当深埋母鳞茎或地上茎、及早摘除花蕾（约1cm）、切花时保留部分茎叶等，可促进茎生子球增多变大。麝香百合、药百合等都能形成多量的小鳞茎。

② 鳞片扦插　对于多数百合此法均有效。尤其对于不易形成小鳞茎的种类，鳞片扦插是迅速增殖的有效方法。鳞片扦插获得的小鳞茎须经约3年的培养才能形成开花球。

具体做法是将选好的大鳞茎外表清洗干净，剥下外层健壮较肥大的鳞片供扦插繁殖用。花后或早春季节用肥大健壮的无病鳞片的2/3或全部斜插入湿度约15%～20%的粗沙、蛭石或颗粒泥炭中。在15～25℃条件下经20多天，其鳞片下部伤口处会产生瘤状突起，继续培养会产生带根的子球。将子球从鳞片上掰下，即成独立的个体。鳞片的大小、部位，直接影响形成子鳞茎的质量与数目。外层鳞片能产生较多较大的子鳞茎，中层的鳞片产生子鳞茎的能力较差。内层鳞片薄而细小，贮存营养有限，基本上无增殖小鳞茎的能力。可将内层至中央茎轴部位连同原有基生根作为1个独立的小种球，供增大栽培用。

③ 珠芽　此法适用于叶腋能产生珠芽的种类，如卷丹、萨生氏百合（*L. sargentiae*）、硫花百合（*L. sulphurenum*）等种类。

百合属地上茎叶腋生长的气生小鳞茎，称珠芽。待珠芽生长到足够大小、即将成熟时取下，供繁殖用。珠芽的大小与母株健壮程度、茎节的部位、营养状况都有很大的关系。通常粗壮的植株较上中部的茎节和生长期营养供应良好的植株珠芽的体量偏大。当植株花蕾出现后应及早去除花蕾，可明显地促进珠芽增大、增多，有利于及早培养出较大的繁殖材料。

(3) 自然分株（鳞茎）繁殖　多数百合的较大的鳞茎在生长过程中会在茎轴旁分生出新的鳞茎，并与原母球逐渐分裂，将分生的鳞茎与母球分离另行栽植即可。多数培养1年后就可以开花。

(4) 组织培养繁殖　许多百合的栽培品种开花后不结种子，有的虽能结种子，但播种的后代多不能保存原有的优良品质；又有些植株体上带有病毒，用分株（鳞茎）扦插鳞片，或栽种珠芽等无性繁殖的后代，也会带有病毒。因此应用现代科学方法进行组织培养繁殖百合，可在短期内获得保持原有品种优良性状的大量脱毒种苗。百合的茎尖、鳞片、叶片、茎段、花梗和花柱等器官组织均可作为外植体进行组织培养。

6. 栽培管理

(1) 露地栽培　栽培百合宜选半荫环境，要求土层深厚富含腐殖质、疏松而排水良好的微酸性土壤，最好深翻后施入大量腐熟堆肥、腐叶土、粗沙等以利土壤疏松和通气。栽植季节一般在 8 月中下旬至 9 月。秋季开花种类可推迟栽植时间。百合类栽植宜深，约为鳞茎的 2 倍，一般深度 10～20cm。株行距一般为（15～20）cm×（20～40）cm。栽好后，加覆盖物，以降低地表温度。

生长季节不需特殊管理，可在春季萌芽后及旺盛生长而天气干旱时，灌溉数次，百合所需氮、磷、钾比例为 5∶10∶5，生长期追施 2～3 次稀薄液肥；花期增施 1～2 次磷、钾肥。平时只宜除草，不适中耕以免损伤“茎根”。高大植株需用支柱或者支撑网，以防止倒伏。

百合鳞茎采收后一般进行冷冻或冷藏。冷冻的目的是为了较长时间贮藏以备周年生产之需，同时也能满足百合休眠对低温和时间的要求；冷藏只是为快速打破其休眠状态。具体做法如下。

① 冷冻贮藏　鳞茎掘起后放于无直射光的冷凉处挑选分级，然后用消毒剂，如苯菌特和福美双混合剂的 500 倍液，浸 30min 消毒（或拌种消毒），沥干药剂，将种球与少量干锯末或消过毒的草炭混合后装入带孔塑料薄膜袋内直接入冷冻室或放入有孔塑料箱内再入冷冻室。冷冻温度：亚洲杂种－2℃，其他品系－1.5℃。

注意事项：第一，必须在 3～5d 内处理好种球入冷冻室，以防种球失水；第二，要在 7～10d 内使冷冻室达到适宜冷冻的温度；第三，冷冻室内箱与箱或堆与堆之间要有一定空间；第四，必须有慢速通气装置，保持冷冻室内适宜且一致的空气环流；第五，亚洲杂种冷冻种球一般要在 1 年内用完，东方杂种和麝香杂种贮藏要在 8～9 个月内用完；第六，不能重复冷冻已解冻的鳞茎；第七，栽植前要在 0～5℃的低温并且无直射光条件下打开塑料袋缓慢解冻，高温解冻会使切花品质下降；第八，解冻的种球要快速应用，1℃的冷藏条件下在 2 周内用完，5℃下应在 7d 内用完。

② 冷藏　鳞茎自田间掘起后的消毒处理及包装方法同上，然后在－1～0℃下预冷处理 7d，再入 0～4℃的冷库处理，不同品种冷处理所需时间有一定差异，但一般为 40～60d，其休眠即可解除。

(2) 促成栽培　9～10 月选肥大健壮的鳞茎种植于温室土壤或盆中，尽量保持低温，11～12 月室温为 10℃。新芽出土后需有充足阳光，温度升至 6～18℃，经 12～13 周开花；如现蕾后给以 20～25℃，并每天延长光照 5h，可提早 2 周开花。如欲于 12 月至翌年 1 月开花，鳞茎必须于秋季经过冷藏处理。百合的促成栽培中，经常要遇到的问题是如何解除鳞茎的休眠，以麝香百合为例，主要的打破休眠的方法有如下几种。

① 高温处理　铁炮百合的休眠受 30℃左右的高温诱导，打破休眠也需要一定的高温条件。在自然栽培过程中，球根进入休眠以后，在地下渡过夏季高温，自然可以打破休眠。如果要促成栽培，可以将收获的球根人为地进行高温处理，一般在 30℃条件下处理 1

个月就可以彻底打破休眠。

② 温汤浸泡处理　温汤浸泡法是常用的辅助打破休眠的方法之一。一般使用47.5℃的温水浸泡30～60min，或者用50℃温水浸泡15～30min。为防止球根烫伤，温度最好控制在45～47.5℃之间。采取温汤处理的球根生长健壮，能够提高切花的长度和质量，减轻病毒病的发生，防止根螨和线虫等危害。

③ 赤霉素处理　在采用温汤处理后，球根不一定全部发芽，在这种情况下，采用赤霉素辅助处理比较有效。一般在低温处理之前采用500～1000mg/L的GA_3处理1～3h就可以有效地解除休眠。如果采用GA_4或GA_4+GA_7处理，效果更好。

④ 乙烯处理　采用乙烯处理百合球根与温汤和赤霉素处理的效果基本相同。在低温处理前，使用5%～10%的乙烯气处理3d，在定植时可以提高发芽率，并且提高切花的茎长和质量。处理时必须采用密闭的容器保持乙烯气的浓度，最好建造能够同时处理大量球根的密闭设备或房间。

⑤ 流水浸泡处理　流水浸泡处理法可以发挥其简便和大量处理的优势。这种方法开发于20世纪80年代，一般利用流水（河水或自来水）对于不发芽球根连续处理2d，其发芽率与温汤和赤霉素处理基本相同。利用流水处理6h，发芽率可以达到70%，处理2d后基本可以达到100%，这是由于在流水处理过程中，可以将球根内抑制发芽的物质溶出，促进发芽。

⑥ 低温处理　在铁炮百合的促成栽培中，低温处理是促进抽薹开花不可缺少的措施之一。铁炮百合的生育和开花采用低温5～13℃，也有提议采用7～13℃。一般低温处理的适温比栽培时的气温低10℃左右。

(3) 抑制栽培　是将球根放在0～2℃的低温下长期贮藏，在自然开花期之后的7～9个月采收切花的栽培方式。贮藏方法可以采取低温气调贮藏，长期贮藏时球根内的营养消耗非常严重，要根据栽培场地的气候条件决定是否能够进行抑制栽培。

(4) 盆栽　百合除用于切花外，还可盆栽。通过使用生长抑制剂，如PP333（多效唑）和嘧啶醇等，可以使百合矮化，一般高度在30～40cm。另外，还有大量遗传的矮化百合品种可供选择，其种类繁多，适合连续栽培并且无需生长调节剂。

① 栽培基质　盆栽百合要求基质通透性良好、中等肥力、保湿性好、无杂菌，忌盐分高。基质组成：50%泥炭土+30%苗圃土+20%珍珠岩(或粗河沙)+少量的砻糠灰。

② 栽种　先在花盆底部垫一层颗粒较大的土团，再铺上1～2cm配好的基质，放入种球，使基生根舒展、平铺。覆土5～8cm后稍微将土压实，放置遮阳棚内，按一定间隔摆放整齐，不要太密，浇透一遍水。

7. 园林用途

百合花姿雅致、叶子青翠娟秀、茎亭亭玉立、花色鲜艳，是盆栽、切花和点缀庭园的名贵花卉。在园林中，适合布置成专类园，如巧妙地利用不同种类自然花期之差异及种与品种间花色之变化，可做到自5月中旬至8月下旬的3个多月时间里，均有不同颜色的花不断开放。高大的种类和品种是花境中的优良花材，中高类还可以于稀疏林下或空地上片植或丛植。

百合类鳞茎多可食用，国内外多有专门生产基地。如中国南京、兰州等地对百合的食用栽培已有较好的基础和经验。食用百合中以卷丹、川百合、山丹、毛百合及沙紫百合等品质最好，特宜食用。多种百合还可入药，为滋补上品。

花具芳香的百合尚可提制芳香浸膏，如山丹。

二、唐菖蒲

学名 *Gladiolus hybridus*

别名 十样锦、扁竹莲、菖兰、剑兰

科属 鸢尾科、唐菖蒲属

1. 形态特征

唐菖蒲株高 40～150cm，每株有刚直的叶片 6～9 枚，规则的嵌叠排列，长 35～60cm，宽 4～6cm，硬质，叶梢锐尖，叶脉 6～8 条，凸起而显著，呈平行状。剑型叶片展开数枚以后在中心部抽出花茎，穗状花序长 30～75cm，每个花穗着花 8～24 朵，通常侧向一边，排成两列，花冠直径 8～16cm，花冠由下向上渐小，花朵由下向上渐次开放。花冠筒呈膨大的漏斗形、喇叭形，钟形等，稍向上弯曲。花朵的色彩丰富。花朵内外各具 3 枚花瓣（花被），有 3 个雄蕊，柱头为 3 裂。蒴果，种子扁平有翅。

唐菖蒲地下部分具球茎。球茎扁圆形或卵圆形，外部包有 4～6 层褐色膜被，球茎上有芽眼 3～6 个，成直线排列，中间的为主芽，旁边的为侧芽（图 9-2）。

图 9-2 唐菖蒲的球茎

2. 品种分类

由于唐菖蒲的起源范围比较广泛，其开花习性也不同，根据目前培育的园艺品种的开花习性，可以分为春季开花和夏季开花两大系统。

（1）夏季开花系统 夏季开花品系一般在春季定植，于夏季采收，在温暖地区可以采用促成栽培和抑制栽培等组合实现周年生产。夏季开花品系也是目前生产上主要利用的唐菖蒲品系，其花色鲜艳，品种繁多。主要品系如下。

① *G. grandiflorus* 品系 目前所栽培的大多数品种属于这个品系，其植株高大，大花型，花色丰富多彩，对环境的适应性强，容易栽培，到花日数为 100d 左右，是世界上唐菖蒲切花生产的主栽品系。

② *G. picusiolus* 品系 此品系的育成历史较短，植株矮小，小花型，到花日数只有 50～80d，花色明快，品种较多，近年其栽培面积不断增加，是花坛和盆栽的主要品种来源。

（2）春季开花系统 春季开花系统属于秋季定植春季开花的类型，其耐寒性强，植株比较矮小，株型优美，盲花率较低，但是其花冠的色彩比较贫乏。大体可以分为以下几个品系。

① *Gladiolus*×*colvillii* SW. 品系 是世界上最先使用原种进行杂交培育出的唐菖蒲品系。在无加温大棚中栽培，于 5 月中旬以后开花，花朵较小且少（6～10 朵），花茎坚挺，高达 80cm，每球可以形成 3～5 根花茎。

② *G.* ×*herald* Hort. 品系 开花期较早，一般在 3 月下旬至 4 月中旬，花茎可以伸长到 60～100cm，花茎上部的腋芽可以发育成二次花茎而形成分枝，所以花茎容易弯曲。此外，在花瓣的先端部或下部具有色斑。

③ *G.* ×*nanus* Hort. 品系 开花期一般在 4 月中旬至 5 月上旬，花茎较细，其先端部

容易发生弓形横向弯曲。

④ *G.* ×*ramosus* Hort. 品系　其开花期在5月中下旬，花茎长80cm左右，花茎坚挺，上着8～10朵小花。

⑤ *G.* ×*tubergenii* Hort. 品系　该品系的植株细长而坚硬，叶片较细，茎长80cm以上，株型优美。花朵较大，开花期在4月上旬。

3. 习性

唐菖蒲喜冬季温暖、夏季凉爽的气候，不耐寒，白天最适温度20～25℃，夜间10～15℃；对土壤要求不严，但以排水好、富含有机质的沙壤土为宜，不耐涝。喜光，长日照植物，在春夏季长日照条件下花芽分化和开花。球茎寿命为1年，老球花后萎缩，在茎基部膨大，最后在其上方形成一个大新球，周围产生数量不等的小子球。

4. 繁殖

(1) 子球繁殖　球茎经过一个生长周期，可在大球茎基部生长出许多小球，通常称为子球。将子球与大球茎分离，晾晒后分级保存，翌年春季即可进行播种繁殖。

(2) 种子繁殖　多用于新品种繁育。种子无休眠期，采后即播，很快就发芽，当年可长出2片叶，当年秋季采收，次年春季种植可开花。

(3) 切球繁殖　因种球缺乏或属珍稀品种，可进行切球繁殖。方法如下：将球茎的膜质皮剥去，使肉质球茎全部裸露，纵向切割，每个种块必须保留1～2个芽和一定数量的茎盘，切完后用0.5%高锰酸钾溶液浸泡20min后即可播种。

(4) 组织培养繁殖　多用于快速繁殖和脱毒复壮。用植株的幼嫩部分作外植体在试管中培育成直径0.3～1.0cm的小球，然后再在土壤中栽培一个生长季之后，即可长成3cm以上的开花球。

5. 栽培管理

(1) 露地栽培　栽培地以疏松的沙壤土和壤土为好。同时要注意：尽量避免周围土地种植豆科作物，防止蚜虫扩大传染病毒的机会；忌连作和上年栽植鸢尾属、小苍兰属等植物的地块作圃地，轮作间隔期不能少于3年。

耕作土壤一般要进行消毒，可采用药物消毒法和蒸汽消毒法。

药物消毒法：①每1000m^{2}用溴甲烷10kg，在土壤中掺拌均匀，然后用塑料薄膜覆盖1周以上，溴甲烷对杀伤镰刀霉菌、干腐病、线虫和土壤中的其他害虫，效果良好；②用氰土利和二氯丙烷20%颗粒剂，每1000m^{2}用药各20kg，处理后用塑料薄膜覆盖2周以上，效果良好；③每1000m^{2}用氯化苦12.5kg，在土壤中掺拌均匀，然后用塑料薄膜覆盖2周。

物理消毒法：①在圃地上平铺柴草，然后点燃，此法对真菌、细菌、害虫均有显著效果；②首先将土地深翻30cm，然后用胶管或硬质塑料管与暖器锅炉接通，用70℃以上的热气处理土地20～30min，对镰刀霉菌、干腐病、线虫和其他土壤害虫防治效果均好。

种球种植前要进行消毒处理。方法：首先把球茎放在40℃温水中浸泡10～15min，然后添加如下药剂，浓度0.4%的咪酰胺+1%的敌菌丹+0.2%的腐霉剂，再浸泡30min。

种植栽培密度可参考表9-1。

覆土厚度因土壤类型和栽植时间不同而有所差异，如黏重土壤，覆土厚度要比沙壤土薄些，早春栽植，由于地温低，覆土要薄些；夏季，地温高，覆土可厚些，一般栽植深度5～15cm。

表 9-1 种植栽培密度

种球规格/cm	6～8	8～10	10～12	12～14	14 以上
每平方米种球数	60～80	50～70	50～70	30～60	30～60

球茎在温度 4～5℃时萌动，白天 20～25℃，夜间 10～15℃生长最好。唐菖蒲属长日照花卉，尤其在生长过程中，需要较强的光照。生长期需要充足的水分。长到 7 片叶子后，将抽出花穗，随着花穗体积的膨大，植株上部质量也迅速增加，因此要采取防倒伏措施。

（2）促成栽培　促成栽培就必须人为提早打破休眠。早期收获的球根由于没有经过自然低温，因此有必要在 5～8℃的低温条件下处理 5～6 周以打破休眠。如果将收获的球根放在自然条件下接受低温处理，在 12 月以后也能够自然打破休眠。

唐菖蒲的球根即使打破休眠，在 20℃适温下从定植到发芽也需要数周，因此，在打破休眠以后，应将球根放在 20℃适温下促进根点的形成以及芽的伸长之后再定植。

（3）抑制栽培　唐菖蒲的球根与大蒜等球根类作物一样，在自然条件下，到了春季就要发芽伸长，因此想在 8 月份以后还能采收切花就必须进行抑制栽培。在球根发芽之前用 2～4℃低温将球根冷藏起来，就可以抑制其球根发芽。以后随时可以取出球根定植在露地或者大棚温室内，分批定植采收切花，可以从 8 月到翌年 3 月都能够采收切花，从而实现唐菖蒲切花的周年生产。

（4）球茎收获和贮藏　花后 40～45d，地上部分开始枯黄，是收获球茎的最适时期。采收后，用清水冲洗干净，消毒后晾晒至用手摸时以无潮湿感为宜。球茎的贮藏方法如下。

① 常规贮藏　于通风、干燥（湿度不超过 70%）、温度为 1～5℃的条件下贮藏。

② 低温库贮藏　利用机械制冷，使库内保持 1～4℃的低温，并配备调控装置，使库内保持低氧和适宜的二氧化碳浓度及湿度。同时还能排除库内的有害气体，从而降低唐菖蒲种球的呼吸强度，减轻唐菖蒲的某些生理失调现象，降低球茎的腐烂率和干瘪率，控制芽的萌发。低温库贮藏是一种较为理想的贮藏方法，可以全年向市场提供种源。

6. 园林用途

唐菖蒲是园林中常见的球根花卉之一。花茎挺拔修长，着花多，花期长，花型变化多，花色艳丽多彩，如采用促成栽培可四季开花。它是花境中优良的竖线条花卉，也可用于专类园，亦是重要的切花生产花卉。

三、大丽花

学名　*Dahlia pinnata*

别名　洋荷花、西番莲、天竺牡丹、地瓜花

英文名　Dahlia

科属　菊科、大丽花属

1. 产地与分布

原产墨西哥、危地马拉、哥伦比亚热带高原地带，世界各地广为栽培。大约于 1519 年由墨西哥人从山地引种于庭院，英国栽培约始于 1798 年，以后相继传到法国、荷兰、德国、日本、美国等国家，并相继开展了育种工作。到1955年，全世界育成品种已突破3万，20世纪后半叶每年新品种数依然迅速增加。

中国引种大约在20世纪初，多数为切花用的中小型种，到60年代全国约有300个品种，各地均有栽培，但多作盆栽观赏，80年代引进的实生矮性小花型种称“小丽花”，花色丰富，很快普及栽培，成为秋季重要花坛花卉。

2. 形态特征

多年生草本。地下块根纺锤状，形似红薯（故俗称地瓜花）。块根外被革质外皮，表面灰白色，浅黄或紫色（图9-3）。株高40～150cm，茎中空、直立或横卧。单叶对生，少数互生或轮生，1～3回奇数羽状深裂，裂片边缘具粗钝锯齿。头状花序，径5～35cm，管状花为两性花，舌状花中性或雌性。苞片2层，外层5～8枚或更多，呈叶状；内层浅黄绿色，膜质鳞片状。花瓣色彩丰富，有白、橙、粉、红、紫等色（图9-4）。花期夏秋季。瘦果扁，长椭圆形，黑色。

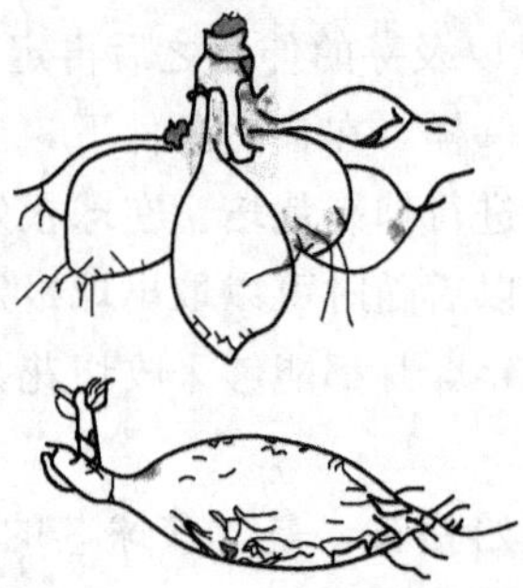

图9-3 大丽花块根

图9-4 大丽花

3. 主要原种与品种分类

（1）主要原种 大丽花栽培种和品种极多，主要通过原种杂交而成。大丽花原种约有12～15个，主要有红大丽花（*D. coccina*）——部分单瓣大丽花品种的原种；大丽花（*D. pinnata*）——现代园艺品种中单瓣型、小球型、四球型、装饰型等品种的原种，也是装饰型、半仙人掌型、芍药型品种的亲本之一；卷瓣大丽花（*D. juarezii*）——仙人掌型大丽花的原种，也是不规整装饰型及芍药型大丽花的亲本之一；光滑大丽花（*D. merckii*）——单瓣型和仙人掌型大丽花的原种；树状大丽花（*D. imperialis*）。

（2）品种分类

① 按花型分类 较早的花型分类见于1924年英国皇家园艺学会杂志，将大丽花花型分为16种。1958年美国大丽花协会分为14类。按花型分，主要有单瓣型、托桂型、领饰型、装饰型、芍药型、仙人掌型、裂瓣仙人掌型、球型、蓬蓬型等。

② 按花朵大小分类 按1965年N. C. D. S（National Capital Dahlia Society）的标准将花分为4级，大型（＞20cm）、中型（15～20cm）、中小型（11～15cm）、小型（11cm以下）。

③ 按植株高矮分类 中国通常按株高分为5级，高大（＞2m）、高（1.5～2m）、中（1～1.5m）、矮（0.5～1m）、极矮（0.2～0.5m）。

④ 按花期分类 按花期分3类。早花类自扦插到初花需120～135d，中花品种约130～150d，晚花品种约150～165d。

4. 习性

大丽花在原产地墨西哥生于海拔 1500～3000m 的热带高原地区。不耐严寒、酷热，喜富含腐殖质和排水良好的中性或微酸性砂质土壤。生长适温 10～25℃，4～5℃进入休眠。初秋凉爽季节花繁色艳。夏季炎热多雨地区，易于徒长，甚至发生烂根。喜光，但炎夏阳光过强对开花不利。大丽花为春植球根和短日照植物，短日条件（日长 10～12h）可促进花芽分化，长日照促进分枝、延迟开花。不耐旱又忌水湿。

5. 繁殖

通常以分根和扦插为主，还可以播种和嫁接。

(1) 分根繁殖　即分割块根。大丽花的块根是由茎基部不定根膨大而成的，分割块根时每株需要带有 1～2 个芽眼。生产上常于 2～3 月间在温室内催芽后分割。选用健壮株丛，假植于沙土中，每日喷水并保持昼温 18～20℃，夜温 15～18℃，经 2 周即可出芽。分割后先将伤面涂草木灰防腐，然后栽种。分割块根简便易活，可提早开花，但繁殖系数低，不适于大规模商品生产。

(2) 扦插繁殖　自春至秋生长期内均可进行，一般在春季当幼梢长至 6～10cm 时，采顶端 3～5cm 作插穗，基部保留 1～2 节。扦插基质以沙壤土即可，也可添加少许草炭土。保持温度 15～22℃，大约 20d 即可生根。

(3) 嫁接　以块根为砧木，春季将欲繁殖的品种的幼梢劈接于块根茎部。抹除砧木块根根茎部的芽。此法由于养分充足，所以嫁接苗生长健壮。

(4) 播种繁殖　矮生的花坛用大丽花或杂交育种时也用种子繁殖。异花授粉，多数种类需人工授粉。夏季结实困难，秋凉条件下则较易结实。重瓣品种舌状花雌蕊深藏于花筒下部，授粉时剪去花筒顶部，使雌蕊露出，依成熟过程分批授粉，授粉后 30～40d 种子成熟。干燥后采种，干藏于 2～5℃条件下。露地播种在 4 月中旬至 5 月上旬，播种后 7～10d 萌芽，4～6 片真叶展开时定植，当年开花。

6. 栽培管理

(1) 露地栽培　宜植于背风向阳处，选择土层深厚、疏松、腐殖质丰富，松软透气、排水良好的沙壤土。植前施足基肥，深耕，做高畦。待晚霜后栽种。如栽后用黑色地膜保护，则可提前栽种提早开花。株行距在切花栽培中小花型品种常用 30cm×40cm，园林栽培依种植设计，株距通常为 50～100cm。适当深栽可防倒伏，且易发生新块根。

大丽花不适宜在种植过红（白）薯、马铃薯、甜菜、洋姜、梓菜、芋头等地栽植，因这些块茎（根）会感染与大丽花块根相同的病菌，造成病害的流行。

生长期要加强整枝。整枝方式有独本式和多本式两种。独本式是摘除侧枝与侧蕾，只在主枝顶端留一蕾，使养分集中供给单个花蕾，开花硕大。此法适于大花品种，能充分展示品种特性。多本式整枝是在苗期主干高 15～20cm 时，留 2～3 节摘心，促进侧枝发生。可保留4～10 个花枝，保留花枝数量依品种特性及栽培要求而定，通常大型花品种可留 4～6 枝，中小型花品种作切花栽培留 8～10 枝。

大丽花植株高大、花头沉重、易倒伏、折枝，庭院栽培时可立支柱。切花栽培需立支架及设支撑网，于苗高 20～25cm 时拉网，共 2～3 层。

大丽花喜肥，生长期每半月浇氮磷钾复合肥水 1 次，比例为氮∶磷∶钾＝3∶1∶1，浓度为 0.2%；花期减少氮肥量，比例为氮∶磷∶钾＝1∶1∶1。及时排灌，不可干旱，更不能水淹，大雨过后应及时排出积水。

(2) 盆栽　宜选中、矮型品种，以扦插苗为好。

生根的扦插苗即可上盆，随植株增长换盆 2 次，定植盆通常用 20～25cm 的高脚盆。定植时盆土可分次填入。第一次填土至盆的 2/5，有利萌芽生长；第二次填土至盆高 4/5，有利生根。现蕾后开始追稀肥，约每 7～10d 追施一次，并逐渐加浓，可使花色鲜艳。

盆栽大丽花的水分管理可依"间干间湿"的方法，不干不浇。夏季阴雨时注意排水，以防烂根。炎夏季节长江地区植株常处于休眠状态，应将盆放在阴凉场所安全越夏。为控制植株高度，应该选用矮生型品种。栽培管理中要控水，平时只供应需水量的 80%。多次换盆、逐渐增加肥力及应用生长延缓剂均有效。

(3) 球根收获和贮藏　霜后叶片枯萎剪去地上枝叶，留茎基 10～15cm 起球，晾晒 1～2d 至表皮稍干时置箱中干藏；或埋于湿润沙中，保持 5～7℃，防止受冻，避免高温潮湿引起霉烂。

7. 用途

大丽花以富丽华贵取胜，花色艳丽、花型多变、品种极其丰富，是重要的夏秋季园林花卉，尤其适用于花境或庭前丛植。矮生品种宜盆栽观赏或花坛使用，高型品种宜做切花。块根内含"菊糖"，在医学上有葡萄糖之功效，还可入药。

四、郁金香

学名　*Tulipa gesneriana*

别名　洋荷花、草麝香、郁香、旱荷花

科属　百合科、郁金香属

1. 产地与分布

该属植物主要分布在北半球北纬 33°～48°范围内，原产地中海沿岸，经小亚细亚至中国新疆，中亚是分布中心，世界各地广为栽培。

郁金香的栽培历史非常久远，在中东地区出土的陶器上（公元前 1600 年）已经刻有郁金香的图案。虽然早在 16 世纪初，在土耳其的书籍上最早记载了郁金香的栽培情况，其实在此之前，阿拉伯诸国已经广为栽培，后传至欧洲。1634～1637 年和 1733～1734 年先后两次在欧洲形成了郁金香狂热，使欧洲的经济陷入一片混乱。如今世界各国都有栽培，主产国荷兰、英国、丹麦、日本。其中荷兰品种最多，出口占世界首位。

中国有关郁金香的历史文字记载很少。栽培品种在 20 世纪 30 年代才零星引入中国，直到 1979 年从荷兰引进了一批品种，分别在几个城市试种。栽培成功的有西安、北京、杭州等地。与此同时在新疆、甘肃、四川、河北等冷凉地区发展了种球生产基地。

2. 形态特征

鳞茎卵球形，具褐色或棕色皮膜。茎、叶光滑，被白粉。叶 3～5 枚，披针形至卵状披针形。花单生茎顶，大型，形状多样；花被片 6，离生，有白、黄、橙、红、紫红等各单色或复色，并有条纹、重瓣品种。雄蕊 6 枚，花药基部着生，紫色、黑色或黄色。子房 3 室。柱头短，3 裂，外曲（图 9-5）。种子扁平，花期 4～5 月。

3. 品种分类

世界郁金香新品种登录委员会设在荷兰皇家球根生产协会。他们首先将郁金香分为早花（early flowering）、中花（mid-seasonflowering）、晚花（late flowering）以及原种

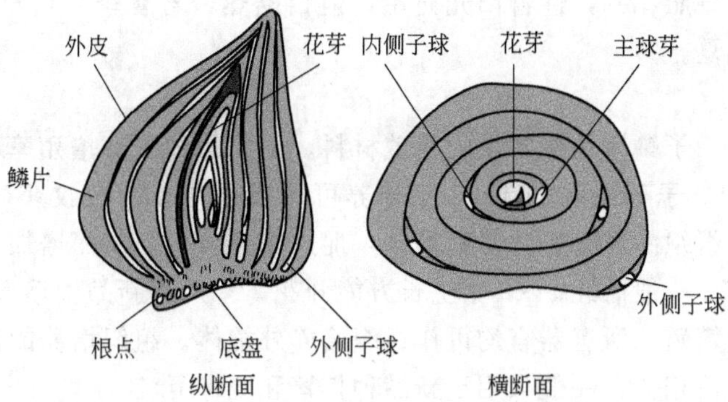

图 9-5　定植前后郁金香鳞茎的断面

(species) 四大类别，然后再根据品种的来历、花型、株型和生育习性等分成 15 种类型。

(1) 早花品种　早花品种的自然开花期在 4 月中旬到下旬，一般为单瓣或重瓣，植株较矮小，大多数品种适合于花坛或盆栽，很少用于切花生产。

(2) 中花品种　中花品种的自然开花期在 4 月下旬，植株属于中到大型，花色丰富，包括很多优良的园艺品种，适合于切花生产。此类主要有两个品系：特莱安芙品系和达尔文品系。

(3) 晚花品种　晚花品种的自然开花期在 4 月下旬至 5 月上旬，花色和花型丰富，分为 7 个类型（单瓣型、百合型、绒缘型、绿色品系、莱思布蓝德品系、鹦鹉型、重瓣型）。植株高大健壮，适合切花生产。

(4) 原种　与经过品种改良的园艺品种不同，是由野生种和其他近原种的品种群整理而来。从遗传学角度讲，其基因组合是纯合的，也就是说，用种子繁殖的后代与亲本有相同的形态学、生理学等特征。自然开花期在 4 月上旬至中旬。大多数种类的植株矮小，适合作为花坛和盆栽的植物材料。此类主要包括考弗玛尼阿娜种群（*Tulipa kaufmaniana* Regel)、弗斯特利阿娜种群（*Tulipa fosterianna* Hoog)、格莱吉种群（*Tulpa greieii* Regel)。

(5) 其他野生种群　属于考弗玛尼阿娜、弗斯特利阿娜和格莱吉种群以外的种，还有很多没有进行园艺改良的野生种以及自然杂交种，如阿库米娜塔（*T. acuminata*)、马克西姆威兹（*T. maximowiczii*)、特尔凯斯塔尼卡（*T. turkestanica*)、西尔威斯特利斯(*T. sylvestris*)、萨克萨悌利斯（*T. saxatilis*）等，主要原生在帕米尔高原、天山山脉、伊朗、欧洲或西非等地。其自然开花期有早有晚，植株的高度也是从矮到高各不相同，类型丰富，是重要的遗传资源和育种材料。

4. 习性

郁金香喜冬季温暖、湿润，夏季凉爽、稍干燥，喜向阳或半荫的环境；喜富含腐殖质、排水良好的砂质土壤，忌低湿黏重土壤，忌碱性土壤。因其原产地夏季多干热，冬季严寒，故其耐寒性强，冬季球茎可耐－35℃的低温，温度为 8℃时即可生长，适应性较广，但生根需要在 5℃以上。生长期适温为 5℃～20℃，最佳适温为 15℃～18℃。花芽分化温度为 17℃～23℃，超过 35℃时花芽分化受抑制。其基本生长规律是秋季开始萌芽生长，早春开花，夏季进入休眠状态，并在休眠期进行花芽分化。鳞茎寿命为 1 年，母球当年开花并分生新球和子球然后干枯消失。忌连作，根系再生能力弱，折断后难以继续生长发育。郁金香为长日照花卉，性喜阳光充足，但怕酷热，若夏季来得早，盛夏又很炎热，鳞茎休眠后难以越夏。

5. 繁殖

(1) 分球繁殖　子鳞茎是最常用的繁殖材料。不同品种子球增殖率不同，通常为2～3个，多的4～6个。子球一般需1～3年培养可形成开花球。在收获球根后给予高温处理，可使顶端分生组织的花芽分化受到抑制，促进侧芽分化，从而增加子球形成数量。

(2) 种子繁殖　一般需经3～5年生长方能开花，多用于新品种培育。

(3) 组织培养繁殖　所有器官均可作组织培养外植体。组织培养的苗到开花需要的时间长，与种子实生苗相似，一般只用于新品种扩繁和脱毒复壮。

6. 栽培管理

(1) 露地栽培

① 土壤准备　应选择避风向阳，土壤疏松、肥沃的地方种植郁金香。种植前深翻土壤，同时进行土壤消毒并施入2000～3000kg腐熟的有机肥改良土壤，土壤的pH在6～7之间。

② 定植　中国北方一般在9月下旬至10月份定植。东北和西北温度下降的时间早些，应适当提前定植，华北地区可稍晚，北京地区定植的时间一般在10月的中下旬。定植过早，气候温暖，入冬前会长出叶丛，需加覆盖才可避免受冻；定植过晚，生根不好，影响来年生长。种植的深度约12～15cm（覆土厚度为种球直径的2～3倍），顶芽朝上摆正。

③ 定植后的管理　定植前应浇一次水，确保定植期间土壤的湿润。定植后，再立即浇一次水，使种球同土壤充分接触，以利于生根。入冬前一定要浇一次防冻水，来年春天幼叶出土后，要及时浇水，保持土壤湿润。在冬天，一般不需浇水，其余时间，以土壤保持湿润为宜。叶片快速生长期和现蕾初期各施一次稀薄液肥，可使花大色艳。

④ 球根收获与贮藏　当地上部枯萎达1/3时，是起球适宜时期。收获后晾干，将老残母球、枯枝、残根清除。

郁金香开花商品种球根按周径分级，一级周径大于12cm，二级11～12cm，三级10～11cm。球根贮藏期内环境条件对花芽分化及子球形成有明显影响。通常于收获后在26℃下经1周，然后置通风处干藏，温度为17～23℃。长期在高温（25～30℃）下贮藏会抑制花芽分化，在15℃中贮藏则影响子球形成。郁金香球根贮藏温度应随栽培目的及品种而异，例如将收获球根立即放于20℃下，到8月转入17℃，当幼根长1.1cm时再放于30～33℃下1周以上，花芽败育后再放于17℃下可以达到消花目的，增加主鳞茎的发育，提高商品种球产量。贮藏场所及容器必须通风良好，保持相对湿度70%，防止乙烯积累。

(2) 促成栽培　本栽培类型是在结束低温处理后于10月下旬定植、1～2月开始采收切花的栽培类型。促成栽培一般选用10～12cm的球根。选择品种时，不但要考虑花型花色，还应选择花芽分化期早、对低温感应敏感、到花日数短的品种。

收获球根以后，在20℃气温下干燥贮藏，促进花芽分化，之后通过预备冷藏2周和正式冷藏8周，再定植大棚内，在12月中旬开始加温，1月上旬就可以采收切花。

生产中最常用的有5℃和9℃郁金香进行促成栽培（即用5℃或9℃预冷处理的郁金香）。

5℃郁金香球：郁金香球在收获后，先经过一段时间的高温处理，然后在5℃条件下处理8～12周时间，经过5℃处理的郁金香球在温室内45～60d便可开花。

① 土壤准备　温室内的土壤应土质结构好、排水性好，土壤pH在6～7之间以及低盐、低养分水平。种植土在种植前必须进行消毒，方法同百合。

② 种球处理　种植前小心去除包裹在球根上的褐色外表皮并消毒。

③ 定植深度　若用去掉表皮的鳞茎，以球顶部微露为好。若用未去表皮的鳞茎，以球顶部距土表3～4cm为宜。

④ 定植密度　约90～100球/m^2，秋季定植，应密度小些；冬季定植，应密度大些。

⑤ 定植后的管理

a. 温度　5℃球定植后的前两周，正是生根阶段，土壤温度应保持在9～12℃；两周后，温室温度可逐渐升高到15℃，3～4周后温度可上升并保持17℃。温室温度不能过高，尤其是在前两个月的生根期，超过12℃会引起盲花，降低开花率。

b. 湿度　定植前，必须浇一次水，以保证定植期间土壤的湿润。定植后，浇水一次，使种球同土壤充分接触，以利生根。以后的浇水以保证土壤湿润为标准，即手抓鳞茎以下的土壤，以刚刚捏成团为标准。浇水的时间为晴天的上午，滴灌最好。郁金香在生长过程中，相对湿度决不可超过80%，最好低于70%。

c. 肥料　通常郁金香不需要施肥，但若鳞茎不能吸收足够的氮，可考虑施一些氮肥，在鳞茎很好的生根后，每100m^2施2kg的硝酸钙，分3次施入，每两次间隔一周。硝酸钙中的钙离子还可以防止郁金香猝倒病的发生。

(3) 抑制栽培　通过促成栽培和露地栽培，可以做到从11月下旬到翌年5月上旬不间断采收切花。为了实现郁金香切花的周年上市，可以将球根长期冷冻保存，在6～10月采收切花。

常用的抑制栽培法即将在自然温度下干燥贮藏的球根，于11月下旬或12月上旬定植在栽培箱内，充分浇水后，在自然低温下处理，以促进发根萌芽。1个月以后，将全部栽培箱取回摞放在－2℃的冷冻库内。栽培时分批分期取出，首先在5℃低温下解冻2d，然后在15℃下适应2d，最后放在室外阴凉处或温室内，栽培10～14d就可以开花。

7. 园林用途

郁金香为花中皇后，是最重要的春季球根花卉。它花型高雅、花色丰富、开花非常整齐，令人陶醉，是优秀的花坛或花境花卉；丛植草坪、林缘、灌木间、小溪边、岩石旁都很美丽，也是种植钵的美丽花卉；还是切花的优良材料及早春重要的盆花。中、矮品种可盆栽，点缀室内环境。

五、风信子

学名　*Hyacinthus orientalis*

别名　洋水仙、五色水仙

科属　百合科、风信子属

1. 产地与分布

风信子为百合科的多年生草本，原产地中海沿岸及小亚细亚一带，现世界各国均有栽培，而以荷兰栽培为多。风信子有着浓郁的香气，是著名早春开花的球根花卉之一。

2. 形态特征

风信子为多年生球根类草本植物，鳞茎球形或扁球形，具有光泽的皮膜，常与花色相关。株高15～45cm，花期3～4月。叶4～8枚，狭披针形，肉质，上有凹沟，绿色有光，质感敦厚。花茎肉质，长15～45cm，总状花序顶生，小花10～20朵密生上部，横向或下倾，漏斗形，花被筒形，上部4裂，反卷，有紫、玫瑰红、粉红、黄、白、蓝等色，芳香，蒴果，自然花期3～4月。

3. 品种及分类

由于风信子系以一原种发展而来，遗传变异性不如郁金香多源杂种复杂多变，品种间差异细微，难以分辨。现在园艺上的品种大约有2000多个，主要分为以下两系。

（1）荷兰系　由荷兰改良培养出来的品系，目前许多园艺品种均属于本系。特点是每朵花的直径大，花穗亦长、大。

（2）罗马系　由法国人改良而成，亦称法国罗马系。鳞茎比荷兰系略小，从一球中抽出数个花茎。在以上两系中，均有白、黄、粉、红、蓝、紫等类别。

4. 习性

风信子喜凉爽、湿润和阳光充足环境。要求排水良好和肥沃的沙壤土。较耐寒，在冬季比较温暖的地区秋季生根，早春新芽出土，3月开花，5月下旬果熟，6月上旬地上部分枯萎而进入休眠；在休眠期进行花芽分化，分化适温25℃左右，分化过程1个月左右；花芽分化后至伸长生长之前要有2个月左右的低温阶段，气温不能超过13℃。风信子在生长过程中，鳞茎在2～6℃低温时根系生长最好，芽萌动适温为5～10℃，叶片生长适温为10～12℃，现蕾开花期以15～18℃最有利，鳞茎的贮藏温度为20～28℃，最适为25℃，对花芽分化最为理想。

5. 繁殖

繁殖以分球为主，也可采用组织培养，育种时用种子繁殖。

（1）分球繁殖　6月份把鳞茎挖出后，将母球周围自然分生的子球分离，另行栽植。子球需培养3年才能开花。对于自然分生子球少的品种可行人工切割处理，即8月份晴天时将鳞茎基部切割成放射形或十字形切口，深约1cm，切口处可敷硫黄粉（或用0.1%的升汞）以防腐烂，将鳞茎倒置太阳下吹晒1～2h，然后平摊室内吹干，室温先保持21℃左右，使其产生愈伤组织，待鳞片基部膨大时，温度渐升到30℃，相对湿度85%，3个月左右即形成许多小鳞茎。这样诱发的小鳞茎培养3～4年后开花。

（2）种子繁殖　多在培育新品种时使用，于秋季播入冷床中的培养土内，覆土1cm，翌年1月底2月初萌发。实生苗培养的小鳞茎，4～5年后开花。

（3）组织培养繁殖　20世纪80年代初应用花芽、嫩叶作外植体，繁殖风信子鳞茎。

6. 栽培管理

（1）露地栽培　秋植球根，宜于10～11月进行，在冬季不寒冷地区，种植后4个月，即次年3月花蕾即可出现，3周后可开花。种植风信子应选择排水良好、不太干燥的砂质土壤为宜，中性至微碱性，忌连作。栽培时，要施足基肥。株距15～18cm，覆土5～8cm。冬季及开花前后，还要各施追肥1次。采收后不宜立即分球，以免分离后留下的伤口于夏季贮藏时腐烂，种植时再分球，干燥保存。

（2）盆栽　用壤土、腐叶土、细沙等混合作营养土，一般在9月上盆，选取大而充实的球种，每盆3～4球，栽植深度以球根肩部与土面相平、顶部露出为合适，放入冷床或冷室，11月入室，室温保持5～6℃，待花茎抽出时，再将温度提高到20℃以上。

(3) 水培　风信子也可水养。采用特制的玻璃瓶，瓶口部呈颈状，球根正好能很稳地放在上面。于10～11月在瓶内装水，并在水中放一点木炭，以吸附水中杂质。再将与瓶口大小相适应的球根放在上面，之间的空隙要用棉花塞紧，并注意球根下部不要接触到水，然后将瓶放在冷凉黑暗的地方令其发根，约经1个月，球根可发出很多白根，并开始抽花茎，这时要把瓶移至光亮的地方，室温保持15℃。水养期间，每3～4d换一次水。在中国，常将鳞茎放入造型优美的浅盘中，似水仙一样进行水养。

(4) 促成栽培　通常大而充实的球宜于促成。在25.5℃下促进花芽分化后，外花被已达形成期的鳞茎，在13℃下放置2个半月左右，然后在22℃下促进生长，待花蕾抽出后置于15～17℃下栽培。

7. 园林用途

风信子是重要的秋植球根花卉。植株低矮而整齐、花期早、花色艳丽繁茂，是春季布置花境、花坛的优良材料；可以在草地边缘种植成丛成片的风信子，增加色彩；还可以盆栽欣赏或像水仙一样用水养观赏。高型品种可以作切花用。

六、美人蕉

学名　*Canna indica* Linn.

别名　红蕉、昙华、兰蕉

科属　美人蕉科、美人蕉属

1. 形态特征

多年生直立草本。植株无毛而薄，具蜡质白粉，根状茎粗壮。地上茎直立不分枝。叶互生、宽大，叶柄鞘状，叶片长椭圆形，绿色；长30～40cm，宽达20cm左右，顶端尖，基部楔形，全缘，中脉明显，侧脉羽状平行；总状花序顶生，花大，径可达10cm以上；萼片3，苞片状；花瓣3，红色，橘红色或带绿色；雄蕊5，为花中最鲜艳部分，有深红，橘红，深黄等色；子房下位，花柱条形，中上部最宽，金黄色。花有乳白、鲜黄、肉粉、橘红、大红、和带斑点、条纹等色。蒴果近球形，具小瘤状突起。花期7～10月，9～10月果熟。

2. 品种分类

园艺上将美人蕉品种分为两大系统。

法国美人蕉系统，即大花美人蕉的总称。参与杂交的有美人蕉、鸢尾美人蕉、紫叶美人蕉。特点为植株矮生，高约60～150cm，花大，花瓣直立不反卷，易结实。

意大利美人蕉系统，主要由柔瓣美人蕉、鸢尾美人蕉等杂交育成，特点为植株高大，约1.5～2m，开花后花瓣反卷，不结实。

主要栽培品种如下。

(1) 美人蕉（*C. indica*）　原产美洲热带。株高1～1.8m。地上茎少分枝。叶长椭圆形，长约10～50cm，宽5～15cm。花序总状，着花稀疏，单生或双生，花小，淡红至深红。它是大花美人蕉的原种之一。

(2) 大花美人蕉（*C. generalis*）　主要由美人蕉经与多个种杂交育成。株高1.5～2m。茎绿色或紫铜色，全株被白粉，叶大，阔椭圆形；长约40cm，宽约20cm。花大，径约10cm，有乳白、淡黄、橙黄、橙红、红、紫红等多种。瓣化雄蕊圆形，直立不反卷；花期8～10月，是园艺上最普遍栽培的一种。

(3) 鸢尾美人蕉（*C. iriidiflora*） 又名垂花美人蕉。花型酷似鸢尾花。产于秘鲁，株高 2～4m，叶广椭圆形，长 60cm。花序总状稍下垂，着花少，花大淡红色，长约 12cm，是法兰西系统的重要原种。

(4) 紫叶美人蕉（*C. warscewiczii*） 又称红叶美人蕉。原产哥斯达黎加、巴西。株高 1～1.2m，茎叶均为紫褐色，并具白粉，花深红色，是法兰西系统的原种之一。

(5) 意大利美人蕉（*C. orchioides*） 又称兰花美人蕉。由鸢尾美人蕉及黄花美人蕉等种及园艺品种经改良而来，株高 1～1.5m。叶绿色或紫铜色。花黄色有红色斑，基部筒状，花大，径 15cm，开花后花瓣反卷。它是意大利美人蕉系统的总称。

(6) 黄花美人蕉（*C. flaccida*） 原产北美。根茎极大，株高 1.2～1.5m。叶长圆状披针形，长 25～60cm，宽 10～20cm。花大而柔软，向下反曲，下部呈筒状，淡黄色，唇瓣鲜黄色，圆形。

3. 习性

喜温暖湿润气候，不耐霜冻，生育适温 25～30℃，喜阳光充足，在原产地无休眠性，周年生长开花；性强健，适应性强，几乎不择土壤，但以湿润肥沃的疏松沙壤土为好，稍耐水湿。畏强风。春季 4～5 月霜后栽种，萌发后茎顶形成花芽，小花自下而上开放，生长季里根茎的芽陆续萌发形成新茎开花，自 6 月至霜降前开花不断，总花期长。在原产地无休眠，终年生长开花，在中国海南、西双版纳也是如此，华东、华北的大部分地区冬季休眠，根茎在长江以南地区可以露地越冬，长江以北必须人工保护越冬。

4. 繁殖

以分株繁殖为主。于 2～3 月当芽眼刚开始萌动时，将根茎分割，注意每块有 2～3 芽眼，栽于露地或盆内均可。

二倍体能结实可采用种子繁殖。结实品种由于种皮坚厚，播种前用开水浸泡（或温水 30℃）2d，或用刀刻伤种皮后直接播种。发芽温度 25℃以上，2～3 周即可发芽，定植后当年便能开花，生育迟者需 2～3 年才能开花。

5. 栽培管理

一般春季栽植，丛距 80～100cm，覆土约 10cm。栽植前施足基肥，生长期内应多追施液肥，保持土壤湿润。初霜后，待茎叶大部分枯黄时可将根茎挖出，适当干燥后贮藏于沙中，保持 5～7℃越冬。促成栽培时可于预定花期前约 100d，将根茎在 15～30℃中催芽后种植，即可提前开花；或早霜前移入室内，保持适宜温度，可继续开花。

盆栽要选矮生种，盆栽土可用 4 份草肥或厩肥、5 份壤土、1 份沙子混合而成。栽植时芽尖需露出 2～3cm，栽后浇一次透水，置于背风向阳处。发芽后半月追肥 1 次，注意浇水。若想提早开花，可于 1～2 月将根茎盆栽放入 20～25℃的温室内，3 月份再植于露地，施肥后 4 月下旬至 5 月上旬就能开花。

6. 园林用途

美人蕉花大而艳丽、叶片翠绿繁茂，是夏季少花时节庭院中的珍贵花卉，可孤植、丛植或作花境。美人蕉在作为观赏植物的同时，还可吸收有害气体、净化空气，在城乡工矿污染区应大力推广种植。

此外花和根茎可作药用，有清热利湿、止血的功效。根茎可治急性黄疸性肝炎、久痢、痈毒肿痛、月经不调；花止血，主治金疮出血、外伤出血。美人蕉的根茎富含淀粉可供食用，亦可作工业原料。美人蕉的花具有鲜艳的颜色，含有丰富的色素，可供提取食用色素。

七、晚香玉

学名 *Polianthes tuberosa*

别名 夜来香、月下香、玉簪花

科属 石蒜科、晚香玉属

1. 形态特征

多年生草本植物，原产墨西哥及南美洲。地下具鳞茎状块茎，基生叶邻生，带状披针形，叶片长30～45cm，宽1.8cm；总状花序顶生，着花12～32朵；花白色，漏斗状，自下而上陆续开放，花期7～8月，可持续约半个月左右；花洁白浓香，夜晚香气更浓，故有夜来香之称。

2. 品种

晚香玉同属的种类有12种，但栽培利用的只有晚香玉，而且品种不多，主要有以下几种。

① Albino：芽变态形成的单瓣品种，花纯白色。

② Dwarf pearl：矮性品种。

③ var. *flore-pleno* Hort：重瓣花变种。

④ Mexican early bloomi：单瓣，早生品种，周年开花，以秋季为盛。

⑤ Pearl：重瓣品种，茎高75～80cm，花序短，花多而密，花冠筒短。

⑥ Tall double：大花重瓣品种，花茎长。

⑦ Variegale：叶长而弯曲，具金黄色条斑。

3. 习性

性喜温暖湿润、阳光充足的环境；要求肥沃、黏质壤土，沙土不易生长；忌积水，干旱时，叶边上卷，花蕾皱缩，难以开放。热带地区无休眠期，一年四季均可开花，在其他地区冬季落叶休眠。

4. 繁殖

一般用块茎繁殖，母球分生子球数量较多，子球栽植2～3年可长成开花球。繁殖时将母球周围着生的子球取下，用冷水浸泡一夜。深栽有利于块茎的生长，培养当年不能开花的小球，覆土应厚些。

5. 栽培管理

春季栽植。选择土壤肥沃、排灌条件好、背风向阳的地块，播种前半个月深耕25～30cm，结合整地，每公顷施优质腐熟农家肥（鸡粪除外）30～45t，与耕土充分混合后做垄，垄宽30cm，沟深20cm。栽种时再分开大小球，将较大球的块茎基部切去后，蘸草木灰后再种植。大球株距20～30cm，小球株距10～20cm。覆土深度因目的不同有差异，“深养球，浅抽葶”，以养球为目的小球和“老残”稍深些，顶部与土面齐即可；开花的大球顶芽要露出土面。出苗缓慢，从栽种到萌芽约1个月，以后生长快，因此前期灌水不必多；芽出齐，表土干时需浇水；出叶后浇水不宜过多，以利根系生长发育。当花茎抽出时，要追肥并给以充足的水分。

块茎采收后，在室内摊开晾干后贮藏，也可采收后将块茎部分切去，露出白色，然后晾干贮存。块茎中心易腐烂，要在干燥条件下贮存。北京黄土岗花农用火炉熏蒸：将球根吊起来，下面放火炉，最初保持室温25～26℃，使球脱水外皮干皱时，降温到15～20℃贮存。忌连作，最好2年换一个栽植地方。

6. 园林用途

晚香玉是美丽的夏季观赏植物。花序长、着花疏而优雅，是花境中的优良竖线条花卉。花期长而自然，丛植或散植于石旁、路旁、草坪周围、花灌丛间，可柔和视觉效果，渲染宁静的气氛；也可用于岩石园；花浓香，是夜花园的好材料。

晚香玉的鲜花可供食用，清香可口；其叶入药，性凉味苦，有清热解毒的功效。

八、马蹄莲

学名 *Zantedeschia aethiopica*

别名 水芋、观音莲、海芋

科属 天南星科、马蹄莲属

1. 形态特征

马蹄莲为多年生草本植物，地下部具有肥大的深褐色肉质块茎，茎节部位发芽向上生长茎叶，向下长根，地上茎叶可高达1m以上。叶基生，叶片心状箭形或戟形，先端锐尖、全缘，基部钝三角形，长15～45cm，叶面鲜绿色，有光泽。花茎基生，花梗高出叶丛；顶端着生肉穗花序，外有白色近卵形佛焰苞；肉穗花序黄色，短于佛焰苞，呈圆柱形，上部着生雄花，下部着生雌花，雄花部分的长度为雌花的4倍。花有香气，花后结浆果。自然花期2～4月，果熟期6～8月。

2. 品种与分类

马蹄莲属园艺栽培的有5种。

(1) 马蹄莲（*Z. aethiopica*） 株高可达70～100cm。佛焰苞大、白色，肉穗花序鲜黄色，长约10cm。花期3～5月。较耐寒，栽培最为普遍。主要用于冬春季切花生产。

(2) 黄花马蹄莲（*Z. elliottiana*） 株高与马蹄莲相似或稍矮。叶绿色，有白色半透明斑点。佛焰苞大，长可达18cm，黄色。有不少变种。花期5～6月。生育期要求温度比马蹄莲高。可盆栽或切花。

(3) 红花马蹄莲（*Z. rehmannii*） 株高约20～40cm。叶披针形，有白色半透明斑点。佛焰苞稍短小，红色、粉红色或紫红色。花期5～6月。

(4) 银星马蹄莲（*Z. albomaculata*） 叶片大，柄短，叶面有银白色斑点。佛焰苞乳白色，花期7月。

(5) 热带马蹄莲（*Z. tropicallis*） 喉部具黑斑，多种花色，有淡黄、杏黄、粉红色品种。

3. 习性

性喜温暖湿润和半荫环境，但在冬季要求光照充足，否则影响开花。马蹄莲不耐寒，生长适温白天为15～24℃，夜间白花种不低于13℃，黄花种不低于16℃，0℃以下时块茎部分就会受冻。但冬季温度过低或夏季温度过高，植株叶会枯萎，进入休眠状态。在冬不冷、夏不热的亚热带地区，全年不休眠。马蹄莲要求有富含腐殖质、疏松、肥沃的砂质土壤，pH 5.5～7。生长发育良好的马蹄莲，在主茎上每展开1枚叶片，就可以分化2个花芽。夏季高温季节，会出现盲花或花芽不分化现象。一般具有一个主茎的块茎每年可出花6～8朵，但多数只有3～4枝切花。

4. 繁殖

以分球繁殖为主。植株进入休眠期后，剥下块茎四周的小球，另行栽植，分栽的大块茎经1年培育即可成为开花球，较小的块茎须经2～3年才能成为开花植株。也可播种繁殖，种子成熟后即行盆播，发芽适温20℃左右。

5. 栽培管理

春秋均可栽植。床植行距25cm，株距10cm。用肥沃而略带黏质的土壤，比如，可用园土2份、砻糠灰1份，再稍加些骨粉或厩肥；也可用细碎塘泥2份、腐叶土（或堆肥）1份，加入适量过磷酸钙和腐熟的牛粪。植后覆土3～4cm厚，20d左右即可出苗。马蹄莲生长期间喜水分充足，要经常向叶面、地面洒水，并注意叶面清洁，每半月追施液肥1次。在养护期间为避免叶多影响采光，可去除外围叶片，这样也利于花梗伸出。2～4月是盛花期，花后逐渐停止浇水；5月以后植株开始枯黄，应注意通风并保持干燥，以防块茎腐烂；待植株完全休眠时，可将块茎取出；晾干后贮藏，秋季再行栽植。播种繁殖时于花后采种，随采随播，培养2～3年后开花。

马蹄莲的促成栽培主要就是温度管理，若将块茎提前冷藏，并在立秋后播种，则可提早在10月份开花；一般在9月中旬下种的植株，可于12月开花；冬季促成则需严格保温或加温，马蹄莲对光照不敏感，只要保持温度在20℃左右，即可在元旦至春节期间开花；3月份开花的植株，更应持续保温或加温。

6. 园林用途

叶色翠绿、叶柄修长、苍翠欲滴、花茎挺拔、花朵苞片洁白硕大，宛如马蹄；花秀嫩娇丽，象征着纯洁真挚；鲜黄色的肉穗花序立于莲座上，给人以纯洁感；是优良的盆花，也是重要的切花材料。在庭园中可用于花坛、花境、草坪等园林绿地。块茎可入药，预防破伤风和外治烫、火伤。

九、朱顶红

学名　*Hippeastrum vittatum*

别名　百枝莲、华胄兰、孤挺花

科属　石蒜科、朱顶红属

1. 形态特征

石蒜科多年生草本，有肥大的球状鳞茎。鳞茎大者直径可达6～10cm，鳞茎皮色彩与花色相关，褐色鳞茎皮为红色花，淡绿色鳞茎皮者，其花有白色或红色条纹。根着生于鳞茎下方，叶从鳞茎上抽生，2列状着生，每边为3～4枚，扁平淡绿。花茎也从鳞茎中抽出，绿色粗壮、中空。伞形花序着生花茎顶端，喇叭形，有红色、红色带白条纹、白色带红条纹等，常为2～6朵花相对开放。

常见同属观赏种有美丽孤挺花（*H. aulicum*），花深红或橙色；短筒孤挺花（*H. reginae*），花红色或白色；网纹孤挺花（*H. reticulatum*），花粉红或鲜红色。

2. 习性

喜温暖、湿润和阳光充足环境。不耐寒，生长适温18～25℃，冬季休眠期适温为5～10℃；喜湿润，怕水涝，喜疏松富含有机质、排水良好的土壤；喜肥，但开花后应减少氮肥，增施磷、钾肥，以促进球根肥大。

3. 繁殖

朱顶红的繁殖最常用的方法是分球，开花母球经一年栽培后常在旁侧分生小球，可在花后或春天栽植时剥离子球分栽。子球种植宜浅，最好将球一半露出地表，管理得当，1～2年后即可开花。

朱顶红种子极易丧失生命力，成熟后应立即进行播种，以利于发芽率的提高。播种宜选择保湿透水的基质。生产上多采用蛭石：腐殖土（1∶1）或采用粗沙作播种基质。基质用0.2%的高锰酸钾溶液进行消毒处理。朱顶红种子个体比较大，一般采用点播。播种后覆0.2cm左右的蛭石，用细喷壶喷透水后，再用塑料膜覆盖，置于有散射光的半荫处，注意保温保湿，空气湿度要保持在90%左右，温度控制在15～18℃。1个月后可长出第1片真叶，这时可以使幼苗逐渐增加光照强度，促其生长健壮。

也可采用人工分割鳞茎扦插法繁殖，具体做法：将母球切割成8～20块（球大者可更多），每块带鳞片2～3层及部分鳞茎盘，插入珍珠岩、泥炭等介质中，并加少量草木灰，使扦插介质呈微碱性，适度浇水保持湿润。扦插适温为27～30℃，6周后，在鳞片间便能生出小球，经分离栽培可得幼苗。用这种方法繁殖，一个母球最多可得近100个子球。

在需要大量而迅速繁殖时，还可用组织培养的方法。

4. 栽培管理

土壤以排水良好的沙壤土为宜，否则应做高畦深沟以防涝害，耕深30cm。在栽前几天，浇透水，待土壤略潮湿且疏松时进行栽植；修去鳞茎上残存的残根枯叶。栽植时，开一浅沟，沟底薄薄铺一层基肥，鳞茎根据其叶片生长方向一致斜排，覆土至鳞茎2/3处，一般行距35cm，株距15cm较适宜。栽植后可以覆盖薄膜提高地温以促进发根生叶，待新根发生后开始浇水施肥，初栽时少浇水，出现花茎和叶片时可增加浇水量。生长期每10d施肥1次，花苞形成前，增施1次磷钾肥。花后继续供水供肥，使鳞茎健壮充实。鳞茎露地越冬时，稍加覆盖。

还可以通过促成栽培，使其在气温较低的季节开放，暖温处理是简便而易行的促成栽培措施。具体做法：在有加温设施的温室内，可将秋天挖起的成花鳞茎按常规方法栽植，把土温控制在22～25℃之间，则50d后即能开花。若温室无加温设施，则可将挖起的鳞茎先置于温箱内（22～25℃）催花，一般在50～55d后可见有花茎抽出，而后再将其栽植于温室大棚内，并加盖地膜提高土壤温度，2～3周后即能陆续开放，其间的肥水管理和常规栽培一样。

5. 园林用途

朱顶红顶生漏斗状花朵、花大似百合、花色鲜艳。适宜地栽，形成群落景观，增添园林景色；盆栽用于室内、窗前装饰，也可作切花。在欧美朱顶红还是十分流行的罐装花卉。

十、水仙属

学名　*Narcissus* spp.

科属　石蒜科、水仙属

1. 形态特征

水仙属多年生草本。地下具肥大的鳞茎，卵形至广卵状球形，外被棕褐色薄皮膜。大小因种而异。叶基生，带状线形或近柱形。多数种类互生2列状，绿色或灰绿色。花单生或多朵成伞形花序着生于花茎端部，下具膜质总苞，花茎直立；花多为黄色、白色或晕红色，部分种类具浓香；花被片6，花被中央有杯状或喇叭状的副冠，是种和品种分类的主要依据。鳞茎为多年生，自然分生力强。

2. 主要种类及品种

(1) 中国水仙（*N. tazetta* var. *chinensis*）

别名　水仙花、金盏银台、天蒜、雅蒜

中国水仙是栽培广泛的法国水仙的重要变种之一，主要集中于中国东南沿海一带。叶狭长带状，花茎与叶等长，高30～35cm；每茎着花3～11朵，通常3～8朵，伞房花序；花白色，芳香，副冠高脚碟状，较花被短得多；花期1～2月。为3倍体，不结种子。耐寒性差，最易水养观赏。

中国福建省漳州地区是栽培生产中心，生产水养观赏的漳州水仙，还用传统艺术雕刻方法，将水仙球经过一定的艺术加工，雕刻或拼扎成各种各样的造型。

(2) 喇叭水仙（*N. pseudo-narcissus*）

别名　洋水仙、漏斗水仙

原产瑞典、西班牙、英国。叶扁平线形，灰绿色而光滑。花茎高30～35cm，花单生、大型，黄或淡黄色，稍具香气；副冠与花被片等长或稍长，钟形至喇叭形，边缘具不规则齿牙和皱褶；花期3～4月。极耐寒，北京可露地越冬。喇叭水仙是各国园林中常用的种类，片植有极好的景观。

(3) 明星水仙（*N. incomparabilis*）

别名　橙黄水仙

原产西班牙及法国南部。叶扁平状线形，灰绿色，被白粉。花茎有棱，与叶同高；花单生，平伸或稍下垂，径5～5.5cm；副冠倒圆锥形，边缘皱褶，为花被片长之一半，与花被片同色或异色（黄或白色）。花期4月。

(4) 丁香水仙（*N. jonquilla*）

别名　长寿花、黄水仙、灯心草水仙

原产南欧及阿尔及利亚。叶2～4枚，长柱状，有明显深沟，浓绿色。花茎高30～35cm；花2～6朵聚生，侧向开放，具浓香；花高脚碟状，花被片黄色；副冠杯状，与花被片同长、同色或稍深呈橙黄色。花期4月。

(5) 红口水仙（*N. poeticus*）

别名　口红水仙

原产法国、希腊至地中海沿岸。叶4枚，线形。花茎2棱状，与叶同高；花单生，少数1茎2花；花被片纯白色；副冠浅杯状，黄色或白色，边缘波皱带红色。花期4～5月。耐寒性较强。

(6) 仙客来水仙（*N. cyclamineus*）

叶狭线形，背部隆起。花2～3朵聚生；花冠筒极短，花被片自基部极度向后反卷，黄色；副冠与花被片等长，鲜黄色，边缘具不规则的锯齿。

(7) 三蕊水仙（*N. triandrus*）

别名　西班牙水仙

叶2～4枚，扁平稍圆。花1～9朵聚生，白色带淡黄色晕；花被片披针形，向后反卷；副冠杯状，长为花被片的1/2。

3. 习性

秋植球根，一般初秋开始萌动生长，地上部分不出土，翌年早春迅速生长并抽葶开花。

喜温暖、湿润及阳光充足的地方，尤以冬无严寒、夏无酷暑、春秋多雨的环境最为适宜，但多数种类也耐寒，在中国华北地区不需保护即可露地越冬。如栽植于背风向阳处，生长开花更好。对土壤要求不严格，但以土层深厚肥沃、湿润而排水良好的黏质土壤为最好，以中性和微酸性土壤为宜。

4. 繁殖

(1) 分球繁殖　该方式为主要繁殖方式，将母球上自然分生的小鳞茎（俗称脚芽）掰下，另行栽植。子鳞茎培育成商品开花球约需 3 年，培育方式有以下两种。

① 旱地栽培　每年起球之后可将小侧球马上种植，也可到 9～10 月种植。用单球点播，单行或双行种植，株行距为 6cm×25cm 或 6cm×15cm。旱地栽培，养护较粗放，除施 2～3 次水肥外，不需常浇水。

② 水田栽培　翻耕土地后，施足基肥，做畦，畦宽 120cm，高 40cm，沟宽 35m 左右。9 月底至 10 月种植，株行距随种球大小而异，一般采取小株距、大行距，3 年生小鳞茎株行距为 15cm×40cm，2 年生则为 12cm×35cm。栽植时要注意芽向，使抽叶后叶子的扁平面与沟相平行。覆土 5～6cm，泼施腐熟的人粪尿，使之充分吸收，然后引水入沟，水高至畦腰，水渗透整个畦面后，再排干水，覆盖稻草，使沟内水分可沿稻草而上升畦面，保持经常湿润。

(2) 鳞片扦插繁殖　用带有两个鳞片的鳞茎盘作繁殖材料。其方法是，把鳞茎先放在低温（4～10℃）下 4～8 周，然后常温切开鳞茎盘，使每块带有两个鳞片，并将鳞片上端切除，留下 2cm 作繁殖材料；然后用塑料袋盛含水 50％的蛭石或含水 60％的沙子，把繁殖材料放入袋中，封闭袋口，置于 20～28℃黑暗的地方，经 2～3 月可长出小鳞茎，成球率 80％～90％。此法四季皆可进行，但以 4～9 月为好。生成的小鳞茎移栽后的成活率可达 80％～100％。

(3) 其他繁殖方法　组织培养时可用叶基、花茎、子房等组织作为外植体。采用茎尖脱毒培养可改进开花质量。培育新品种时则可采用播种法。

5. 栽培管理

(1) 水培法（浅盆水浸法）　具体做法是在 10 月中下旬或 11 月上旬，选用肥大的鳞茎，在其上端用刀刻割“十”字形的切口，以利鳞茎内芽的抽出，然后浸入清水中 1d；取出后擦去刀口处流出的黏液，直立放于不漏水的浅盆中，周围放些洁净而美观的小石块，使其固定。每 1～2d 换一次水，如果保证 4～12℃的温度和充分的光照条件，约在元旦和春节之间开花。开花时花盆移至冷凉处（温度不高于 4～8℃），能使花期延至月余。

(2) 盆栽　于 10 月中下旬，用肥沃的砂质土壤把大块鳞茎栽入小而有孔的花盆中，栽入一半露出一半，鳞茎下面应事先垫一些细沙，以利排水。把花盆置于阳光充足、温度适宜的室内。以 4～12℃为好，温度过低容易发生冻害，温度过高再加之光照不足，容易徒长，植株细弱，开花时间短暂，降低观赏价值。管理中如果满足光照和温度的要求，则叶片肥大，花葶粗壮，因而能使花朵开得大，芳香持久。

(3) 促成栽培　促成栽培可使水仙于元旦或春节开花。中国多用低温法，即在促成栽培前期在生根室内生根，一般为 9℃，待根系发育充分后，将温度升至 10～15℃，抽叶现蕾后，可用于水养观赏。

6. 园林用途

水仙植株低矮、花姿雅致、花色淡雅、芳香、叶清秀，是早春重要的园林花卉，可以用于花坛、花境，尤其适宜片植。适应性强的种类，一经种植，可多年开花，不必每年挖起，是很好的地被花卉。水仙也可以水养，将其摆放在书房或几案上，严冬中散发淡淡清香，令人心旷神怡。还可用作切花。

十一、仙客来

学名　*Cyclamen persicum*

别名　兔子花、萝卜海棠、一品冠

科属　报春花科、仙客来属

1. 形态特征

多年生草本，块茎紫红色，扁圆形。叶丛生，心脏状卵形，边缘光滑或有浅波状锯齿，绿色或深绿色，有白色斑纹。花单生，有肉质、褐红色长柄；花瓣基部联合呈筒状，花蕾期先端下垂，花开后花瓣向上反卷直立，形似兔耳；受精后花梗下弯。蒴果球形，种子褐色。

2. 习性

喜腐殖质丰富的砂质土壤，宜微酸性（pH 为 6），如酸度偏大（pH 小于 5.5），幼苗生长会受到抑制。仙客来喜湿润，但畏积水；喜光，但忌强光直射，若光线不足，叶子徒长，花色不正。秋冬春三季为生长期，生长适温为 12～20℃，不耐炎热。夏季温度在 30℃以上，球茎被迫休眠，超过 35℃，易受热腐烂，甚至死亡；冬季温度低于 10℃，花朵易凋谢，花色暗淡，5℃以下，球茎易遭冻害。在中国，夏季炎热地区皆处于休眠或半休眠状态；在夏季凉爽、湿润的昆明地区，不休眠继续生长。

3. 繁殖

仙客来可用播种和球茎分割法繁殖。

（1）播种繁殖　以 9 月上旬为宜，可用浅盆或播种箱点播，在 18～20℃的适温下，30～60d 发芽。用 30℃温水浸种 4h，可提前约 15d 发芽。

（2）球茎分割法　适用于优良品种的繁殖。选 4～5 年生球茎，切去球茎顶部 1/3，随后将球茎分割成 1cm^2 的小块；经分割的球茎放在 30℃和相对湿度高的条件下，5～12d，促进伤口愈合；接着保持 20℃，促使不定芽形成。分割后的 3～4 周内土壤保持适当干燥，以免伤口分泌黏液，感染细菌，引起腐烂。一般分割后 75d 形成不定芽，9 个月后有 10 余片叶可用 12～16cm 盆栽植，养护 2～3 个月后开花。

（3）其他方法　还可采用叶插法和组织培养法繁殖仙客来。

4. 栽培管理

当仙客来小苗长到 4～5 片叶时（一般在 3 月份左右）可以上盆管理。第 1 次上盆可用口径 8～10cm 的小盆或塑料营养钵，所用基质中最好加入一些腐熟的有机肥。宜浅栽，大部分球茎应埋入土中，只留顶端生长点部分露出土面。刚上盆后要适当遮阳，注意在整个生长期间仙客来都应适当遮阳，不可曝晒。当长到十几片叶时，可进行第 1 次换盆，换入 12～14cm 的盆中；进入 9 月份进行第 2 次换盆，换成 16～18cm 的盆。在生长期间每半月追施 1 次液体复合肥，肥水浓度 0.5%。仙客来的浇水要根据气候及植株的生长量合理进行，掌握间干间湿的浇水原则，浇水时注意不要使叶面沾水。

5. 园林用途

仙客来叶硬挺开展、花蕾低垂、开放时亭亭玉立，具有动感；花色多彩、娇美秀丽、观赏价值极高，是高档盆花。加之其花期恰逢元旦、春节等节日，深受人们喜爱。下垂性的品种用作壁挂或吊挂观赏。也可作切花。

十二、小苍兰

学名 *Freesia hybrida*

别名 香雪兰

科属 鸢尾科、小苍兰属

1. 形态特征

多年生草本，株高 10～20cm。球茎长卵形或圆锥形，白色外有黄褐色的皮。基生叶约 6 枚，2 列互生，质较厚，线状剑形。穗状花序，花序轴平生或倾斜，稍有扭曲；花漏斗状，偏生一侧，疏散而直立，具甜香。花色丰富，姿态轻盈。花期 2～4 月。蒴果，种子黑褐色。地下球茎一年生，每年更新。老球枯死，在老球上长出 1～3 个新球，每个新球又有 1～5 个子球。

2. 主要种类与分布

原产南非好望角一带。世界各地广泛栽培。现代优良品种多来自荷兰。同属约 20 种，除近代栽培的杂种大花种外，常见的有如下两种。

(1) 小苍兰（*F. refracta*） 球茎小，约 1cm，基生叶约 6 枚，长约 20cm。花茎通常单一，高 30～45cm，花穗呈直角横折；花漏斗状，偏生一侧，直立着生，黄绿色及至鲜黄色，具浓香。花期较早。

主要变种有：白花小苍兰（var. *alba*），叶片与苞片均较宽，花大、纯白色，花被裂片近等大，花筒渐狭，内部黄色；鹅黄小苍兰（var. *Leichlinii*），叶阔披针形，4～5 枚，长约 15cm，宽 1.5cm，基部成白色膜质的叶鞘，花宽短呈钟状，有铃兰般的香气，花大，鲜黄色，花被片边缘及喉部带橙红色，一穗有花 3～7 朵。

(2) 红花小苍兰（*F. armstrongii*） 又名红花香雪兰、长梗香雪兰。叶长 40～60cm，花茎强壮多分枝，株高达 50cm；花筒部白色，喉部橘红色，花被片的边缘粉紫色；花期较迟。本种与小苍兰杂交育出许多园艺变种。花型有单瓣、重瓣，花色多样。

3. 习性

小苍兰属秋植球根花卉，冬春开花，夏季休眠。性喜温暖湿润环境，能耐冷凉，但不耐寒，高温将造成休眠。生长发育最适温度为白天 20℃左右，夜间 15℃，最低 3～5℃。现蕾开花期以 14～16℃为宜。其耐寒力较弱，在长江流域及以北地区都不能露地越冬。要求阳光充足的条件，花芽分化前期短日照有利于诱导花芽分化，而分化后的长日照条件有利于花芽发育和提早花期。要求疏松肥沃的土壤。

球茎在低温（8～10℃）、高湿（90%）下进行春化处理，可提前开花。春化处理后 25℃以上的高温有解除春化的作用。球茎栽植后基部抽生下出根，称之下根；新球茎生出后，其基部抽生的肉质、充实肥大的牵引根，称之上根。在新球茎的充实期，牵引根收缩。在栽培中，上、下根皆充分发育，植株才能生长旺盛，开花良好。故栽植时宜稍深些。

4. 繁殖

通常可用播种和分球繁殖，以分球繁殖为主。进入休眠后，取出球茎，此时老球茎已枯死，上面产生了1～3个新球茎，每个新球茎下又有几个新球茎，分别剥下、分级贮藏或冷藏后，8～9月时再行栽植。新球茎直径达1cm以上，栽植后当年即能开花；小的新球茎则需培养1年后才能形成开花球。

小苍兰也可以播种繁殖，通常5月采种后及时播种于浅盆中。播后将盆移至背风向阳处，予以蔽荫，保持湿润，最适发芽温度20～22℃。冬季移入温室越冬，约经3年培育方可开花。国外已育出播种繁殖的新品种：6～7月份播种，次年2～3月份开花，植株高达60～70cm，极适于切花栽培。

5. 栽培管理

小苍兰喜光照充足，通风良好，适生于土层深厚、有机质丰富、排水良好的沙壤土，pH6.0～7.0，EC值0.6ms/cm，忌含盐量高的土壤。每平方米施氮40g、磷33g、钾27g作基肥。但不宜用过磷酸钙。小苍兰最忌连作，种植过小苍兰和唐菖蒲的地块，至少要间隔3年以上才能再次种植。

小苍兰有上、下根，故栽植时宜稍深些，覆土厚2.5cm左右。通常是栽种时只覆土1cm，待真叶3～4cm时再添土至2.5cm。易感染病害，种前要进行土壤消毒。为使株形丰满低矮，宜晚栽，一般不迟于11月下旬至翌年2月上旬。作切花栽培时，于下部两朵小花开放时剪下，置于2～5℃的条件下处理2h，然后供应市场。

促成栽培可在定植前用高温或烟熏处理。在30℃条件下处理4周，然后在20℃条件下处理3周，如配合乙烯处理更可提早打破休眠。促成栽培一般要用冷藏处理以完成春化过程。一般在10℃下冷藏40d，即可定植。抑制栽培可将解除休眠的种球湿润贮藏于2～5℃冷库中抑制其生长。

6. 园林用途

小苍兰花色鲜艳、香气浓郁，除白色外，还有鲜黄、粉红、紫红、淡紫、蓝紫和大红等单色和复色。可盆栽用于室内点缀或布置花坛，也是冬季室内切花、插瓶的最佳材料。

十三、大岩桐

学名 *Sinningia hybrida*

英文名 Gloxinia

科属 苦苣苔科、大岩桐属

1. 形态特征

多年生球根花卉。株高12～25cm，全株密生白绒毛。具块茎，初为圆形，后为扁圆形，中部下凹。根着生在块茎的四周，为一年生。地上茎极短，绿色，常在二节以上转变为红褐色。叶对生，长椭圆形，肉质较厚，平伸，边缘有钝锯齿，叶背稍带红色。花茎肉质而粗，比叶长，高10～20cm；花冠阔钟形，裂片矩圆形。花色有白、粉、大红、墨红、玫瑰红、洋红、紫、堇青、蓝等色，质呈丝绒毛状，下有丰厚柔软的椭圆形大叶片陪衬，极美丽。花期夏季。

2. 习性

喜温暖、潮湿；喜半荫，忌阳光直射；喜肥。生长适温22～24℃，需较高的空气湿度，冬季休眠期保持干燥，温度控制在8～10℃。生长期避免雨水浇淋，以免引起腐烂。以富含腐殖质、疏松肥沃、排水良好的微酸性土壤为宜。

3. 繁殖

以播种繁殖为主，也可扦插、分割块茎或组织培养。

播种要求室温在18℃以上，以10～12月播种最佳，此时播种，生长期环境适宜、生长旺盛、株形大、着花多，翌年6月即可开花；若迟至3月播种，则于8～9月开花，株小而花朵数少。大岩桐种子寿命约1年，从播种到开花需时5～8个月。播种用土，可以腐叶土3、园土2、河沙2的比例配合，再加入少量的过磷酸钙。因种子细小，1g种子有25000～30000粒，常播后不覆土，只轻轻予以镇压。在20～22℃条件下，10～15d发芽。当生出2片真叶时，及早分苗。

(1) 扦插　可用茎插和叶插法。

① 茎插　春天栽植块茎后，常发生数枚新芽，当芽高4cm左右时，选留主芽生长开花，其余均可取之扦插。保持21～25℃和遮阳保湿，约3周后生根。

② 叶插　在温室中生长季均可进行，但以5～6月和8～9月效果最好。选生长充实的叶片，带叶柄切下，插入河沙中，保持25℃，适当遮阳，经常喷水保湿，约20d，叶柄切口处愈合长出小块茎，即可上盆栽植。养护得当，上盆后4～5个月能够开花。扦插法能保持母本的优良性状，花朵数多，开花早，但繁殖系数低，不能适应规模化生产的需要。

(2) 分割块茎　在块茎休眠后，新芽抽出时进行。依抽生的新芽数目，用刀切成数块，每块至少带1个芽，伤口涂以木炭粉或硫磺粉后栽植，宜浅植，以浇水后块茎顶端露出土面为宜。初期要控制浇水，以免引起切口腐烂。当芽长至3～4cm时，保留1个壮芽，去掉其余的芽。

(3) 组织培养　为加速繁殖，可以叶片、叶柄或花梗为外植体进行组织培养，用MS培养基，附加6-苄基腺嘌呤0.5mg/L和萘乙酸（NAA）0.1mg/L。

4. 栽培管理

播种苗第一次分苗后，待幼苗生出5～6片真叶时上7cm盆。每周追肥1次，注意追肥时不可使肥液沾染叶片，因大岩桐叶片上密被绒毛，沾染肥液会产生斑点或引起腐烂，可在追肥后喷1次清水，保持叶面的清洁。植株长大后，移至10cm盆，最后定植于14～16cm盆中。要施足基肥，恢复生长后，每周追施稀薄液肥1次，在盛花期前停止追肥。花期温度不可过高，适当通风，防止花梗细弱。春天开始遮去中午前后的强光。注意维持较高的空气湿度。夏遮阳防雨，可稍减少浇水量，秋天气温降低，逐渐减少浇水量，使植株逐步进入休眠期。当植株地上部分全部枯萎，即停止浇水，使块茎在原盆中越冬，越冬温度8～10℃。

块茎经过休眠（约1个多月），依对开花期的不同需要，可按时取出栽植，在温室内栽培，从栽植到开花，约5～6个月。栽植前先行催芽，将块茎密植于湿沙中，保持18℃和较高的湿度，适当遮阳，1～2周生根发芽，即可栽入10cm盆中，选留粗壮的1个主芽，其余的芽全部摘除，可用之扦插繁殖；苗株最后定植于14～16cm盆中，栽植深度也以浇水后露小块茎顶端为度。国外大规模现代化生产，大岩桐均作一二年生栽培。每年进行播种，开花后休眠的块茎尽行弃去，不再贮藏和栽植。

5. 园林用途

大岩桐花朵大、花色浓艳多彩、花期可随栽植期的不同而异，故花期长，尤其能盛开于夏季室内花卉较少时。控制栽植期，可使它在“五一”和“十一”开放，为重大节日提供优美的室内布置材料，是极高雅的观花植物。

十四、嘉兰

学名 *Gloriosa superba*

别名 嘉兰百合、火焰百合、蔓生百合

英文名 Lovely Gloriosa

科属 百合科、嘉兰属

1. 形态特征

草本，蔓生，高1～2m；叶对生、互生或轮生，长披针形或倒卵状披针形，顶端呈卷须状；花大而艳丽，单生于叶腋；花冠直径约10cm，花瓣6，线形，边缘皱波状，向上翻卷；初花期黄绿色，逐渐变为橙红色；7～8月开花。整株花期可以延续55d。雄蕊6，下位，花药丁字着生，花丝分离；雌蕊1，子房3室，花柱线形；果为蒴果，室背开裂，长3～5cm；种子圆形，种皮红色；块茎二叉状，粗约1～2cm。顶端具芽眼1个，其他部位无不定芽。

2. 习性

喜温暖、湿润气候及富含有机质、排水、通气良好、保水力强的肥沃土壤，在密林及潮湿草丛中生长良好。忌干旱和强光，幼苗期需40%～45%荫蔽度，营养生长期、花期内需10%～15%的荫蔽度，土壤湿度保持在80%左右。生育期降雨量以1000～1200mm为宜，要求空气相对湿度80%以上。耐寒力较差，当气温低于22℃时，花发育不良，不能结实；低于15℃时，植株地上部分受冻害。生长适温为22～24℃。一般于3月萌发生长，6月中旬始花，7～8月为盛花期，9～10月为种子成熟期。

3. 主要栽培种、变种与品种

常见同属观赏种有宽瓣嘉兰（*G. rothschildiana*），叶宽披针形，花被阔披针形，反卷，边缘有时波状；花瓣橙红色，基部金黄色。自第3～4节起在其先端生长卷须，叶序不规则，15～20片叶对生、互生或轮生，产于热带非洲。卵圆嘉兰（*G. virescens*），叶卵圆形，花红或黄色，瓣边不皱。产于热带非洲。卡森嘉兰（*G. carsonii*），花瓣宽，紫红色，边缘柠檬黄色。格林嘉兰（*G. greeneae*），花瓣宽，平展，鲜黄色。弗斯科里嘉兰（*G. verschurii*），花瓣宽，边缘皱褶少，橙红色基部边黄色。栽培品种有金黄嘉兰（*G. superba* cv. Aurea），花瓣螺旋形，橙红色。孔雀，中型花，直径8～12cm，深红色带橘黄边，茎蔓性，叶浓绿色披针形。变种有大花嘉兰（var. *grandiflora*）。

4. 繁殖

嘉兰可用分株及播种法繁殖。分株在春季发芽前进行，分割块茎时注意每一个块茎必须带芽眼，母株旁生的小球可分开种植，植株当年即可开花。果实成熟期长，后期结的果实，至入冬苗枯前尚不能成熟，故应将最先开放的花作留种用。种子春播或秋播，出苗后将较密的苗在幼小时移出另栽，至次年春季再分栽，一般经过2～3年培育即可开花。

也可以通过组织培养技术实现嘉兰种苗的商业化生产。

5. 栽培管理

一般在4月下旬，将根状茎平栽土中，覆土厚度约3cm。盆栽时，用口径30cm盆，每盆栽两个根状茎。定植后应搭荫棚，遮光50%～60%。土壤保持较低温度，防根状茎腐烂。5月中旬至6月上旬开始发芽出苗，芽出土后生长迅速，要及时加支柱使其攀援向上，以免折枝。当枝蔓长20cm高时，应设立支架，绑扎，并经常喷雾增湿。7月份起便由下向上逐渐开花不断，直至10～11月间，气温下降后始停止开放。生长期间约每半月施肥一次，肥料以氮、磷、钾混合肥最好。夏、秋花期增施1～2次磷、钾肥。5℃以上可顺利越冬，南方冬暖地区，地下根状茎可直接在原栽地上或盆中越冬，越冬时不浇水；冬季有霜冻地区则应掘起，埋入干燥的泥炭苔藓或沙土中越冬。

作室内盆栽时，为延长生长期与花期，可提早在温室内催芽。用于切花生产，在第一朵花展开，着色完全且至少长出两个花蕾时切取。花朵应以小套袋包装出售，一般可保鲜10d左右。

6. 园林用途

嘉兰花型奇特，犹如燃烧的火焰，艳丽而高雅，花色变幻多样，细柔嫩茎攀援性好，花期较长，尤其适合装饰豪华场景，是优美的垂直绿化材料，可广泛应用于室内外的庭院绿化和美化。目前，在欧美国家，宽瓣嘉兰已作为高档切花和高档盆花进行商品化生产。

嘉兰花大色艳、花型奇特，为优良攀援植物，可种于阳台、棚架、亭柱、花廊等处。

十五、花毛茛

学名　*Ranunculus asiaticus*

别名　芹菜花、波斯毛茛、陆莲花

科属　毛茛科、毛茛属

1. 形态特征

株高20～60cm，茎中空、有毛，分枝少；基生叶阔卵形，缘齿牙状，具长柄；茎生叶无柄，为1～3回羽状复叶；花单生或数朵顶生，萼绿色，花瓣五至数十枚，花径6～9cm。花期4～5月。块根纺锤形，常数个聚生于根茎部。栽培品种很多，有重瓣、单瓣，花色有白、粉、黄、红、紫等色。

2. 品种分类

(1) 波斯花毛茛（Persian *Ranunculus*）　自古以来被栽培的重要品系之一。色彩丰富，花朵小型，单瓣或重瓣开放。

(2) 塔班花毛茛（Turban *Ranunculus*）　栽培历史最古老的品系之一，16世纪末传到欧洲。大部分品种为重瓣，花瓣向内侧弯曲，呈波纹状。与波斯花毛茛相比，植株矮小，早花，更容易栽培。

(3) 法国花毛茛（French *Ranunculus*）　是18世纪末法国改良的品系，以后在法国和荷兰由育种者继续改良，并培育出很多新品种。本体系的部分花瓣为双瓣，花朵的中心部有黑色色斑，开花期较迟。

(4) 牡丹花毛茛（Paeonia *Ranunculus*）　在20世纪于意大利发展而成的栽培品系，也有传说在荷兰同时也育成了该品系。其花朵数量比法国花毛茛多，植株也更高大。部分花瓣为双瓣，花朵较大，开花时间长，能够通过栽培管理促成开花。

虽然将花毛茛分为以上4种类型，但是，由于近年将这些种类之间进行相互组合杂交，培育出很多现代栽培品种。这些品种的遗传特性非常复杂，从形态上已经很难判别其品系之间的差异，已经找不到不同品系的代表性品种，因此，目前主要根据栽培品种进行分类。

3. 习性

多年生草本植物。喜凉爽及半荫环境，忌炎热，适宜的生长温度白天15～20℃，夜间7～10℃；不耐寒，0℃即受轻微冻害。喜湿润，畏积水，怕干旱。适于排水良好、肥沃疏松中性或偏碱性的砂质土壤，在高温高湿的环境下生长不良。春季4～5月开花，花后地上部分逐渐枯黄，6月后休眠。

4. 繁殖

用播种或分球法繁殖。分球于9～10月进行，将块根带根茎掰开（每株具有块根3～4个）栽植。

播种繁殖变异大，常用于育种及大量繁殖。播种一般于9～10月秋播，将腐叶土、壤土、河沙各1份，经混匀、过筛、高温消毒后备用。为便于管理，常用播种箱播种。方法：先用碎瓦片盖好箱底排水孔，再垫1～2cm厚的粗沙，然后填加配制好的播种土，直至距箱口2～3cm处，用木板刮平、压实。播后用细土覆盖，覆土厚度以不见种子为宜。用木板轻轻压实，然后放入盛水容器中，使水从箱底渗入箱内，浸湿土壤。注意浸箱时水位不可高于箱土表层，以免冲散种子。播后盖塑料薄膜保湿，保持10～15℃左右，20d萌发。翌年幼苗长出3片真叶时定植。

5. 栽培管理

（1）栽培　栽培场地应光照充足、通风良好，土壤选用排水良好、富含腐殖质的砂质土壤，定植密度为3～6株/m^2。覆土以刚埋上芽眼为宜。花毛茛忌水涝，土壤过湿往往导致植株生长不良。定植前选用腐熟有机肥作基肥，用量1000kg/亩，拔节期可追施液肥。

（2）块根采收及贮藏　当花毛茛茎叶完全枯黄，营养全部积聚到块根时，及时进行采收，切忌过早或过晚。采收过早，块根营养不足，发育不够充实，贮藏时易被细菌感染而腐烂；采收过晚，正值高温多雨的夏季，空气湿度大，土壤含水量高，块根在土壤中易腐烂。最好选择能够持续2～3d的干燥晴天采挖。

采收的块根应去掉泥土等杂物，剪去地上部分枯死茎叶，剔除病、伤残块根。按大小分级后，用水冲洗干净，放入50%多菌灵可湿性粉剂800倍溶液中浸泡2～3min，消毒灭菌。随后捞出，摊晾在通风良好无阳光直射的场所阴干。常用的贮藏方法如下。

① 通风干藏法　将花毛茛块根装入竹篓、有孔纸箱、木箱等容器中，内附防水纸或衬垫物，厚度不超过20cm，放在通风干燥阴凉避雨处贮藏。或将块根装入布袋、纸袋、塑料编织袋中，在常温条件下，挂在室内通风干燥处贮藏。

② 层积沙藏法　选择室内通风干燥处，用经消毒无杂质的干细沙先铺10cm厚的垫层，上铺一层块根，再铺一层5cm厚的干细沙。如此一层沙一层块根，反复堆积3～5层，堆成锥体状，使花毛茛块根均匀埋在细沙中贮藏。

6. 园林用途

花毛茛花朵鲜艳夺目，有黄、红、白、橙等色，花有单瓣、重瓣，园林中可供花坛、草地、林缘种植，亦可盆栽或作切花。

思　考　题

1. 球根花卉是指什么？有哪些类型？

2. 球根花卉园林应用有哪些特点？

3. 球根花卉生态习性及生长发育规律是怎样的？

4. 球根花卉繁殖栽培要点有哪些？

5. 举出10种常用球根花卉，说明它们主要的生态习性、生长发育规律、栽植深度、贮藏方法和应用特点。

第十章 园林水生花卉

第一节 概 论

一、含义及类型

1. 含义

园林水生花卉指生长于水体（water plant）、沼泽地（bog plant）、湿地（wet plant）中，观赏价值较高的花卉，包括一年生花卉、宿根花卉、球根花卉。

2. 类型

园林水体中的花卉主要分为：挺水花卉、浮水花卉、漂浮花卉。

（1）挺水花卉　根生长于泥土中，茎叶挺出水面之上，包括沼生到1.5m水深的植物。栽培中一般是80cm水深以下。如荷花、千屈菜、水生鸢尾、香蒲、菖蒲等。

（2）浮水花卉　根生长于泥土中，叶片漂浮于水面上，包括水深1.5～3m的植物。栽培中一般是80cm水深以下。如睡莲类、萍蓬草、王莲、芡实等。

（3）漂浮花卉　根生长于水中，植株体漂浮在水面上，如凤眼莲、浮萍。

园林中作为景观的水生花卉主要是挺水和浮水花卉，也使用少量漂浮花卉。水生植物中的另一类——沉水植物在园林中的大水体中自然生长，可以起到净化水体的作用，没有特殊要求一般不专门栽植这类植物。

二、园林应用特点

① 园林水体周围及水中植物造景的重要花卉。

② 花卉专类园——水生园的主要材料。

③ 常栽植于湖岸、各种水体中作为主景或配景，在规则式水池中常作主景。

三、生态习性

绝大多数水生花卉喜欢光照充足、通风良好的环境。但也有耐半荫者，如菖蒲、石菖蒲等。

水生花卉因原产地不同而对水温和气温的要求不同，其中较耐寒者可在中国北方地区自然生长，但在江河封冻的季节，越冬有几种方式：①以种子越冬；②以根状茎、块茎或球茎埋藏在淤泥中越冬，如莲藕、香蒲、芦苇、荸荠、慈姑等；③以冬芽的方式越冬，冬芽在母体上形成，深秋脱离母体沉入水底，保持休眠状态，春季来临水温上升时开始萌动，夏季浮到水面形成新株如苦草、浮萍等。而王莲等原产热带地区的水生花卉在中国大多数地区需行温室栽培。

栽培水生花卉的塘泥大多需含丰富的有机质，在肥分不足的基质中生长较弱。

水中的含氧量也影响着水生花卉的生长发育。只有极少数低等水生植物在近3m的深水尚能生存，而绝大多数高等水生植物主要分布在1～2m深的水中，挺水和浮水类型的花卉常以水深60～100cm为限，近沼生习性的种类则只需20～30cm的浅水即可。水的流动能增加水中的含氧量并具有净化作用，所以完全静止的小水面不适合水生花卉的生长，有些植物需生长在溪涧或泉水等流速较大的水域，如西洋菜、苦草等。而在流水中生长的沉水植物，常具有穿孔状的叶片或茎叶呈细丝状，以适应特殊的环境。

四、繁殖栽培要点

1. 繁殖要点

水生花卉一般采用播种繁殖和分株繁殖。

（1）播种繁殖　水生花卉一般在水中播种。具体方法是将种子播于有培养土的盆中，盖以沙或土，然后将盆浸入水中，浸入水的过程应逐步进行，由浅到深。刚开始时仅使盆土湿润即可，之后可使水面高出盆沿。水温应保持在18～24℃，王莲等原产热带者需保持24～32℃。种子的发芽速度因种而异，耐寒性种类发芽较慢，需3个月到1年，不耐寒种类发芽较快，播后10d左右即可发芽。

播种可在室内或室外进行，室内条件易控制，室外水温难以控制，往往影响其发芽率。大多数水生花卉的种子干燥后即丧失发芽力，需在种子成熟后立即播种或贮于水中或湿处。少数水生花卉种子可在干燥条件下保持较长的寿命，如荷花、香蒲、水生鸢尾等。

（2）分株繁殖　水生花卉大多植株成丛或具有地下根茎，可直接分株或将根茎切成数段进行栽植。分根茎时注意每段必须带顶芽及尾根，否则难以成株。

分栽时期一般在春秋季节，有些不耐寒者可在春末夏初进行。

2. 栽培要点

（1）土壤和养分管理　栽培水生花卉的水池应具有丰富、肥沃的塘泥，并且要求土质黏重。盆栽水生花卉的土壤也必须是富含腐殖质的黏土。

由于水生花卉一旦定植，追肥比较困难，因此，需在栽植前施足基肥。已栽植过水生花卉的池塘一般已有腐殖质的沉积，视其肥沃程度确定施肥与否，新开挖的池塘必须在栽植前加入塘泥并施入大量的有机肥料。

（2）种植深度要适宜　不同的水生花卉对水深的要求不同，同一种花卉对水深的要求一般是随着生长要求不断加深，旺盛生长期达到最深水位。

（3）温度管理　各种水生花卉，因其对温度的要求不同而采取相应的栽植和管理措施。

王莲等原产热带的水生花卉，在中国大部分地区进行温室栽培。其他一些不耐寒者，一般盆栽之后置池中布置，天冷时移入贮藏处，也可直接栽植，秋季掘起贮藏。

半耐寒性水生花卉如荷花、睡莲、凤眼莲等可缸植，放入水池特定位置观赏，秋冬取出，放置于不结冰处即可。也可直接栽于池中，冰冻之前提高水位，使植株周围尤其是根部附近不能结冰。少量栽植时可人工挖掘贮存。

耐寒性水生花卉如千屈菜、水葱、芡实、香蒲等，一般不需特殊保护，对休眠期水位没有特别要求。

（4）水质要清洁　清洁的水体有益于水生花卉的生长发育，水生植物对水体的净化能力是有限的。水体不流动时，藻类增多，水浑浊，小面积可以使用$CuSO_4$，分小袋悬挂在水中，$4m/m^3$；大面积可以采用生物防治，放养金鱼藻、狸藻等水草，河蚌等软体动物。轻微流动的水体有利于植物生长。

(5) 防止鱼食　同时放养鱼时，在植物基部覆盖小石子可以防止小鱼损害；在花卉周围设置细网，稍高出水面以不影响景观为度，可以防止大鱼啃食。

(6) 去残花枯叶　残花枯叶不仅影响景观，也影响水质，应及时清除。

第二节　主要的水生花卉

一、荷花

学名　*Nelumbo nucifera*

别名　莲、芙蓉、芙蕖、藕

英文名　East Indian Lily、Hindu Lotus

科属　睡莲科、莲属

1. 形态特征

多年生挺水花卉。地下茎膨大横生于泥中，称藕。藕的断面有许多孔道，是为适应水下生活而长期进化形成的气腔，这种腔一直连通到花梗及叶柄；藕分节，节周围环生不定根并抽生叶、花，同时萌发侧芽。叶盾状圆形，具 14～21 条辐射状叶脉，叶径可达 70cm，全缘。叶面深绿色，被蜡质白粉，叶背淡绿，光滑，叶柄侧生刚刺。从顶芽初产生的叶小柄细，浮于水面，称为钱叶；最早从藕节处产生的叶稍大，浮于水面，叫浮叶；后来从节上长出的叶较大，立出水面，称为立叶。此后，每 30～90cm 有节，就产生立叶和须根，直到 5 月底至 6 月初抽生出花蕾。立秋后不再抽生花蕾，最后当"藕鞭"变粗形成新藕时，向上抽生最后一片大叶，称"后把叶"，在其前方抽生 1 个小而厚，晕紫的叶叫"止叶"。以后停止发叶，根茎向深泥中长去，逐渐肥大成为新"藕"，藕节还可分生出藕。花单生，两性，萼片 4～5 枚，绿色，花开后脱落；花蕾瘦桃形、桃形或圆桃形，暗紫或灰绿色；花瓣多少不一，色彩各异，有深红、粉红、白、淡绿及复色等（图 10-1）。花期 6～9 月，单花花期 3～4d。花后膨大的花托称莲蓬，上有 3～30 个莲室，发育正常时，每个心皮形成一个小坚果，俗称莲子，成熟时果皮青绿色，老熟时变为深蓝色，干时坚固。果壳内有种子，外被一层薄种皮，在两片胚乳之间着生绿色胚芽，俗称莲心。果熟期 9～10 月。

图 10-1　荷花

2. 品种

栽培品种很多，依应用目的不同分为藕莲、子莲和花莲。藕莲以生产食用藕为主，植株高大，根茎粗壮，生长势强健，但不开花或开花少。子莲开花繁密，单瓣花，但根茎细。花莲根茎细而弱，生长势弱，但花的观赏价值高；开花多，群体花期长，花型、花色丰富。

莲属在世界上共有两个种，中国原产一种，另一种为美洲黄莲（*N. pentapetala*、*N. lutea*），近年通过园艺工作者的研究，已培育出了远缘杂种，为荷花品种增添了新成员。

目前，荷花品种达 200 多个。王其超等根据种性、植株大小、重瓣性、花色等主要特征将其分为3系5群13类28组，简列于下。

(1) 中国莲系

① 大中花群

a. 单瓣类：瓣数12～20枚，分为3组，即红莲组、粉莲组、白莲组。

b. 复瓣类：瓣数21～59枚，只有1组，即粉莲组。

c. 重瓣类：瓣数60～190枚，分为4组，即红莲组、粉莲组、白莲组、洒金莲组。

d. 重台类：只有1组，即红台莲组。

e. 千瓣类：只有1组，即千瓣莲组。

② 小花群（碗莲群）

a. 单瓣类：分为3组，即红碗莲组、粉碗莲组、白碗莲组。

b. 复瓣类：分为3组，即红碗莲组、粉碗莲组、白碗莲组。

c. 重瓣类：瓣数60～130枚。分为3组，即红碗莲组、粉碗莲组、白碗莲组。

(2) 美国莲系　只有1群1类1组，即大中花群，单瓣类，黄莲组。

(3) 中美杂种莲系

① 大中花群

a. 单瓣类：分为4组，即红莲组、粉莲组、黄莲组、复色莲组。

b. 复瓣类：分为2组，即白莲组、黄莲组。

② 小花群（碗莲群）

a. 单瓣类：只有1组，即黄碗莲组。

b. 复瓣类：只有1组，即白碗莲组。

其中，凡植于口径26cm以内盆中能开花、平均花径不超过12cm、立叶平均直径不超过12cm、平均株高不超过33cm者为小型品种。凡其中任一指标超出者，即属大中型品种。

在众多的荷花品种中，千瓣莲、并蒂莲等为珍品，开黄色花者亦为难得之品。

3. 习性

喜光和温暖，炎热的夏季是其生长最旺盛的时期。其耐寒性也很强，只要池底不冻，即可越冬，中国东北地区南部尚能在露地池塘中越冬。生长季需气温15℃以上，23～30℃为其生长发育的最适温度，在41℃高温下仍能正常生长，低于0℃时种藕易受冻。对光照的要求也高，在强光下生长发育快，开花也早，弱光下开花、凋谢均迟缓。

荷花喜湿怕干，喜相对水位变化不大的水域，一般水深以0.3～1.2m为宜，过深时不见立叶，不能正常生长。泥土长期干旱会导致死亡。

荷花对土壤要求不严，喜肥沃、富含有机质的黏土，对磷、钾肥要求多，pH以6.5左右为宜。对含有酚、氰等污染物的水敏感。

荷花的生长习性是一面开花一面结实，春季萌芽，夏季开花，入秋后进入休眠，整个生育期160～190d。从萌芽至开花需2～3个月。

4. 繁殖栽培

荷花可播种繁殖或分株繁殖。播种繁殖主要用于培育新品种，分株繁殖可保持品种特性，在园林中常用。

(1) 分株繁殖　选取带有顶芽和保留尾节的藕段作种藕，池栽时可用整枝主藕作种藕，缸栽或盆栽时，主藕、子藕、孙藕均可使用。栽植前，应将泥土翻整并施入基肥。栽植时，用手指保护顶芽，与地面呈 20°～30°方向将顶芽插入泥中，尾节露出泥面。缸栽或盆栽时，种藕应沿缸（盆）壁徐徐插入泥中。

（2）播种繁殖　选取饱满的种子，然后对其进行“破头”处理，即将莲子凹入一端破一小口，之后将其放入清水中浸泡 3～5d，每天换水一次，待浸种的莲子长出 2～3 片幼叶时便可播种。发芽适温 25～30℃，次年可开花。莲子无自然休眠期，可随采随播，也可以贮藏莲子，春秋两季均可，适宜温度为 17～24℃。

春季栽植。池栽前先将池水放干，翻耕池土，施入基肥，然后灌入数厘米深的水。灌水深度应按不同生育期逐渐加深，初栽水深 10～20cm，夏季加深至 60～80cm，至秋冬冻冰前放足池水，保持深度 1m 以上，以免池底泥土结冰，以保证根茎在不冰冻的泥土中安全越冬。栽种后每隔 2～3 年重新分栽一次。喜肥，栽培要有充足的基肥。池塘栽培时，一般不施追肥。盆、缸栽植若基肥充足，也不必施追肥。追肥需掌握薄肥勤施的原则。不同栽培类型、不同品种对肥分的要求不同，花莲、子莲类的品种喜磷、钾较多的肥料，而藕莲类品种则喜含氮较多的肥料。

池塘栽植荷花尚需解决鱼、荷共养以及不同品种的混植问题。要使池塘内鱼、荷并茂，则应在池塘内设法分割出一部分水面栽荷，使荷花根茎限制在特定范围内，以免窜满整个池塘。如果多品种同塘栽培，必须在塘底砌埂，埂高约 1m，以略低于水面为宜，每埂圈内栽植一个品种，防止生长势强盛品种的根茎任意穿行。

5. 园林用途

荷花碧叶如盖、花朵娇美高洁，是园林水景中造景的主题材料，可以在大水面上片植，形成“接天莲叶无穷碧，映日荷花别样红”的壮丽景观。一般小水面可以丛植，也可盆栽或缸栽布置庭院，还可以作荷花专类园。此外，有极小型的品种，可以种在碗中观赏，称碗莲。

二、睡莲

学名　*Nymphaea tetragona*

别名　子午莲、水芹花

英文名　Shield Floating-heart、Floating Bogbean

科属　睡莲科、睡莲属

1. 形态特征

多年生水生植物。地下具块状根茎，生于泥中。叶基生，浮于水面，具细长叶柄，近圆形或卵状椭圆形，纸质或革质，直径 6～11cm，全缘，叶面浓绿，背面暗紫色。花色白，午后开放，花径 2～7.5cm，单生于细长花梗顶端，有的浮于水面，有的挺出水面；萼片 4，阔披针形或窄卵形（图 10-2）。聚合果球形，内含多数椭圆形黑色小坚果。花期 6～9 月，果期 7～10 月。

2. 种类与品种

据耐寒性不同可分为两类。

（1）不耐寒类　原产热带，耐寒力差，需越冬保护。其中许多为夜间开花种类，热带睡莲属于此类。主要种类如下。

① 蓝睡莲（*N. caerulea*）　叶全缘。花浅蓝色，花径 7～15cm，白天开放。原产非洲。

② 埃及白睡莲（*N. lotus*）　叶缘具尖齿。花白色，花径 12～25cm，傍晚开放，午前

图 10-2　睡莲

闭合。原产非洲。

③ 红花睡莲（*N. rubra*）　花深红色，花径 15～25cm，夜间开放。原产印度。有很多品种，白天开放。

④ 黄花睡莲（墨西哥黄睡莲）（*N. mexicana*）　叶表面浓绿具褐色斑，叶缘具浅锯齿。花浅黄色，稍挺出水面，花径 10～15cm，中午开放。原产墨西哥。

热带睡莲在叶基部与叶柄之间有时生小植株，称“胎生”（viviparity）。

(2) 耐寒类　原产温带，白天开花。适宜浅水栽培。

① 子午莲（矮生睡莲）（*N. tetragoma*）　叶小而圆，表面绿色，背面暗红色。花白色，花径 5～6cm，每天下午开放到傍晚；单花期 3d。为园林中最常栽种的原种。

② 香睡莲（*N. odorata*）　叶革质全缘，叶背紫红色。花白色，花径 8～13cm，具浓香，午前开放。原产美国东部和南部。有很多杂种，是现代睡莲的重要亲本。

③ 白睡莲（*N. alba*）叶圆，幼时红色。花白色，花径 12～15cm。有许多园艺品种，是现代睡莲的重要亲本。

3. 习性

睡莲喜强光、通风良好、水质清洁的环境。对土壤要求不严，但需富含腐殖质的黏质土，pH6～8。最适水深 25～30cm，最深不得超过 80cm。

耐寒的类型春季萌芽，夏季开花，10 月以后进入枯黄休眠期，可在不冰冻的水中越冬；不耐寒的类型则应保持水温 18～20℃。

4. 繁殖栽培

以分株繁殖为主。也可播种繁殖。分株繁殖，耐寒类于 3～4 月间进行，不耐寒类于 5～6 月间水较温暖时进行。将根茎挖出，用刀切成数段，每段长约 10cm，另行栽植。

播种繁殖宜于 3～4 月进行。因种子沉入水底易流失，故应在花后加套纱布袋使种子散落袋中，以便采种。又因种皮很薄，干燥即丧失发芽力，故宜种子成熟即播或贮藏于盛水的瓶中，密封瓶口，投入池水中贮藏，翌春捞起，将种子倾入盛水的三角瓶中。通常盆播，播前用 20～30℃温水浸种，每天换温水约两周后种子萌发，长出幼根时可行移植。盆土距盆口 4cm，播后将盆浸入水中或盆中放水至盆口。不耐寒类约 10～20d 发芽，翌年即可开花，耐寒类常需 1～3 个月才能发芽。天气转暖时可移至户外管理，换盆 2～3 次。露天池塘栽培者应将池水放尽，随苗的长高而升高水位。

在气候条件合适地，常直接栽于大型水面的池底种植槽内；小型水面则常栽于盆、缸中后，再放入池中，便于管理；也可直接栽入浅水缸中。边生长，边提高水位，最深不超过 1m。通常池栽者，应视生长势强弱、繁殖以及布置的需要，每 2～3 年挖出分株一次，而盆栽或缸栽者，可 1～2 年分株一次。在生育期间均应保持阳光充足、通风良好，否则生长势弱，易遭蚜虫。施肥多在春天盆、缸沉入水中之前进行。冬季应将不耐寒类移入冷室或温室越冬。

5. 园林用途

睡莲飘逸悠闲、花色丰富、花型小巧、体态可人，在现代园林水景中，是重要的浮水花卉，最适宜丛植，点缀水面，丰富水景，尤其适宜在庭院的水池中布置。

三、王莲

学名 *Victoria amazonica*

别名 亚马孙王莲

英文名 Royal Water Lily、Amazon Water Lily

科属 睡莲科、王莲属

1. 形态特征

多年生水生花卉。地下具短而直立的根状茎，侧根发达。叶有多种形态，从第1到第10片叶，依次为针形、箭形、戟形、椭圆形、近圆形，皆平展。第11片及以后的叶具有较高的观赏价值，圆形而大，直径1～2.5m，叶缘直立高8cm左右；表面绿色，背面紫红色，有凸起的具刺网状叶脉；叶柄粗有刺；成叶可承重50kg以上。叶柄长2～3m，直径2.5～3cm。花单生，花瓣多数，径25～35cm；每朵花开2d，第1天白色，第2天淡红色至深紫红色，第3天闭合，沉入水中（图10-3）。花期夏秋季。

图10-3 王莲

2. 习性

喜高温高湿、阳光充足和水体清洁的环境，喜肥沃、富含有机质的栽培基质。通常要求水温28～32℃，室内栽培时，室温需要25～30℃，若低于20℃便停止生长。空气湿度以80%为宜。王莲喜肥，尤以有机基肥为宜。

3. 繁殖栽培

在中国多作一年生栽培，用播种繁殖。种子采收后需在清水中贮藏，否则失水干燥，丧失发芽力。一般于12月至翌年2月间将种子浸入28～32℃温水中，距水面3cm深，经20～30d便可发芽。种子先在15℃下沙藏8周，发芽率最高。待2～3片叶和根长出后进行上盆。

盆土宜用草皮土或沙土。将根埋入土中，务必将生长点露出水面，然后将盆浸入水池内距水面2～3cm处。幼苗生长很快，每3～4d可生长一片新叶。随着植株生长，逐次换盆，每次的盆径要比原盆大2～3cm，并逐次调整距水面的深度，从最初2～3cm至15cm。后期换盆应加入少量的基肥。幼苗期需光照充足，光照要12h以上，冬季光照不足，需要灯光照明。

温室水池栽培，经5～6次换盆，叶片生长至20～30cm时，水温24～25℃，可以定植。栽植一株王莲，需水池面积约30～40m，池深80～100cm，池中设立种植槽或台，并设排气管和暖气管，保证水体清洁和水温正常。水深随生长而加深，生长旺季距水面30～40cm为宜。

王莲栽培时应注意光照充足和保持较高的温度，栽培基质中应施入充足的有机基肥。夏季温度过高时注意通风。

4. 园林用途

叶巨大肥厚而别致，漂浮水面，十分壮观，是水池中的珍宝，有极高的观赏价值，是优美的水平面花卉。

四、千屈菜

学名　*Lythrum salicaria*

别名　水枝柳、水柳、对叶莲

英文名　Purple Loosestrife、Spiked Loosestrife

科属　千屈菜科、千屈菜属

1. 形态特征

多年生挺水植物。地下根茎粗硬横卧于地下，木质化。茎四棱形，直立多分枝，株高30～100cm。叶对生或3片轮生，披针形，有毛或无毛，全缘，无柄。长穗状花序顶生，小花多而密集，紫红色。花期6～9月。

2. 习性

喜温暖及光照、通风良好的环境；尤喜水湿，通常在浅水中生长最好，但也可露地栽培和盆栽；耐寒性强，在中国南北各地均可露地越冬，无需防寒；对土壤要求不严，但以表土深厚、含大量腐殖质的壤土为好。

3. 繁殖栽培

以分株繁殖为主，也可用播种、扦插等方法繁殖。早春或秋季均可分栽。将母株丛挖起，切取4～7芽为一丛，另行栽植即可。扦插可于夏季进行，剪取嫩枝长6～7cm、保留顶端两节的叶片，盆插或地床插，及时遮阳并放置荫处，保持温度20～25℃，30d左右可生根。播种宜在春季盆播或地床播。盆播时将播种盆下部浸入另一水盆内，在15～20℃下经10d左右即可发芽。

栽培管理较简单。露地栽培或水池、水边栽植，株行距25cm×30cm，当年即可生长成片，冬天剪除枯枝，任其自然过冬。盆栽时，选择口径40～50cm的无泄水孔的盆，应选用肥沃壤土并施足基肥，沿盆口留出5～10cm为贮水层，在花穗抽出前经常保持盆土湿润并不积水，待花将开放前可逐渐增加水深，并保持水深5～10cm，这样可使花穗多而长，开花繁茂。沉水盆栽，初期水面要距盆面5～7cm，生长旺期10～15cm，适当疏除过密过弱的茎秆，使株形健壮美观。生长期间应将盆放置在阳光充足、通风良好处；冬天将枯枝剪除，放入冷室越冬。

4. 园林用途

株丛整齐清秀、花色鲜艳醒目、姿态娟秀洒脱、花期长。水边浅处成片种植千屈菜，不仅可以衬托睡莲、荷花等的艳美，同时也可遮挡单调的驳岸，对水面和岸上的景观起到协调的作用，丛植岸边也很美丽。也是花境中重要的竖线条花卉。

五、凤眼莲

学名　*Eichhornia crassipes*

别名　水葫芦、水浮莲、凤眼兰

英文名　Common Water-hyacinth

科属　雨久花科、凤眼莲属

1. 形态特征

多年生浮水植物，株高30～50cm，须根发达，悬垂水中。茎极短缩。叶由丛生而直伸，倒卵状圆形或卵圆形，全缘，鲜绿色而有光泽，质厚，叶柄长，叶柄中下部膨胀呈葫芦状海绵质气囊。生于浅水的植株，其根扎入泥中，植株挺水生长，叶柄则不膨胀呈气囊状（图10-4）。花茎单生，高20～30cm，端部着生短穗状花序，着花6～12朵，小花浅紫色。花期夏秋。

图10-4 凤眼莲

2. 习性

喜温暖湿润、阳光充足的环境，适应性很强，在池塘、水沟和低洼的渍水田中均可生长，但最喜水温18～23℃；具有一定耐寒性，北京地区虽已引种成功，但种子不能成熟，老株尚需保护方可露地越冬；喜生浅水，在流速不大的水体中也能生长，随水漂流。繁殖迅速，一年中，一单株可布满几十平方米水面。生长适温20～30℃，超过35℃也能正常生长，气温低于10℃停止生长，冬季越冬温度不低于5℃。花后，花茎弯入水中生长，子房在水中发育膨大，花谢后35d种子成熟。

3. 繁殖栽培

以分株繁殖为主，春天将母株丛分离或切离母株腋生小芽（带根切下）放入水中，可生根，极易成活。也可播种繁殖，但不多用。种子寿命长，可保存10～20年。

水面放养可在清明以后进行，当气温上升到15℃以上时，越冬种株即可开始长出新叶，种植密度50～70株/m^2，可直接将种苗放到静水水面向阳的一侧，任其漂浮生长，在较大的水面或流动水中放养必须用竹竿扎成三角形或方形的围框，浮放水面，并拉绳系在岸边桩上固定位置或在水中打桩，防止被风吹散。水位以60～100cm为宜。生长期间酌施肥料，可促其花繁叶茂。盆栽宜用腐殖土或塘泥并施以基肥，栽植后灌满清水。生长前期，从清明至立夏植株生长缓慢，分株少，水位宜浅；旺盛生长期，从立夏至秋分植株生长和分株迅速；相对休眠阶段，秋分以后停止生长，植株基部叶片渐次枯黄，只剩下中心几片绿叶，在不受冻条件下，可于浅水中或湿润的泥土中越冬。寒冷地区冬季可将盆移至温室内，室温10℃以上越冬。

4. 园林用途

凤眼莲叶色光亮、花色美丽、叶柄奇特，是重要的水生花卉，可以片植或丛植水面，还可以用于鱼缸装饰。有很强的净化污水能力，可以清除废水中的汞、铁、锌、铜等金属和许多有机污染物质。对砷敏感，在含砷水中2h，叶尖即受害。注意在生长适宜区，常由于过度繁殖，阻塞水道，影响交通。

六、芡

学名 *Euryale ferox*

别名 鸡头莲、鸡头米、芡实

英文名 Gordon Euryale

科属 睡莲科、芡属

1. 形态特征

一年生水生植物。全株具刺，根茎肥短。叶丛生，浮于水面，圆状盾形或圆状心脏形，直径可达1.2m，最大者可达3m左右；深绿色，背面紫色，叶脉隆起，两面均有刺。花单生叶腋，具长梗，挺出水面；白开夜闭，直径约6～7cm，花瓣多数，紫色；花托多刺，状如鸡头，故称“鸡头米”。花期7～9月。

2. 习性

多为野生，适应性强，深水或浅水均能生长，而以气候温暖、阳光充足、泥土肥沃之处生长最佳。不耐寒。

3. 繁殖栽培

常为自播繁衍。园林水体中栽培或盆栽时，可播种繁殖。因种皮坚硬，播前先用20～25℃水浸种，每天换水，15～20d萌发，然后播于3cm水深的泥土中，阳光下日晒，夜盖，保持日温25℃，夜温15℃，约经20～30d，可长出定型圆叶。待苗高15～30cm时移入深水池中。6月上旬植株进入旺盛生长期，叶片迅速长大，到7月中旬孕蕾开花，水温20～22℃，气温25～30℃，水位可深至0.8～1.2m。

在肥沃的黏土中生长良好。幼苗期应注意除草，否则容易被杂草侵害；待植株长大，叶面覆盖度增加时就不易受侵害。管理简单。种子采收时应注意提前采收，最好连同花梗一起割下，以防种子成熟自行脱落。生长适温20～30℃，低于15℃生长缓慢，10℃以下停止生长。全年生长期为180～200d。雨季水深超过1m，要排水。

4. 园林用途

芡生势强健，适应性强。叶片巨大，平铺于水面，奇特，用于水面水平绿化颇有野趣。

七、萍蓬莲

学名　*Nupahar pumilum*

别名　萍蓬草、黄金莲、水栗

英文名　Yellon Pond-lily、Cowlily Spatterdock

科属　睡莲科、萍蓬草属

1. 形态特征

多年生浮水草本植物，地下具块茎。叶基生，浮水叶卵形、广卵形或椭圆形，先端圆钝，基部开裂且分离，裂深约为全叶的1/3，近革质，表面亮绿色，背面紫红色，密被柔毛；沉水叶半透明，膜质；叶柄长，上部三棱形，基部半圆形。花单生叶腋，伸出水面，金黄色，径约2～3cm；萼片呈花瓣状。花期5～7月。

2. 习性

喜温暖、湿润、阳光充足的环境。喜流动的水体，生于池沼、湖泊及河流等浅水处，适宜水深30～60cm，最深不宜超过1m。不择土壤，但以肥沃黏质土为好。生长适温15～32℃，低于12℃时停止生长。耐低温，长江以南可在露地水池越冬，不需防寒。在北方冬季需保护越冬，休眠期温度保持在0～5℃即可。

3. 繁殖栽培

以无性繁殖为主。块茎繁殖在3～4月进行，用快刀切取带主芽的块茎6～8cm长，或带侧芽的块茎3～4cm长。分株繁殖可在生长期6～7月进行，用快刀切取带主芽或有健壮侧芽的地下茎，留出心叶及几片功能叶，保留部分根系，在营养充足条件下，所分的新株与原株很快进入生长阶段，当年即可开花。

养护管理简单。华东地区可露地水下越冬，北方冬季需要保护，休眠期温度保持0～5℃即可，保留5cm水层。

4. 园林用途

萍蓬莲初夏开放，朵朵黄花挺出水面，如金色灿烂阳光铺洒于水面上，映衬着粼粼波光和翩翩蝶影，非常美丽，是夏季水景园中极为重要的观赏植物。多用于池塘水景布置，与睡莲、莲花、荇菜、香蒲、黄花鸢尾等植物配置，形成绚丽多彩的景观；又可盆栽于庭院、建筑物、假山石前，或在居室前向阳处摆放。根具有净化水体的功能。种子健脾胃，根状茎有补虚止血、治疗神经衰弱之功效。

八、香蒲

学名 *Typha angustata*

别名 长苞香蒲、蒲黄、鬼蜡烛

英文名 Longbract Cattail

科属 蒲科、香蒲属

1. 形态特征

多年生挺水植物，地下具匍匐状根茎。地上茎直立，不分枝，高达 1.5m。叶由茎基部抽出，2 列状着生，长带形，向上渐细，端圆钝，基部鞘状抱茎，灰绿色。穗状花序呈蜡烛状，浅褐色，雄花序在上，雌花序在下，中间有间隔，露出花序轴。花期 5～7 月。

2. 习性

对环境条件要求不甚严格，适应性强，耐寒，但喜阳光，喜深厚肥沃的泥土，最宜生长在浅水湖塘或池沼内。

3. 繁殖栽培

以分株繁殖为主。春季将根茎切成 10cm 左右的小段，每段根茎上带 2～3 芽，栽植后根茎上的芽在土中水平生长，待伸长 30～60cm 时，顶芽弯曲向上抽出新叶，向下发出新根，形成新株，其根茎再次向四周蔓延，继续形成新株，连续生长 3 年后，根茎交错盘结，生长势逐渐衰退，应更新种植。

栽培管理粗放。如生活环境四季湿润，且土壤富含腐殖质，则生长良好。

4. 园林用途

香蒲叶丛秀丽潇洒、雌雄花序同花轴、整齐圆滑形似蜡烛，别具一格，是水边丛植或片植的好材料，可以观叶和花序。

九、水葱

学名 *Scirpus tabernaemontani*

别名 莞、翠管草、冲天草、欧水葱

英文名 Tabernaemontanus Bulrush

科属 莎草科、莞草属

1. 形态特征

多年生草本，株高达 2m，地下具粗壮而横走的根茎。地上茎直立，圆柱形，中空，粉绿色。叶褐色，鞘状，生于茎基部，仅最上 1 枚是叶片，呈条形。聚伞花序顶生，褐色，稍下垂。花期 7～9 月。

2. 习性

性强健。喜光，喜温暖、湿润；耐寒、耐荫，不择土壤，在自然界中常生于湿地、沼泽地或池畔浅水中。生长期最好水栽。

3. 繁殖栽培

春季分株繁殖，露地每丛保持 8～12 根茎秆，盆栽每丛保持 5～8 根茎秆，温度保持 20～25℃，20d 可发芽生根。

生长温度 15～30℃，低于 10℃停止生长。喜肥，栽种前施足基肥。水盆栽植时宜用腐殖质丰富的疏松壤土，上面经常保持有 5～10cm 深的清水。夏季，水盆宜放半荫处，并向叶面上经常喷水以保持叶面清洁，注意通风透光；待霜降后将盆中水倒掉，剪除地上枯茎，将盆放置地窖中越冬。亦可在湿地栽植。

4. 园林用途

水葱株丛翠绿挺立、色泽淡雅洁净，引来蜻蜓等昆虫在上驻足，十分有趣；常用于水面绿化或作岸边、池旁点缀，是典型的竖线条花卉，甚为美观；也常盆栽观赏；可切茎用于插花。

十、大漂

学名　*Pistia stratiotes*

别名　大叶莲、水浮莲、水莲、芙蓉莲

英文名　Water Lettuce

科属　天南星科、大漂属

1. 形态特征

多年生漂浮草本植物。具横走茎，须根细长。叶基生，莲座状着生，无柄，倒卵形或扇形，两面具绒毛，草绿色；叶脉明显，使叶成折扇状。叶腋可抽生匍匐茎，端部生长小植株。成株开花绿色。花期夏秋季。

2. 习性

性喜高温高湿，不耐寒，河流、池塘、湖滨等水质肥沃的静水或缓流的水面均可生长。生育适温 20～35℃，温度高，营养生长快；温度偏低，匍匐茎多；温度低于 14℃不能生长，低于 5℃不能生存。北方栽培需在温室池水中越冬。

3. 繁殖栽培

以分株繁殖为主，春秋进行。种株叶腋中的腋芽抽生匍匐茎，每株 2～10 条，当匍匐茎的先端长出新株，可行分株。温度适宜时繁殖很快，3d 即可加倍。

露地静水水池放养，当池中水温上升到 18℃以上时，将放出新叶的种苗投放到池中向阳的一侧任其漂浮生长；露地流动水域放养，可在水面用竹竿扎成方框，选择生长健壮的种苗放养于围框内。生长初期，静水池中应尽量提高池面的水温；旺盛生长期植株生长迅速，分株不断增多，易造成拥挤，可淘汰弱苗，清除病苗，促进幼苗生长。随气温降低，植株基部叶片枯黄，必须做好种株的防冻工作，将露地水池中生长健壮的种株收回，放到温室池水中越冬，水温保持 5～10℃即可。沉水盆栽可选择健壮种苗栽入装有塘泥的盆中，再沉入水中培养。

4. 园林用途

大漂株形美丽、叶色翠绿、质感柔和，犹如朵朵绿色莲花漂浮水面，别具情趣，是夏季美化水面的好材料，还可盆栽观赏。有很强的净化水体的作用，可以吸收污水中的有害物质和负氧化物。

思考题

1. 水生花卉是指什么？有哪些类型？
2. 水生花卉园林应用有哪些特点？
3. 水生花卉生态习性是怎样的？
4. 水生花卉繁殖栽培要点有哪些？
5. 举出5种常用水生花卉，说明它们的生态习性、栽培管理要点和应用特点。

第十一章　室内花卉

第一节　概　　论

一、含义及类型

1. 含义

室内花卉（houseplants、indoorplant）一般指原产热带或亚热带的花卉，如四季秋海棠、孔雀竹芋、云南山茶、棕竹等，在北方寒冷地区，必须在温室中进行保护栽培，或冬季在温室内越冬。狭义温室花卉仅指草本温室花卉，广义的除草本温室花卉外，还包括需要温室保护栽培的木本花卉如木本地被植物、花灌木、开花乔木、盆景等。

2. 主要类别

（1）观花类　开花时为主要观赏期，有些既可观花也可观叶，如非洲紫罗兰、蟹爪兰、杜鹃、金鱼花等。

（2）观果类　果期有较高的观赏价值，如朱砂根、薄柱草等。

（3）室内观叶植物　主要观赏绿色叶或彩色叶，种类繁多，近年在世界花卉贸易中占一定份额，是室内绿化的主要材料，有蕨类植物、草本和木本花卉。

值得注意的是，随着人们对回归自然的渴望不断提高，室内环境中的植物种类不断丰富。为了满足需求，一些非室内植物也被用于室内观赏，如盆花中的许多种类，它们不能长期适应室内环境，但可以短期装饰室内；一些观赏价值高的露地环境栽培花卉，被盆栽后进入室内。这些花卉在室内的观赏期相对较短，只适宜开花期在室内摆放，一般花后就遗弃。

二、应用特点

室内生态环境改善和调节，以及室内园林化的要求，使室内植物的地位上升。只有选择适宜的种类，才能达到良好的愿望。

① 主要用于室内绿化装饰布置。

② 较适应室内低光照、低空气湿度、温度较高、通风差的环境。

③ 有木本和草本，大小高低不同；可观花和观叶，叶色、花色不同；可供选择的种类多。

④ 有直立和蔓性，株形和叶形差异大，可以采用多种应用形式。

⑤ 是室内花园的主要材料。

三、生态习性

由于种类繁多，原产地不同，生态习性差异较大，依花卉种类有很大不同。

1. 对温度的要求

室内花卉种类繁多，由于其地理分布的不同，受系统发育的影响，对温度有不同的要求，大体可将其分为3类。

（1）高温温室花卉　主要为原产热带平原地区的植物，栽培温度要求在15～30℃，这类花卉在中国广东南部、云南南部、台湾及海南等地可以露地栽培，如变叶木、大花花烛、卡特兰等。冬季生长的最低温度为15℃，而王莲则要求温度更高，气温低于20℃即停止生长。

（2）中温温室花卉　多原产亚热带，也包括热带花卉中部分对温度要求不高者，栽培温度要求10～18℃，这类花卉在华南地区可以露地越冬，越冬温度不低于8～10℃，如仙客来、香石竹、天竺葵等。

（3）低温温室花卉　多为原产暖温带及亚热带花卉中对温度要求不高者。温度要求保持5～15℃，在长江以南地区多可露地越冬。这类花卉若冬季温室温度过高，则生长不良，越冬温度不低于3～5℃，如报春类、小苍兰、山茶花、瓜叶菊等。

2. 对光照的要求

室内花卉由于原产地的生态条件各异，对光照强度的需求不同，可将之划分为3类。

（1）喜光温室花卉　是在露地完全光照下或室内充足的光照下才能正常生长发育的温室花卉，不耐蔽荫，如仙人掌科、龙舌兰科、大戟科、番杏科等多浆植物、印度橡皮树、天门冬、红花酢浆草、南洋杉等。

（2）耐荫温室花卉　要求50％～80％的蔽荫度，在强光下生长不良，如蕨类、秋海棠科、天南星科、兰科植物等。

（3）中性温室花卉　对光照强度要求介于以上二者之间，要求蔽荫度为30％～50％，一般喜欢光照充分，但不耐夏日强光曝晒，在适当遮阳下生长良好。大部分温室花卉属于此类，如扶桑、朱蕉、含笑、白兰花、茉莉花、鹤望兰、朱顶红等。

3. 对水分的要求

室内花卉种类不同，需水情况有很大差异，这与原产地的水量及其分布有密切关系。为适应环境的水分状况，植物体在形态结构和生理机能上产生了相应的变化，形成不同的水分代谢类型。

（1）旱生温室花卉　多原产热带沙漠地区，耐旱性强，对干燥的空气和土壤有较强的忍受能力，其特点是叶片较小或退化成针刺状，或肉质化，表皮角质化，气孔下陷，叶面具厚茸毛，细胞渗透压增大等，这大大减少了水分蒸腾，增大了根系吸水的能力，如仙人掌科、景天科植物等，温室湿度要保持60％以下。

（2）湿生温室花卉　多原产热带浅水处、沼泽地和阴湿森林中，喜湿润的空气和土壤，温室相对湿度应在90％左右，不耐旱，其各类组织都比较鲜嫩，通气组织较为发达，如热带兰、蕨类等；也包括水生植物，如王莲，热带睡莲等在浅水中生长的花卉。

（3）中生温室花卉　对水分要求介于二者之间，既不耐干旱，又不耐水湿，要求间干间湿的土壤环境，温室相对湿度要求在70％～80％，大部分温室花卉属于此类。

4. 对土壤的要求

由于是室内环境下的栽培，为了卫生，草本花卉一般采用基质栽培，基质主要是由泥炭和蛭石等配成。小型木本花卉用园土和泥炭配制，大型木本花卉用园土，但要消毒，保证无病虫。基质和土壤性状依花卉种类而定。

四、繁殖和栽培要点

1. 繁殖要点

主要是营养繁殖，以分株和扦插（包括水插）繁殖为主，也可以采用压条、播种方法繁殖。温度适宜，四季都可进行。

2. 栽培要点

根据植物种类给予适宜的光照条件。同种植物，在不同季节可以采用放置在不同位置来满足光照要求。

许多种类有休眠期，这时与生长期对水分的要求不同。生长期除注意基质浇水外，也要注意增加空气湿度，休眠期要注意控制水肥。

木本花卉要及时修剪、整枝和换盆。多年生长后要换盆，去老根或分株，使株形美观、生长健壮。经常擦拭叶片，使观叶植物不仅美观，也利于光合作用。根据生长需要及时补给肥料，一般观叶植物对氮肥的需求量较高。

第二节　主要的室内花卉

一、花烛类

学名　*Anthurium*

英文名　Anthurium

科属　天南星科、花烛属（安祖花属、火鹤花属）

1. 形态特征

多年生附生性常绿草本植物。有茎或无茎，直立，株高 20～50cm。叶革质，长椭圆状心脏形，全缘或分裂，长 30～40cm，宽 10～12cm，叶柄长于叶片。花梗从叶腋处抽生，长约 50cm，超出叶片之上，佛焰苞卵圆形、椭圆形或披针形，革质，长 10～20cm，宽 8～10cm，开展或弯曲，有深红、玫瑰红、粉、白、黄等色。肉穗花序黄或白色，长 6cm，圆柱形，直伸或卷曲（图 11-1）。花期全年。

图 11-1　花烛类的花

2. 习性

原产于热带雨林中，要求高温多湿的栽培环境。生长的最低温度 15℃，10℃左右停止生长，20～30℃为生长适温。不耐干燥，适宜的空气相对湿度 80%以上，不耐强光，全年宜在适当遮阳的弱光下栽培，光线过强会使叶片受伤。冬季可增加些光照，以利于根系发育，促使生长健壮。要求排水通气良好的栽培基质，不耐盐碱。自然授粉不良，要采种和育种，需进行人工授粉。

3. 繁殖栽培

一般用分株、播种和扦插繁殖；大规模现代化生产，多采用组织培养手段生产组织培养苗，经分植后，3 年即可开花。分株常于春季结合换盆进行。播种法多用于育种，授扮后 8～9 个月果实成熟，每个果实中含种子 2～5 粒，应采后即播，多用碎水苔作播种基质。点播，间距 1cm×1cm，在 25℃下，20d 左右发芽，播后 3～4 年开花。每两年换盆 1 次，多于春天进行，气温保持 25℃左右。扦插用于叶不旺盛的植株，去掉叶子，将茎切成小段，保留芽眼，直立种植在泥炭藓和沙均等混合物中，全部覆盖到顶，加地温25～35℃，2～3周即可生根出叶。

盆土必须排水通气良好，有较好的保水保肥能力，常用水苔、松针土、疏松的腐殖土、木屑等配制。栽植时，盆底应多垫碎瓦片、粗石砾等排水物。容器常用通气良好的陶质花盆。栽后每天喷水2～3次，并向周围地面洒水，以提高空气湿度，促使生出新根，注意盆内不可浇水过多，以免引起根部腐烂。5月移出温室，在荫棚下栽培，设法保持环境湿度的稳定；若在能够控制环境条件的现代化温室栽培，可不移出。花烛根系好气，常抽出气生根，应予培土，以加强固持作用。10月移入温室弱光处，控制浇水，多向叶面喷水，经常追肥，以使叶片色泽鲜艳，生长发育旺盛，但应注意，本种不耐盐碱，追肥以低浓度的有机肥料为宜。为使根部湿润，常于根部四周填加水苔保水。切花栽培多行温室地栽，栽培床要高出地面，以减少地温的影响。花烛栽培成败的关键有3条：首先是要经常保持较高的空气湿度，其次是维持较高的温度，再次是保证排水通气良好。栽培中湿度不够，易受红蜘蛛危害，幼苗期常遭蛞蝓吃食，应注意防治。

4. 园林用途

花烛佛焰苞肥厚硕大，色彩艳丽，覆有蜡层，光亮如漆；肉穗花序圆柱状，挺立于佛焰苞上，宛如彩色的烛台，十分美丽而新奇，加之叶形秀美，全年开花不绝，切花水养期长，可达半月以上，是目前国际花卉市场上流行的高档切花。也可作大型盆栽，四季常青，繁花不断，观赏价值极高。

5. 常见栽培的主要品种

(1) 安祖花（*A. scherzerianum*）

别名　火鹤花、猪尾花烛

英文名　Common Anthurium、Flamingo Plant

本属中最为著名。原产哥斯达黎加、危地马拉。高30～50cm，直立。叶宽披针形，深绿色，长15～30cm，宽约6cm，革质。佛焰苞宽卵圆形，长5～20cm，宽4～10cm，火焰红色；肉穗花序扭曲为螺旋状，长约10cm。几乎全年开花，主要花期2～7月。园艺品种很多，有各种花色。稍喜光，忌夏季强光，性最强健。温度高时停止生长，适宜温度为20～25℃，冬天需高于15℃，25℃以上着花少。主要为盆栽品种。

(2) 红鹤芋（*A. andraeanum*）

别名　大叶花烛、哥伦比亚花烛、哥伦比亚安祖花、红掌

英文名　Tailflower、Palette Flower

为著名的切花品种。原产南美洲哥伦比亚西南部热带雨林。高40～50cm，无茎。叶鲜绿色，长椭圆状心脏形，长柄四棱形。花茎高出叶面，佛焰苞阔心脏形，表面波状，有各种颜色；肉穗花序黄色，直立。全年开花，品种甚多，如“密叶花烛”、“白色花烛”和“红色花烛”等。较安祖花温度要求高，生长适温20～30℃，10℃停止生长。不耐干燥，要求80%的相对湿度。中型盆花，水养可达半个月，是高档切花。

(3) 水晶花烛（*A. crystallinum*）

别名　晶状安祖花

英文名　Crystal Anthurium

原产哥伦比亚的新格林纳达。茎叶密生。叶阔心形；幼叶绿色，后碧绿色；叶脉粗，银白色，非常美丽；叶背淡紫色。花茎高山叶面，佛焰苞窄、褐色；肉穗花序黄绿色。安

祖花是优良的中小型观叶花卉。需高湿环境，对水分变化敏感，不易栽培。

二、秋海棠类

学名　*Begonia*

科属　秋海棠科、秋海棠属

1. 形态特征

多年生常绿草本植物，茎基部常具块状茎或根状茎。叶基生或互生于茎上，心脏形、卵形、掌状等，两侧不对称。雌雄异花同株，有的种只有雄花。雄花常先开放，由2枚花被片和2枚同色的花萼组成。雌花由花萼与花被片组成，共5枚。花有白、粉、红、黄等色。花期全年。

2. 栽培品种

栽培种类大体依据地下部分及茎的形状，分为以下几类。

(1) 球根类　块茎肉质，呈扁圆形或球形，灰褐色，周围密生须根。夏秋花谢后，地上部分枯萎，球根进入休眠。本类以球根秋海棠（*B. tuberhybrida*）为代表品种。

(2) 根茎类　根状茎匍匐地面，粗大多肉。叶基生，花茎自根茎叶腋中抽出，叶柄粗壮。6～10月为生长期，要求高温多湿。花期不定，经常有花。开花后进入休眠期。一般不用播种繁殖，采用叶插（一般4～5月进行）或分株（多在4月下旬结合换盆进行）繁殖。本类以观叶类秋海棠为主，常见的有蟆叶秋海棠（*B. rex*）、枫叶秋海棠（*B. heracleifolia*）、铁十字秋海棠（毛叶秋海棠）（*B. masoniana*）等多种。

(3) 须根类　此类多为常绿亚灌木或灌木。地下部为须根，地上部较高大且分枝较多。花期主要在夏秋两季，冬季休眠。通常分为四季秋海棠、竹节秋海棠和毛叶秋海棠3种。本类多用扦插繁殖，早春进行较好。生长健壮，温度高于12℃即可越冬。

3. 目前最常见种类

(1) 球根秋海棠 *B. tuberhybrida*　本种为种间杂交种，是以原产秘鲁和玻利维亚的一些秋海棠，经100年杂交育种而成。

属中花型，是花色最丰富的一种。地下具块茎，呈不规则的扁球形，株高30～100cm。茎直立或铺散，有分枝，肉质，有毛。叶缘具齿牙和缘毛。总花梗腋生，雄花大，具单瓣、半重瓣和重瓣；雌花小，5瓣。栽培品种很多，园艺上分为3大品种类型：大花类、多花类、垂枝类。花期夏秋。

喜温暖湿润、夏季凉爽、半荫和通风良好的环境。生长适温15～20℃，不耐高温，气温超过30℃时，茎叶枯萎、脱落，甚至引起块茎腐烂。空气相对湿度保持在70%～80%之间最适宜其生长发育。不耐寒，冬季温度不能低于10℃。球根秋海棠属春植球根花卉，但在北京则夏季休眠，冬春开花生长。要求疏松肥沃而又排水良好的微酸性砂质土壤。

以播种繁殖为主，也可扦插和分割块茎繁殖。温室周年可行播种，但以1～4月为宜，为提早花期可行秋播。种子微细，播后不覆土。在20～25℃下，约15～25d后发芽。扦插用于保留优良品种或不易收到种子的重瓣品种。于春末夏初，从优良块茎顶端切取带茎叶的芽，长约7～10cm作插穗，仅保留顶端1～2个叶片，待稍晾干后再扦插。维持23℃，相对湿度80%，15～20d生根。早春块茎即将萌芽时进行分割，用刀纵向切分，每块带1个芽眼。属浅根性花卉，栽植不宜过深，以块茎半露出土面为宜。

球根秋海棠姿态优美，花大色艳或花小而繁密，是世界著名的夏秋盆栽花卉。垂枝类品种，最宜室内吊盆观赏；多花类品种，适宜盆栽和布置花坛，是北欧露地花坛和冬季温室内花坛的重要材料。

(2) 四季秋海棠 *B. semperflorens* 原种产巴西，目前栽培的四季秋海棠为多源杂种。

根细长，须状，褐色。茎直立，肉质，光滑。叶互生，有光泽，斜卵圆形，边缘有锯齿，绿色或紫红色。聚伞花序腋生，花呈白、粉和红色。花期全年。有矮生、大花、重瓣等品种。

喜温暖，不耐寒，生长适温18～22℃左右，低于10℃生长缓慢。要求空气和土壤湿润，不耐干燥，亦忌积水。喜半荫环境，夏季不可放置于阳光直射处，冬季需阳光充足。病虫害很少，容易栽培，开花不受日照长短的影响，只要温度适宜，可四季开花。但在21℃下，若处于短日照时，花期会明显推迟。适宜疏松肥沃、排水良好的弱酸性土壤。

播种、扦插和分株繁殖。四季皆可播种，但以12月至次年1月最宜，从播种到开花需约140d。保持室温22℃左右，7～10d发芽，20d左右出齐。扦插全年均可进行，插穗以用基部抽出的萌芽为好，至少要有3个芽，切口要平滑。适温为20℃左右，约20d后生根。分株，一般在春天换盆时进行，当生出4～5片真叶时，移栽盆中。

摘心可促使多发侧枝，开花繁密。花后应剪去花枝，促生新枝，这时要控制浇水，待新枝发出后，继续正常管理，又可开花。在生产上，通常作一年生栽培。

四季秋海棠植株低矮、株形圆整，盛花时，植株表面为花朵所覆盖；花色丰富，色彩鲜明，是夏季花坛的重要材料。

(3) 蟆叶秋海棠 *B. rex*

别名　虾蟆秋海棠

与近源种的种间杂交和品种间杂交产生了许多园艺品种。植株低矮，无地上茎，地下根茎横卧。叶基生，盾状着生；叶形多变，叶基歪斜；叶面上有美丽的色彩和不同的图案。花淡红色，高出叶面。花期秋冬。

喜温暖、湿润的环境，要求温度20℃以上和较高的空气湿度，越冬温度约10℃。要求散射光充足，最适光照度200～300lx，在短日照条件下，生长停止，进入休眠状态；在长日照下，茎叶不断生长，叶大柄长。以肥沃、排水好的砂质土壤为宜。

主要用分株、扦插和组织培养法繁殖。分株于春季换盆时进行，栽植宜浅，以稍露根茎为宜。片叶插，把叶剪成小片，每片带较大叶脉，斜插于基质中，在20～25℃下，半个月可生根。

生长期注意保持空气湿度和土壤湿润，但过湿根茎易烂。冬季应控制浇水，增加光照，保持叶片的鲜艳和美丽。

蟆叶秋海棠植株矮小，叶极美丽，是小型盆栽观叶植物。

三、蒲包花

学名　*Calceolaria herbeohybrida*

别名　荷包花

英文名　Pocketbook Plant

科属　玄参科、蒲包花属

1. 形态特征

多年生草本植物，作一年生栽培。株高 30～50cm，茎具分枝，全株疏生绒毛。叶对生或轮生，长椭圆形或卵形，常淡绿色或黄绿色，叶脉下凹。不规则聚伞状花序，顶生，花型奇特，花冠二唇，上唇小而前伸，稍呈袋状，下唇大，膨胀呈荷包状；花色丰富，单色花有黄、白、红等各种花色，复色有橙粉、褐、红等色斑点（图 11-2）。花期 2～5 月。

图 11-2　蒲包花

2. 习性

喜凉爽、光照充足、空气湿润、通风良好的环境；不耐严寒，忌高温闷热，生长适温 12～16℃，15℃以下花芽分化，15℃以上开始营养生长，温度高低可引起花色变化；喜肥沃的微酸性土壤。为长日照花卉，长日照有利于花芽分化和花蕾发育。

3. 繁殖栽培

以播种繁殖为主，也可扦插繁殖。播种以 8 月下旬至 9 月最适宜，过早温度高，幼苗易腐烂，一般 12 月底至次年 5 月开花。种子细小，盆播，播种后不需覆土或覆一层水苔。发芽适温 18℃左右，1 周后可出苗，出苗后逐渐见光，当真叶长出 2～3 片时可移苗，真叶长至 4～5 片时上小盆，一盆一株，年底可定植。

冬季在低温温室栽培，保持相对湿度 80%以上，白天温度 8～15℃，夜间温度 5～10℃，注意通风，保持适当盆距，不使拥挤徒长。每 10d 追施稀薄液肥 1 次，浇水要细心，切勿淋在叶片和生长点上，以免腐烂。开花时可轻微喷雾，并不断将残花摘除。蒲包花天然授粉能力较差，常需人工辅助授粉，于每天下午授粉。5～6 月种子逐渐成熟，由于气温升高，不利种子发育成熟，要控制室温，保持空气流通。蒴果变黄，即可采收。11 月开始延长光照时间，每天延长 6～8h，1 月底可开花。通过此方法结合播种期调整，元旦、春节可以有花开放。

4. 园林用途

蒲包花株型低矮、花色艳丽、花型奇特，且花期长，惹人喜爱，是春季优美的室内盆花，可布置于客厅、居室和书房等处。

四、大花君子兰

学名　*Clivia miniata*

别名　剑叶石蒜、达木兰

英文名　Scarlet Kafirlily

科属　石蒜科、君子兰属

1. 形态特征

多年生常绿草本。根系肉质粗大，少分枝，圆柱形。茎短粗，高 4～10cm，假鳞茎状。叶常绿而有光泽，革质，全缘，深绿色，宽大扁平带状，长 20～80cm，宽 8～10cm，2 列交叠互生。伞形花序顶生，花茎直立、扁平，高出叶面，着花 7～50 朵；花漏斗状，花被片 6 枚，2 轮，基部合生成短筒，呈漏斗形，花有橙红、橙黄、红色等色；单株可抽 2～3 个花茎，一个花序开 1 个月，盛花期 2～3 月，有时 8～9 月还开花。浆果成熟时红色（图 11-3）。

2. 习性

图 11-3　大花君子兰

大花君子兰原产非洲南部的山地森林中，常年温度在15～25℃，从而形成畏寒惧热，要求温暖湿润和半荫环境的习性。10℃以下生长缓慢，5℃以下处于相对休眠状态，0℃以下受冻害；30℃以上徒长，叶片过长，花葶过高，观赏价值降低。栽培过程中要保持环境湿润、空气相对湿度70%～80%、土壤含水量以20%～30%为宜。切勿积水，尤其是冬季室温低时，以防烂根。不宜强光照射，夏季需置荫棚下栽培；秋、冬、春季阳光强度较小，可充分光照。要求疏松肥沃、排水良好、富含腐殖质的微酸性沙壤土。大花君子兰在华东以北地区温室栽培，至华南和西南地区则可露地栽培。叶寿命2～3年，植株寿命20～30年。

3. 繁殖

可用播种和分株法繁殖。

播种繁殖。从播种到开花约需3～4年。大花君子兰需人工授粉方可结实，授粉后约8～9个月果实成熟，果色变红即可采收，将花序剪下悬于通风透光处，经10～15d的后熟期，剥出种子，淘汰发育不良种子，阴干3～4d，即可播种。种子发芽缓慢，从播种到长出胚根，通常要40～45d。为提早发芽，可用40℃温水浸种24～36h，在20～25℃下，15～20d就能生出幼根，40d左右抽出胚芽鞘，约60d长出第一片真叶。播种用土，以腐熟的杂木锯末为好，也可以河沙与炉渣等量混合或河沙60%加腐叶土40%混合后使用。各种基质使用前必须充分消毒，以pH5.5左右为宜。因种子较大，采用点播，间距约2cm，播后覆河沙，厚度为种子直径的2～3倍，保持湿润，注意遮阳，适时通风，待长出第一片真叶后，逐渐加大通风透光，放置于光线稍强的地方，逐步撤去覆盖物，随后即行分苗，移植株距3cm，盆土可用腐叶十加20%的河沙及适量腐熟的马粪，移植时叶片的朝向要一致，深度以埋住根的基部、露出种子为度；当长出第二片真叶时，上盆栽植。

分株繁殖。把假鳞茎叶腋处抽生的吸芽切离下来，另行种植，在吸芽抽生后，分几次去掉母株外层的叶片，使吸芽露出；有时吸芽抽生于母株周边，则不必去掉外层叶片。通常于3～4月间结合换盆进行分株，可用手掰分或用利刃切离，用木炭粉或草木灰涂于切口上，以免伤流过多影响生长势。若吸芽无根，可插入沙中，约30～40d生根，生根后即可上盆，以吸芽长出3～5片叶时分株为好，若春季吸芽太小，可于9～10月果实成熟后进行。

4. 栽培管理

大花君子兰生长势强健，栽培管理简便，管理得当，则叶色浓绿油亮、花色艳丽、花大、花多、单株可抽生2～3个花葶，冬季仍开花不绝。大大提高了观赏价值和延长了观赏期。

盆土的配制。大花君子兰喜肥，根系粗大、肉质，要求盆土土质疏松、通透性好、肥力足，能满足不同生长发育时期的营养需要。通常用腐熟马粪、腐叶土、泥炭土、腐殖土(动植物腐熟而成)、河沙、炉渣等，根据需要依不同比例配制而成。如幼苗初次上盆，可以腐叶土为主，加马粪、河沙，以5∶3∶1的比例配制；2年生苗，可用腐叶土4、马粪5、河沙1的比例；3年生苗（10～12片叶），则宜以泥炭土为主，混以腐叶土和河沙，以

7∶3∶1的比例配制，因已进入生殖阶段，应加适量磷肥；至于成龄植株，盆土应调整为马粪5、腐殖土4、河沙1，另加适量磷钾肥。盆土使用前，要进行消毒，将pH调至6.5～7.0。

上盆、换盆。一般于3～4月或8月进行，多用高筒陶盆。2片叶时上盆，用10cm的盆，盆底放一层碎瓦片等排水物，将小苗从分苗箱中磕出，带土栽入盆内，注意要使盆土填满根系之间，然后浇透水，放荫处缓苗，约7～8d后恢复生长，即可正常栽培。3～5片叶时换13cm盆，5～10片叶时用20cm的盆，4年以上的成龄植株，常用33cm的花盆，成龄植株每1～2年换盆1次。

人工整形。大花君子兰叶丛2列状，十分美丽动人。但生长中由于趋光性的作用，常发生叶片歪扭排列不规则的现象，影响观赏效果，为防止发生这种情况，在栽培中要使外观呈扇形的株形，永远侧面朝向光照方向，每隔一段时间，180°转盆1次，以保持叶片匀称生长。如果已发生不规则现象，可用两片竹片，弯成半圆形插于叶丛两侧，以逐步校正之。

浇水。大花君子兰要求土壤和环境湿润，浇水要掌握“间干间湿，浇则浇透”的原则。在植株旺盛生长季节（3～6月和9～10月）应充足供应水分，满足生长的需要；夏季气温高，生长缓慢，要适当控制浇水，多向地面和叶面喷水，保持较高的空气湿度；冬季也需减少浇水量，若家庭养花，此时空气湿度很低，要设法提高空气湿度，浇水最好将水温提高至20～25℃。

施肥。根据植株生长发育情况，结合季节和肥料性质，合理施用，原则是“薄肥勤施”。春天结合换盆施入基肥，常用饼肥、麻渣和动物蹄角等，秋季再追施1次。生长季节每月可追施稀薄液肥1次，视生长情况，可喷施磷酸二氢钾或尿素作根外追肥，浓度为0.1%～0.3%，每半月1次。6～8月和10月以后停止追肥。但若冬季室温较高，植株生长正常时，亦应酌施肥料，供应生长需要。

育种。大花君子兰自花和近亲授粉不良，不结实或种子质量差，适宜异花授粉。育种多采用人工杂交的方法，根据育种的目的，事先选配好杂交的亲本组合。大花君子兰花期较长，每朵小花开放半个多月，1个花序能够开放1个半月。当父本花朵开放2～3d时，花药开裂散粉，是收集花粉的时期。于10：00～11：00，用镊子带花丝取下花药放容器中备用，最好随采随用。若需暂时贮藏，可放于4℃左右的低温阴暗处，生命力能保持数日。母本花开2～3d后，柱头由浅绿色变成浅暗橙色，柱头分裂，分泌黏液，进入授粉时期，可用镊子将花粉振落或粘涂于柱头上进行授粉。为提高结实率，于第2天和第3天，再重复授粉2次。受精后花朵很快凋谢，子房逐渐膨大。结实的母株，养分消耗很大，要加强授粉后母株的管理工作，每10d应追施含磷钾的液肥1次，并加强光照。

5. 园林用途

中型盆花。花、叶、果兼美，观赏期长，叶片青翠挺拔、高雅端庄，花亭亭玉立、仪态文雅，而且色彩绚美，是优良的盆花。

五、非洲菊

学名　*Gerbera jamesonii*

别名　扶郎花、葛白拉

英文名　Flameray Gerbera

科属　菊科、大丁草属

1. 形态特征

多年生常绿草本植物，株高 30～60cm。叶基生，具长柄，长 10～20cm，羽状浅裂或深裂，叶背具长毛。头状花序单生，花序梗长，高出叶丛；舌状花 1～2 轮或多轮，倒披针形，端尖，三齿裂，有白、黄、橙红、淡红、玫瑰红和红等品种；筒状花较小，常与舌状花同色，管端二唇状；冠毛丝状，乳黄色（图 11-4）。可周年开花，但以 5～6 月和 9～10 月为盛花期。

图 11-4　非洲菊

2. 习性

喜温暖、阳光充足、空气流通的环境。生长期适温 20～30℃，冬季适温 12～15℃，低于 10℃则停止生长，能忍受短期 0℃的低温。要求疏松、肥厚、微碱性砂质土壤。

3. 繁殖栽培

可用播种、分株和组织培养法繁殖。如播种，花期应行人工辅助授粉，非洲菊种子寿命很短，通常在种子成熟后即播，种子发芽率较低，仅 30%～40%。播种用土，可按腐叶土 2、泥炭 1、河沙 1 的比例配制。发芽适温 20～25℃，约 2 周发芽，子叶展开即可分苗，长出 2～3 片真叶时上盆或定植露地。分株于 4～5 月进行，因老株开花不良，通常 3 年分株 1 次（若用组织培养苗，因生长迅速，可 1 年半分株 1 次）。掘出老株切分，每一新株应带 4～5 片叶，根部放于 0.01%高锰酸钾溶液中消毒后栽植，栽时切不可过深，以根茎部略露土面为宜。

国际上切花生产，皆用组织培养法繁殖，以叶片为外植体，大量生产试管苗，采用无土栽培技术，生产切花。非洲菊组织培养苗的突出优点是：①没有病害感染，栽培中几乎没有被害株出现，可稳定地进行切花生产；②生长发育旺盛，大幅度地提高切花品质，增加切花产量。

非洲菊冬季保持室温 12℃以上，植株即可不进入休眠，继续生长和开花，但以 16～18℃最为适宜。若能增加地温至 22～23℃，则夜温 12℃即可。白天温度可增至 20℃，再提高温度虽可增加切花产量，但茎叶软弱，水养不良，切花品质低下。一般品种皆宜温度较高和光照充足的环境，适宜在春天至秋天栽培。切花生产宜高床栽植，注意排水通畅，床土深度至少 25cm 以上，施足基肥，株行距 30cm×30cm，栽时根茎部需微露土面，以免引起腐烂。最好垄栽，垄沟内灌水。春秋季节每 5～6d 追肥 1 次，盛夏不施肥，冬季每 10d 追肥 1 次，要特别注意钾肥的补充。冬季温室栽培，勿使过湿，经常去掉外层老叶，以改善光照和通风条件，这对多叶的品种尤其重要，有利于新叶和新芽的发生和生长，促使不断开花，可提高单株切花产量，增加经济效益。

中国华南地区可露地越冬，作宿根花卉栽培；华东地区则需覆盖越冬；华北地区可于地窖，或冷床中越冬，也可在霜降时带土移栽温室植床或切花促成栽培。

4. 园林用途

非洲菊花色艳丽、明亮，花期长，单花花期 10～15d，瓶插可观赏 2～3 周，是重要的切花花卉。花色饱和度高，艳而不妖，丽若云霞，娇媚高雅，在中国南方，非洲菊可以布置花境和自然丛植；在北方，多盆栽观赏。

六、温室凤仙

学名　*Impatiens wallerana*

别名　瓦勒凤仙、何氏凤仙、苏氏凤仙、玻璃翠

英文名　Busy Lizzy，patiens Lucy

科属　凤仙花科、凤仙花属

1. 形态特征

多年生草本植物。株高30～100cm，全株光滑。茎多汁，半透状，节部膨大，多分枝，形成平展的冠。叶互生，茎上部叶或呈轮生，叶卵形或卵状披针形，绿色、深绿、古铜色；长2.5～7.5cm，1.5～4cm，叶表有光泽，叶脉清晰，两端尖，缘具钝锯齿，各锯间有1刚毛。花顶生或腋生，花型扁；花瓣5枚，花径4～4.5cm，花色丰富，有红、紫、粉、白等色。萼片3枚，中萼片花瓣状，具一向后上方展的细长距，与花瓣等长或2倍之。四季开花。蒴果成熟时5瓣裂，瓣片螺旋旋卷，将种子弹出。

2. 习性

喜温暖湿润，日照充足环境。生长适温15～25℃，夏宜凉爽，不耐曝晒，需稍蔽荫，光照50%～70%最好，光照不足易徒长，严重时不开花。不耐寒，冬季室温不宜低于12℃，适宜疏松肥沃、排水良好的沙壤土，忌旱怕涝。种子寿命较长，2～3年内不降低发芽率。

3. 繁殖栽培

用播种和扦插法繁殖。全年皆可播种，种子需光，发芽适温约20℃，7d左右出苗；扦插亦可周年进行，选取生长充实的健壮枝条顶梢长约10cm，插于素沙中，扦插后，前3d保持高湿度，以后逐渐降低，保持25℃左右，约20d生根，生根后即可上盆。

生长期每半月追施稀薄液肥1次，应注意控制肥水，以免茎叶徒长，引起倒伏；适当摘心，以形成丰满圆整的株冠；夏季在荫棚下栽培，保持凉爽湿润条件；冬季置阳光充足处，为防止空气干燥叶片受害，应经常喷水，提高空气湿度。

4. 园林用途

温室凤仙茎叶光洁、花朵繁多、色彩艳丽，四季开花不绝，是深受欢迎的优美盆花，广泛用于室内装饰。在中国南方，夏季可在露地半荫处栽培，布置于花坛、庭院、路边等处。

七、报春花类

学名　*Primula*

别名　樱草类

英文名　Primrose

科属　报春花科、报春花属

1. 形态特征

多年生草本植物，多作一二年生栽培。植株低矮。叶基生，有柄或无柄，叶丛呈莲座状。伞形花序或头状花序，花冠漏斗状或高脚杯碟状；花萼有白色的报春碱，花萼的形状可作为种间识别特征；花柱两型，有的植株花柱长，雄蕊生于花冠筒中部，有的植株花柱短，雄蕊生于花冠筒的口部，这有利于异花传粉。花有红、白、黄、蓝、紫等色，花期一

般12月到次年5月。

2.习性

种间习性差异大。一般喜温暖、湿润，夏季要求凉爽、通风环境。不耐炎热，生长适温13～18℃，但较耐寒，耐寒力因种而异。在酸性土（pH4.9～5.6）中生长不良，叶片变黄。栽培土要含适量钙质和铁质才能生长良好。可以自播繁衍。

报春花属植物受细胞液酸碱度的影响，花色有明显变化，pH3为红色，pH4为粉色，pH5～8为堇色，pH9为蓝色，pH10为蓝绿色，pH11为绿色。

3.繁殖栽培

一般用播种繁殖。为保持珍贵品种的优良性状或繁殖重瓣不结实品种，可行分株。报春花属植物种子寿命较短，宜采后即播，种子晾干、净种后，应贮于低温干燥处，隔年陈种多不发芽或发芽率极低。正常种子发芽率约为40%。播种用土可以腐叶土2、壤土1、沙1的比例配制。种子细小，播后可不覆土，或稍覆细土，以不见种子为度。视用花时间，确定播种期。如冬季用花，晚春播种；早春用花，初秋播种等。通常6～7月播种，11月份始花，翌年1～2月份盛花，可供圣诞节、元旦、春节等节日花卉布置的需要。种子发芽适温15～20℃，约15d发芽；温度超过25℃，发芽率明显下降。分株多在秋天进行。

生长适宜温度12～18℃，除冬季给以充足阳光外，其他季节应遮去中午强烈的日光，夏天放荫棚下栽培，注意降温通风。报春花要在较低温度下栽培，生长适温约10℃，越冬温度不可低于5℃，播种苗长出1～2片和3～4片真叶时，各移苗1次；5～6片真叶时上盆，盆内径10cm；7～8片真叶时定植，盆内径17cm。盆土按腐叶土2、壤土3、沙1的比例配制，再加适量的基肥，栽培藏报春、报春花、四季报春等，可再加入少量熟石灰。移栽和定植时要注意栽植深度，过深苗株基部容易腐烂，过浅则易倾倒，破坏株态。定植后，视生长情况，施用追肥，施用时不可沾染叶片，以免叶片枯焦，可于追肥后，喷清水予以清洗。抽茎开花后，除留种母株外，及时连梗剪除残花，可继续开花，天气渐热，花期结束，应保持湿润，移置凉爽遮阳处以半休眠状态越夏。9～10月份重新换盆，秋末入低温温室，又可抽生新叶，冬季再次开花。但使之第2次开花，生产上少用。因管理费工，且不如第1次开花时观赏价值高。

4.园林用途

报春类植株低矮、花色丰富、花期较长，是园林中的重要花卉。不同种类观赏特点不同，有的植株纤细优美，花色淡雅；有的株丛浑圆，花色丰富浓艳。中国北方适宜室内盆栽的有报春花、四季报春、藏报春、多花报春。在暖地适宜露地栽培的有多花报春、欧洲报春等。盆栽报春在叶丛之上有密集的花朵，或淡雅或艳丽，整株观赏价值都高。在园林中因种不同，可用于岩石园、专类园、沼泽园、地被、花境、花带、丛植、片植、花坛、种植钵，植株低矮、花繁密，有很好的景观。

5.园林中常用种类

(1) 报春花（*P. malacoides*）

别名　小种樱草、七重楼

英文名　Fairy Primrose

株高20～40cm。叶具长柄。轮伞花序2～7层，宝塔形层层升高；花有淡紫、粉红、白、深红等色，有香气。耐寒性较强，越冬温度5～6℃。生长适宜条件下，10℃低温处理可以促进花芽分化，同时进行短日照，分化更完全。在15℃、长日照下可提早开花。播种繁殖，一般6～7月播种，发芽适温16℃，翌年2～3月开花。生长期间不宜干燥。含报春碱明显。

报春花花枝细，花茎高出叶面，着花繁茂，花序在细枝上摇曳飘拂，姿态洒脱，且开花早，适宜盆栽点缀室内环境，是切花瓶插的好材料，也是暖地良好的庭院花卉。耐寒，北京早春可定植于荫处。

（2）四季报春（*P. obconica*）

别名　鄂报春、仙鹤莲、四季樱草

英文名　Top Primrose

株高约20～30cm。叶有长柄，叶缘有浅波状齿。花茎多数，伞形花序；花白、洋红、紫红、蓝、淡紫至淡红色；花萼"V"形；花期依播种期而有不同，以冬春为盛。日照中性，温度适宜四季可开花。更喜温暖、湿润，生长期温度适宜要保证水分充足，但温度低而土壤水分多时，常发生白叶病，可进行换盆或移植温度较高处。含报春碱明显，不耐酸性土。从播种到开花约需6个月。冬季室温保持8～10℃。

既适宜盆栽点缀厅堂居室，又适宜作切花用。

（3）藏报春（*P. sinensis*）

别名　篦齿报春、年景花

英文名　Chinese Primrose

株高约15～30cm。全株密被腺毛。叶缘具缺刻状锯齿，叶有长柄。伞形花序1～3轮；花有粉红、深红、淡蓝和白色等；萼基部膨大，上部稍紧缩；花期冬春。耐寒性不如四季报春和报春花，喜湿润。生长适温白天20℃，夜间5～10℃。多在6～7月播种，发芽适温15～20℃，11月开始开花，次年1～2月为盛花期。

株丛圆浑，开花时覆盖植株，除了色彩以红、紫为多，浓烈而不艳丽外，景观与瓜叶菊相似，是优良的盆花。

（4）多花报春（*P.* ×*polyantha*）

别名　西洋报春

株高约15～30cm。叶条形，叶色浓绿，叶基渐狭成有翼的叶柄。花茎比叶长；伞形花序多数丛生；花有红、粉、黄、堇、褐、白、青铜色等；花期春季。耐寒，露地栽培不择土壤，不过分干燥即可生长。夜温高于10℃可正常开花。北方冬季需要阳畦保护越冬。除播种外，还可春秋分株繁殖。

多花报春植株低矮、开花繁茂、花色丰富而艳丽，可用于花坛、种植钵、花境和片植，也是岩石园的好材料。用于春花坛边缘栽植，株距7～8cm，栽花坛内部为12～15cm。

八、非洲紫罗兰

学名　*Saintpaulia ionantha*

别名　非洲紫苣苔、非洲堇

英文名　African Violet

科属　苦苣苔科、非洲紫罗兰属

1. 形态特征

多年生常绿草本植物。叶稍肉质，莲座状基生；卵圆形或长圆状心脏形，肉质，缘具圆齿，先端钝，两面密布短粗毛；表面暗绿色，背面浅绿色，常带红色晕；叶柄较长。总状花序腋生，花可至10朵；花序梗长，高出叶丛；花冠阔钟形，二唇状，上唇2裂，下唇3裂，裂片椭圆形，开展；原种花径约2cm，淡蓝至紫堇色，园艺品种花色极为丰富，有暗红、玫瑰红、桃红、深浅不同的蓝、紫色、白色及复色等；蒴果短圆形或狭长圆形。花期夏秋。

2. 习性

喜温暖湿润、空气流通的半荫环境。夏季白天适温25～28℃，不可超过30℃，夜温15～20℃，冬季日温保持18℃左右，夜温不低于10℃；较耐湿，但忌涝；稍耐荫，以光照度5000lx为最宜，忌阳光直射；要求疏松肥沃、排水良好的中性或微酸性土壤。

3. 繁殖栽培

用扦插、分株、播种和组织培养法繁殖。

扦插分叶插和茎插。叶插选充实健壮带叶柄的叶片作插穗，以沙、蛭石和泥炭等份混合为基质，经消毒后填入插床，将叶柄插入基质中，保持湿润，若在15～25℃条件下，全年均可叶插，约3～4周后生根。用硅酸盐促根剂涂抹切口，能促进生根。叶插多用于绿叶品种。从扦插到开花需4～6个月。茎插切取顶端健壮无病虫害的嫩茎，带叶6～8枚，去除基部叶片，插入插床，3周左右生根。对于腋芽多的品种，也可切取扦插，同时起到修剪整形的作用。分株在春秋季结合换盆进行。播种春秋均可，以9～10月为宜。非洲紫罗兰种子细小，可混以细沙后播种，播后不覆土，用盆浸法保持湿润，15～20d发芽，翌年春天即可开花。从播种到开花需时180～250d。组织培养以叶片切块为外植体，MS（pH5.7）为基本培养基，调节萘乙酸与生长素比例，在25～28℃下培养，给予14～16h光照，40～60d可成苗；培养生根后移植，经半年即可开花。

非洲紫罗兰栽培要点是经常保持较高的空气湿度，夏季注意通风，适当遮阳和浇水适量。夏季高温期摘去花序，不使开花，可使秋花早开，且开花美而大。冬季要节制浇水，用水应晾过1～2d。生长期每月追肥3～4次，冬季减半。春天应防寒潮侵袭。如植株壮而无花，腋芽大量生长，应行移植，去除下部冗枝和芽。幼苗的移植，如绿叶品种叶插生根3～4个月、斑纹品种叶片中有1/3或1/2以上变绿时方可移植，注意光照和温度，若光线不足或阳光直射，或温度变幅过大，皆易造成移植失败。新购植株应行严格隔离和消毒，以防病虫传播。栽培中常出现如下问题：如光照不足造成徒长，应将植株移至光线充足处，并增施磷肥；光照过强叶片发黄或生黑斑，应适当遮阳；排水不良造成根部腐烂，则应去掉腐烂部分，换排水良好的盆土，重新栽植，待生出新根后，再施肥；肥分不足致使叶小色淡，花少或不开花时，可增施肥料；水分不足或因夏季过度蒸腾缺水，下部叶片枯死，上部叶片伸长，可切去根部茎插；当叶缘变成茶褐色或卷曲，是温度过低所致，应提高室温。

4. 园林用途

小型盆花。植株矮小、花色丰富、气质高雅、花姿妩媚，极适宜室内环境，是优良的室内盆花，有“室内花卉皇后”的美称。

九、瓜叶菊

学名 *Senecio cruentus*

别名　千日莲、瓜叶莲

英文名　Florists Cineraria

科属　菊科、千里光属

1. 形态特征

多年生草本植物，常作一二年生栽培。全株被毛，茎直立，株高 20～60cm。叶大，心脏状卵形，掌状脉，叶缘具多角状肉或波状齿，形似瓜叶，故称瓜叶菊；根出叶基部稍下延，叶柄无翼，茎生叶有翼。头状花序簇生成伞房状。原种舌状花紫红色；栽培品种花色丰富，有白、粉、红、紫、蓝等色，有的为复色，呈“蛇目”状（图 11-5）。花期 11 月至翌年 5 月，盛花期 2～4 月。瘦果小，纺锤形，有白色冠毛，4～6 月果熟，贮藏于凉爽干燥处，种子寿命可保持 3 年。

图 11-5　瓜叶菊

2. 习性

喜凉爽，耐 0℃低温，在温暖地区可在室外作二年生栽培。白天温度低于 20℃，夜温高于 5℃的环境下发育良好，室温高易徒长。生长期要求光照充足、空气流通并保持适当干燥。短日照促进花芽分化，长日照促进花蕾发育。喜肥沃、排水好的砂质土壤。越夏困难，畏烈日高温，怕雨水，应避免直射阳光。

3. 繁殖栽培

常用播种法，播种时间视选用的品种类型和需要的开花时间而定。早花品种 5～6 个月开花，一般品种 7～8 个月开花，晚花品种需 10 个月才能开花。以一般品种为例，常分 3 批播种：元旦用花，3 月播种；春节用花，5 月播种；“五一”用花，则于 8～9 月播种。其中以 8～9 月播种效果最好，因为此时雨季已过，气温逐渐转凉，苗株免受高温雨涝的影响，生长茁壮，开花美而大。播种期亦不可过迟，若 9 月以后播种，苗株尚小时，日照长度已逐渐转长，使花蕾提早发育开花，植株矮小，着花稀疏，花朵变小，观赏价值严重降低。播种用土可用腐叶土 3、壤土 1、河沙 1 的比例配制。播种前，容器、盆土都需消毒，播种后覆土以不见种子为度，也可不覆土。发芽适温约 20℃，5～7d 发芽，种子发芽率约 60%，发芽后逐渐通风、透光，以防苗株徒长（一些重瓣不易结实的优良品种，常用扦插法繁殖，多于花后 5～6 月进行，选用生长充实的腋芽扦插，插穗长 6～8cm，插后约 20～30d 生根）。当幼苗长出 2～3 片真叶时，以 5cm 的间距分苗；5～6 片真叶时上盆，盆径 7cm，盆土用腐叶土 2、壤土 2、河沙 1 的比例配制。缓苗后，每 10d 追施稀薄液肥 1 次。随天气逐渐转凉，追肥浓度逐渐加大。气温低于 10℃时，移入温室。约 11 月末，定植盆径 13～17cm 的盆中。上盆时摘除苗株基部以上 3～4 节的全部腋芽，以减少养分的消耗；利于通风透光；保持株丛圆整。栽培中要注意经常“倒盆”，保持盆株生长整齐均一，随着生长，逐步拉大盆距，使植株保持合理的生长空间，避免拥挤徒长。若在单屋面温室中栽培，还要经常“转盆”，以免植株因趋光性而生长倾斜，破坏株形。在花芽分化前半月左右，停止追肥并控制浇水，以提高着花率。5 月后宜在室外育苗，放在荫棚下避免阳光直射。雨季注意防涝并忌施肥。在花蕾将出现时进行摘心，促其多生侧枝，多开花。

4. 园林用途

中小型盆花。株丛紧密，盛开时花朵覆盖全株，花色丰富艳丽，渲染出热烈的气氛，是重要的节日花卉。除冬春室内装饰外，3 月底后可用于园林花坛、花带布置。

十、鹤望兰

学名 *Strelitzia reginae*

别名 极乐鸟之花

英文名 Bird-of-paradise-flower

科属 旅人蕉科、鹤望兰属

1. 形态特征

多年生常绿草本植物。株高 1～2m，根粗壮，肉质。茎短，不明显。叶近基生，对生成两侧排列，革质，长椭圆状披针形，长约 40cm，宽约 15cm；叶柄比叶片长 2～3 倍，有沟槽。花茎与叶近等长，每个花序着花 6～8 朵，花被片 6 枚，外花被 3 枚，橙黄色，内花被 3 枚，舌状，天蓝色；小花花型奇特，开放有顺序，宛如仙鹤引颈遥望，栩栩如生，故名鹤望兰（图 11-6）。花期从 9 月至翌年 6 月，每朵花开放近 1 个月，1 个花序可开放约 2 个月，花期长达 3～4 个月。

图 11-6 鹤望兰

2. 习性

喜温暖湿润、光照充足的环境。生长适温 25℃左右，冬季适温以 10℃左右为宜。光照不足，生长衰弱、出芽少、开花不良甚至不开花，夏天置荫棚下栽培。耐旱力强，不耐水湿。喜肥沃、排水好的黏质土壤。中国华南地区可露地栽培。

3. 繁殖栽培

以分株繁殖为主，也可播种或用吸芽繁殖。分株宜在 4～5 月间进行，用刀切分，每子株应有 2～3 个带根叶丛，切口应涂以木炭粉或草木灰，以防腐烂，尽量减少根系损伤，以免引起衰弱，植株生长势不易恢复。鹤望兰为鸟媒植物，若为留种，需人工授粉方能结实。种子成熟后立即播种，发芽适温 25～30℃，2～3 周发芽；3～5 年后有 9～10 枚叶时开花。

在中国南方冬季低温在 0℃以上的地区，皆可露地栽培。华东地区，冬季在塑料大棚保护下越冬。中国北方地区，于中温温室栽培，可地栽或盆栽。地栽多用于切花生产，因为鹤望兰肉质根粗而长，要求土层深厚，应深翻 60～70cm，施足基肥，栽时注意事项同分株繁殖，株行距可用 80cm×80cm。盆栽选用高筒大盆，以满足其粗长的肉质根系生长的需要。盆土可用 1 份河沙、2 份肥沃壤土、1 份泥炭土配成，并适当加入腐熟的有机肥料为基肥。为使排水良好，盆底应多垫些排水物（如筛出的盆土粗粒和碎盆片、碎瓦片等），夏天置荫棚下栽培，为保持环境湿润，可向叶面和地面喷水；雨后及时排水，倒出盆中积水，不使伤根。每半月追施稀薄液肥 1 次，苗期多施氮、磷肥，花芽分化和花期，则增施磷、钾肥，花谢后，未经人工授粉的残花，应及时剪去，以免徒耗养分。每 2～3 年换盆分株 1 次。切花栽培，当总苞内第 2 朵花初放时从基部剪下，注意勿伤及叶柄。

4. 园林用途

鹤望兰叶大姿美、四季常青、花序色彩夺目、形状独特，成株一次能开花数十朵，有极高的观赏价值。盆栽点缀于厅堂、门侧或作室内装饰，能营造出热烈而高雅的气氛；水养可观赏 15～20d，是高档切花。

十一、南洋杉

学名 *Araucaria cunninghamii*

别名 肯氏南洋杉、鳞叶南洋杉

英文名 Hoop Pine，Moreton Bay Pine

科属 南洋杉科、南洋杉属

1. 形态特征

常绿乔木，在原产地高达60m，胸径0.6～1.9m，树冠尖塔形，干通直，树皮粗糙，横裂，灰褐色。大枝平展，轮生，小枝密生2列状，下垂。叶2型，幼树叶疏散、开展，锥形或镰刀形，长0.7～1.7cm；大树叶紧密，微上弯，卵形或三角状锥形，长0.6～1.0cm。雌雄异株，偶有同株，花期10～11月。球果生小枝顶端，椭圆状卵形，长12～13cm，翌年7～8月成熟，种子和种鳞一起脱落。

2. 习性

中国广东、广西、福建、台湾有栽培，福州有树龄达百年的大树，是19世纪初引种栽培的，其他城市多行盆栽。喜温暖湿润、光照充足的环境。不甚耐寒，在冬季气温不低于5℃的地区可以露地栽培；耐荫性强，夏季怕强光曝晒；不耐干旱，怕水湿；根系发达，适生于土层深厚、疏松肥沃、排水良好的微酸性土壤；耐肥力强，不耐盐碱。一般14年生左右开始开花结实，但多为瘪粒，50年生以后正常结实。

3. 繁殖栽培

用播种、扦插和高位压条法繁殖。播种法，种子要适时采收，宜阴干，忌曝晒，千粒质量约365g，采后即播，或低温（3℃）贮藏至翌年春播。多将种子先行在沙床上催芽，再点播于苗床上，约30多天发芽。幼苗耐荫，应搭设荫棚，在苗茎木质化前，每7～10d喷1次波尔多液以预防立枯病。扦插法插穗应采自5年生以下的实生苗，选取当年生半木质化的主干直立枝条，长8～12cm，插后保持20～25℃及半荫、湿润环境，40～50d生根，成活率可达60%～70%。高位压条，选取二年生侧枝的中后部，环状剥皮，宽约1～1.5cm，用苔藓或泥炭土裹住切口，外面用塑料薄膜包扎，约3～4个月生根。

盆栽南洋杉，苗期应注意扶正茎干，保持株形端庄美观。生长期需水肥量大，可每天向叶面喷水，保持盆土及空气湿润。夏季避强光曝晒，室外放置在避风、湿润环境。忌温度剧变，秋后可逐渐降温。冬天减少浇水量，放向阳处养护，若光线过弱，室温太高，叶片极易脱落或枯黄。叶面易积累尘灰，可经常喷水清洗。盆栽不宜过高，可在肥水上适当控制，过高可切取主干顶部扦插，以矮化树体。植株不耐修剪，自然生长层次分明，树冠规整，只需在换盆时或生长期内剪除枯黄侧枝及叶片。室内摆设用，注意转盆，避免主干趋光弯曲。

4. 园林用途

南洋杉树势强健、枝叶秀丽、株态优美，南方可露地栽培，美化庭园；北方盆栽，可用以布置大型装饰场合，如大会会场、大型展览会、路旁列置、门旁对置及宾馆、饭店的大厅布置等。

十二、豆瓣绿类

学名 *Peperomia*

别名　椒草、翡翠椒草

英文名　Peperomia

科属　胡椒科、豆瓣绿属（草胡椒属）

1. 形态特征

多年生常绿肉质草本植物。株高 20～25cm，茎圆，分枝，淡绿色带紫红色斑纹。叶互生，稍肉质，长椭圆形，浓绿色，有光泽，长达 15cm，基部楔形，叶柄短。穗状花序，长 2.5～18cm，小花绿白色，总花梗比穗状花序短，光滑无毛（图 11-7）。果实具弯曲锐尖的喙。是直立性豆瓣绿的代表种。

图 11-7　豆瓣绿类

（引自《花卉学》，鲁涤非）

2. 习性

喜温暖湿润的半荫环境。生长适温 25℃左右，最低不可低于 10℃，不耐高温，盛夏温度超过 30℃抑制生长；要求较高的空气湿度，忌阳光直射；喜疏松肥沃，排水良好的湿润土壤。

3. 繁殖栽培

多用扦插和分株法繁殖。扦插：直立型种类可用枝插法，在 4～5 月选长约 5cm 的健壮的顶端枝条为插穗，上部保留 1～2 枚叶片，待切口晾干后，插入湿润的沙床中，适温下 20d 左右生根；从生型种类，可用叶插，用刀切取带叶柄的叶片，稍晾干后斜插于沙床上，10～15d 生根。在有控温设备的温室中，全年都可进行。分株主要用于彩叶品种的繁殖。

盆土可用腐叶土、泥炭土加部分珍珠岩或沙配成，并适量加入基肥。生长期每半月施 1 次追肥，切勿过量，尤其少用氮肥，以避免花叶品种斑纹消失。浇水用已放水池中 1～2d 的水为好，冬季节制浇水。温度变化直接影响叶片的颜色，彩叶类冬季适温 18～20℃，绿叶种为 15℃左右。叶面可适当喷雾或向周围场所喷水，增加空气湿度，忌自上而下叶面淋浇。但应注意，过热过湿都会引起茎叶变黑腐烂。冬季置光线充足处，夏季避免阳光直晒，每 2～3 年换盆 1 次。从生型植株，叶片生长较快，生长期可剪取过密重叠叶或叶柄过长的叶片扦插；直立型植株生长强健，可摘心促侧枝萌发，丰满株形。通常每 2 年换盆 1 次，剪除地下部老根及地上部叶柄过长的叶片，保持株形整齐匀称。

4. 园林用途

可用于微小型盆栽。植物株形或小巧玲珑，或直立挺健，叶片肉质肥厚、青翠亮泽，用于点缀案头、茶几、窗台，娇艳可爱。蔓生型植株可攀附绕柱，别有一番情趣。

5. 常见种类

(1) 西瓜皮椒草（*P. argyreia*）

别名　西瓜皮、银白斑椒草

英文名　Water Melon Peperomia

多年生草本植物，茎极短，株高 15～30cm。全株光滑无毛。叶片互生，簇生状，卵圆形，长 15cm，宽 10cm，先端钝尖至渐尖，近盾状着生，叶脉浓绿色，叶脉间为白色，半月形的花纹状似西瓜皮；叶片厚而光滑，叶背为紫红色，叶柄红褐色。

从生型。原产巴西。植株低矮，株高 20～25cm。茎极短。叶近基生，心形；叶脉浓绿色，叶脉间为白色，半月形的花纹状似西瓜皮；叶片厚而光滑，叶背为紫红色，叶柄红褐色。穗状花序，呈圆锥形，总花梗与叶柄近等长。多作小型盆栽。

（2）垂椒草（*P. scandens*）

别名　蔓生豆瓣绿

英文名　Cupid Peperomia

蔓生草本。茎最初匍匐状，随后稍直立；茎红色，圆形，肉质多汁。叶片长心脏形，先端尖；嫩叶黄绿色，表面蜡质；成熟叶片淡绿色，上有奶白色斑纹。穗状花序长10～15cm。多作悬挂栽培。

（3）皱叶椒草（*P. caperata*）

别名　皱叶豆瓣绿

英文名　Peperomia Caperata

丛生型。植株低矮，高20cm左右。茎极短。叶长3～4cm，叶片心形，多皱褶，整个叶面似波浪起伏，暗褐绿色，具天鹅绒般的光泽；叶柄狭长，红褐色。穗状花序白色，长短不一，一般夏秋开花。有观赏价值。多作小型盆栽。

（4）乳纹椒草（*P. magnolifolia*）

别名　花叶豆瓣绿、花叶椒草

英文名　Pepper Face Desert Privet

直立型草本。茎褐绿色，短缩。叶片宽卵形，长5～12cm，宽3～5cm，绿色，有黄白色花纹。可作小型盆栽或吊挂摆设。

十三、榕类

学名　*Ficus*

别名　小叶榕、细叶榕

英文名　Fig，Fig-tree

科属　桑科、榕属

1. 形态特征

常绿大乔木，高可达20～30m，胸径2m，树皮灰至灰褐色，树冠阔卵形至扁球形。有白色乳汁，大枝粗壮，小枝细密，其上多有下垂的须状气生根。单叶互生，革质，亮绿色，倒卵形至椭圆形，长4～10cm，全缘或波状；托叶合生，包被于顶芽外，脱落后留一环形痕迹。花单性同株，隐头花序单生或成对腋生。花期5～6月。隐花果球形，径0.5～1.0cm，8～10月果熟，呈红色。

2. 习性

主产华南及台湾等地区，东南亚一带也有分布；中国北方地区多盆栽或制成盆景观赏。喜温暖湿润、光照充足环境。不耐寒，越冬温度一般为5℃以上；耐干旱瘠薄和水湿；也耐半荫，室内养护要求光线充足和通风良好；对土壤要求不严，但以在肥沃而排水良好的微酸性沙壤土上生长较好。萌芽能力强，耐修剪和移植，生长快且寿命较长。根系特别发达，气生根入土后，可发育成粗壮如干的支柱根，是榕树的一大奇观。

3. 繁殖栽培

扦插或高位压条繁殖。因扦插极易生根，且彩叶品种播种繁殖不能保持优良性状，故多用扦插法繁殖。枝插或芽叶插，在5～7月进行。枝插，取一年生、生长充实的枝中段作插穗，每插穗有3～4节，上部留1～2片叶，切口涂抹草木灰，稍晾干，插入湿润沙土中，保持25～30℃高温，约1个月生根。高位压条宜于6月中下旬，选取母株茎干上生长充实的半木质化枝条，环状剥皮，宽约茎干粗的1/10，随即包以苔藓或湿润的腐叶土，用塑料薄膜包扎其外，维持基质湿润，1个月左右生根，待根系发育良好，于秋季剪下上盆栽植。

盆栽幼株上盆后，生长较快，应及时摘心，促进侧枝萌发，一般保持3个主枝，丰满树体。生长旺期，植株需水肥量大，可每10d追肥一次，以氮肥为主，并充分浇水。冬季控制浇水，将盆置于阳光充足处，并经常向叶面喷水，或清洁叶面，保持叶色青翠亮丽。生长多年的植株，当盆土表面出现少量地上根时，就要及时换盆，一般2年一次。盆栽为培育小型植株，避免植株旺长，可在春季换盆时，适量断根，栽种到稍大一号的盆中；或在夏季生长期，适当修剪整枝，促下部萌枝，矮化树体。亦适于无土栽培，简便易行，效果良好。

4. 园林用途

榕树生命力强，耐修剪蟠扎，是制造桩景的好材料。利用其枝干和气生根等造型容易的特点，可培养成姿态各异的美丽树桩盆景，或小巧玲珑，或古老苍劲，或气势磅礴，产生优美奇特的艺术效果。能适应室内散射光环境，是室内装饰的佳品。

5. 常见种类

(1) 垂榕（*F. benjamina*）

别名　垂叶榕、细叶榕、小叶榕、垂枝榕

英文名　Benjamin Fig，Weeping Fig

原产于印度、东南亚、澳大利亚一带。常绿乔木，自然分枝多，小枝柔软如柳、下垂。叶片革质，亮绿色，有光泽，卵圆形至椭圆形，有长尾尖，全缘，叶较小，长5～10cm，宽2～6cm。幼树期茎干柔软，可进行编株造型。叶片茂密丛生，质感细碎柔和。

常见栽培的主要品种有花叶垂枝榕（Gold Princess），常绿灌木，枝条稀疏，叶缘及叶脉具浅黄色斑纹。

(2) 琴叶榕（*F. lyrata*）

别名　琴叶橡皮树

英文名　Fiddle Leaf Fig

原产非洲西部热带地区。常绿乔木。自然分枝少。叶片宽大，呈提琴状，厚革质，叶脉粗大凹陷，叶缘波浪状起伏，深绿色有光泽。风格粗犷，质感粗糙。

(3) 橡皮树（*F. elastica*）

别名　印度橡皮树、印度胶榕、橡胶榕

英文名　Indiarubber Fig、India Rubber Tree

树体高大、粗壮。叶片厚革质，有光泽，长椭圆形，长10～30cm，叶面暗绿色，背面淡绿色；幼叶初生时内卷，外面包被红色托叶，叶片展开即脱落。中国南方可露地栽培，耐0℃低温。园艺品种极多。

十四、冷水花类

学名　*Pilea*

别名　水冷花、花叶荨麻

英文名　Artillery Plant，Clearweed

科属　荨麻科、冷水花属

1. 形态特征

多年生常绿草本植物，地下有横生的根状茎。株高15～40cm，茎多汁，多分枝。叶交互对生，卵状椭圆形，先端尖，长约10cm，宽约5cm，前部边缘有浅齿，后半部全缘；基生三出脉，稍凹陷，叶脉间有4条大小不同的银白色纵向宽条纹。花聚伞状，腋生，白色。酷热夏季，淡雅的叶片能带来凉爽之感，得名冷水花。

2. 习性

喜温暖、湿润的半荫环境。不耐寒，冬季温度不能低于5℃。对光照敏感，强光曝晒，叶片变小，叶色消退；光线过暗，茎叶徒长，茎干柔软，株形松散；以明亮散射光为宜。较耐水湿，不耐干旱。要求疏松透气、排水良好的壤土，能耐弱碱性土。

3. 繁殖栽培

多用扦插繁殖，在20℃下，全年均可进行，剪取茎顶8～10cm的茎段，留上部叶片，插于细沙土中，保持20～25℃及较高的空气湿度，10d左右就能生根。分株结合春季换盆进行，老茎留基部2～3节短截，可萌生侧枝成型。

上盆新株成活后，可摘心促发分枝，丰满株形。夏季置荫棚下，充分浇水，每半月追肥1次，并及时向叶面浇水，但高温期叶面切勿经常积水，否则容易造成黑色斑点。秋末移入室内，生长适温20℃左右，最低温度不可低于5℃，适当减少浇水，逐渐增强植株耐寒力。冬季保持盆土稍干状态，若叶面过干，可于中午用温水喷雾，避免发生介壳虫危害。适时修剪，保持株丛丰满而繁茂。冷水花生长较快，每年换盆1次，盆土以壤土、腐叶土、河沙混合配制。老株观赏价值降低，须及时更新。

4. 园林用途

冷水花植株小巧可爱、叶片花纹美丽，适应散射光环境，是室内装饰的佳品，尤适于夏日陈设，给人以清凉之感。中国南方城市多用作林下地被植物。

5. 常见种类

(1) 冷水花（*P. cadierei*）

别名　白雪草、透白草、花叶荨麻、铝叶草

英文名　Aluminium Plant，Watermelon Pilea

叶片卵状椭圆形，先端尖，叶缘上部具疏钝锯齿；绿色的叶面上三出脉下陷，脉间有4条断续的银灰色纵向宽条纹，条纹部分呈泡状突起，叶背浅绿色。

(2) 镜面草（*P. peperomioides*）

别名　镜面掌

英文名　Peperomialike Clearweed

老茎木质化，褐色，极短；叶片丛生，盾状着生，肉质，近圆形，浅绿色，有光泽。因叶形似镜子而得名。

十五、变叶木

学名　*Codiaeum variegatum* var. *pictum*

别名　洒金榕

英文名　Variegated Leaf Croton

科属　大戟科、变叶木属

1. 形态特征

常绿灌木或小乔木，高 1～2m。茎直立，多分枝，全株具乳汁。单叶互生，光滑无毛，厚革质；叶片形状、大小及色彩变化丰富，自卵圆形至线形，全缘或开裂，边缘波状或扭曲，叶面呈黄、红、紫、绿色或具白、黄、红、紫色点或斑，长 8～30cm。花小，单性同株，总状花序腋生。

2. 习性

原产马来西亚、印度尼西亚及澳大利亚等热带地区，20 世纪初引入中国，海南、广东、广西、福建、台湾、云南南部可露地栽培，其他地区盆栽。喜温暖湿润、光照充足的环境。耐热性强，夏季适宜 30℃以上的高温；耐寒性差，冬季温度要高于 10℃，低于 10℃时间 7d 左右，下部叶片脱落。忌根部积水；蔽荫处叶色变黄，严重时可引起落叶。适生于肥沃而排水良好的黏质土壤。

3. 繁殖栽培

用扦插繁殖，春季选一年生健壮枝条，剪截成 8～10cm 的插穗，洗去切口的乳汁，蘸木炭粉后插入湿沙中，保持 20～25℃和 80%以上的湿度，3 周后即可生根。也可于生长期高位压条或剪取当年生枝条水插，生根容易。

盆栽时，除盛夏适当遮阳外，其他时间应置于光照充足处，光照越强，叶色越亮丽。5～8 月是生长旺季，每 15d 可施 1 次稀薄的液肥，忌偏施氮肥，供给充足的水分，此期叶片变化并脱落，多是由于光照不足或断水的原因。空气干燥及通风不良时，易受甲壳虫和红蜘蛛危害，可在叶面及周围场所喷水，增加空气湿度。冬季低温期要保持盆土稍干，夜间进行保湿，忌温度剧变，防止下部叶片脱落。为解决根量过密，可 2 年翻盆一次，更换新土，同时对越冬植株适当修剪、整形，疏除病枯枝，缩剪主干，压低株形，促发分枝。也可培养单干式，即待主干一定高度后截顶，促使顶端枝条萌发，扩大树冠。

4. 园林用途

中大型盆栽。叶形千变万化、叶色绚丽多彩，质感厚重，犹如油画色彩，是室内高档的彩叶植物。

十六、网纹草

学名　*Fittonia verschaffeltii*

别名　费通花

英文名　Fittonia

科属　爵床科、网纹草属

1. 形态特征

多年生常绿草。植株低矮，茎呈匍匐状，落地茎节易生根。叶片卵形至椭圆形，十字对生，长 7～12cm，全缘；深绿色，叶脉白至深红色，叶脉网状，十分明晰，因种类不同，色泽多变。茎枝、叶柄、花梗均密被茸毛。一般春季开花，顶生穗状花序，层层苞片呈十字形对称排列，小花黄色。

2. 习性

喜高温、多湿和半荫环境。怕寒冷，生长适温 18～22℃，越冬温度不可低于 15℃，否则停止生长；忌干燥；怕强光，以散射光最好；要求疏松、肥沃、通气良好的砂质土壤。

3. 繁殖栽培

扦插繁殖。多于春季进行扦插，自匍匐茎上剪取 5～10cm 茎段，去掉下部叶片，晾 2～3h，插入沙床中，保持 25℃及较高空气湿度，15～20d 生根。商品生产多采用组织培养法，繁殖量大，植株生长整齐健壮。

幼苗上盆后，应注意多次摘心，促进多发分枝，萌发新叶；或 3 株幼苗合栽同一盆中，快速丰满株形，覆盖盆体。盛夏高温植株生长快，应充分浇水，干燥会导致叶片萎蔫、卷曲、脱落。叶片薄而娇嫩，叶面喷水易发生腐烂，适宜向环境中喷水，增加空气湿度。生长期适当遮阳，光线太强植株生长缓慢、矮小，叶片蜷缩，失去原有色彩；过荫，节间徒长，叶色退化，无光泽。秋后逐渐减少浇水，增强植株耐寒力。冬季置于室内明亮光线处，保持 20℃左右温度，低于 15℃易导致叶片脱落，植株枯萎。室内空气过干，叶面易遭受介壳虫侵害，故叶面可适量喷雾。在北方室内盆栽越冬后，茎基部叶片常大片脱落，可结合重剪，进行扦插繁殖，更新老植株。

4. 园林用途

多用于微小型盆花。网纹草属植物叶片花纹美丽独特，娇小别致，惹人喜爱，适合小型盆栽，点缀书桌、茶几、窗台、案头、花架等，美观雅致；也可作室内吊盆和瓶景观赏，小巧玲珑，楚楚动人。

十七、八角金盘

学名 *Fatsia japonica*

别名 手树、日本八角金盘

英文名 Japan Fatsia

科属 五加科、八角金盘属

1. 形态特征

常绿灌木，干丛生，树冠伞形。株高可达 3～5m，幼枝和嫩叶密被褐色毛。叶大，深绿色，互生，质厚而有光泽；掌状 7～9 深裂，形状好似伸开的五指，缘具锯齿或波状，叶柄长，基部肥厚；新发幼叶呈棕色毛毡状，而后逐渐平滑似革质，富有光泽，中心叶脉清晰，叶色浓绿，叶片直径 20～40cm。复伞形花序顶生，花白色，花瓣 5 枚。花期 10～11 月。浆果球形，熟时黑紫色，外被白粉。果熟期翌年 5 月。

2. 习性

原产中国台湾，日本也产，各地多有栽培。喜温暖，既惧酷热，又畏严寒；宜阴湿，忌干旱，不耐强光照射；要求湿润、疏松、肥沃又排水良好的土壤。

3. 繁殖栽培

播种、扦插或分株繁殖。5 月果熟后，随采随播。温室栽培条件下，除盛夏外，全年皆可扦插，适期是 2～3 月和 5～6 月，剪取茎基部萌发的粗壮侧枝，带叶插入沙土中，遮阳保湿，20～30d 生根。分株多于春季换盆时进行。

长江流域即可露地栽培，但播种小苗，冬季要防寒。华北地区温室栽培，室温不可低于 5℃，10℃以上能够正常生长。生长季节保持盆土湿润，经常追肥。夏季停止追肥，在荫棚下栽培，注意通风和喷水降温。气温超过 30℃，叶片容易变黄，生长势下降，常遭病害。生活力强，室内置于半荫处，可短时间置于明亮处。强光、高湿或干燥及贫瘠土壤，都会导致叶片变黄枯萎；室内通风不良，易生介壳虫。温差变化过大及室温长期偏低，会导致叶色不鲜明，中部叶片脱落。植株本身直立生长优势明显，叶片易集中枝条顶端，影响株形，生长中应及时缩剪或幼时压低株高，促发基部萌生枝叶，丰满树体。

4. 园林用途

八角金盘四季常青、叶片硕大、叶形优美、浓绿光亮，是深受欢迎的室内观叶植物；适应室内弱光环境，为宾馆、饭店、写字楼和家庭美化常用的植物材料；用于布置门厅、窗台走廊、水池边，或作室内花坛的衬底；叶片又是插花的良好配材。在长江流域以南地区，可露地应用，宜植于庭园、角隅和建筑物背阴处；也可点缀于溪旁池畔或群植林下、草地边。对二氧化硫有较强的抗性，适用于厂矿区绿化。

十八、常春藤

学名 *Hedera nepalensis* var. *sinensis*

别名 中华常春藤

英文名 Ivy

科属 五加科、常春藤属

1. 形态特征

常绿攀援藤本植物。茎节上附生气生根，吸附其他物攀援；茎红褐色，长可达30m。叶革质，深绿色，有长柄；叶2型，不育枝上叶为三角状卵形，全缘或三角裂；花枝上叶长椭圆状卵形或披针形，全缘。伞形花序单生或2～7顶生，花小，绿白色，花瓣5枚，有芳香。花期9～11月。

2. 习性

性强健，喜温暖湿润，较耐寒，可耐−7～−5℃短暂低温。适宜在稍加遮阳的环境中生长，在光照充足处也可正常生长，也适应室内散射光环境。对土壤要求不严，以疏松肥沃、中性或微酸性土壤为好。

3. 繁殖栽培

常用扦插、分株和压条法繁殖，除严冬和盛夏外，皆可进行；若行温室栽培能控制温度，则全年都可进行。扦插适期4～5月和9～10月。插穗可选用营养枝的半成熟枝条，1～3节带气根切下扦插，适当遮阳，保持湿润，约20～30d生根。枝条匍匐地面，节处自然生根，所以，分株、压条十分容易。

常春藤生长健壮，不需精细栽培。盆土或床土可用水藓、腐叶土和园土配制。上盆的植株，应予摘心，促生分枝，并立支架牵引造型，或悬吊栽培。春、夏、秋在荫棚下栽培，冬季进入温室养护。夏季气温高，光照不足、通风不良，常引起生长衰弱，要经常喷水降温，加强通风。冬季室内要注意增加空气湿度，以免引起叶片焦边，生长不良。每1～2年换盆1次。

4. 园林用途

常春藤是优美的攀援性植物，叶形、叶色极富变化，叶片亮丽光泽、四季常青，是垂直绿化的重要材料。有些品种宜作疏林下地被，又耐室内环境，适于室内垂直绿化或小型吊盆观赏，布置在窗台、阳台等高处，茎蔓柔软，自然下垂，易于造型，如在室内墙壁拉细绳，供茎蔓攀绕，创造“绿墙”景观；或用花盆、花槽，室内吊挂；或用铅丝攀扎各式造型，辅以人工修剪等方式，增强室内自然景观效果。也是切花装饰的特色配材。

5. 常见种类

(1) 西洋常春藤（*H. helix*）

别名 欧洲常春藤、英国常春藤。

常绿藤本，茎长可达30m，幼枝具褐色星状毛。叶长约10cm，营养枝上叶3～5裂；花枝叶卵形全缘。叶深绿色，有光泽，叶脉色淡。花期10月，果熟期翌年7月，成熟浆果成黑色。原产欧洲至高加索、亚洲与北非一带。园艺品种众多，近百种。有不同形态、不同生态类型的品种，尤其叶色变化丰富，不仅有深绿至浅绿的叶色变化，叶上还常带有灰绿、黄绿、乳黄、纯白等色的斑纹。

(2) 加那列常春藤（*H. canariensis*） 常绿藤本，茎具星状毛，茎及叶柄为棕红色。叶较大，卵形，基部心形，全缘，革质；下部叶具3～7裂。浆果熟时黑色。原产加那列群岛。

(3) 革叶常春藤（*H. colchica*） 常绿藤本，叶较大，阔卵形，全缘，下部叶偶见3裂，革质，绿色有光泽，比西洋常春藤的叶圆钝。原产小亚细亚、高加索、伊朗。

(4) 日本常春藤（*H. rhombea*）

别名 百脚蜈蚣

常绿藤本。叶质硬，深绿色，有光泽，嫩叶3～5裂；花枝上叶卵圆形乃至披针形。原产日本、韩国和中国台湾。

十九、一品红

学名 *Euphorbia pulcherrima*

别名 圣诞花、老来娇

英文名 Poinsettia

科属 大戟科、大戟属

1. 形态特征

常绿阔叶灌木，高可达5m，茎光滑，淡黄绿色，具白色乳汁。单叶互生，卵形或倒卵状椭圆形，长10～20cm，背面有软毛，全缘乃至浅裂；杯状花序在枝顶排列成聚伞状，总苞淡绿色，有黄色腺体，雌花单生总苞中央，子房具长梗，受精后伸出总毡之外，雄花序丛生于总苞上端。茎顶部花序下的叶较狭，苞片状，通常全缘，开花时呈朱红色，为主要观赏部位。花期12月至翌年2月。花期恰逢圣诞节前后，所以称它为“圣诞花”。

2. 习性

一品红原产墨西哥。20世纪初引入中国。在湖南、广东、广西、福建和云南各地露地栽培；其他地区多行盆栽。喜温暖湿润、光照充足环境。生长期温度25～29℃，夜间18℃；花序显色后可降至20℃，夜间15℃；忌干旱，怕积水；光照强度不足可造成徒长、落叶，属短日照植物，控制日照时数在9h以内，温度20℃下，40d后即可开花。对土壤的pH值要求不严，在疏松肥沃、排水良好的酸性至碱性土壤上均可正常生长。

3. 繁殖栽培

多用扦插繁殖。硬枝扦插（3～4月）或软枝扦插（6月前后）均可，选取健壮枝条，剪成长10～15cm的插穗，切口蘸以草木灰，插后保持湿润，1个月左右即可生根。

盆栽植株春季出房后，结合换盆进行修剪，多行短截，留枝长5～10cm，以促使萌生壮枝，再于6～7月摘心，使生侧枝，结合整形去掉细、弱、病枝，随着新枝的不断生长，可在中午以后攀扎、作弯，以防折断枝条。近些年引入矮生品种，不需攀扎作弯，观赏效果亦佳，可节省人工，提高经济效益，高茎品种栽培渐少。浇水要适量，水分过多可引起落叶，下大雨时，可将花盆倾倒，以防积水伤根。在生长期间，地温低常引起落叶。常有介壳虫危害，应及时防治。

4. 园林用途

一品红株形端正、叶色浓绿、花色艳丽，开花时覆盖全株，色彩浓烈，花期长达2个月，有极强的装饰效果，是西方圣诞节的传统盆花。在中国大部分地区作盆花观赏或用于室外花坛布置，是“十一”常用花坛花卉，也可用作切花。插花用的枝条要先用火烧一下切口，防止乳液外流，能延长花期。华南地区可作花篱。

二十、鱼尾葵

学名　*Caryota ochlandra*

别名　假桄榔

英文名　Fishtail Palm

科属　棕榈科、鱼尾葵属

1. 形态特征

常绿乔木，高可达20m。干单生，灰绿褐色，具环状叶痕。二回羽状复叶集生于干顶部，叶鞘长圆筒形，包茎，小羽片鱼尾状半菱形，上部有不规则缺刻。圆锥状肉穗花序下垂，花单性同株，花期7月。浆果球形，径约2cm，熟时淡红色。

2. 习性

产于中国华南和西南各地。北方多室内盆栽观赏。喜温暖湿润的半荫环境，较耐寒，空气湿度大时，可耐短期的－4℃低温；适生于肥沃而排水良好的微酸性土壤；根系浅，不耐旱亦不耐积水；耐荫性强，夏季勿强光曝晒。

3. 繁殖栽培

用播种繁殖，种子发芽容易，在自然状态下可自播成苗。北方可浅盆点播，保持25℃，2～3个月可出苗。

北方盆栽，夏天置荫棚下，秋末移入低温温室越冬。室内养护尽量多见阳光，有利于分蘖发生及叶片亮丽。生长季要充分浇水，但不能积水，否则植株下部叶片易枯萎。生长期内若高温、高湿、通风不良时，极易使叶片发生霜霉病、黑斑病，导致叶片变成黑褐色，可在发病前及时喷洒抗菌药防治，加强通风，随时剪除病叶。

4. 园林用途

其树体优美、叶形奇特，具有较高的观赏价值，又相当耐荫，适宜于盆栽装饰室内环境；常用作珍奇观赏植物，布置具西式建筑风格的大厅、阳台、花园、庭院等，风格独特。

二十一、散尾葵

学名　*Chrysalidocarpus lutescens*

别名　黄椰子

英文名　Madagascar Palm

科属　棕榈科、散尾葵属

1. 形态特征

常绿丛生小灌木或小乔木，高可达8m，干光滑，黄绿色，基部膨大，具环状叶鞘痕，分蘖较多，故呈丛状生长在一起。单叶互生，长约 1m，羽状全裂，排成二列，小裂片 40～60 对，条状披针形，中部裂片长可达 50cm，叶鞘包茎，呈淡绿色，细长叶柄稍弯曲，黄色，故称“黄色棕榈”。腋生肉穗花序圆锥状，多分枝，大约 40cm，花单性同株，几乎全年开花。果陀螺形，成熟时紫黑色，成熟期不一致。

2. 习性

原产马达加斯加，中国海南、广东、广西、福建、台湾、云南等地有栽培，长江流域以北地区多行盆栽。喜温暖湿润气候，喜光，亦耐荫，不耐寒，冬季气温低于 5℃，叶片易受冻害，但在空气湿度较大的环境，可耐短时间低温。宜疏松肥沃、排水良好的微酸性土壤。

3. 繁殖栽培

用分株或播种法繁殖。分株多结合春季换盆进行，选取分蘖多、株丛密的植株，用刀从基部连接处分割数丛，伤口涂抹草木灰，每丛 2～3 株，分别上盆栽植，置于 20～25℃下养护，恢复成型较快。播种法可随采随播，采收的果实，宜置通风处，种子需晾干，勿曝晒，一般种子发芽率可达 80%以上，3 年就可长成大株。

生长旺季置于半荫处，保持盆土湿润和植株周围较高的空气湿度，应充分供水，每半月可浇灌矾肥水 1 次。秋末移入温室，越冬温度 10℃以上。冬季则需充足阳光和防寒，叶面少量喷水或擦洗叶面。一般需 3 年换盆 1 次，除去部分旧土，更换疏松、透气良好的土壤。由于基部蘖芽位置比较靠上，换盆或上盆时，应栽植深些，以利于芽更好扎根。大型盆栽散尾葵，每年春季应及时清除枯枝残叶，并根据植株生长情况，疏剪基部过于密集的株丛，通风透光，促新株丛萌发，长期保持优美的株形。

4. 园林用途

根据株丛大小，可作大、中、小型盆栽。株型高大丰满、潇洒婆娑，干茎美丽挺拔，叶丛柔美洒脱，充满着热带风情，布置于客厅、书房、会场、宾馆等，无所不适，衬托出清幽淡雅的自然气息，也是优美的切叶材料。

二十二、袖珍椰子

学名 *Chamaedorea elegans*（*Collinia elegans*）

别名 矮棕、玲珑椰子、客室棕、矮生椰子、袖珍棕

英文名 Parlor Palm，Good Luck Palm

科属 棕榈科、袖珍椰子属

图 11-8 袖珍椰子

（引自《花卉学》，鲁涤非）

1. 形态特征

常绿小灌木，高 1～3m，一般盆栽者高仅 30～60cm。雌雄异株。株形小巧，茎干独生，直立，深绿色，不分枝，上有不规则的环纹。叶深绿色，有光泽，羽状复叶成披针形，长 30～60cm，叶鞘筒状抱茎。肉穗花序腋生，雄花序稍直立，雌花序稍下垂，花黄色呈小球形（图 11-8）。花期 3～4 月。

2. 习性

喜温暖、湿润和半荫环境。不耐寒，冬季温度不低于 10℃；怕强光直射；耐干旱；要求肥沃、排水良好的砂质

土壤。

3. 繁殖栽培

播种繁殖，春夏季进行。种子坚硬，播前进行催芽处理。种子发芽适温25～30℃，播后3～6个月才能出苗，次年可分苗上盆栽植。

植株生长缓慢，一般可2～3年换盆1次。进入生长期要及时浇水，保持盆土湿润。高温期应置于荫棚下，遮去50%的阳光，同时经常向叶面喷水，增加空气湿度，每月浇肥水1次。冬季进入室内，保持12～14℃，保持盆土稍干，多见阳光，如光线太暗，则叶片发黄。

4. 园林用途

袖珍椰子为中、小型盆栽，是室内型椰子类中栽培最广泛的植物。袖珍椰子为棕榈科植物中最小的种类之一，其株形小巧玲珑、叶片青翠亮丽，耐荫性强，是室内观赏的佳品，极富南国热带风情。

二十三、蒲葵

学名　*Livistona chinensis*

别名　扇叶葵、葵树、葵竹、铁力木

英文名　Chinese Fan-palm，Chinese Livistona

科属　棕榈科、蒲葵属

1. 形态特征

常绿乔木，高15～20cm，胸径达30cm以下，树干通直，灰白色，但在季风明显地区，树干常向一侧倾斜或弯曲，具密生环纹；树冠近球形，冠幅达8～10m。叶集生于干端，阔肾状扇形，长达1.5m，阔1.8m，掌状开裂，裂片有40～60枚，每裂片先端再2裂，裂片披针形，先端下垂，叶柄长达2m，两侧具逆刺。肉穗花序圆锥状，腋生，长约1m，两性花，黄绿色，花期3～4月。核果椭圆形，9～10月成熟，呈紫黑色，具白粉。

2. 习性

原产中国华南地区，广东、广西、海南、福建等地普遍栽培，湖南、江西、四川亦有。中国北方地区行盆栽。适生于高温多湿、光线充足环境。惧严寒，但可耐0℃低温；能耐短期水淹，不耐干旱；怕强光曝晒，略耐荫。侧根发达，抗风能力强，寿命长，可达200年以上。对二氧化硫等有害气体抗性较强。

3. 繁殖栽培

用播种法繁殖。种子应采自20～30年生的优良母株，采收的种子浸水除去果皮，晾干后沙藏催芽，待部分种子露出胚根后，便可点播于苗床，播后20～60d发芽。

苗期要充分浇水，适当遮阳，注意通风，待生出3～5片叶时，即可带土球上盆，夏季置荫棚下，注意通风。每2～3年换盆1次，并施入基肥，生长季每半月可施1次稀薄液肥，并充分浇水，同时多向叶面喷水，入秋停止施肥。入冬放置室内光照充足处养护，经常擦洗叶面灰尘，保证叶色光亮。

4. 园林用途

蒲葵主干挺拔、株态圆整、叶片硕大、先端下垂，别有一派南国风韵，是优秀的大型盆栽植物，能创造出严肃活泼和整洁清丽的气氛。既适宜单株观赏，也可对称成对布置，或成行配置作绿色背景；或与其他观花、观叶植物相搭配共同组景，均可产生良好的效果。常用于大型广场、展览会、会议厅、大会主席台等处，皆甚相宜。产区常作行道树栽植。

二十四、棕竹

学名　*Rhapis excelsa*

别名　观音竹、筋头竹、棕榈竹

英文名　Broad-leaf Lady Palm

科属　棕榈科、棕竹属

1. 形态特征

常绿丛生灌木，高1～3m。茎干直立，有节，不分枝，为褐色网状纤维叶鞘所包被。叶片集生茎顶，掌状深裂，裂片5～12枚，条状披针形，长20～25cm，宽2～5cm，叶缘及中脉具褐色小锐齿，横脉多而明显；叶柄细长，约10～20cm，扁圆。肉穗花序腋生，雌雄异株，花期4～5月。浆果球形。

2. 习性

产于中国华南与西南各地，日本也有分布。北方地区多行温室盆栽。喜温暖湿润的半荫环境。不耐积水，耐荫，在自然状况下多分布在阴坡，生长繁茂，可形成纯林；宜疏松肥沃、排水良好的微酸性土壤。

3. 繁殖栽培

用播种或分株繁殖。播种适宜在秋季种子成熟后，随采随播。播种前将种子用35℃温水浸泡1d，浅盆点播，保持20～25℃，1个月可发芽。北方盆栽结种少，多采用分株繁殖，在春季新芽尚未长出前，结合换盆进行，每丛2～3枝，换小盆栽植。

盆栽可选用肥沃的腐叶土，视生长情况每1～2年换盆1次，于春季进行。出房后置荫棚下栽培，5～8月为生长旺盛期，每2周可追施1次速效液肥，保持盆土湿润，掌握宁湿勿干原则，但勿积水造成烂根，并经常用清水喷洒植株及周围地面，增加空气湿度；盛夏注意遮阳和通风，避开干旱和干热风；冬季入低温温室越冬，最低温度应保持在5℃以上，多见阳光，盆土稍干。

4. 园林用途

棕竹是中型盆栽。株丛刚劲挺拔，纤细似竹非竹，叶色青翠亮丽，形态清秀洒脱，富有热带风韵，是优良的盆栽观叶植物。矮小分株苗可与小山石拼栽，制作丛林式盆景。茎叶用于作插花的陪衬材料。

5. 常见种类

（1）矮棕竹（*R. humilis*）　植株矮小，盆栽者高1m左右，叶掌状裂，裂片细长，线形，7～24枚。产于广西。

（2）细棕竹（*R. gracilis*）　株型矮小，掌状叶2～4裂，茎粗约1cm左右。产于海南、广东。

（3）粗棕竹（*R. robusta*）　植株粗壮，掌状叶4深裂。产于云南、贵州。

二十五、广东万年青

学名　*Aglaonema modestum*

别名　亮丝草、万年青、粗肋草

英文名　China Green

科属　天南星科、广东万年青属

1. 形态特征

多年生常绿草本植物，具地下茎，萌蘖力强，根系分布较浅。茎直立，有节，不分枝，高近 1m。叶椭圆状卵形，有 4～6 对侧脉，端渐尖至尾尖，基部浑圆，长 15～25cm，宽 6～9cm，叶柄长可达 30cm，中部以下具鞘。总花梗长 7～10cm，佛焰苞长 5～7cm，白绿色，肉穗花序，雄花在上，雌花在下，花期秋季（图 11-9）。浆果鲜红色。

2. 习性

分布于云南、广西、广东 3 省南部的山谷湿地上，菲律宾也有。植株生长强健，抗性强；喜高温多湿的半荫环境，忌强光直射；较耐寒，只要盆土不结冰，植株次年春季可正常生长；宜用疏松肥沃、排水良好的微酸性土壤栽培。

图 11-9　广东万年青

（引自《花卉学》，包满珠）

3. 繁殖栽培

用扦插和播种法。扦插于 4 月进行，剪取 10cm 左右的茎段为插穗，沙插或切口包以水苔盆栽，保持 25～30℃的温度，相对湿度 80%左右，约 1 个月生根。本种汁液有毒，在剪取插穗时，切勿溅落眼内或误入口中，以免中毒受伤。常于春季换盆时进行分株繁殖，伤口涂以草木灰，以防腐烂，分别上盆，初上盆浇水要适当控制，待恢复生长后，再正常管理。

夏季置于荫棚下，秋末入温室，生长适温 20～27℃，最低温度 10℃以上。生长期间，每半月追施液肥 1 次，并保持充足的水分供应，夏秋季节每天可向叶面喷水，以增加空气湿度，且可保持叶面清洁，提高观赏效果。多年老株姿态不美，可重剪更新。每年换盆 1 次，盆栽用土可以园土、腐叶土加沙混合配制，另加少量基肥。

4. 园林用途

为中型盆栽。本属植物株形丰满端庄、叶形秀雅多姿、叶色浓绿光泽或五彩缤纷，又具有极强的耐荫、耐寒力，特别适宜于其他观叶植物无法适应的阴暗场所，如走廊、楼梯等处。可以瓶插水养，也是良好的切叶。

二十六、花叶万年青

学名　*Dieffenbachia picta*

别名　黛粉叶

英文名　Spotted Dieffenbachia

科属　天南星科、花叶万年青属

1. 形态特征

常绿亚灌木状草本。株形直立。茎干粗圆，节间较短，少分枝，表皮绿色。叶片长椭圆形或卵形，全缘，长 15～30cm，宽 15cm；主脉粗，稍向左倾斜；叶色绿，常有斑点或大理石状波纹；叶柄粗，有长鞘。佛焰苞花序较小，浅绿色，短于叶柄，隐藏于叶丛之中（图 11-10）。

2. 习性

喜高温、高湿和半荫的环境。不耐寒，生长适温 18～25℃，越冬温度 15℃以上，如

图 11-10　花叶万年青
（引自《花卉学》，鲁涤非）

低于10℃，则叶片发黄脱落，根部腐烂。忌强光直射，喜柔和的漫射光。较耐肥，要求疏松肥沃、排水良好的土壤。

3. 繁殖栽培

多用扦插繁殖。于春夏季剪取10～15cm长的嫩枝，插入湿润的素沙或珍珠岩中，在25℃的温度下，约1个月生根；也可将茎剪成2～3cm长，带有1～2个芽的插穗扦插，约30～40d生根；剪取插穗后的茎基部，仍能发芽形成新株；用带茎顶的一段茎，基部浸入水中，在28℃下，14d能生根。

夏天置荫棚下栽培，需放于避风处，防止吹伤叶片，经常浇水和喷雾，但要注意防止过湿和积水，以免发生小茎腐病。花叶万年青喜肥，生长期可追肥2～3次；待到10月以后，开始控制浇水，以增强抗寒力。冬季入室，置于明亮光线处，保持温度10～15℃以上，盆土微干，但空气干燥时，可在中午以温水喷雾，提高空气湿度，否则其叶片大而柔软，易弯垂，不挺直。

4. 园林用途

中型盆栽。植株直立挺拔、气势雄伟、叶色翠绿清新，常具有美丽的色斑，是优良的室内观叶植物，装饰于宾馆、饭店及居室，有浓郁的现代气息。

二十七、绿萝

学名　*Scindapsus aureum*

别名　黄金葛、魔鬼藤

英文名　Ivy Arum

科属　天南星科、绿萝属

1. 形态特征

多年生常绿蔓性草本植物。节上有气生根，修剪后易萌生侧枝。叶片椭圆形或长卵心形，长约20cm，宽约10cm，绿色，全缘，光亮，叶基浅心型，叶端较尖。随着株龄增加，茎增粗，叶片也不断增大（图11-11）。

2. 习性

性强健。喜温暖、湿润的半荫环境。生长适宜温度，白天20～28℃，夜间15～18℃，越冬温度10℃以上；忌夏季直射阳光，在明亮的散射光下，生长更好，每天光照时间以8～10h为宜；若光照不足，叶面色斑会消退；宜疏松肥沃、排水良好的土壤。可以水培。

3. 繁殖栽培

多用扦插繁殖，剪取10cm长，健壮充实的幼茎为插穗，插入沙床中，在25℃左右的温度下，20d即可生根。若在春天气温升高时进行，可将带有气生根的枝条直接上盆，甚易成活。

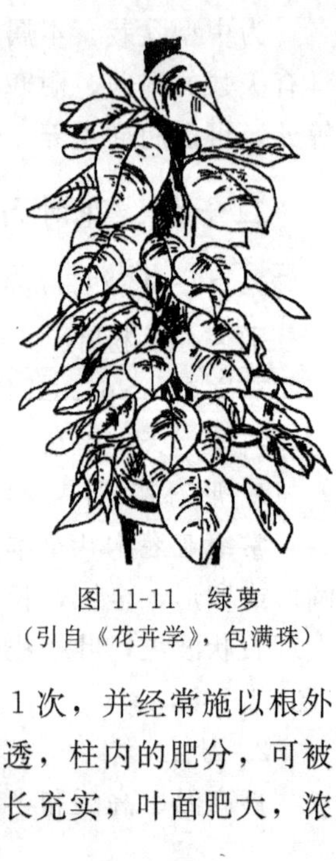

图 11-11　绿萝
（引自《花卉学》，包满珠）

夏季在荫棚下栽培，绿萝生长迅速，要充分浇水，每半月追肥1次，并经常施以根外追肥，追肥时，若立图腾柱（棕皮包裹的柱体）栽培，应将棕皮喷透，柱内的肥分，可被深入棕皮的气生根吸收；若行垂吊栽培，也应及时追肥，使枝蔓生长充实，叶面肥大，浓绿而有光泽。若肥力不足，节间细长，叶片变小、变薄，失去光泽，观赏价值降低。秋末移入温室养护，保持适宜的温度，湿度应在70%左右，在温度较低的情况下，要节制浇水，否则容易烂根；温度低于10℃，会引起叶片变黄、脱落，影响观赏效果，盆土可用腐叶土和园土等量配制，或用砂质土壤，加适量基肥；栽培中盆土流失，根部露出，应及时培土。绿萝经长期栽培后，下部老叶会逐渐脱落，影响观赏，春季可将植株从基部剪去，仅留近上面的一节，令其更新，抽生新枝；也可将下部无叶的枝条，盘曲埋入盆土中，效果亦好。

4. 园林用途

小型吊盆、中型柱式栽培或室内垂直绿化。绿叶光泽闪耀，叶质厚而翘展，有动感。适应室内环境，栽培管理简单。多种形式应用于室内，可以很好地营建绿色的自然景观，浪漫温馨，极富诗情画意。

二十八、龟背竹

学名　*Monstera deliciosa*

别名　蓬莱蕉、电线草、穿孔喜林芋、团龙竹

英文名　Monstera Ceriman

科属　天南星科、龟背竹属

1. 形态特征

多年生常绿攀援藤本植物。茎粗，节明显，长可达10m以上，其上生有细柱状的气生根，褐色，形如电线，故称电线草。单叶互生，厚革质，深绿色；幼时叶无孔，心脏形；随着植株长大，叶主脉两侧产生穿孔，叶周边羽状分裂，产生形似龟背的成熟叶片，长可达60cm，呈椭圆形；叶柄长30～50cm。花苞片革质，黄白色；佛焰苞淡黄色，肉穗花序白色，后变成绿色，花期4～6月。浆果成熟时暗蓝色被白霜，有香蕉的香味。

2. 习性

喜温暖、多湿和半荫的环境。耐寒性强，越冬温度不低于5℃；不耐高温，气温高于35℃进入休眠，适宜的空气相对湿度为60%～70%；忌强光曝晒和干燥，光照时间越长，叶片生长越大，周边裂口越多、越深；也较耐荫，低光照条件下可放置数月，叶片仍然翠绿，夏日宜在半荫下栽培；不耐干旱；适宜富含腐殖质的中性砂质土壤。

3. 繁殖栽培

扦插和播种繁殖。将茎剪成带2个节的茎段，剪除气生根和叶，插入沙床中，保持沙土湿润，盖上塑料薄膜，置荫处，在25℃左右的温度下，约15～30d发根，待新芽抽出即可分别上盆。也可春季将侧枝上部剪下，直接栽于花盆中，易于成活。北方盆栽很少开花，可人工授粉得到种子。因种子粒大，播种前用40℃温水浸种10～12h，点播于已消毒的盆土中，保持25～30℃，25～30d发芽。实生苗生长迅速，可将2～3株移植同一盆中，攀附图腾柱生长，成立面美化，成型较快。但实生苗叶片多不分裂和穿孔，观赏效果较差。

根据栽培需要，可立棕皮包成的棕柱，将苗2～3株栽于盆中，使茎攀附柱上，气生根长入棕皮，生长迅速，观赏效果极佳。夏季在荫棚中栽培，经常浇水，保持盆土湿润，常向叶面喷水，维持较高的空气湿度。每半月追施稀薄液肥1次，若营养不足，叶片不能充分生长，叶面变小。秋末移入温室，减少浇水量。每年4月换盆1次，盆土可用腐叶

土、泥炭土和沙混合配成。室内通风不良，易生介壳虫，要及时检查防治。

4. 园林用途

大、中型盆栽或垂直绿化。叶形奇特而高雅，盆外数条细长气生根气势蓬勃，象征着开拓与创新。其叶片及株形巨大，适宜布置厅堂、会场、展览大厅等大型场所，豪迈大方。不宜与其他植物混合群植，为独特的切叶材料。

二十九、喜林芋类

学名　*Philodendron*

英文名　Philodendron

科属　天南星科、喜林芋属

1. 形态特征

多年生常绿草本，蔓性、半蔓性或直立状。观赏部位主要是多样化的叶形和叶色，并且部分种类幼龄叶与老龄叶的形态区别很大。佛焰苞花序多腋生，不明显。

2. 习性

喜温暖潮湿的半荫环境，大多数种类不耐寒，越冬温度需 10～15℃以上，部分种类可耐 5℃低温；较耐荫，在较暗的室内，可经 2～3 个月，仍能正常生长，在明亮的散射光下生长更好；要求较高的空气湿度；宜富含腐殖质、疏松肥沃的砂质土壤。

3. 繁殖栽培

以扦插繁殖为主。将茎蔓切成带 2～4 节的小段，插入湿润沙土中或下部用水苔包覆，部分种类也可水插，保持高温、高湿，则生根容易。也可分株繁殖，生长季剥离植株基部已生根的萌蘖，另行栽植即可。

喜林芋属植物常见栽培形式为绿柱式，夏季需放置荫棚下，避免阳光直射；经常向叶面喷水，增加空气湿度；每半月追肥 1 次，水肥不足，下部叶片变黄脱落，生长瘦弱。入冬生长缓慢，应减少浇水，并置于室内明亮处养护，保持室内较高的温度，避免叶片褪色；低温干燥极易造成下部叶片黄化脱落，应待次年春季生长前，切取茎上部分，促进下端腋芽伸长，更新植株。因叶柄长，叶片容易倒伏，要设支柱捆缚，使株丛丰满，提高观赏价值。

4. 园林用途

本属植物株形优雅美丽、端庄大方、叶大而美丽，多作大型盆栽，是室内优良的观叶植物。

5. 常见种类

(1) 圆叶喜林芋（*P. scandens*，*P. oxycardium*）

别名　藤叶喜林芋、攀援喜林芋

英文名　Heart Leaf Philodendron

高大的攀援植物，茎细长。叶柄半圆形，上面平，叶长 18～30cm，宽 12～20cm，全缘，先端有长尖；叶片绿色，少数叶片也会略带黄色斑纹。原产西印度群岛。

(2) 琴叶喜林芋（*P. panduraeforme*）

别名　琴叶蔓绿绒、琴叶树藤

英文名　Fiddleleat Philodendron

常绿藤蔓植物。茎节处有气生根，可攀附支柱上。叶掌状 5 裂，形似提琴，基裂外张，耳垂状，中裂片狭，端钝圆，革质。产于美洲热带。

(3) 春芋（*P. selloum*）

别名　春羽、裂叶喜林芋、羽裂喜林芋

英文名　Lacy Tree Philodendron

茎木质状，节间短。叶片排列紧密整齐，水平伸展，呈丛状；叶片宽心脏形，呈粗大的羽毛状，深裂；叶色浓绿，有光泽；叶柄坚挺而细长。株形规整，多年栽培后下部叶片不会脱落，整体观赏效果好。

(4) 红苞喜林芋（*P. erubescens*）

别名　红柄喜林芋、芋叶蔓绿绒

英文名　Redbract Philodendron

常绿攀援植物。茎幼龄时绿色至红色，老龄时呈灰色。叶鞘深玫瑰红色，不久脱落；叶柄深红色；叶片长楔形，基部半圆形，长 16～35cm，宽 13～19cm，叶面深绿色有光泽，晕深红紫色，边缘为透明的玫瑰红色，幼龄叶深紫褐色。一般不开花，如开花表明植株将死亡。盆栽多柱式栽培，应用广泛。原产哥伦比亚。

主要品种：①"绿宝石"（"Green Emerald"），茎和叶柄均为绿色，嫩梢和叶鞘亦为绿色；②"红宝石"（"Red Emerald"），嫩梢红色，叶鞘玫瑰红色，不久脱落，叶柄紫红色，叶片晕紫红色，所以又名红翠喜林芋、大叶蔓绿绒。

三十、银苞芋

学名　*Spathiphyllum floribundum*

别名　翼柄白鹤芋、多花苞叶芋

英文名　Snow Flower

科属　天南星科、苞叶芋属

1. 形态特征

多年生常绿草本植物。根茎短。叶革质，长椭圆形，端长尖，长 10～20cm，宽 5～9cm，叶面深绿，有光泽，叶脉明显。佛焰苞长椭圆状披针形，白色，稍向内翻转；肉穗花序黄绿色或白色；花茎高出叶丛。

2. 品种

主要栽培品种如下。

① 大银苞芋（cv. *Maura Loa*），为银苞芋与 S. cv. *Mccoy* 杂交育成。株丛较高大整齐，高约 50～60cm。叶长圆状披针形，鲜绿色，叶脉下陷，花期长，佛焰苞长椭圆形，白色，后变为绿色，有微香。

② 白鹤芋（cv. *Clevelandii*），又名和平芋。茎极短，叶片狭，花序高出叶丛，直立，开花繁多，佛焰苞白色。

3. 习性

原产哥伦比亚。喜温暖湿润的半荫环境。生长适温 18～28℃，要求较高的空气湿度；忌阳光直射，甚耐光线不足，200lx 即可生存，500lx 能够开花；适宜富含腐殖质、疏松肥沃的土壤。

4. 繁殖栽培

常用分株、播种和组织培养法繁殖。分株可在春天换盆时进行，由于萌蘖多，繁殖较快。也宜播种，发芽容易，但种子在北方不易成熟，取得种子困难。大量生产可用组织培养法，增殖很快，且株丛整齐，是当前常用的繁殖方法。

夏季需放于适当遮阳处，避免直射阳光，冬季室温应保持14℃以上，低于10℃，则叶片脱落或呈焦黄状；全年维持盆土湿润，并经常向叶面喷水，空气相对湿度保持50%以上，家庭栽培可在花盆下放一水盘，或用加湿器增湿，生长期每半月追肥1次。

5. 园林用途

银苞芋四季青翠，花朵洁白，给人以清凉舒适的感受，加之极适应室内环境，病虫害少，栽培管理简单，是深受欢迎的室内盆栽花卉。此外，花与叶皆可作插花材料。

三十一、合果芋

学名 *Syngonium podophyllum*

别名 箭叶芋、箭头藤、紫梗芋

英文名 Goosefoot Plant

科属 天南星科、合果芋属

1. 形态特征

多年生常绿攀援性草本植物。茎蔓性，绿色，节处有气生根，可攀附他物生长，含汁液。叶片呈二型性，互生，幼叶为单叶，长圆形、箭形或戟形；老叶呈3～9掌状裂，中间裂片大型，倒卵形，叶径可达25cm，叶基部裂片两侧常着生小型耳状叶片。叶具长柄，叶鞘长。幼叶色淡，老叶深绿色。肉穗花序，佛焰苞内白或玫瑰红色，外面绿色，卷成管状，不超过肉穗花序。花期秋季。浆果成熟时橙色。

2. 习性

原产中、南美洲热带雨林中，在世界各地广泛栽培。适应性强，喜高温多湿的半荫环境。不耐寒，生长适宜温度20～28℃，冬季室温保持15℃以上，可正常生长，越冬最低温度5℃，要求较高的空气湿度；对光的适应幅度很宽，从全光照到阴暗的角落都能生长，但以光线明亮处生长良好，斑叶品种光照不足，则色斑不显；宜富含有机质、疏松肥沃、排水良好的微酸性土壤。

3. 繁殖栽培

多用扦插繁殖。生长季节均可进行，取生长充实，带有3～4个茎节的茎段为插穗，在20～25℃的气温下插于沙床中，容易生根，也可将插穗直接插在栽培盆土中，还可用组织培养法大量繁殖。

适应性强，可常年置于有散射光的室内，避开强风，防止吹伤叶片。生长期需保证水分的充足供应，夏天应经常向植株和地面喷水，维持较高的空气湿度；每隔10d追施1次液肥；可放于遮阳度为50%的荫棚下栽培，家庭莳养可常年放在室内向阳的窗边；设立支架，使茎蔓攀附其上，则通风透光，生长良好，或作悬垂式栽培，使枝蔓均匀有致地下垂生长；生长期多次摘心，促使分枝，以形成丰满的株形；冬季应减少浇水，不使盆土过湿。植株生长旺盛，需每年进行1次移植换盆，盆土选用排水良好的土壤或单用水苔。生长过程中，常因茎蔓生长，打乱株形，故要经常剪枝整形进行矫正，以保持优美姿态。

4. 园林用途

中、小型盆栽。叶形、叶色多姿多彩，质感轻盈，潇洒活泼，是优良的室内观叶植物，可置于玻璃容器进行栽培，还可切叶。

三十二、果子蔓

学名 *Guzamania lingulata*

别名 红杯凤梨、擎凤梨

英文名 Guzmania

科属 凤梨科、果子蔓属

1. 形态特征

多年生附生性常绿草本植物。茎短缩，株高 30cm。莲座状叶片丛生于短茎上；叶片多为带状，长达 40cm，宽约 4cm，叶缘无刺，叶薄而柔软，呈淡绿色，有光泽；叶较多，开花时约 25 片叶。多数种类在春天开花，总花茎不分枝，挺立叶丛中央，周围为鲜红色的苞片，可观赏数月之久。花浅黄色，每朵花开 2～3d（图 11-12）。花期晚春至初夏。

图 11-12 果子蔓

（引自《花卉学》，包满珠）

2. 习性

喜温暖、高湿的环境。越冬温度 10℃以上，冬末至初春开花，低于 10℃容易受害；弱光性，喜半荫，春夏秋三季需遮去 50%～60%的阳光，冬季不遮光或少遮光；要求富含腐殖质、排水良好的土壤。

3. 繁殖栽培

播种或分蘖芽扦插繁殖。人工杂交才能结出种子。将种子播于水苔，约 1 个月后发芽，视幼苗生育情形，适期移栽，培育 3～4 年可开花。花后叶腋多萌生侧芽，可切取扦插繁殖，1 个月后便可生根；也可将切取的侧芽，用湿苔藓包裹直接栽植在花盆内，保持湿润，即可生根。目前生产上大量采用腋芽组织培养繁殖。

夏季应置于荫棚下养护，加强通风。除开花期稍干外，其他各季均要保持盆土湿润及较高的空气湿度，叶筒中经常有水。一般生长旺期，叶筒始终满水，1 个月追施稀薄液肥 1 次，也可向叶面喷施 0.1%～0.3%的尿素等。为保持水质清洁，叶筒水分可定期倾倒，更换清水。秋天则使其稍干，减少浇水。冬季只要叶筒底部湿润即可，因室内空气干燥，通常每周向叶面喷水 1 次，生长适温 16～18℃，最低温度应在 7℃以上。

由于凤梨根系少，因此盆栽宜选择小盆，一般 2～3 年后母株开始凋萎，应及时更新。为促进开花，可采用乙烯利倒入叶筒水中，熏蒸植株，经处理 3 个月左右，即可开花。同时，开花前后应适当控水，保证花茎充实。

4. 园林用途

中型盆花。叶色终年常绿、苞片色艳耐久、花梗直立挺拔、色姿优美，适于室内观赏。

三十三、水塔花

学名 *Billbergia pyramidalis*

别名 红笔凤梨、比尔见亚

英文名 Foolproof Plant，Vase Plant

科属 凤梨科、水塔花属

1. 形态特征

多年生常绿草本植物。茎甚短，株高 50～60cm。莲座叶从基部抱合，呈杯状，可以贮水而不漏，故称水塔花；成株叶片 10～15 枚，阔披针形，上端急尖，边缘有细锯齿，肥厚宽大，表面有较厚的角质层和鳞片。穗状花序直立，高出叶面，初时圆球形，后渐渐伸长；苞片披针形，粉红色；花冠鲜红色，花瓣反卷，边缘带紫色。花期 4～5 月。

2. 习性

原产巴西。喜温暖、湿润和光照较好的环境。不耐寒，越冬温度 10℃以上；耐半荫，每天须保证 4h 以上的直射光，忌强光曝晒；要求疏松、肥沃、排水良好的土壤，以沙与泥炭或腐殖土混拌为宜，忌黏重土壤。

3. 繁殖栽培

分株繁殖。水塔花开花前后其基部可萌生数个分蘖芽。待蘖芽长至 4～5 片叶时，用利刃自基部切下，伤口阴干后扦插沙床上，生根后再上盆栽植。

盆栽基质选择要得当，确保清洁、透气和保水。盆底宜填设排水层，利于根部透气和排水。夏季置于荫棚下养护，生长适温 20～25℃，秋末入温室，冬季最低温度不宜低于 10℃。生长期需要充足水分，除保持盆土湿润外，还要把叶丛中心叶筒灌满水，并经常喷湿叶片及周围场地，保持较高的空气湿度，并注意定期叶面追施磷、钾肥，利于花色艳丽。冬季置于光照充足处，不遮阳，减少浇水。花后有短暂休眠期，应控水停肥。开花后老株逐渐萎缩，可待春季换盆时，将老株切除，只栽植新芽，保证次年植株生长健壮，株形优美。

4. 园林用途

中型盆花。水塔花株形典雅、叶片青翠亮泽、花色鲜艳夺目，为优良的观花赏叶的室内盆栽花卉，其别致的杯形叶筒，可贮水不漏，趣味无穷。开花植株叶绿花红，十分醒目，可用来烘托节日气氛。

三十四、美叶光萼荷

学名 *Aechmea fasciata*

别名 光萼凤梨

英文名 Urn Plant

科属 凤梨科、光萼荷属

1. 形态特征

多年生附生性常绿草本植物。叶基生，莲座状叶从基部围成筒状，有叶 10～20 枚，条形至剑形，长约 50cm，宽 6cm，革质，被灰色鳞片，边缘有黑刺；叶内红褐色，背面有虎纹状银灰色横纹。花葶直立，高约 30cm，有白色鳞毛；花序穗状，有分枝，密集构成阔圆锥状的大花序；苞片淡玫瑰红色，小花浅蓝色。植株在生长成熟后才开花，每株一生只开 1 次花，大多春夏季开花；花谢后，苞片及叶片可持续观赏数月之久，基部老叶逐渐枯萎。

2. 习性

原产巴西东南部。喜光照充足，亦耐荫，盛夏期可稍遮阳；适宜温暖潮湿的环境，适宜空气湿度为 50%～60%，又颇耐旱；要求富含腐殖质和粗纤维、疏松肥沃、排水透气良好的土壤。

3. 繁殖栽培

分株和播种繁殖。将种子撒播于浅盆土中，保持25℃左右，约1个月出苗，3～4年后可开花。但播种繁殖容易失去母本的优良性状，多采用分株繁殖，即母株开花后，基部蘖芽长至8～10cm，用利刃自蘖芽基部切下，稍阴干或涂抹草木灰，插于沙土中培养，生根后，新叶开始生长时，上盆栽植。

生长期需水量大，但盆土湿润即可，勿积水，叶筒要经常灌满水。盛夏中午需遮去直射强光，叶面及周围场所要经常喷水，保持较高的空气湿度。初夏和秋天宜微弱阳光，盆土稍干利于花芽形成。花后期和冬季休眠季节须保持盆土适当干燥，置于光照充足处，温度低于15℃，倒掉叶筒内贮水，否则植株易腐烂。由于植株开花后逐渐枯萎，可将子株留在母株上继续生长，待母株枯死后清除掉，将大型子株重新栽植，植株生长强健、株形优美、花大色艳。冬季可控制浇水，保持盆土适度干燥，降低温度至5℃以上，使之进入半休眠状态，若保持15℃以上，则可正常生长。

4. 园林用途

中、小型盆栽。光萼荷属植物叶形、叶色及叶片的花纹、斑块富于变化，花苞硕大艳丽，挺立贮水杯中，犹如出水芙蓉，是花叶俱美的室内观赏植物。小型植株可吊挂。

三十五、羞凤梨

学名　*Neoregelia spectabilis*

别名　西洋万年青

英文名　Finger Nail Plant

科属　凤梨科、羞凤梨属

1. 形态特征

常绿多年生草本植物。株高约35cm。基生叶约25枚，莲座状着生，旋叠成筒状；叶面亮绿色，叶背带白粉，呈灰绿色，有明显的暗色横纹，叶缘疏生细尖齿；叶端圆，有突尖，端部边缘鲜红色；叶丛直径60～65cm。花序上小花密集直立着生，花序在叶筒的中央，直径约5cm，花萼血红色，与花冠等长，花冠筒三角状，裂片开展，堇蓝色，每次开小花2～3朵，午前开放，午后凋谢。

2. 习性

原产巴西热带森林中，附生于树上，莲座状叶从基部形成筒状，可贮存大量水分。性喜高温多湿，生长适温20～30℃，越冬温度15～18℃，不宜低于10℃。要求适当遮阳。盆栽以疏松通气、pH4.5左右的基质为好。

3. 繁殖栽培

扦插吸芽和播种繁殖。春天结合换盆，将植株基部抽生的吸芽切下，插于湿沙中，遮阳，保持湿润，在25℃下，易于生根。常用水藓栽植；或用腐叶土、水藓、泥炭土、河沙等配制，以疏松通气为好。要求空气湿度较高的环境，需经常向叶面喷水。在荫棚下栽培，注意通风，每周追施稀薄液肥1次，可直接施于叶筒内，冬季要适当控制水分，仅向叶面喷水即可。大规模生产栽培，皆用无土栽培方式。

4. 园林用途

羞凤梨叶色绚丽多彩、株态优雅、生长健壮、观赏期长，是世界上流行的温室观叶植物，适于盆栽观赏。

三十六、文竹

学名　*Asparagus setaceus*

别名　云片竹

英文名　Asparagus Fern

科属　百合科、天门冬属

1. 形态特征

多年生常绿草本植物。根部稍肉质。茎细长，长可达数米，具攀援性，丛生，绿色，茎上具三角形倒刺；茎多分枝，叶状枝纤细，刚毛状，6～13 枚成簇，绿色，水平排列如羽毛状。花小，两性，白色，1～4 朵生于短柄上。花期夏季。浆果球形，成熟时黑色（图 11-13）。

图 11-13　文竹

（引自《花卉学》，鲁涤非）

2. 习性

原产非洲南部，世界各国普遍栽培。喜温暖湿润环境，不耐强光和低温。不可浇水过多，以免引起肉质根腐烂；亦不耐干旱，尤其新枝抽出时，一旦缺水，新枝顶端萎蔫，致使叶状枝不能生长，严重时，甚至叶状枝变黄脱落，进而造成全株死亡。性喜肥，要求疏松肥沃、排水良好的沙壤土。

3. 繁殖栽培

文竹采用播种繁殖。种子寿命较短，第 2 年即不发芽，为取得较高的发芽率，最好种子采收后就播，或行沙藏，3～4 月于温室内播种，播前种子用水浸泡 1d，播后保持土壤湿润，在温度 20℃下，20～30d 发芽。待苗高 5～10cm 时分苗，生长期每月追施稀薄液肥 1 次，以氮、钾肥为主。夏季在荫棚下栽培，不可阳光直射，否则会造成枝叶发黄，呈焦灼状。每年春天换盆 1 次，盆土可用壤土、腐叶土、沙和腐熟厩肥混合配制。一年生的植株，绿茎直立，水平伸展的叶状枝，分层排列，甚为美观。抽生出攀援的长蔓，应设立支架牵引，使枝条攀附其上。秋末入温室，冬季室温应保持 5～10℃。为生产种子，需于温室向阳处地栽，加强肥水管理，并搭架诱引，注意通风。在花期前，应追施磷钾肥；在花期重复进行人工授粉，以提高结实率，12 月至翌年 4 月种子陆续成熟，浆果由绿色变为黑色，去掉果皮，晾干后即可播种。

4. 园林用途

文竹枝叶纤细、四季常青、茎干挺直、叶状枝如片片绿色薄云，错落有致，青翠秀丽，是室内盆栽观赏的佳品，也是插花常用的良好叶材。

三十七、一叶兰

学名　*Aspidistra elatior*

别名　蜘蛛抱蛋、大叶万年青、箬兰

英文名　Common Aspidistra

科属　百合科、蜘蛛抱蛋属

1. 形态特征

多年生常绿草本植物。根状茎匍匐横卧，粗壮，节间密，并具鳞片。叶单生，革质，矩圆状披针形，顶端渐尖，基部楔形，长22～46cm，宽8～11cm，边缘皱波状，叶面有光泽；叶柄粗壮挺直，长5～35cm。总花梗长0.5～2cm；花单生短梗上，贴近土面，花被钟状，褐紫色；花期3～5月，球状浆果，成熟后果皮油亮，外形好似蜘蛛卵，靠在不规则状似蜘蛛的块茎上生长，故得名“蜘蛛抱蛋”。

2. 习性

原产华南和西南，日本也有分布。中国各地多有栽培。性喜温暖湿润的半荫环境，耐荫性较强，有“铁草”之称，可长期置于室内阴暗处养护，盆栽0℃不受冻害，叶色翠绿，室外栽植能耐－9℃低温。要求疏松肥沃、排水良好的沙壤土，也较耐瘠薄。

3. 繁殖栽培

用分株法繁殖。多于春天换盆时进行，剪去枯老根和枯叶、病叶，带叶分割根状茎，每子株带叶5～6片，另行栽植。

夏季放荫棚下栽培，生长适温15～20℃，适宜湿度40％～60％，生长季要保持盆土湿润，但也不可过湿，否则会导致叶片脱落；更不能积水，积水会引起根部腐烂。夏秋高温干旱期，叶面需常喷水，加强通风，否则介壳虫侵蚀叶柄和叶背，使叶面点点黄斑，此期阳光曝晒，极易造成叶面灼伤。每月可施追肥1次。秋末入温室，放置光线较弱处。室内放置半荫处时间过长，及室内空气湿度过低，叶片缺乏光泽，发生黄化，并影响来年新叶萌发和生长，应定期更换至明亮处养护，尤其新叶萌发生长期，不宜太荫，否则叶片细长，失去观赏价值。

4. 园林用途

蜘蛛抱蛋四季青翠、叶片挺拔，耐不良土壤、耐粗放管理、耐荫性极强，极适应室内栽培环境，是室内花卉装饰使用较多的观叶盆栽材料，叶片是重要的插花叶材。在中国长江以南各地区，用作半荫处的地被植物或庭园荫处散植。全草可入药。

三十八、吊兰

学名　*Chlorophytum Comosum*

别名　挂兰、窄叶吊兰、纸鹤兰

英文名　Spider Ivy，Spider Plant

科属　百合科、吊兰属

1. 形态特征

多年生常绿草本植物。根肉质粗壮，具短根茎。叶基生，带状，细长，拱形，全缘或稍波状，长约30cm，宽约1cm。花葶从叶腋抽出，长30～50cm，弯垂，花后变为匍匐枝；花序上部节上簇生带根的条形叶丛，可用以繁殖；总状花序，单一或分枝，小花数朵一簇，白色，四季可开花，春夏季花多。

2. 习性

原产南非，世界各地广为栽培。喜温暖湿润的半荫环境，不耐寒，夏日忌阳光直射，生长期适温15～25℃，30℃以上则停止生长；冬季室温12～15℃，不可低于5℃。要求疏松肥沃、排水良好的土壤。

3. 繁殖栽培

多用分株繁殖，在温室中四季均可进行，常于春季结合换盆。将栽植2～3年的植株，分成数丛，分别上盆；或切取匍匐枝上的带根幼株栽植。先于荫处缓苗，待恢复生长后，移半荫处栽培。匍匐茎也可扦插繁殖。个别品种开白色花后结果，可采集种子繁殖，但子代叶色会发生退化，影响观赏价值。

吊兰适应性强，栽培容易。生长季置半荫处栽培，注意勿使强光直射，以免导致叶片枯焦，甚至死亡。每周施肥1次，注意肥水勿溅叶上；经常喷水和浇水保持环境和盆土湿润。盆土过干，则叶尖发黑；夏季干燥或通风不良时，叶易卷曲或干尖；秋末入温室，放于光线较强处，防止光照不足，否则叶色变成淡绿色或黄绿色，使园艺品种的花纹不鲜明。冬季室温保持12℃以上，植株可正常生长，抽叶开花；若温度过低或肥水不足，则生长迟缓或休眠；低于5℃，则易发生冻害。每年换盆1次，4～5年更新1次。

4. 园林用途

中小型盆栽或吊盆植物。株态秀雅、叶色浓绿、走茎拱垂，是优良的室内观叶植物。也可点缀于室内山石之中。其纤细长茎拱垂，给人以轻盈飘逸、自然浪漫之感，故有“空中花卉”之美誉。室内亦可采用水培，置于玻璃容器中，以卵石固定，既可观赏花叶之姿，又能欣赏根系之态。

三十九、朱蕉

学名 *Cordyline fruticosa*

别名 铁树、千年木

英文名 Tree of kings

科属 百合科、朱蕉属

1. 形态特征

常绿灌木或小乔木，株高可达4m，盆栽2m。茎直立，单干，极少分枝。叶片因种和品种不同而呈长椭圆形、卵形、披针形或带状，长30～50cm，全缘，先端尖；多斜上伸展，聚生茎的中上部；叶面有黄、乳白、绿、红、紫褐等各种彩纹；大多数有短叶柄（图11-14）。

图 11-14 朱蕉
（引自《花卉学》，鲁涤非）

2. 习性

原产中国热带地区，印度洋及太平洋热带岛屿也有分布。中国北方广大地区行温室盆栽。喜温暖湿润气候，低于10℃易受冻害，室内越冬不宜低于15℃；喜光，耐半荫，夏季宜置荫棚下，对光照的适应性强，全日照、半日照或荫蔽处均能生长，因种类不同有差异。适生于肥沃且排水良好的微酸性沙壤土。

3. 繁殖栽培

可用播种、扦插和埋干法繁殖。播种于春季进行，容易发芽。节间常发生不定芽，待长到35cm时，即可切取扦插。扦插基质以泥炭土与河沙等量混合为宜，扦插适温20～25℃。亦可切取直径3cm以下的枝干，每隔5～7cm切一伤口，并剪去叶片，横埋入沙中，稍露出沙面。放置荫处，约20d后自切口处生根，节处发芽，即可切断分栽。

朱蕉属植物叶片具斑纹品种，强光下易日灼，故夏季需遮光。多年生长的植株，下部叶片脱落严重，影响观赏效果，应及时短截，促发侧枝，扩大冠幅。居室摆设，光照不足或地下根系密集，易造成叶色消退。环境过于干燥、长期不移植换盆、冬季空气湿度过低等，都能造成叶片顶端枯萎，下部叶片脱落。室内通风不良、干燥，极易诱发红蜘蛛、介壳虫，应及早控制，叶面勤擦洗、喷水，并多见阳光，保持叶色艳丽。

4. 园林用途

小、中、大型室内观叶植物。植株高大，株形变化大，叶色、叶形多变，为优美的室内观叶植物。盆栽幼苗为中、小型盆栽，优雅别致，适宜于办公室及居室几架上点缀，别具情趣。

四十、龙血树

学名 *Dracaena fragrans*

别名 巴西铁树

英文名 Fragrans Dracaena

科属 百合科、龙血树属

1. 形态特征

常绿小乔木，高 5～6m，盆栽者高 0.5～1.5m，树皮淡灰褐色。有时枝端有分枝，叶多丛生干端，长披针形，成拱状，长 30～40cm，宽 5～10cm，幼叶有黄或淡黄色条纹，老叶则条纹逐渐消退，伞形花序排成总状，花小，黄绿色，有香味，花期 6～8 月，浆果球形。

2. 习性

原产非洲西部几内亚等地。喜温暖湿润的半荫环境。条件适宜可全年生长，不耐寒，低于 13℃停止生长进入休眠；越冬最低温度为 5～10℃。要求光照充足，忌强光直射，十分耐荫。要求疏松肥沃、排水良好的沙壤土，较耐水湿，又具一定的耐旱性。萌芽力强。

3. 繁殖栽培

多用扦插繁殖，在 5～9 月，老干截成长 10～20cm，下端 1/3 浸入清水中，经常换水，在气温为 21～24℃下，经月余后便可发枝生根。截干的植株，约经 25～30d，切口附近的休眠芽开始萌发，形成新株，待长出 7～8 片叶、基部已木质化时，切取扦插，保持湿润，生根容易。也可播种繁殖。

夏季置荫棚下栽培，勿强光直射，以免灼伤叶片。喜高湿，生长期间应适当多浇水，并经常向叶面喷水，增加空气湿度，又兼防红蜘蛛、螨虫的发生；湿度不足，具黄色条斑叶片常出现横纹。室内栽培，应置于光线较充足处，光线不足会使叶片褪色。生长季要水肥充足，每 10d 可追施稀薄液肥 1 次，保持土壤湿润；注意通风良好；保持空气相对湿度 80%以上。秋末移入温室，温度应在 15℃以上。植株应 2 年换盆 1 次，一般在 6～7 月份进行，选排水良好土壤作盆土。发现烂根应及时用水清洗，并切去烂处，换新土栽植上盆。对于下部叶片脱落、外观不良植株，可剪枝整形，保持优美株形。

4. 园林用途

中、大型盆栽植物。树体健壮雄伟、叶片宽大、叶色优美、质地紧实，有现代风格，尤其适用于公共场所的大厅或会场布置，增添迎宾气氛。

四十一、虎尾兰

学名 *Sansevieria trifasciata*

别名　虎皮兰、千岁兰、虎尾宇、锦兰、虎草兰

英文名　Snake Plant，Snake Sansevieria

科属　百合科、虎尾兰属

1. 形态特征

多年生草本植物。具有匍匐的根状茎，每一根状茎上长叶 2～6 片。叶基生，剑形，直立，厚革质，长 30～120cm，基部渐狭成沟状，端部渐尖；两面具明显的浅绿色和深绿色相间的云状横纹，似老虎尾巴。花葶长 30～60cm，总状花序单生，花白色至淡绿色，有香味。花期春季。

2. 习性

原产斯里兰卡及印度东部热带干旱地区。性强健，喜温暖、光照充足的干燥环境。不耐寒，生长适温 20～30℃，冬季温度 10～15℃；夏天不宜强光直射，耐半荫；较耐通风不良；宜排水良好的土壤。耐旱、耐湿、耐荫，适应性极强。

3. 繁殖栽培

用扦插和分株法繁殖。扦插温度在 15℃以上，随时皆可进行，但以夏季最宜。选取健康充实的叶片，切成 10cm 左右的叶段，稍晾干切口，插于繁殖床上，深度 2～3cm，注意叶段不可倒插。床上可用河沙、珍珠岩或蛭石。保持 20～25℃，约 2 周生出不定根和不定芽，插后 1 个月即可上盆。有彩色镶边的品种，不能用扦插法繁殖，因扦插苗彩色镶边消失，应用分株法繁殖。分株于 4～5 月，结合换盆进行，每新株至少带 1 根茎和吸芽，有 2～4 枚叶片，分别上盆，约 1 个多月后就能长出新叶。

栽培盆土可用腐叶土、壤土和河沙等量混合，再酌加适量腐熟的堆肥土。虎尾兰适应性强，管理简单，可常年温室栽培，或置于室外及阳台养护，虽稍耐荫，但长期光照不足，会使叶片变暗发旧，彩色斑纹褪色，降低观赏价值。春、夏生长旺盛季节，可充分浇水，但不可过量，每月可施肥 1～2 次；夏季高温期，浇水淋湿叶片或空气湿度大时，叶上易发生褐色斑点，降低观赏价值；秋后要减少浇水，使盆土处于稍干燥状态，否则土湿及长期低温极易造成植株茎部腐烂。因生长较快，每年需换盆 1 次。秋末移入温室，放于光线充足处。冬季室温保持 10℃以上，注意节制浇水，浇水多、室温过低，是引起根茎腐烂或造成植株死亡的主要原因。盆栽植株根茎在土中易密集卷曲，应至少 2 年分株 1 次，换用疏松、基肥充足土壤，并配以深筒形盆栽植，生长良好。虎尾兰叶叶片顶部受伤，则停止生长，因此注意摆放在人不易触碰的场所。

4. 园林用途

虎尾兰剑叶挺直、斑纹美观，适应性强，管理简单，是良好的室内观叶植物，布置厅堂、会场都甚相宜。尤其小型彩叶品种，小巧玲珑，斑纹醒目，是室内盆栽的珍品，可陈设于窗台、案头和几架上。叶片可作为插花的配叶，还是良好的纤维作物。

四十二、肖竹芋类

学名　*Calathea*

英文名　Calathea

科属　竹芋科、肖竹芋属

1. 形态特征

多年生常绿草本植物。株高 30～60cm，叶片密集丛生，叶柄从根状茎长出。叶单生，

平滑，具蜡质光泽，全缘，革质。穗状或圆锥状花序自叶丛中抽出，小花密集着生。本属绝大多数种类具有美丽的叶片，叶面斑纹及颜色变化极为丰富，并且幼叶与老叶常具有不同的色彩变化。

2. 习性

喜温暖、湿润的半荫环境。不宜强光直射，但过荫叶柄较弱，叶片失去特有的光泽。不耐寒，生长适温 20℃左右，越冬温度须高于 10℃，温度低则叶片枯萎，进入休眠。生长期需较高的空气湿度，但盆土浇水过量可能引起根腐烂。要求排水良好、富含腐殖质的肥沃砂质土壤。

3. 繁殖栽培

分株繁殖。春秋皆可进行，气温在 20℃以上，通常以每 3～5 芽为一丛栽植，用新的培养土栽植上盆。上盆初期适当控水，待发出新根后，再充分灌水。

肖竹芋属植物对直射光及空气湿度十分敏感，短时间阳光曝晒，可能造成日灼病，叶片蜷曲、变黄；空气湿度低，叶片打卷。因此，室内室外养护均应放在背阴、半荫、没有强风的地方，生长期间需保持较高的空气湿度，叶面喷水或擦拭，确保叶片色泽清新、秀丽。夏季超过 32℃以上时，叶片边缘和顶端亦会出现局部枯焦，新芽萌发少，新叶停止生长，叶色变黄等，应及时改变栽培环境，并剪除黄枯叶片。若冬季低温休眠，则要控制浇水，保持盆土不干燥即可，翌春抽出新叶后，再逐渐正常浇水。亦宜无土栽培，每月浇 1 次营养液即可。

4. 园林用途

中、小型盆栽。肖竹芋属植物株态秀雅、叶色绚丽多彩、斑纹奇异，如精工雕刻，别具一格，是优良的室内观叶植物，也是插花的珍贵衬叶。

5. 常见种类

(1) 孔雀竹芋（*C. makoyana*）

别名　天鹅绒竹芋、斑马竹芋、马寇氏兰花蕉

英文名　Makoy Calathea

株高 30～60cm。因叶表面密集的丝状斑纹从中心叶脉伸向叶缘，状似孔雀的尾羽而得名。叶底色为灰绿色，斑纹为暗绿色，叶背紫红色，并有同样斑纹；叶柄深紫红色。

(2) 彩虹竹芋（*C. roseo-picta*）

别名　玫瑰竹芋、彩叶竹芋、红边肖竹芋

英文名　Redmargin Calathea

植株矮生，高 20～30cm。叶片长 15～20cm；叶面橄榄绿色，叶脉两侧排列着墨绿色线条纹，叶脉和沿叶缘有黄色条纹，犹如金链，叶背紫红斑块。有时条纹可能会褪色成银白色。适宜于室内小型盆栽。

(3) 箭羽竹芋（*C. insignis*，*C. lancifolia*）

别名　披针叶竹芋、花叶葛郁金、紫背肖竹芋

英文名　Oliveblotch Calathea

叶披针形至椭圆形，直立伸展，长可达 50cm，形状恰似鸟类的羽毛；叶面灰绿色，边缘色稍深，与侧脉平行，又嵌有大小交替的深绿色斑纹，叶背红色；叶缘似波浪状起伏。整个叶片富有浪漫情趣。

(4) 斑叶竹芋（*C. zebrina*）

别名　绒叶肖竹芋、斑纹竹芋、斑马竹芋

英文名　Zebra Calathea

株高 30～80cm。叶大，长圆形；叶面有绿色和深绿色交织的斑马状的阔羽状条纹，具天鹅绒光泽色，叶背初为灰绿随后变成紫红色。

（5）黄花肖竹芋（*C. crocata*）

别名　金花肖竹芋、金花冬叶、黄苞竹芋

株高 15～20cm。叶椭圆形，叶面暗绿色，叶背红褐色。花为橘黄色，花期为 6～10 月。其株形小巧玲珑，花叶观赏价值俱佳，常用作微型盆花、瓶景、盆景等，点缀于几架、茶几、书桌之上，美丽动人。

四十三、竹芋类

学名　*Maranta*

英文名　Maranta Arrowroot

科属　竹芋科、竹芋属

1. 形态特征

多年生草本植物。株形矮小，株高 15～30cm，地下具有块状根。叶片圆形或卵形，具各色美丽的斑纹，为主要欣赏部位。顶生总状花序，花白色，花期夏秋。

2. 习性

原产巴西。喜温暖、湿润和半荫环境。不耐寒，生长适温 18～21℃，越冬温度不低于 10℃；不耐高温，夏季温度超过 32℃，抑制植株生长，应向叶面喷水，以增加空气湿度。忌强光曝晒。以肥沃、疏松、排水良好的微酸性腐叶土为好。

3. 繁殖栽培

分株结合换盆进行，每子株应带芽 2～3 个。也可扦插繁殖，插穗长 8～10cm，带叶 2～3 片，罩以塑料袋，放于荫处，约 30～40d 可以生根，再经半月即可上盆。扦插，切取带 2～3 叶的幼茎，插于沙床中，半个月可生根。

竹芋属植物在夏秋季节以半荫环境为好，甚怕强光。不耐土壤和空气干燥，在生长期，盆土保持湿润，并且每天向叶面喷水，增加空气湿度，每半月追肥 1 次。秋后盆土应保持稍干，无需过多浇水，重要的是经常喷叶。冬季植株处于半休眠状态，控制好越冬温度，需放于光照充足处；光照太弱，叶片上的美丽斑纹将会变得暗淡或消失。盆栽竹芋属植物根系较浅，多用浅盆栽植。生长数年的成株，茎过于伸长，破坏株形，应及时剪枝，剪下枝叶可用于扦插；同时，地下根状茎易老化，萌枝力减弱，应重新分株更新。

4. 园林用途

小型盆栽。植株低矮，叶片斑纹清新雅致，具有浪漫的异国情调，可作普通小型盆栽或吊篮悬挂。

四十四、铁线蕨

别名　铁线草、美人发

学名　*Adiantum capillus-veneris*

英文名　Maidenfair，Sothern Maidenfair Fern

科属　铁线蕨科、铁线蕨属

1. 形态特征

多年生常绿草本蕨类植物。株高 15～35cm，根状茎横走，密被淡褐色鳞片。叶基生，叶柄细长，近黑色，有光泽，细圆坚韧如铁丝，故名。叶片薄革质，卵状三角形，鲜绿色，一回羽状复叶，小羽片互生，羽状叶片密似云纹；缘 2～5 浅裂，裂片边缘小脉顶部生孢子囊群，囊群盖呈肾形至矩圆形。不育裂片顶端圆钝，有钝锯齿（图 11-15）。

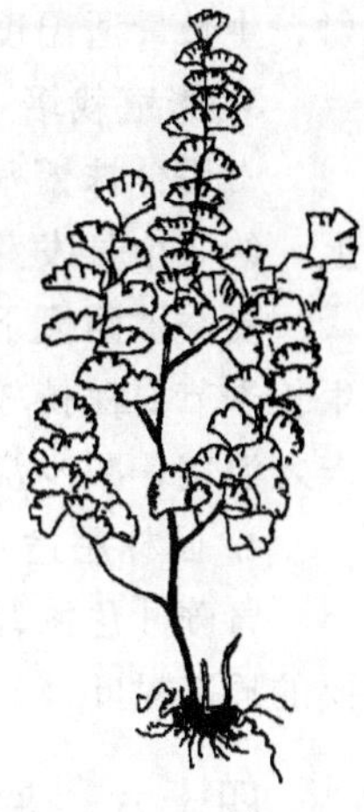

图 11-15 铁线蕨（引自《花卉学》，包满珠）

2. 习性

广布于中国长江以南各地，北至陕西、甘肃和河北，多生于山地、溪边和山石上。美洲热带及欧洲温暖地区也有。喜温暖、潮湿及适当蔽荫的环境，不耐寒，忌阳光直射和风吹。为钙质土指示植物，喜疏松肥沃的石灰质土壤。

3. 繁殖栽培

以分株繁殖为主，于 4 月结合换盆进行。或用根茎繁殖，春天切分根茎，每段带有 1～2 个生长点，栽于盆中；铁线蕨能自播繁衍，挖取自播苗上盆即可；或孢子繁殖，方法同微粒种子播种。

夏季置荫棚下，生长季节要充分浇水，保持湿润，地面多洒水，以增加空气湿度。每两周追施稀薄液肥 1 次，不可溅于叶片上，以免叶片枯黄影响观赏。每 2～3 年换盆 1 次，时间在 2～8 月，注意不可伤根，盆土宜用疏松肥沃、碱性的沙壤土。换盆后，置荫处缓苗，保持湿润，待新根生长后，恢复正常管理。秋末入温室，冬季最低温度不可低于 10℃，生长适温 15～25℃，空气相对湿度需 80%以上。

4. 园林用途

铁线蕨叶片形似云片，叶柄乌黑、纤细优雅，株态秀丽多姿、四季常青，可置于案头、几架，也可悬吊观赏。在南方温暖地区，常用于园林中，栽在假山缝隙，背阴屋角等处。

四十五、肾蕨

学名 *Nephrolepis cordifolia*

别名 蜈蚣草、圆羊齿

英文名 Pigmy Sword Fern

科属 骨碎补科、肾蕨属

1. 形态特征

多年生草本蕨类植物。根状茎有直立主轴，向四周生出长匍匐茎，匍匐茎短枝上长出圆形块茎，主轴和根状茎上密布钻状披针形鳞片；叶柄和叶轴疏生钻形鳞片，叶簇生，直立，具短柄，羽状深裂，革质，光滑，披针形，长 30～70cm，一回羽状全裂，羽片以关节着生叶轴上，斜披针形，一侧为耳状突起，一侧为楔形。孢子囊群生于每组侧脉的上侧小脉顶端，囊群盖肾形。

2. 习性

产于福建、台湾、广东、广西、贵州、云南、四川、湖南南部和浙江，亚洲热带其他地区也有。土生或附生于溪边林下或石缝、树干上。喜温暖潮湿和半荫环境，忌阳光直射，生长最适温度20～22℃，能耐－2℃低温；要求疏松肥沃、富含有机质的培养土。

3. 繁殖栽培

常用分株繁殖，于春季结合换盆进行；亦可孢子繁殖，播于水苔、泥炭土或腐殖土上，约2个月发芽，幼苗生长缓慢。

夏季置荫棚下，光线过强，叶片易发黄，光线也不可太弱，否则生长势弱，易落叶。生长季节要保持较高的空气湿度。夏季高温时应充分浇水，并向叶面喷水，注意通风。秋末入温室，减少浇水，冬季在5℃下，即可安全越冬。生长快，每年要分株更新。

4. 园林用途

肾蕨叶色浓绿、青翠宜人、姿态婆娑、潇洒流畅，装饰性强，适作室内盆栽，也是重要的插花衬叶。

四十六、巢蕨

学名　*Neottopteris nidus*

别名　鸟巢蕨、山苏花

英文名　Bird-nest Fern

科属　铁角蕨科、巢蕨属

1. 形态特征

多年生常绿附生性蕨类植物。株高100～120cm。根状茎短，顶部密生鳞片，鳞片端呈纤维状分枝并卷曲。叶革质，丛生于根状茎顶部外缘，向四周辐射状排列，叶丛中心空如鸟巢，故有其名；具圆柱形叶柄，长约5cm；单叶阔披针形，尖头，向基部渐狭而下延，长可达120cm，宽约15cm；叶革质，两面光滑，边缘软骨质，干后略反卷；叶脉两面隆起，侧脉分叉或单一，顶端和一条波状脉的边缘相连。狭条形孢子囊群生于侧脉的上侧，向叶边伸长1/2，叶片下部不育。

2. 习性

分布于台湾、广东、广西、海南、云南等地区，亚洲热带其他地区也有。成丛附生于雨林中的树干或岩石上。喜温暖湿润的蔽荫环境，不耐寒，要求空气相对湿度80%以上，宜用通气透水的基质栽植。

3. 繁殖栽培

孢子繁殖，于3月或7～8月进行，常播于腐叶土中，方法同微粒播种，播后盖以塑料薄膜，保持20～25℃。也可分株繁殖。

栽培基质应通透性好，如草炭土、腐叶土、蕨根、树皮、苔藓等；或用棕皮将植株根部包好，放入木条或其他材料做成的多孔篮或花盆中，悬吊栽培，效果很好。夏季，宜在荫棚下养护；秋末入温室。生长适宜温度15～25℃，最低温度不得低于10℃，温度太低，叶缘会变成棕色；生长季水分供应要充足，经常喷雾，保持空气湿润；一般10～15d追施稀薄液肥1次，合理施肥，会促使植株长出大量新叶。生长期缺肥或冬季温度过低，会造成叶缘变成棕色，影响观赏效果。

4. 园林用途

中、大型盆栽植物。株形丰满、叶片挺拔、色泽鲜亮，观赏价值高。可植于室内花园水边、溪畔、荫蔽处，或悬吊于空中，或栽植于大树枝干上，营造热带雨林茂盛、葱茏的植物景观，可切叶。

四十七、鹿角蕨

学名 *Platycerium bifurcatum*

别名 蝙蝠蕨、鹿角山草、二歧鹿角蕨

英文名 Common Staghorn Fern

科属 水龙骨科、鹿角蕨属

1. 形态特征

多年生常绿附生性草本蕨类植物。植株灰绿色，被绢状绵柔毛。叶分两种类型：不育叶又称为“裸叶”，扁平圆盾形，边缘具波状浅裂，密贴于附着物上，重叠着生，新叶绿白色，老叶为棕黄色，能贮存养分和水分；育叶又称为“实叶”，丛生，灰绿色，叶面密生短柔毛，长约40～80cm不等，顶部分叉，似鹿角，孢子囊群着生叶片分叉处向上延至顶端，黄褐色。

2. 习性

鹿角蕨原产于澳大利亚、非洲和南美洲的热带地区。喜温暖蔽荫的环境，在原产地是典型的附生植物，常附生在树干分叉处的树皮裂缝上。冬季干燥时可耐0℃的低温；耐荫，有散射光即可。

3. 繁殖栽培

以分株繁殖为主，一般于秋天进行，也可进行孢子繁殖，将孢子播在疏松透水无肥的基质上，常用腐叶土、泥炭土、沙混合而成。播前要用蒸汽消毒，精细平整。在孢子成熟前套袋，成熟后连袋剪下，轻轻敲打，取出孢子播种，播后不覆土，盆上盖玻璃或塑料薄膜，适当遮阳，保持20～30℃，20～30d孢子即可萌发，生成心形的绿色原叶体，待布满全盆时进行分植。原叶体时期要充分水湿，促使雌雄配子受精而发育成孢子体，一般从播种到长出叶片，需3～4个月，有3～4片叶时即可上盆，盆栽宜用多孔陶盆，或篮、筐等填入水藓；也可贴栽于木板或树蕨干上。也可分生繁殖，采用分植萌蘖、小子株或用组织培养法繁殖。

夏季置荫棚下，秋末入温室，生长适温15～25℃，不宜低于8℃；超过30℃，生长停滞，进入半休眠状态。浇水应根据“浇则浇透”的原则，夏季浇水宜勤，但勿使水停滞在叶面，以免叶面腐烂。适宜的空气相对湿度为70%，50%～60%也可正常生长。在旺盛生长期可追肥1～2次，以沤熟麻渣的稀薄肥水为宜。冬季过暖或过于干燥皆不利于生长，10℃即可。生长健壮的鹿角蕨不需每年换盆，经2～3年后，可在盆中添加少量腐叶土或苔藓。

4. 园林用途

鹿角蕨形态奇特，悬吊观赏时似鹿角丛生，姿态潇洒不羁，点缀于居室，情趣盎然。

四十八、凤尾蕨

别名 绸带蕨

学名 *Pteris nervosa*

英文名 Table Fern

科属 凤尾蕨科、凤尾蕨属

1. 形态特征

多年生常绿草本蕨类植物。根状茎直立，株高 60～70cm。叶直立生长，二型叶，纸质，簇生，能育叶卵圆形，长约 30cm，宽约 18cm，淡绿色，一回羽状，中部以下羽片常分叉；羽片挟披针形，长 15～25cm，宽 6～8mm；孢子囊群沿羽片顶部以下叶缘连续分布；不育叶同形，但羽片宽 1.5cm 左右，边缘有锐齿。

2. 习性

广泛分布于中国长江以南各地（浙江省除外），向北到陕西南部，向西到西藏东部，日本、中南半岛也有。多生于石灰岩缝或林下。喜温暖潮湿的半荫环境，要求疏松肥沃、富含腐殖质的钙质土壤。

3. 繁殖栽培

可用分株或孢子繁殖。分株于换盆时进行。为得到大量植株，可用孢子繁殖，发芽适温约 25℃，发芽后最初几个月，播种盆要盖以玻璃板，以保持湿度。夏置荫棚下，秋末入温室，生长适温 15～25℃，最低温度 3～5℃。生长季节要保证湿度，及时浇水、施肥，经常向叶面喷水，每周施肥 1 次。一般 2 年换盆 1 次，盆土可用腐叶土、珍珠岩、腐熟马粪和少量石灰配制。

4. 园林用途

凤尾蕨叶形洁净美观，优雅别致，适于室内盆栽，又是插花的良好衬叶。

思 考 题

1. 室内花卉是指什么？有哪些类型？
2. 室内花卉有哪些应用特点？
3. 室内花卉生态习性是怎样的？
4. 室内花卉繁殖栽培要点有哪些？
5. 举出 30 种常用观花室内花卉，说明它们主要的生态习性及栽培管理要点。

第十二章 兰科花卉

第一节 概 论

一、含义及类型

兰花泛指兰科（*Orchidaceae*）中具观赏价值的种类，因形态、生理、生态都具有共同性和特殊性而很自然的成为一类花卉。兰科是仅次于菊科的一个大科，是单子叶植物中的第一大科。全世界具有的属和种数说法不一，有说 1000 属，2 万种（《花卉学》，北京林业大学，1990），有说约有 800 属，3 万～3.5 万种（《兰花栽培入门》，吴应祥，1990），有的说有 700 属，2.5 万种（《中国兰花全书》，陈心启等，1998）。该科中有许多种类是观赏价值高的植物，目前栽培的兰花仅是其中的一小部分，有悠久的栽培历史和众多的品种。自然界中尚有许多有观赏价值的野生兰花有待开发、保护和利用。

兰科植物分布极广，除两极和沙漠外都有分布，但 85％集中分布在热带和亚热带。园艺上栽培的重要种类，主要分布在南、北纬 30 度以内，降雨量 1500～2500mm 的森林中。主要有中国兰和洋兰两大类。

（1）中国兰　又称国兰、地生兰，是指兰科兰属（*Cymbidium*）的少数地生兰，根生于土中，通常有块茎或根茎，部分有假鳞茎，如春兰、蕙兰、建兰、墨兰、寒兰等。一般花较少，但芳香。花和叶都有观赏价值。也是中国的传统名花，主要原产于亚洲的亚热带，尤其是中国亚热带雨林区。

中国兰是中国传统十大名花之一，兰花文化源远流长，人们爱兰、养兰、咏兰、画兰，并当成艺术品收藏，对其色、香、姿、形上的欣赏有独特的审美标准。如瓣化萼片有重要观赏价值，绿色无杂为贵；中间萼片称主萼片，两侧萼片向上跷起，称为“飞肩”，极为名贵；排成一字名为“一字肩”，观赏价值较高；向下垂，为“落肩”不能入选；花不带红色为“素心”，是上品。兰花主要用于盆栽观赏。

（2）洋兰　是民众对国兰以外兰花的称谓，主要是热带兰。实际上，中国也有热带兰分布。常见栽培的有卡特兰属、蝴蝶兰属、兜兰属、石斛属、万代兰属的花卉等。一般花大、色艳，但大多没有香味，以观花为主。

热带兰主要观赏其独特的花型、艳丽的色彩，可以盆栽观赏，也是优良的切花材料。

从植物形态上兰科植物分为以下 3 种。

① 地生兰　生长在地上，花序通常直立或斜上生长。亚热带和温带地区原产的兰花多为此类。中国兰和热带兰中的兜兰属花卉属于这类。

② 附生兰　生长在树干或石缝中，花序弯曲或下垂。热带地区原产的一些兰花属于这类。

③ 腐生兰　无绿叶，终年寄生在腐烂的植物体上生活。如中药材天麻（*Gastrodia elata*）。园艺中没有栽培。

二、兰花的形态特征

1. 根

粗壮，根近等粗，无明显的主次根之分，分枝或不分枝。没有根毛，具有菌根（mycorrhiza）起根毛的作用，也称兰菌，是一种真菌。

2. 茎

因种不同，有直立茎、根状茎和假鳞茎。直立茎同正常植物，一般短缩；根状茎一般成索状，较细；假鳞茎是变态茎，是由根状茎上生出的芽膨大而成。地生兰大多有短的直立茎，热带兰大多为根状茎和假鳞茎。

3. 叶

叶形、叶质、叶色都有广泛的变化。一般中国兰为线、带或剑形；热带兰多肥厚、革质，为带状或长椭圆形。

4. 花

具有 3 枚瓣化的萼片（sepal）；3 枚花瓣（petals），其中 1 枚成为唇瓣（lip），颜色和形状多变；具 1 枚蕊柱（column）。

5. 果实和种子

开裂蒴果，每个蒴果中有数万到上百万粒种子。种子内有大量空气，不易吸收水分，胚多不成熟或发育不全，尤其是地生兰，没有胚乳。

三、生态习性

兰花种类繁多，分布广泛，生态习性差异较大。

1. 对温度的要求

栽培者习惯按兰花生长所需的最低温度将兰花分为 3 类。不同的属、种、品种有不同的温度要求，这种划分比较粗略，仅供栽培者参考。

（1）喜凉兰类　多原产于高海拔山区冷凉环境下，如喜马拉雅地区、安第斯山高海拔地带及北婆罗洲的最高峰基纳巴洛（Kinubalu）山。它们不抗热，需一定的低温，适宜温度：冬季最冷月夜温 4.5℃，日温 10℃；夏季夜温 14℃，日温 18℃。例如堇花兰属（产于哥伦比亚）、齿瓣兰属、兜兰属的某些种（如 *P. insigne*、*P. venustrum*、*P. villosum*）、杓兰属、毛唇贝母兰（*Coelogyne cristata*）、福比文心兰（*Oncidium forbosii*）、鸟嘴文心兰（*O. ornithorhynchum*）、*Pleione logenaria* 等。

（2）喜温兰类　或称中温性兰类，原产于温带地区，种类很多，栽培的多数属都是这一类。适宜温度：冬季夜温 10℃，日温 13℃；夏季夜温 16℃，日温 22℃。例如兰属、石斛属、燕子兰属、多数卡特兰、兜兰属某些种及杂种（如 *P. parishii*、*P. philippinensis*、*P. spiceramum*）、万带兰属某些种（如 *V. amesiana*、*V. coerula* 及 *V. cristata*）。

（3）喜热兰类　或称热带兰，多原产于热带雨林中。不耐低温，适宜温度：冬季夜温 14℃，日温 16～18℃；夏季夜温 22℃，日温 27℃。开美丽花朵的许多杂交种都是这一类，目前广泛栽培。如蝶兰属、万带兰属的许多种及其杂种、兜兰属的某些种（如 *P. bellatulum*、*P. callosum*、*P. hirsutissimum*、*P. hookerae*）、兰属某些种（如 *C. finlaysonianum*、*C. madidum* 及其杂种）、卡特兰的少数种（如 *C. aclandiae*、*C. rex*）等以及许多属间杂种。

2. 对光照的要求

光照强度是兰花栽培的重要条件，光照不足导致不开花、生长缓慢、茎细长而不挺立及新苗或假鳞茎细弱；过强又会使叶片变黄或造成灼伤，甚至使全株死亡。热带或亚热带常有较充足光照，通常夏季均用遮阳来防止过度强烈阳光的伤害。不同属种对光照的要求不一，现介绍如下。

① 兰属除夏天外可适应全光照，夏天需较低温度。

② 蝶兰属及其杂交属 *Doritaenopsis* 每日只需 40%～50%的全光照 8h，这一类兰花的叶较脆弱，强光照或雨淋均易使叶受伤。

③ 卡特兰属、带状叶万带兰属、燕子兰属及 *Ascocenda* 等需全光照的 50%～60%及高温。

④ 不需遮光的种类较多，蜘蛛兰属及 *Aranthera* 必须有长时间的强光照，光照强度及时数不足便不开花；火焰兰属、*Renanopsis*、*Renantanda* 等在全日照下可正常生长；带状叶 *Renantanda* 及 *Kagawara* 在稍微荫蔽处生长良好。

3. 对水分的要求

喜湿忌涝，有一定耐旱性。要求一定的空气湿度，生长期要求在 60%～70%，冬季休眠期要求 50%。热带兰对空气湿度的要求更高，因种类而定。

4. 对土壤的要求

地生兰要求疏松、通气、排水良好、富含腐殖质的中性或微酸性（pH5.5～7.0）土壤。热带兰对基质的通气性要求更高，常用水苔、蕨根类作栽培基质。

四、繁殖栽培要点

1. 繁殖要点

以分株繁殖为主，还可以播种、扦插假鳞茎和组织培养。

(1) 分株繁殖　适用于合轴分枝的种类，在具假鳞茎的种类上普遍采用。如卡特兰属、兰属、石斛属、燕子兰属、树兰属、兜兰属、堇花兰属等在栽培几年后，或由于假鳞茎的增多，或由于分蘖的增加，一株多苗，便可分株。

分株简而易行，一般在旺盛生长前进行。不同种类有不同方法。

① 兜兰属　不具假鳞茎，分株常在换盆时进行，只需将全株从土中取出，用手将两苗扯开即成，一般 1～2 年换盆分株一次。

② 兰属　是兰花中假鳞茎生长最快、通常用分株繁殖的种类。每年可从顶端假鳞茎上产生 1～3 个新假鳞茎，第二年又再产生，一般 2～3 年便可分株，分株常结合换盆进行，先将全株自盆内倒出，在适当位置剪成 2 至几丛，分剪时每丛最少要留 4 个假鳞茎才利于今后的生长，这 4 个鳞茎中，1～2 个可以是无叶的后鳞茎。

③ 卡特兰属及相似属　卡特兰每年只在原有假鳞茎的前端长出 1 个假鳞茎，假鳞茎一般 6 年后落叶成后鳞茎，两个假鳞茎之间有一段粗而短的根茎，在根茎的中部有一个休眠芽。分株都在栽培 5 年以上，具 5 个以上假鳞茎时才进行。按前端留 3～4 个、后端留 2～3 个的原则剪成两株。分株时注意将根茎上的休眠芽留在后段上，否则后段不易产生新的假鳞茎。不具叶的后鳞茎可割下作扦插繁殖。

卡特兰及其相似习性的种类，分株最好在能辨识根茎上的生活芽时进行。不需将植株取出，在原盆内选好位置割成两段，仍留在原盆中生长，待翌年春季旺盛生长前再将整株取出，细心将两株根部分开栽植。

（2）播种繁殖　主要用于育种，一般采用组织培养的方法播种在培养基上，种子萌发需要半年到一年，要8～10年才能开花。

当蒴果由绿转黄再变褐时，开裂并散落种子，应在蒴果开裂前采收。采下的蒴果先用沾有50%的次氯酸钾溶液的棉球做表面灭菌后包于清洁白纸中放干燥冷凉处几天，使蒴果自然干燥并散出种子。兰花种子寿命短，室温下很快便丧失发芽力，应随采随播。干燥密封贮于5℃下可保持生活力几周至几月。播种后置于光照充足但无直射日光的室内发芽，发芽最适温度为20～25℃。

（3）扦插假鳞茎　可依插穗的来源性质不同有下列几种方法。

① 顶枝扦插　适用于具有长地上茎的单轴分枝种类，如万带兰属、火焰兰属、蜘蛛兰属、*Aranda*及它们间的杂种。剪取一定长度并带有2～3条气生根的顶枝作为插条，一般长度7～10cm，带6～8片叶，过短又不带气生根者成活慢、生长差。剪取插条时，母株至少要留2片健壮的叶，有利于萌生幼株。万带兰属的插条以30～37cm长最好，蜘蛛兰属宜长45～60cm。顶枝扦插不需苗床育苗，可采后立即栽插于大盆或地中，注意防雨、遮阳及保持足够空气湿度。

② 分蘖扦插　兰花的许多属，主要是那些单轴分枝及不具假鳞茎的属，如万带兰属、火焰兰属、蜘蛛兰属及属间杂交的*Aranda*、*Aranthera*、*Ascocenda*、*Holttumara*、*Renantanda*等，当生长成熟后，尤其在将顶枝剪作插条或已生出的幼株被分割后，母株基部的休眠侧芽易萌发或分蘖，逐渐生根成为幼株。当生长至一定大小，即一般在具有2～3条气生根时，从基部带根割下作为插条繁殖。一株上的几个分蘖要一次全部割下，才能使母株再产生分蘖。

石斛属及树兰属常在地上枝近顶端的叶腋产生小植株，俟已生出几条完整的气生根后，连同母株的茎剪下，按株分段扦插繁殖。

③ 假鳞茎扦插　适用于具假鳞茎种类，如卡特兰属、兰属、石斛属等。剪取叶已脱落的后鳞茎作为插条，石斛属的假鳞茎细长，可剪为几段，兰属的每一后鳞茎作一扦条。用BA羊毛脂软膏涂于2～3个侧芽上有助于侧芽萌发成新假鳞茎并生根成苗。扦条可扦插于盛水藓基质的浅箱中，注意保湿，或包埋于湿润水藓中，用聚乙烯袋密封，悬室内温暖处，几周后即出芽生根。卡特兰后鳞茎有一个芽生于两假鳞茎间的平卧根茎上，分割时应使其留在后面一个假鳞茎上并使其不受损伤。

④ 花茎扦插　蝶兰属、鹤顶兰属的花枝可作为插条来繁殖。鹤顶兰花枝的第一朵花以下还有7至多节，每节有一片退化叶及腋芽。在最后一朵花开过后，将花枝从基部剪下，去掉顶端有花部分后尚有37～45cm一段，将其横放在浅箱内的水藓基质上，把两端埋入水藓中以防干燥，约2～3周后每节上能生出1个小植株。当小植株长出3～4条根后，分段将各株剪下移栽盆内。

蝶兰属的花茎扦插只能在无菌的玻璃容器内进行，和组织培养繁殖近似。

（4）组织培养　Morel于1960年首先把组织培养方法用于兰花繁殖，后经多人的改进，现已广泛应用于卡特兰属、兰属、石斛属、燕子兰属、火焰兰属、万带兰属及许多杂交属，例如Aranda、Holttumara等商品的生产。

组织培养苗在上盆后，一般3～5年可开花。

兰花组织培养繁殖的外植体均取自分生组织，可用茎尖、侧芽、幼叶尖、休眠芽或花序，但最常用的是茎尖。外植体可在不加琼脂的 Vacin 及 Went 液体培养基中振荡培养。有时，外植体在几周内直接发育成小植株，为达到繁殖目的，应将其取出，细心将叶全部剥去后放回原处再培养，直至形成原球茎（protocorm）。原球茎是最初形成的小假鳞茎，形态结构与一般假鳞茎相似。

2. 栽培要点

（1）基质　基质是盆栽兰花的首要条件，它的组成在很大程度上影响了根部的水、气的平衡。大部分兰花，特别是附生种类，在自然环境中根均处于通气良好或空气中决不渍水条件下，陆生类型的种类根也多数处于质地疏松、排水通气良好、有机质丰富的土壤中。兰花从进入栽培开始时起便重视了基质的选用。传统的栽培基质有壤土、水藓、木炭等，后来又发现蕨类的根茎和叶柄、树皮、椰子壳纤维和碎砖屑等都是很好的材料。

基质应具备的首要特性是排水、通气良好，以能迅速排除多余的水分使根部有足够的空隙透气、又能保持有中度水分含量为最好。附生兰类更需要良好的排水透气条件。兰花本身一方面只需低肥，另一方面，肥料多是在生长期间再不断施用，故基质一般不考虑含有多少肥力。地生兰以原产地林下的腐叶土为好，或人工配制类似的栽培基质，底层要垫碎砖、瓦块以利于排水。

（2）上盆　盆栽兰花一般用透气性较好的瓦盆，或用专用的兰花盆。兰花盆除底部有1至几个孔以外，侧面也有孔，排水透气性好，更适于附生兰类生长，有时气生根还从侧孔伸至盆外。也有用直径 2cm 的细木条钉成各式的木框、木篮种植附生性兰花。

盆栽要做到以下几点：①盆底垫足一层瓦片、骨片、粗块木炭或碎砖块，保证排水良好；②严格按照“小苗小盆、大苗大盆”原则，小苗大盆非但不经济，且苗生长不良，大苗用小盆也会生长不良，植株少、花枝小、花数少；③操作要细心，不伤根和叶，小苗更重要；④幼苗移栽后可喷一次杀菌剂；⑤浅栽，茎或假鳞茎需露出土面；⑥上盆后不宜浇水过多；⑦上盆后宜放无直射日光及直接雨淋处一段时间。

3. 浇水

浇水是兰花栽培管理上一项经常性的平凡而重要的工作。有时需每天浇水，但浇水过度也会引起许多兰花的死亡。兰花浇水应注意以下几点。

① 在不同种类、不同基质、不同容器、不同植株大小等条件下，浇水的次数、多少、方法均不一致。因此，不要将不同情况的兰花混放在一起，否则会增加浇水的难度，加大工作量。例如卡特兰的杂交种比兜兰的杂交种需要较多的光照及较少的水分与湿度。

② 水质对兰花生长很重要。水中的可溶性盐分忌过高，T. J. Sheehan 认为，低于125mg/L 最好，125～500mg/L 也安全，500～800mg/L 应慎用，800mg/L 以上不能用。城市自来水一般能达到安全标准。中国北方，尤其是盐碱地区，水中含盐分较高，某些地方的井水比河水的含盐量更高，水应先进行分析，否则会造成兰花死亡。雨水是浇灌兰花的最佳水源。浇兰用水应是软水，以不含或少含石灰为宜。但是，Northern 在 1970 年提到，卡特兰用 pH4～9，软水或硬水浇灌均可。

③ 浇水的时间，原则上和其他花卉相同，当基质表面变干时才浇。种兰基质透水性好，盆孔多蒸发快，浇水周期比一般花卉短，具体视当地气候、季节、基质种类、粗细及使用年限、盆的种类及大小、苗的大小及兰花的种类而定。例如，在东南亚一带，气温高，如果用木炭作基质栽培的幼苗，要早晚各浇水一次；若用椰子壳纤维作基质，每天只需浇一次。

④ 浇水宜用喷壶，小苗宜喷雾，忌大水冲淋。每次连叶带根喷匀喷透。

4. 施肥

种兰的基质多不含养分或含量很微。有机材料，如蕨类根茎或叶柄、椰壳纤维、树皮、泥炭、木屑等，在几年内能缓解并释放出一些养分，但量微而不能满足兰花旺盛生长的需要。生长季节要不断补充肥料。附生兰类的自然生态环境中肥料来源少、浓度低，故有适应低浓度肥料的习性。

(1) 肥料的成分　跟其他花卉一样，也需完全肥料，以氮、磷、钾为主及微量元素，肥料的成分依基质的成分及兰花的生长发育时期而定。地生兰类在营养生长期间，基质为蕨类根茎或泥炭等含氮的材料时，氮、磷、钾可按 1∶1∶1 配合；基质为不含氮的木炭、砖块、树皮时，按 3∶1∶1 配合；在花型成期间，多用磷、钾肥，按 1∶3∶2 配合，对花的形成更为有利。

兰花很适于叶面施肥，因兰花需经常在叶面及气生根上喷水以保持湿度，在喷水时加入极稀薄的肥料，效果有时比每月施用 2 次常规肥料更好。

(2) 兰花施肥要点　兰花施肥应注意下列几点。

① 肥宜稀不宜浓，盐分总浓度以不高于 500mg/L 为最好。兰花的根吸收肥料快，一时又不能转运或利用，高浓度肥料易伤根或使根腐烂。

② 夏季生长旺季，一般浓度肥料可 10～15d 施一次，低浓度肥料 5d 施 1 次或每次浇水时做叶面喷洒。

③ 化肥使用前必须完全溶解。

④ 缓释性肥料与速效肥料配合使用，化肥和有机肥交替使用，效果比单用好。

第二节　主要的兰科花卉

一、兰属

学名　*Cymbidium*

英文名　Cymbidium

科属　兰科、兰属

1. 形态特征

该属均为中国习见栽培的地生兰，为多年生常绿草本。假鳞茎较小，叶片较薄，花序直立，以香气馥郁、色泽淡雅、姿态秀美、叶态飘逸见长。根状茎粗大、分枝少，有共生菌根。茎短，常膨为假鳞茎，叶和花都着生在假鳞茎上。叶片在假鳞茎上只抽生一次，老假鳞茎上不再抽生新叶；由于假鳞茎极短，叶似丛生。花具花萼和花瓣各 3 片，花瓣中 1 枚特化为唇瓣，雌雄蕊合生为蕊柱。果实为开裂的蒴果，长卵圆形。种子极小，数目众多。

(1) 花萼　3 枚，中间 1 枚为中萼片，俗称“主瓣”，两侧备有 1 枚侧萼片，俗名“副瓣”，以绿色无杂色为贵，两枚侧萼片的着生情况在观赏价值上有重要意义。两枚侧萼片若向下侧垂。俗称“落肩”，不能入选，侧萼片排成一字，名为“一字肩”，观赏价值较高，如两枚侧萼片向上翘起，称之“飞肩”极为名贵。

(2) 花瓣　花萼之内有 3 枚花瓣。两枚侧花瓣俗名“捧心”。中间的花瓣特化为唇瓣，俗称“舌”，唇瓣3裂，中裂片常反卷，唇瓣上有斑点和各种色彩，因种而异。唇瓣中部有两条突起的褶片，互相平行。花色不带红色的称之素心，带红色的称之彩心，以素心为贵。

(3) 蕊柱　是雄蕊花丝和雌蕊花柱合生而成，俗称“鼻头”，兰花有3枚花药，2枚退化，1枚发育具4个花粉块，由一个黄色药帽盖住，近蕊柱顶端前侧有一腔穴，是授粉的柱头。称为药腔或药穴。

(4) 苞片　每朵花的花梗下都有1枚苞片，有保护花蕾的作用。

(5) 鞘　俗名“亮”，鞘色和花色常相关。

2. 习性

生长期喜半荫，冬季要求阳光充足；喜湿润、腐殖质丰富的微酸性土壤。原产地不同，对温度和光照的要求不同，春兰和蕙兰耐寒力强，长江南北都有分布；寒兰耐寒力稍弱，分布偏南；建兰和墨兰不耐寒，自然分布仅在福建、广东、广西，云南和台湾。

3. 用途

兰花是中国的传统名花之一，约有2000多年的栽培历史。中国人民常用兰花象征不畏强暴、矢志不屈的民族性格。兰花之美，美在神韵。古人对兰花推崇备至，如“竹有节而无花，梅有花而无叶，松有叶而无香，惟兰花独并有之”。兰花具有令人难以捉摸的阵阵幽香，被誉为“国香”“天下第一香”，尊为“香祖”，伴随着端庄花容、素雅风姿，充分体现了东方特有的温馨和淡雅宜人的神韵，与梅、竹、菊并称为“花中四君子”，和水仙、唐菖蒲、菊花，同称为“花草四雅”。而在无花之时，它那刚柔相济、疏密有致的叶丛，四季常青，临风摇曳，又是极尽风姿神韵，也就有了“看叶胜看花”的诗句。兰花原生于深谷荒僻处，但其清艳高雅，神韵非凡，“不以无人而不芳”的慎独美德，令人称颂，因而有了“空谷佳人”的美誉。因此，温馨、素洁、高雅的幽兰，古往今来，常为历代诗人墨客吟诵绘画。屈原生前酷爱兰花，常借兰花的高洁，抒发自己的忠愤不平之气。清代郑板桥不仅爱画兰、竹，更以花自喻，诗云：“身在千山顶上头，突岩深继妙香稠。非无脚下浮云闹，来不香知去不留。”一代开国元勋，朱德元帅不仅爱赏兰，还喜养兰，每偶遇珍稀品种必呵护备至，精心栽培，并广为兰圃、兰园赋诗题字，推动了新中国兰花事业的发展。陈毅元帅赞兰花的诗句更是脍炙人口：“幽兰在山谷，本自无人识。只为馨香重，求者遍山隅。”

4. 常见种类

(1) 春兰（*Cymbidium goeringii*）

别名　草兰、山兰、朵朵香

英文名　Goering Cymbidium

多年生草本植物，根肉质白色。假鳞茎稍呈球形，较小。叶4～6枚集生，狭带形，叶长25～60cm，宽0.6～1.2cm，边缘有细锯齿，叶脉明显。花单生，少数两朵；花茎直立，高10～25cm，有鞘4～5片；花浅黄绿色，亦有近白色或紫色的品种，有香气。花期2～3月(图12-1)。

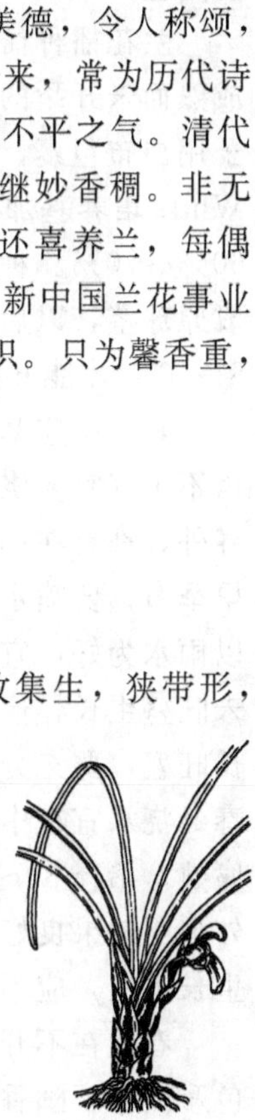

图12-1　春兰

性喜温暖湿润的半荫环境；稍耐寒，忌高温、干燥、强光直射。生长适温15～25℃，冬季在6℃左右的低温下能正常生长，短期的0℃也无碍。花芽冬季休眠，10月至翌年2月，需10℃以下低温处理，才能正常开花。夏需遮阳，蔽荫度70%；冬季要求阳光充足。宜用富含腐殖质、疏松肥沃、透气保水、排水良好的湿润土壤栽培，以pH5.5～

6.5为好。2个生长时期：花芽生长是从8月至翌年3月，中间有2个多月的休眠期，主要生长期在春季；叶芽及假鳞茎的生长主要在夏季，少量在秋季，冬季为休眠期。

可用分株、组织培养及播种法繁殖。分株繁殖常结合换盆进行，2～3年1次，以3月和9月为宜。分株前必须少浇水，让盆中土壤略微干燥，以免分株时根系受损。小心将根系和泥土分离后，放入清水中洗净，移放在通风透光的阴凉处，让根系水分晾干。当根呈垩白色时，选择适当部位用锐利刀具进行分割。每子株保留2～3苗，切口涂以草木灰或硫磺粉，以防腐烂。盆土可用林下腐叶土或泥炭土，加适量粗沙和木炭屑配制而成。栽时苗株稍靠近盆边，老草靠边，新草朝向盆中心。深度以假鳞茎刚埋入土中为度，留2cm沿口。浇透水，放荫处15d缓苗，以后即可正常养护管理。

组织培养多用MS培养基（pH5.0～6.0）加维生素和激素制成。兰花种类不同，培养基的成分也不同。取兰花初生茎的顶芽为外植体，接种后置25℃±3℃的培养室于弱光下培养。当形成原球体时，移入光培养室，光照度1000～2000lx。春兰原球茎呈丛生状，此时可继续分割原球茎，重新培养，短期内可得到大量原球茎。然后，将原球茎移入液体培养基内，慢速转床培养，每分钟1～2转，15d换1次培养基；待原球体长大，转入分化培养基，培养芽和根；当苗株高10～12cm，有根2～3条时，即可移出试管种植。从接种到移植，约1.5～2年。移植前打开试管塞3～4d，使之适应环境。取出试管苗，用自来水冲去培养基，种植于蛭石、水苔或泥炭土加木炭屑的基质上。3～4d后浇透水。在温度20～25℃、湿度80%、通风的弱光下培养。成活后，移入温室正常栽培，经3～5年即能开花。

兰花播种需要一定的设备和技术。兰花种子细小、胚小、发育不全，难以发芽。采用成熟而未开裂的蒴果，表面用75%的酒精消毒，在无菌条件下用刀剖开取出种子。将种子用白布包裹，在10%的次氯酸钠溶液中浸5～10min。然后播入试管中，培养基多用White培养基加适量椰乳和活性炭，放在恒温恒湿箱中培养，温度为25℃±3℃，湿度60%～70%。种子萌动成白色粒状体，及时移入2000lx光照度下培养，经膨大、转绿形成原球茎，以后栽培方法同组织培养。从播种到出瓶移植，约需半年到1年时间，大约8～10年才能开花。

栽培中应掌握的规律是："春不出（避寒霜、冷风、干燥），夏不日（忌烈日炎蒸），秋不干（宜多浇水施肥），冬不湿（处于相对休眠期，贮室内少浇水）"。兰花除冬季和初春外，都宜在70%遮阳度的荫棚下栽培。秋末气温低时移入温室，以防霜冻。在炎热干旱季节，要喷水降温，增加湿度。连续下雨或下大雨，要防雨，以免烂心和烂叶。浇水，以雨水为好，宜用微酸性至中性（pH5.5～6.8）的水。一般春季浇水宜稍少，因兰花尚未旺盛生长，但亦不可过少，因春季气候干旱，空气相对湿度低，蒸腾量大；夏秋兰花生长旺盛，要充分供水；秋后天凉，浇水宜减；冬季休眠，室温低，保持湿润而稍干即可。春冬浇水宜在中午；夏秋则应于早晨或傍晚进行。施肥要淡肥勤施，追施有机肥必须充分腐熟，稀释30～50倍；施用化肥浓度应控制在0.1%～0.3%。用磷酸二氢钾或尿素作根外追肥效果良好。及时剪除病叶、枯叶；花芽过多应剔除弱芽，保留少数壮芽开花；植株生长不良，应不使开花，去除全部花芽；开花10多天即需剪除残花。

春兰在不开花时，叶态飘逸，四季常青，有"看叶胜看花"之说。开花时花容清秀、色彩淡雅、幽香四溢，其高雅的神韵，耐人品味。盆栽兰花，适于室内布置观赏，还可用于插花。兰花又可熏茶、食用和药用。

（2）蕙兰（*C. faberi*）

别名　九子兰、九节兰、夏兰

根肉质，淡黄色。假鳞茎卵形。叶线形，5～7（9）枚，直立性强，一般较春兰叶长而宽，基部横切面呈V形，边缘有粗锯齿，中脉明显，有透明感。花葶直立，总状花序，高30～60cm，着花5～13朵，浅黄绿色，花径5～6cm；唇瓣中裂片反卷，绿白色，具紫红色斑点。香气较春兰稍淡。花期4～5月。原产地同春兰。耐寒性较强。

（3）建兰（*C. ensifolium*）

别名　秋兰、雄兰、秋蕙

假鳞茎椭圆形，较小。叶2～6枚。丛生，阔线形，长30～60cm，宽1.2～1.7cm，有光泽，叶缘无锯齿。花葶直立，高25～35cm，着花5～7（13）朵，浅黄绿色，花径约5cm，有香气；萼片短圆披针形，有3～5条较深的脉纹；花瓣稍内弯，有紫红色条斑；唇瓣宽圆形，3裂不明显，中裂片端钝，反卷。花期7～10月。原产中国东南、华南和西南等较为温暖的地区；东南亚和印度等地也有分布。以福建和广东两省栽培最多。

（4）墨兰（*C. sinense*）

别名　报岁兰、入岁兰。

根长而粗壮，假鳞茎椭圆形。叶4～5枚，丛生，剑形，长60～80cm，宽2.7～4.2cm，全缘，有光泽。花葶直立，高约60cm，高出叶面，着花5～17朵，萼片狭披针形，淡褐色有5条紫色脉，花瓣短宽而前伸。花期9月至翌年3月。分布福建、台湾、广东、广西、云南等地。中南半岛、印度也有分布。墨兰在中国栽培历史悠久，品种众多。

（5）独占春（*C. eburneum*）　假鳞茎为鞘叶包围。叶6～8枚，多则10余枚，叶基部合抱，套叠着生，叶长50～60cm，宽1.2～1.5cm；尖端有不均等的尖裂；基部有关节。花葶直立或稍倾斜，高约30cm，有花1～2朵，花白色，花径约10cm，具丁香香气；萼片长圆披针形，花瓣短小，唇瓣3裂，有紫红小点。花期3～5月。分布于广东、云南。有不少变异类型。

（6）虎头兰（*C. hookerianum*）

别名　蝉兰、青蝉兰

附生性。假鳞茎长椭圆形，粗大，叶7～8枚，长70～90cm，宽2～3cm；全缘，有光泽；基部具关节。花葶斜伸，着花6～12朵或更多；花大，花径约9cm，浅黄绿色，稍有香气；萼片长4.5～6cm，宽1.2～2cm；花瓣较小，基部有紫红色小斑点；唇瓣3裂，黄色，中裂片不反卷。花期7～11月。原产中国四川、贵州、云南、西藏，尼泊尔、不丹、印度、泰国也有分布。

二、蝴蝶兰

学名　*Phalaenopsis amabilis*

英文名　Phalaenopsis，Moth orchid

科属　兰科、蝴蝶兰属

1. 形态特征

多年生附生草本植物。根丛生，扁平带状，表面具多数疣状小突起。茎不明显。叶丛生，绿色，倒卵状长圆形；每年只长2～3片叶，寿命2年。总状花序至圆锥花序；花葶上伸，呈弓状，长达100cm；花序末端有1对伸长的卷须；着花3朵至多朵，花大，花径

图 12-2　蝴蝶兰

10～12cm，白色；唇瓣基部黄红色（图 12-2）。花期多在秋季，春夏也有花开。

2. 习性

蝴蝶兰分布于菲律宾和马来半岛，中国台湾也有分布。性喜高温多湿、半荫通风的环境。生长适温 15～28℃，要求蔽荫度 60%，相对湿度 70%。要求富含腐殖质、排水好、疏松的基质。

3. 繁殖栽培

可用无菌播种、分株、切茎培养和组织培养繁殖。

苗株移栽，待 2～3d 后才可浇水。移栽应于花后 1 个月或抽葶前 2～3 个月进行。中国北方需高温温室栽培。5℃以下死亡，冬季 15℃可以生长，夏季生长适温 21～24℃。生长期应经常追肥，幼苗期应多施氮肥，以加快生长；成年植株则应多施含磷钾肥较多的肥料，促使开花美而大。春季干燥，应向叶面喷水增加湿度；夏季是旺盛生长期，需充分供水；冬季则要控制浇水。春夏秋 3 季，在荫帘下栽培，冬天光照强度弱，不需遮阳。

4. 园林用途

蝴蝶兰花型如彩蝶飞舞，色彩艳丽，是国际上流行的名贵切花花卉，是新娘高档捧花的主要花材，也适于作胸花；常用于插花，作为焦点部位的重点花材应用；亦可盆栽观赏。

三、卡特兰

学名　*Cattleya*

别名　卡特利亚兰

英文名　Cattleya

科属　兰科、卡特兰属

1. 形态特征

多年生草本植物。假鳞茎顶端抽生厚革质叶片 1～2 枚，中脉下凹，长圆形。花茎短，从拟球茎顶上伸出，着花 1 至多朵，花径可达 20cm；花色极为多彩而艳丽，从纯白至深紫红色、朱红色，也有绿色、黄色以及各种过渡色和复色；萼片与花瓣相似，唇瓣 3 裂，基部包围蕊柱下方，中裂片伸展而显著（图 12-3）。

图 12-3　卡特兰

2. 习性

性喜温暖潮湿，光照充足，但不宜阳光直射；不耐寒；要求空气流通，需保持较高的相对湿度；冬季需 15℃以上才能正常生长，10℃时应减少浇水，8℃即发生冻害，日温差不可超过 10℃以上。栽培基质宜选用排水通气良好的材料。

3. 繁殖栽培

用分株或无菌播种法繁殖。分株结合换盆进行，3～4 年分 1 次。分株时，取出植株，去掉蕨根等栽培基质，从缝隙处将根茎切开，每个子株应带 3 个以上芽；将纠缠一起的根解开，剪去断根、腐根，重新栽植；盆底部填木炭块和碎砖块，以利排水；再加蕨根或水苔固定根系；置于弱光下缓苗。播种因种子细小，胚发育不全，必须在无菌条件下，播种于试管中培养基上，当苗高3cm时，移出试管，栽于花盆内。

耐直射光，但夏季要遮阳。休眠期能耐5℃低温，越冬温度夜间保持在15℃左右，白天至少高出夜间5～10℃。耐旱，在春秋生长季节要求充足的水分和空气湿度，注意基质不要积水而造成烂根。夏季旺盛生长季节，注意通风、透气；休眠期少浇水，但仍需叶面喷雾。栽培基质以泥炭藓、蕨根、树皮块或碎砖为宜，用水苔可以不施肥，2～3年能正常开花。生长期每月追肥1次，施肥过多，会引起烂根；休眠期不施肥。每2年换盆1次。

4. 园林用途

卡特兰是珍贵又普及的盆花，可悬吊观赏，还是高档切花。花期长，一朵花可开放1个月之久，切花瓶插可保持10～14d。

四、大花蕙兰

学名　*Cymbidium*

科属　兰科、大花蕙兰属

1. 形态特征

多年生草本植物，根粗壮。叶丛生，带状，革质。花大而多，色彩丰富艳丽，有红、黄、绿、白及复色；花期长达50～80d。

2. 习性

喜凉爽、昼夜温差大，以10℃以上为好；喜光照充足，夏秋防止阳光直射；要求通风、透气；喜疏松、透气、排水好、肥分适宜的微酸性基质。为热带兰中较喜肥的一类。花芽分化在8月高温期，在20℃以下花芽发育成花蕾和开花。

3. 繁殖栽培

分株繁殖。生产中主要是组织培养繁殖。

适应性强，开花容易。生长温度10～30℃，秋季温度过高易落蕾，花芽萌发后，晚上温度最好不超过15℃。生长期要求80%～90%的空气湿度，休眠时湿度低，温度保持10℃以上。花后去花茎，施肥。生长期施肥，冬季停止施肥。

4. 园林用途

大花蕙兰是兰花中较高大的种类。植株挺直、开花繁茂、花期长、栽培相对容易，是高档盆花。

五、石斛

学名　*Dendrobium nobile*

别名　金钗石斛、吊兰花

英文名　Dendrobium

科属　兰科、石斛属

1. 形态特征

多年生附生草本植物。茎细长直立，丛生，圆柱形稍扁，具槽纹，节膨大，基部收缩；叶近革质，矩圆形，长约10cm，宽1～3cm，顶端2圆裂，叶片寿命约2年；总状花序着生茎上部节处，具花1～4朵；花大，侧生，花径5～12cm；花白色，顶端带淡紫色；萼片矩圆形，端部略钝；花瓣椭圆形，与萼片等大，端钝；唇瓣广卵状矩圆形，唇盘上具一紫斑。花期1～6月。

2. 习性

分布于台湾、广东、广西、湖北及西南地区，亚洲热带其他地区也有。性喜温暖潮湿、半荫通风的环境，忌阳光直射；生长适温白天18～25℃，夜间1～15℃；相对湿度约70%；花芽分化前，应降低温度至10℃左右，减少浇水，保持干燥，利于翌年开花。冬季休眠，越冬温度约10℃。宜用疏松、透水、透气的基质栽培。

3. 繁殖栽培

以分株为主，也可用茎插或无菌播种。分株时，去老根，每子株应带3～4枝老茎。

栽培常用盆栽和吊栽两种方式。盆栽用土常以粗泥炭、松树皮、碎砖屑、粗河沙、蛭石、珍蛛岩、木炭屑等配制而成，可用粗泥炭7份、粗河沙或珍珠岩3份加少量木炭屑制成培养土。盆底应多垫粗粒排水物。吊栽可将石斛固定于木板上，再用蕨根或水苔塞紧缝隙，包裹根部，悬吊栽培温室中，宜在高温温室中栽培。生长期保证水分，忌积水。需肥量较大，生长期可每周施薄肥1次。

4. 园林用途

石斛开花繁茂而美丽，有的有甜香味，花期长，是高档的盆花和切花。

六、兜兰

学名　*Paphiopedilum hirsutissimum*

别名　柔毛拖鞋兰

英文名　Lady Slipper

科属　兰科、兜兰属

1. 形态特征

多年生草本植物。地生或半附生性。叶基生，3～5枚；带形，长可达40cm，宽约2cm；顶端具2小齿，无毛。花茎被深紫色毛；单花顶生，花径达10cm；苞片1或2枚，兜状，阔卵形，密被长柔毛；中萼片宽卵形，长约3.5cm；花瓣匙形，长5～6cm，具缘毛；唇瓣较中萼片长，端钝，绿色有小紫点，兜部明显长于爪部。有白、黄、紫、褐及黑色等品种。花期3～5月（图12-4）。

图12-4　兜兰

2. 习性

原产云南东南部、广西、贵州，印度东北部也有分布。生于密林下岩石上。喜温暖、半荫和潮湿的环境。生长适宜温度18～25℃；越冬适温约12℃，不宜低于5℃，若在1～2℃下，则叶片枯萎，植株死亡；长期在20℃以上，则不能正常进行花芽分化，难以开花，而且容易发生腐烂病。夏天应适当遮阳，冬天则要充分光照。要求肥沃和排水透气良好的栽培基质。

3. 繁殖栽培

常用分株繁殖，也可播种。当苗株有6个以上叶丛时，即可分株，常于花后休眠期进行。将株丛从花盆中取出，去掉附着的培养土，用手掰开，3芽1丛栽植。栽后置于弱光处缓苗，待恢复生长即可正常栽培。播种，因种子细小、胚发育不全，要在试管中进行无菌培养，发芽后，经2～3次分苗和移植，苗高3cm时，可移出试管，于花盆中栽培。从播种到开花需时 4～5 年。常用于新品种选育或种苗的大量繁殖。

夏季在荫棚下栽培，冬季在温室中放于光线充足处。为保持较高的空气湿度，每天向植株和周围地面喷水。定植 40 多天以后可以追施稀薄液肥；每 2～3 年换盆 1 次；生长期需充分供水，休眠期和新芽初出时，要控制浇水。高温时少施肥，低温时少浇水。斑叶类更喜荫，而多花类光照可多些。根少，施肥宜薄。

4. 园林用途

兰花属中小巧类，花型奇特，幽雅高洁，给人以清爽之感，是高档盆花。

思考题

1. 简述兰科花卉的含义及类型。
2. 兰科花卉的形态及生态习性有哪些？
3. 兰科花卉的繁殖方法及栽培要点有哪些？
4. 举出常见的兰科花卉，说明它们的生态习性、繁殖栽培要点及园林用途。

第十三章 多浆植物

第一节 概 论

一、多浆植物的概念

多浆植物（又叫多肉植物），多数原产于热带、亚热带干旱地区或森林中；植物的茎、叶具有发达的贮水组织，是呈现肥厚而多浆的变态状植物。在园艺上，这一类植物生态特殊，种类繁多，体态清雅而奇特，花色艳丽而多姿，颇富趣味性。多浆植物通常包括仙人掌科以及番杏科、景天科、大戟科、萝藦科、菊科、百合科、凤梨科、龙舌兰科、马齿苋科、葡萄科、鸭跖草科、酢浆草科、牻牛儿苗科、葫芦科等植物。仅仙人掌科植物就有140余属，2000种以上。为了栽培管理及分类上的方便，常将仙人掌科植物另列一类，称仙人掌类；而将仙人掌科之外的其他科多浆植物（约55科），称为多浆植物。有时两者通称为多浆植物。

二、多浆植物的植物学特性与分类

多浆植物大多为多年生草本或木本，少数为一二年生草本植物，但在它完成生活周期枯死前，周围会有很多幼芽长出并发育成新的植株。

由于科属种类不同，多浆植物在个体大小上相差悬殊，小的只有几厘米，大的可高达几十米，但都能耐较长时间的干旱。有人做过试验：将龙舌兰科的鬼脚掌根部切除，不令其生根，经过18个月仍未枯萎，一旦置于培养土中，不久即生根重新生长。而只有几厘米大的番杏科生石花属植物，从盆中抠出用纸包裹数月仍然没有萎缩。

多浆植物的花变异很大，有菊花型、梅花型、星形、漏斗形、叉形等。色彩也相当丰富，有的种类花瓣带有特殊的金属光泽。花的大小相差悬殊，据记载，最小的花是马齿苋科的巴氏回欢草（*Anacampseros baeseckei*），才开1mm的洋红色花；最大的花是萝藦科的大花犀角（*Stapelia gigantea*），花的直径可达35cm。由于科属不同，它们有的是单生花，有的组成大小不等的花序，果实的类型及种子的形状也各种各样。

鲁涤非等依形态特点将多浆植物分为4类。

1. 仙人掌型

仙人掌型多浆植物以仙人掌科植物为代表。茎粗大或肥厚，块状、球状、柱状或叶片状，肉质多浆，绿色，代替叶进行光合作用，茎上常有棘刺或毛丝。叶一般退化或短期存在。除仙人掌科外，还有大戟科的大戟属、萝藦科的豹皮花属、玉牛掌属（*Duvalia*）、水牛掌属（*Caralluma*）等。

2. 肉质茎型

肉质茎型多浆植物除有明显的肉质地上茎外，还具有正常的叶片进行光合作用。茎无棱，也不具棘刺。木本的如木棉科的猴面包树（*Adansonia digitata*）、大戟科的佛肚树，草本的如菊科的仙人笔及景天科的玉树等。

3. 观叶型

观叶型多浆植物主要由肉质叶组成，叶既是主要的贮水与光合器官，也是观赏的主要部分。形态多样，大小不一，或茎短而直立，或细长而匍匐。常见栽培的如景天科的驴尾景天、拟石莲，番杏科的生石花、露花，菊科的翡翠珠，百合科的芦荟属、十二卷属，龙舌兰科的龙舌兰属等。

4. 尾状植物型

尾状植物型多浆植物具有直立地面的大型块茎，内贮丰富的水分与养分，由块茎上抽出一至多条常绿或落叶的细长藤蔓，攀缘或匍匐生长，叶常肉质。这一类型常见于葫芦科、西番莲科、萝藦科等多浆植物中，如葫芦科的 *Ibervillia sonorae*，西番莲科的 *Adenia*，萝藦科的吊金钱，葡萄科的四棱白粉藤（*Cissus quadrangularia*），夹竹桃科的 *Pachypodium succulentum*，百合科的 *Bowiea volubilis* 等。

三、生态习性

1. 光照

原产沙漠、半沙漠、草原等干热地区的多浆植物，在旺盛生长季节要求阳光适宜、水分充足、气温也高。冬季低温季节是休眠时期，在干燥与低光照下易安全越冬。幼苗比成年植株需较低的光照。

一些多浆植物，如伽蓝菜、蟹爪兰、仙人指等，是典型的短日照花卉，必须经过一定的短日照时期，才能正常开花。

附生型仙人掌原产热带雨林，终年均不需强光直射。冬季不休眠，应给予充足的光照。

2. 温度

多浆植物除少数原产高山的种类外，都需要较高的温度，生长期间最低不能低于18℃，以 25～35℃最适宜。冬季能忍受的最低温度随种类而异，多数在干燥休眠情况下能忍耐 6～10℃的低温，喜热的种类不能低于 12～18℃。原产北美高海拔地区的仙人掌，在完全干燥条件下能耐轻微的霜冻；原产亚洲山地的景天科植物，耐冻力较强。

仙人掌科的一些属种，如葫芦掌、鹿角柱属（*Echinocereus*）、仙人球属（*Echinopsis*）、丽花球属、仙人掌属、子孙球属（*Rebutia*）等，越冬时在不浇水完全干燥的条件下，较低的温度能促进花芽分化，在次年开花更丰盛。相反，次年则不常开花。

3. 土壤

沙漠地区的土壤多由沙与石砾组成，有极好的排水、通气性能。同时土壤的氮及有机质含量也很低。实践证明，用完全不含有机质的矿物基质，如矿渣、花岗岩碎砾、碎砖屑等栽培沙漠型多浆植物，和用传统的人工混合园艺栽培基质一样非常成功。矿物基质颗粒的直径以 2～16mm 间为宜。基质的 pH 很重要，一般以 pH5.5～6.9 最适，不要超过7.0，某些仙人掌在超过 7.2 时，很快失绿或死亡。

附生型多浆植物的栽培基质也需要有良好的排水、透气性能，但需含丰富的有机质并常保持湿润才有利于生长。

4. 水

多浆植物大都具有生长期与休眠期交替的节律。休眠期中需水很少，甚至整个休眠期中可完全不浇水，休眠期中保持土壤干燥能更安全越冬。生长期中足够的水分能保证旺盛生长，若缺水，虽不影响植株生存，但干透时导致生长停止。多浆植物在任何时期，根部都应绝对防止积水，否则会很快造成死亡。

水质对多浆植物很重要，忌用硬水及碱性水。

5. 肥料

多浆植物和其他绿色植物一样也需要完全肥料。欲使植株快速生长，生长期中可每隔1～2周施液肥一次，肥料宜淡，浓度以0.05%～0.2%为宜。施肥时不要沾在茎、叶上。休眠期不施肥，要求保持株型小巧的也应控制肥水，附生型要求较高的氮肥。

6. 空气

多浆植物原产于空气新鲜流通的开阔地带。在高温、高湿下，若空气不流通对生长不利，易染病虫害甚至腐烂。

四、观赏特点及园林应用

仙人掌及多浆类植物，种类繁多，趣味横生，可供观赏的特点很多。

1. 棱形各异，条数不同

这些棱肋均突出于肉质茎的表面，有上下竖向贯通的，也有呈螺旋状排列的，有锐形、钝形、瘤状、螺旋棱、锯齿状等10多种形状；条数多少也不同，如昙花属、令箭荷花属只有2条棱，量天尺属有3条棱，金琥属有5～20条棱，这些棱形状各异，壮观可赏。

2. 刺形多变

仙人掌及多浆类植物，通常在变态茎上着生刺座（刺窝），其刺座的大小及排列方式也依种类不同而有变化。刺座上除着生刺、毛外，有时也着生子球、茎节或花朵。依刺的形状可区分为刚毛状刺、毛鬓状刺、针状刺、钩状刺、栉齿状刺、麻丝状刺、舌状刺、顶冠刺、突锥状刺等。这些刺，刺形多变，刚直有力，也是鉴赏方面之一。如金琥的大针状刺呈放射状，金黄色，7～9枚，使球体显得格外壮观。

3. 花的色彩、位置及形态各异

仙人掌及多浆类植物花色艳丽，以白、黄、红等色为多，而且多数花朵不仅有金属光泽，重瓣性也较强，一些种类夜间开花，花白色还有芳香。从花朵着生的位置来看，分侧生花、顶生花、沟生花等。花的形态变化也很丰富，如漏斗状、管状、钟状、双套状花以及辐射状和左右对称状花均有。因此不仅无花时体态诱人，花期更加艳丽。

4. 体态奇特

多数种类都具有特异的变态茎，扁形、圆形、多角形等。此外，像山影拳（*Cereus* spp. *f. monst*）的茎生长发育不规则，棱数也不定，棱的发育前后不一，全体呈熔岩堆积姿态，清奇而古雅。又如生石花（*Lithops pseudotruncatella*）的茎为球状，外形很似卵石，虽是对旱季的一种“拟态”适应性，却是人们观赏的奇品。仙人掌及多浆类植物在园林中应用也较广泛。由于这类植物种类繁多、趣味性强、具有较高的观赏价值，因此一些国家常以这类植物为主体而辟专类花园，向人们普及科学知识，使人们饱尝沙漠植物景观的乐趣。如南美洲一些国家及墨西哥均有仙人掌专类园，日本位于伊豆山区的多浆植物园有各种旱生植物1000余种，中国台湾省的农村仙人掌园也拥有1000种，其中适于在台湾生长的达400余种。

5. 露地栽培

不少种类也常作篱垣应用。如霸王鞭（*Euphorbia neriifolia*），高可达1～2m，云南傣族人民常将它栽于竹楼前作高篱。原产南非的龙舌兰（*Agave americana*），在中国广东、广西、云南等省（区）生长良好，多种在临公路的田埂上，不仅有防范作用，还兼有护坡之效。此外，在广东、广西及福建一带的村舍中，也常栽植仙人掌、量天尺等，用于墙垣防范。

园林中常把一些矮小的多浆植物用于地被或花坛中。如垂盆草（*Sedum sarmentosum*）在江浙地区作地被植物，北京地区在小气候条件下也可安全越冬；佛甲草（*Sedum lineare*）多用于花坛；蝎子草（八宝）（*Sedum spectabile*）作多年生肉质草本栽于小径旁；台湾省一些城市将松叶牡丹（*Larnpranthus tenuifolius*）栽进安全绿岛等，都使园林更加增色。

此外，不少仙人掌及多浆植物都有药用及经济价值，或食用果实、制成酒类、饮料等。

五、繁殖技术

1. 扦插

利用这类植物的茎节或茎节的一部分、带刺座的乳状突以及子球等营养器官具有再生能力的特性，进行扦插繁殖。扦插成活的个体不仅比播种苗生长快，而且提早开花，并且能保持原有品种特性。切取时应注意保持母株株形完整，并选取成熟者，过嫩或过于老化的茎节都不易成活。切下部分首先置于荫处半日至4～5d后再插。扦插基质应选择通气良好、既保水而排水也好的材料，如珍珠岩、蛭石，含水较多的种类也可使用河沙。在有保护设施的条件下，四季均可进行，但以春夏为好，雨季扦插易于烂根。一些种类不易产生侧枝，可在生长季中将上部茎切断，促其萌发侧芽，以取插穗。

2. 播种

不少多浆植物也常用播种繁殖。但是不少的多浆植物，如仙人掌科、景天科、番杏科等植物的种子细小，播种及管理要精细，才能取得较高的发芽率和成苗率。

（1）播种时期　一般在春季植株开始生长时播种。仙人掌类的种子无休眠期，在环境适宜时，成熟的种子可采后即播。种子发芽的最适温度是昼温25～30℃，夜温15～20℃。在条件适宜时，发芽最快的为豹皮花属，播后2d便发芽，多数种在10～20d内发芽。

多浆植物种子多不耐长久贮藏，必要时贮于干燥冷凉处。

（2）播种管理　种子、用具、基质应事先消毒杀菌；基质用微酸性、低肥力及透性好的材料；水分是播种成败的重要环节，水质应为微酸性及无菌者，可用雨水或煮沸后的自来水；播种后应保证基质和空气湿润；播种后要不断检查，注意水分状况及病虫发生情况。

（3）幼苗移栽　只有当幼苗足够强壮或太密时才移栽。仙人掌类尽可能在播种后第二年，当幼苗已开始长出棘刺，小球直径已超过0.5cm时移栽才比较安全。具有大型叶的观叶种类生长较快，发芽后几周便可移栽。移栽时避免使幼苗受到任何损伤，否则易腐烂。移栽应在生长季节进行，春季最好。幼苗一般需移植1～2次。

3. 嫁接

把嫁接技术应用到仙人掌及多浆植物的繁殖上，是近20年的事。多用于根系不发达、生长缓慢或不易开花的种类，珍贵稀少的畸变种类，或自身球体不含叶绿素等不宜用他法繁殖者，或为便于观赏，如将球形接在柱形上，或像蟹爪兰等呈悬吊下垂式观赏者。嫁接时间以春、秋为好，温度保持在20～25℃下易于愈合。接后5d再浇水，约10d就可去掉绑扎线。

(1) 仙人掌类嫁接的方法　因仙人掌植株的茎肥厚多汁，嫁接的方法也不同于一般植物，常采用的嫁接方式有下列几种，依砧木与接穗的形态而选用。

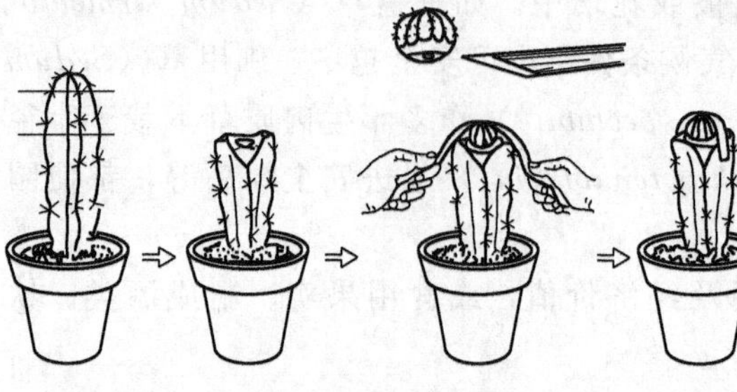

图13-1　平接

(引自《园林花卉学》，刘燕)

① 平接　是应用最广泛的一种方式，球形、柱形的种类普遍采用，操作简便，效果好。将砧木顶端与接穗基部用利刃削平，将削面吻合，绑扎或加适当压力使二者紧密结合即可（图13-1)。

② 斜接　适用于茎细长的柱状仙人掌类。方法近于平接，将砧木与接穗的切口均削成30°～45°的斜面，既增大了砧木与接穗的吻合面，又易于固定。

③ 劈接　适用于接穗为扁平叶状的种类。将砧木在一定高度去顶，通过中心或偏向一侧从上向下做一切口，再将扁平接穗两侧的皮部削掉呈楔形，插入砧木切口，先用仙人掌的刺或其他针状物固定后，再绑扎或夹牢（图13-2)。

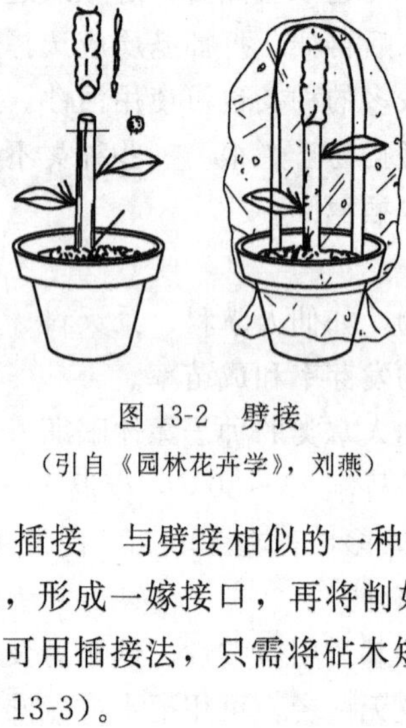

图13-2　劈接

(引自《园林花卉学》，刘燕)

图13-3　插接

(引自《园林花卉学》，刘燕)

④ 插接　与劈接相似的一种方法，但砧木不切开，而用窄的小刀从砧木的侧面或顶部插入，形成一嫁接口，再将削好的接穗插入接口中，用刺固定。用叶仙人掌属作砧木时，也可用插接法，只需将砧木短枝顶端的韧皮部削去，顶部削尖，插入接穗体的基部即成（图13-3)。

(2) 仙人掌类嫁接的技术要点

① 嫁接应在生长期进行，最适季节是初夏生长旺季，在温暖及湿度大的晴天嫁接，空气干燥时，宜在清晨操作。

② 砧木与接穗均不用太老已木质化的部分，但太幼嫩的也不适宜，应健壮无病。

③ 嫁接时，砧木与接穗均应含水充足，萎蔫者成活较难。因此，嫁接前母株应保持在良好的生长条件下，若已萎蔫的接穗，必要时在嫁接前先浸水几小时，使其吸水复原。嫁接操作时，砧木与接穗表面均要干燥、无水，否则易腐烂。

④ 砧木接口的高低，由多种因素来决定。无叶绿素的种类要接得高些，以保证有足

够的光合产物供给。下垂或自基部分枝的种类也要接得高些，以便于造型，使其美观。鸡冠状的种类也应接得高些，才能充分体现其形态特点。除上述情况外，一般都应接得低些，低接后，应移栽或换盆 1～2 次，逐渐使砧木埋入土中，不再露出土表，使之更美观些。

⑤ 仙人掌类的嫁接操作比较简单，用较薄的刀刃将嫁接口削平即可。切口切开后要尽快接上，表面干燥后便不易成活。接穗安上后，再轻轻转动一下，排除接合面间的空气，使砧穗紧密吻合，然后再固定。

固定的方法多样，用仙人掌类自身的棘刺，或用绳索缠扎，或用重力从顶上压牢均可。

⑥ 需两周左右精心管理，接后放荫处，不能日光直射，在完全愈合前也不能使接口处沾水。成活后，由砧木上生出的侧芽、侧枝均应尽早去掉，以免影响接穗的生长。

第二节　主要的多浆花卉

一、金琥

学名　*Echinocactus grusonii*

别名　象牙球

英文名　Golden Barrel Cartus、Goldenball、Barrel Cactus

科属　仙人掌科、金琥属

1. 形态特征

多浆植物。植株呈圆球形，通常单生，球径可达 50cm。球顶部密被大面积的绒毛，具棱 21～37，排列非常整齐。刺座长，有金黄色或淡黄色短绒毛；刺长 3～5cm，硬且直，全部为金黄色，有光泽，形似象牙，故又称“象牙球”。钟状花生于球顶部，花筒被尖鳞片，花瓣淡黄色（图 13-4）。花期 6～10 月。寿命 50～60 年。

图 13-4　金琥

（引自《花卉学》，鲁涤非）

2. 习性

原产墨西哥中部炎热、干燥的热带沙漠地区。性强健，栽培容易。要求光照充足、适当干燥的环境；生长适温 20～25℃。喜肥沃、排水良好的石灰质沙壤土。

3. 繁殖栽培

多用播种繁殖，容易发芽。亦可嫁接繁殖，于早春切除母株球顶部的生长点，促使滋生子球，待子球长到直径 0.8～1cm 时，即可切下嫁接。砧木选用生长充实的量天尺（*Hylocereus undatus*）一年生茎段。嫁接后放在湿度较高的场所养护，成活后正常栽培。嫁接苗生长较快，当球体长大、砧木不堪重负时，可切下扦插，观赏效果更佳。

盆土可用粗沙、壤土、腐叶土等量混合，另加少量石灰质材料配制而成，再适当添加腐熟的鸡粪、鸽子粪等效果更好。夏季应适当遮阳，但蔽荫度不可过大，否则球体徒长变长，观赏价值降低。生长适温 20～25℃，生长季节要充分浇水，每半月追施稀薄液肥 1 次。越冬温度 8～15℃，保持盆土适当干燥，温度过低，球体会发生黄斑，有碍观赏。在良好的栽培条件下，生长很快，4 年生实生苗球体直径达 9～10cm，10 年生可达 15cm，

20～40 年生能长到 70～80cm。每年应换盆 1 次。

4. 园林用途

金琥形大而端圆，金刺夺目，是珍贵的观赏仙人掌植物。小型个体适宜于盆中独栽，置于书桌、案几，情趣盎然；大型个体则适宜于地栽群植，布置专类园。群植时，大小金琥疏密有致，错落排列于微地形中，极易形成干旱及半干旱沙漠地带的自然风光。

二、仙人球

学名 *Echinopsis tubiflora*

别名 花盛球、草球、雪球、刺球

英文名 Sea-urchin Cactus、Hedgehog Cactus

科属 仙人掌科、仙人球属

1. 形态特征

多浆植物。植株单生或成丛，幼株球形，老株圆筒形，高可达 75cm，直径 12～15cm，具棱 11～12 个，球体暗绿色，具黑色锥状刺。花着生球体侧方，大型喇叭状，白色，长约 24cm，花径 10cm 左右；花筒外被鳞片，鳞腋有长毛（图 13-5）。傍晚开放，翌晨凋谢。花期夏季。

图 13-5 仙人球（引自《花卉学》，鲁涤非）

2. 习性

原产阿根廷及巴西南部的干旱草原，当地阳光充足，夏季有草丛遮阳并雨水充沛，冬季干燥。仙人球性强健，要求光照充足，耐旱；喜排水透气良好的沙壤土。

3. 繁殖栽培

多用子球扦插繁殖，也可嫁接和播种。扦插于 4～5 月间，从母株上切取子球，切口晾 3～4d 后，插入湿沙中，约 1 周后即能生根。嫁接于 3～4 月在晴天的上午进行，用量天尺（*Hylocereus undatus*）作砧木，将砧木顶端平截，再斜切其 3 个棱；同时，将小仙人球底部削平，使双方切口平滑而且大小相近，立即把接穗和砧木紧密接合在一起，然后用棉线等捆扎物连盆捆紧，接后放温暖湿润处养护，1 周内不浇水，待成活后，去掉捆扎物，即可正常栽培。也宜播种，可获得大量种苗。

夏季露天场地栽培，炎夏时应适当遮阳。冬季放温室中较干燥的地方，保持 5℃ 即可安全越冬，温度低于 0℃ 发生冻害。生长季要保持盆土湿润，每半月施稀薄液肥 1 次，注意施肥时不可污染球体，以免引起腐烂。

4. 园林用途

仙人球株形奇特、花大形美，适宜盆栽观赏。由于繁殖容易，生长强健，是嫁接其他仙人掌类植物中球型品种的优良砧木。

三、昙花

学名 *Epiphyllum oxypetalum*

别名 昙华、月下美人、琼花

英文名 Dutchmans Pipe，Cactus，Queen of the Night

科属 仙人掌科、昙花属

1. 形态特征

多浆植物，为附生性灌木。主茎圆柱状，木质，直立，分枝扁平叶状，绿色，长达2m，边缘具波状圆齿，刺座生于圆齿缺刻处。花大型，长30cm，花径约12cm，白色，喇叭状，重瓣，花筒稍弯曲，具芳香；单生于叶状枝缺刻处（图13-6）。夏秋开花，夜间开放，数小时后凋谢。果实红色，种子黑色。

2. 习性

原产墨西哥及中南美洲的热带森林中。性强健，喜温暖，不耐寒，生长适温15～20℃。喜湿润、半荫，耐干旱和光照；对土壤要求不严，喜富含腐殖质、疏松肥沃、排水良好的微酸性沙壤土。

图13-6 昙花
（引自《花卉学》，鲁涤非）

3. 繁殖栽培

多行扦插繁殖，于5～6月选取生长健壮的叶状变态茎，剪成10～15cm的茎段，放通风良好处晾干切口，插入湿沙中，在18～25℃条件下。20～30d即能生根，扦插苗当年或翌年即可开花。也可播种，播种苗需4～5年后才能开花。

昙花在中国除华南、西南个别地区和台湾可露地栽培外，其他地区多作盆栽。生长季节可充分浇水，并喷水提高空气湿度。夏季不可阳光曝晒，光照过强，会使变态茎发黄萎缩，可放室内光线较好处或置于室外荫棚边沿、屋檐、树阴下。每半月追施稀薄液肥1次，可稍加硫酸亚铁同时施用。勿使过荫或肥水过大，以免引起植株徒长，影响开花。当花蕾抽出后，增施磷钾肥，以促使开花美而大。秋末入温室，保持10℃左右的温度，节制浇水，盆土不太干即可。为使株态美观，需立支架。晚秋及冬季长出的细弱枝条要及时剪除。昙花于夏秋开花，20:00～21:00开放，经6～7h凋谢，故有“昙花一现”之说。为了白天观赏昙花开花，可采用“昼夜颠倒”的办法，在7:00～19:00将花蕾长至10cm的昙花放入暗室或用黑色塑料薄膜做成的遮光棚中，不可有一丝光线透入，天黑后至次日天明用灯光照射，这样处理7～8d，昙花就可按照人们的意愿于8:00～9:00开花，并可开到16:00～17:00。

4. 园林用途

昙花是一种珍贵的盆栽观赏花卉。夏秋季，花未开放时，含苞欲放的花蕾在鲜亮挺拔的“绿叶”衬托下，有如一支巨大的神笔，颔首低垂，娇态动人。开花时，花蕾微微抬起，红色萼片下渐渐露出洁白的花瓣，缓缓绽开，恰似一位盛装的女子，轻轻掀开面纱，露出娇美的面容，花后数小时即谢。花开时，清风徐来，芳香扑鼻。在夏秋凉爽的夜晚，盛开的昙花，婷婷袅袅，随风轻摆，如梦如幻，恍若白衣仙子降临凡间。

四、令箭荷花

学名 *Nopalxochia ackermannii*

别名 红花孔雀、孔雀仙人掌

英文名 Red Orchid Cactus，Ackermann Nosaxachia

科属 仙人掌科、令箭荷花属

1. 形态特征

多年生肉质草本植物。株高50～100cm，变态茎扁平，呈令箭状，长25～40cm，宽

图 13-7　令箭荷花
（引自《花卉学》，鲁涤非）

3～5cm，鲜绿色，边缘略晕红色，具偏斜的圆齿，刺座生在圆齿缺刻处，变态茎叶脉明显突起。花大型，从茎两侧刺座中开出，花冠喇叭状，直径 10～25cm，花被片开张而翻卷，有紫、粉、红、黄、白等色，白天开花（图 13-7）。花期春夏，单花花期 1～2d。浆果椭圆形，成熟时粉红色。种子小，黑色。

2. 习性

原产墨西哥中南部和玻利维亚，附生于热带雨林中。性喜温暖湿润，冬季适温 10～15℃，春季 13～18℃，6～11 月为 20～25℃，花期要求较高的湿度，冬季应适当干燥，并光照充足。适宜富含腐殖质、疏松肥沃、排水良好的酸性土壤。

3. 繁殖栽培

常用扦插和嫁接法繁殖。扦插可在春天将健壮充实的变态茎剪成 6～8cm 长的插穗，放于阴凉通风处晾 2～3d，使切口干燥，插入湿沙中深度约为 2～3cm，插后放半荫处，保持 15～25℃，10d 后移至散射光环境，30d 可生根，再过 20d 即可上盆。嫁接砧木可用叶仙人掌（*Pereskia aculeata*）、仙人掌（*Opuntia dillenii*）或量天尺（*Hylocereus undatus*）等仙人掌科植物，多用劈接法嫁接，成活后生长势较旺，翌年即能开花。亦可播种繁殖，生产上少见应用，只用于培育新品种。

夏季放通风良好的半荫处，节制浇水；春秋两季则要求光照充足，并充分浇水。生长季每 20d 追施腐熟的液肥 1 次，现蕾后，加施 1 次磷肥，以促使开花美而大。生长期间要及时剪除多余的侧芽和基部的枝芽，以维持整齐的株形，减少养分消耗。随植株生长，应设立支架，常用竹竿搭制，将变态茎捆缚其上，以防折断，也有利于株形匀称，通风透光。在 7 月前充分供应水肥，促使变态茎生长充实；8 月以后，减少浇水，促进花芽分化。花蕾出现后，浇水不可过多，以防落蕾。开花时，保持湿润，以延长花期。光照不足，肥水过大，会使植株生长过盛而不能开花；阳光过强常使变态茎发黄；通风不良常发生蚜虫和介壳虫的危害。

4. 园林用途

令箭荷花花大色艳、花期长，是美丽重要的盆花。多株丛植于盆中，鲜绿色的叶状枝挺拔秀丽；开花时姹紫嫣红，娇美动人。

五、仙人掌

学名　*Opuntia dillenii*

别名　霸王树、仙巴掌、火掌、仙桃

英文名　Prickly Pear，Cholla

科属　仙人掌科、仙人掌属

1. 形态特征

多浆植物。多分枝，常丛生成大灌木状，高可达 3m，茎下部木质化，呈圆柱形；茎节扁平，倒卵形至长圆形，幼茎鲜绿色，老茎灰绿色，长 20～25cm；刺座幼时被褐色或白色绵毛，不久脱落，刺密集，长 1～3cm，黄色。叶钻状，早期脱落。花期夏季，花单生，鲜黄色，花径 2～8cm。浆果梨形，熟时红色，无刺，长 5～8cm，可食。

2. 习性

原产美国佛罗里达、西印度群岛、墨西哥及南美洲热带地区，中国、澳大利亚和印度等地也有分布。性喜温暖干燥、阳光充足环境，生长强健，不耐寒，在中国华南和西南地区可以露地栽培，耐干旱、畏积涝；对栽培土壤要求不严，但以排水良好者为佳，沙土或沙壤土皆可正常生长。

3. 繁殖栽培

多用扦插繁殖，可于夏季进行，选取生长健壮充实的茎节，切取后晾干切口，插于沙床内，保持潮润即可，不可浇大水，以免切口腐烂，约20～40d生根。大批量的生产，常用播种法，于3～4月进行，播种适温20～25℃，播种用土要混入适量粗沙，以利排水，幼苗生长较慢，要精心管理，防止腐烂。

盆栽时，盆底要垫碎瓦片等排水物，盆土可用沙壤土，加少量腐熟的有机肥。夏季可放置室外光照充足处栽培，保持温度在25℃以下，浇水间干间湿，过湿易腐烂，适当追肥，秋天节制浇水，温室越冬温度5～10℃，要注意通风，以防介壳虫危害。

4. 园林用途

仙人掌适宜盆栽观赏，在中国华南和西南地区可以用于环境绿化，果可食，也常用作仙人掌类嫁接的砧木。

六、蟹爪

学名　*Zygocactus truncatus*

别名　蟹爪兰、锦上添花

英文名　Crab Cactus，Claw Cactus

科属　仙人掌科、蟹爪兰属

1. 形态特征

附生灌木性多浆植物。茎扁平，多分枝，簇生状，悬垂；茎节短，长约5cm，矩圆形，先端平截，两端及边缘有2～4对尖齿，绿色或带紫色晕，连续的茎节似蟹爪状，花着生于茎节顶端，长约6.2～8.7cm，花两侧对称，花瓣数轮，开张而反卷，紫红色；萼片基部连成短筒，顶端分裂（图13-8）。花色有粉红、紫红、淡紫、深红、橙黄和白色等。花期11月底至翌年1月。仙人指（*Schlumbergera bridgesii*）与本种形态相似，容易混淆。区别点在于前者变态茎端部和边缘无尖齿，而是波状；花为整齐花。

图13-8　蟹爪兰

（引自《花卉学》，鲁涤非）

2. 习性

原产南美洲巴西东部热带森林中。喜温暖湿润的半荫环境，不耐寒。要求富含腐殖质的土壤。短日照花卉。

3. 繁殖栽培

嫁接、扦插或播种繁殖。嫁接，多用劈接法，砧木可用三棱箭（*Hylocereus undatus*）、叶仙人掌（*Pereskia aculeata*）或仙人掌（*Opuntia dillenii*）等。用三棱箭作砧木成活率高，但不耐低温；以仙人掌为砧木，生长快，并较耐低温。扦插，选取具有3～5个茎节的枝为插穗，置荫处晾1～2d后，插入沙床中，极易成活。因株形不美，栽培中少用。播种多用于培育新品种。

夏季盆栽，应置于荫棚下养护；秋末移入温室，生长适温15～25℃，不可低于5℃；生长期间要充分浇水，并适当喷水，保持一定的空气湿度。入秋后提供冷凉、干燥、短日照条件，促进花芽分化。开花期减少浇水，花后有短期休眠，保持15℃，盆土不可过分干燥。栽培中长期营养不良或土壤过干，花芽形成后光照条件突变，如转盆，昼夜温差过大，浇水水温太低等，花芽易落。为形成优美的株形，常设立圆形的支架，以支撑枝条，使之均匀分布于架上。

4. 园林用途

蟹爪砧木挺拔直立，多节的枝条，拱曲悬垂，像一把奇妙的绿伞，美观而别致；开花季节，如彩色的喷泉向四周洒落，蔚为奇观。蟹爪十分适应室内的散射光环境，是一种理想的冬季室内盆花，尤其适于悬吊观赏。

七、燕子掌

学名　*Crassula portulacea*

英文名　Baby Jade

科属　景天科、青锁龙属

1. 形态特征

灌木状多浆植物。株高1～3m，茎肉质，灰色，多分枝，小枝褐色。叶肉质，卵圆形，长3～5cm，宽2.5～3cm，灰绿色，有红边。花径约2cm，白或淡粉色。

2. 习性

原产南非南部，当地夏不炎热、冬不寒冷，年降水量约500mm，夏季较干旱。燕子掌性强健，喜温暖、光照充足、通风良好的环境，不耐寒，较耐干旱，在室内散射光条件下能正常生长。要求疏松肥沃的沙壤土。

3. 繁殖栽培

多用扦插繁殖，在生长季节，剪取生长充实的嫩枝，切口稍晾干后插于沙土中；也可带叶柄剪下叶片，切口晾干后，将叶柄插于素沙中，叶片直立，保持湿润，30d左右即可生根长芽，及时上盆。

生长季在露地栽培，盛夏要适当遮阳，高温期通风不良，容易引起叶片脱落，可放于树下、廊边等通风良好处养护。每月可酌施稀薄液肥1次，但应适当控制浇水，以免生长过快，破坏株形。秋末入温室，室温7～10℃即可，最低温度不可低于5℃。冬季低温下要减少浇水。每年春天应换盆1次。

4. 园林用途

燕子掌叶片肥厚、绿色有红边、株态端庄圆整、肉质茎基部膨大，适于室内盆栽观赏，加以修剪整形，可形似古桩盆景，有很高的观赏价值。

八、石莲花

学名　*Echeveria elegans*

别名　美丽莲花掌

英文名　Mexican Snowball

科属　景天科、石莲花属

1. 形态特征

多年生肉质草本植物。叶直立，排列紧密成莲座状；倒卵形，顶端具短锐尖，无毛，被白粉，呈粉蓝色，叶缘红色，稍透明。总状花序，顶端弯，着花8～24朵，花冠红色，花瓣不开张。花期7～10月。

2. 习性

原产墨西哥高原地区。喜光照充足，耐旱；要求疏松肥沃，排水良好的沙壤土。

3. 繁殖栽培

多行扦插繁殖，选用植株基部萌生的莲座状叶丛或用叶片扦插都易成活。亦可播种。

盆土可以壤土、腐叶土和粗沙等量混合而成。为保证排水通畅，上盆时，盆底应垫以粗粒状的排水物。夏季放室外栽培，保持湿润，每半月追施腐熟的稀薄液肥1次；秋末入温室，放于光线充足处，保持冷凉，冬季室温不宜超过10℃，盆土可稍干燥，加强通风，防止介壳虫危害。夏季干热季节，易发生红蜘蛛危害，应注意防治。每年换盆1次。

4. 园林用途

石莲花莲座状的叶丛圆整美观，叶色粉蓝色，像一朵朵盛开的翠玉雕成的鲜花，十分惹人喜爱；又可观花，是栽培较为普遍的室内盆栽花卉。亦适用于毛毡花坛，在冬季温暖地区，是布置岩石园的良好材料。

九、长寿花

学名 *Kalanchoe blossfeldiana*

别名 矮生伽蓝菜、寿星花、圣诞伽蓝菜

英文名 Winter Pot Kalanchoe

科属 景天科、伽蓝菜属

1. 形态特征

多年生肉质草本植物。茎直立，株高10～30cm，光滑无毛。叶交互对生，长圆状匙形或长圆状倒卵形，叶片上半部具圆齿或呈波状，下半部全缘；深绿色有光泽，边缘略带红色。聚伞花序，直立，花有猩红、绯红、桃红、橙红等色，小花高脚碟状，花瓣4枚。花期2～5月。

2. 习性

原产非洲热带马达加斯加岛阳光充足的地区。性极强健，喜光照充足，在室内散射光下也能正常生长，宜温暖通风环境，耐干旱；对盆土要求不严，排水良好的砂质土壤即可。

3. 繁殖栽培

多用扦插法繁殖，在5～6月或8～9月，剪取6～8cm长的茎段，插于湿润的素沙中，20～28℃的条件下，10～15d即可生根；也可5～6月在露地扦插，成活后就地旺盛生长，秋天再上盆放室内养护；或切取叶片扦插也易生根。

夏季可放于露地栽培，生长适温15～25℃，夏天气温达30℃以上时，生长迟缓，炎夏时应适当遮阳。秋末入温室，放光线充足处，光照不足影响花芽分化，不能很好开花，花色不艳，花数减少。生长季节要经常浇水，每3周追施液肥1次。冬季室温应保持12～15℃，温度偏低（5～8℃），叶片变红，花期延迟。长寿花为短日照植物，生长发育良好的植株，每天光照8～9h，其余时间予以遮光处理，经过3～4周后，即有花蕾出现。可根据用花时间分期处理以调节花期。生长较快，最好每年春天换盆1次。

4. 园林用途

长寿花植株矮小、株型紧凑、花朵繁密、花色艳丽，观赏效果极佳。冬春开花，适逢元旦、圣诞节、春节等重大节日，有较高的生产价值。长寿花是优良的室内观花观叶植物，布置窗台、案头都甚相宜；短日照处理提前开花，亦可用作露地花坛镶边植物。

十、生石花

学名 *Lithops pseudotruncatella*

别名 石头花

英文名 Living Stone，Stoneface

科属 番杏科、生石花属

1. 形态特征

多年生常绿植物，株高1～5cm。无茎，叶对生，肥厚密接，外形酷似卵石；幼时中央只有一孔，长成后中间呈缝状，顶部扁平的倒圆锥形或筒形球体，灰绿色或灰褐色；新的2片叶与原有老叶交互对生，并代替老叶；叶顶部色彩及花纹变化丰富。花从顶部缝中抽出，无柄，黄色，午后开放。花期4～6月（图13-9）。

图13-9 生石花

（引自《花卉学》，鲁涤非）

2. 习性

喜温暖，不耐寒，生长适温15～25℃；喜微荫，以50%～70%的遮阳为好；喜干燥通风。

3. 繁殖栽培

播种繁殖。

用疏松、排水好的砂质土壤栽培。浇水最好浸灌，以防水从顶部流入叶缝，造成腐烂。冬季休眠，越冬温度10℃以上，可不浇水，过干时喷水即可。夏季高温也休眠。

4. 园林用途

生石花奇特的外形引人关注，有园艺爱好者专门收集，可盆栽作趣味观赏用。

思 考 题

1. 简述多浆植物的含义及类型。
2. 多浆植物的形态及生态习性有哪些？
3. 多浆植物有哪些应用特点？
4. 多浆植物的繁殖方法及栽培要点有哪些？
5. 举出常见多浆植物，说明它们的生态习性、繁殖栽培要点及园林用途。

内 容 提 要

本教材是根据园林专业创新人才培养要求编写的。从大学生认知角度构建内容体系，力求反映当前国内外有关园林花卉的新理论和新技术。全书分为13章，包括绪论、园林花卉分类、园林花卉的生长发育与环境、园林花卉的繁殖、园林花卉栽培设施及设备、园林花卉的栽培管理、一二年生花卉、宿根花卉、球根花卉、园林水生花卉、室内花卉、兰科花卉、多浆植物，每章附有思考题。

本教材为高等院校园林专业教学用书，也可作为相关专业的参考书和园林、园艺技术人员的培训教材，还可供广大花卉爱好者参考。